室内设

高等院校
规划教材

achelor's and
Master's in Interior Design

+

杨茂川 杨 月 著
YangMaoChuan YangYue

文化主题与空间

中国建筑工业出版社

图书在版编目（CIP）数据

室内设计+文化主题与空间/杨茂川等著. —北京：中国建筑工业出版社，2019.6
高等院校室内设计专业规划教材
ISBN 978-7-112-23717-3

Ⅰ.①室… Ⅱ.①杨… Ⅲ.①室内装饰设计—高等学校—教材 Ⅳ.①TU238.2

中国版本图书馆CIP数据核字（2019）第087655号

全书共分 8 章。第 1、2 章在概要介绍相关研究背景与现状的基础上，综述传统与地域文化，室内设计的现状等；第 3、4 章介绍主题的概念及与空间的关系，探析文化主题与室内空间结合的途径；第 5 章探讨陈设艺术对主题室内设计的作用与结合方式；第 6 章专题探讨几类典型传统文化与特定室内空间结合的具体方法；第 7 章探索基于空间体验的定制服务设计；第 8 章结合笔者的设计实践及指导的优秀获奖作品的解析，对前述理论进行实证。

适宜于室内设计、环境设计、建筑学、城市设计、公共艺术等专业的高等院校师生作为教学用书，也可供文化学者、文化机构、城市管理部门作为参考读物。

责任编辑：张　晶
书籍设计：付金红
责任校对：李欣慰

高等院校室内设计专业规划教材
室内设计+文化主题与空间
杨茂川　杨　月　著
*
中国建筑工业出版社出版、发行（北京海淀三里河路9号）
各地新华书店、建筑书店经销
北京雅盈中佳图文设计公司制版
北京中科印刷有限公司印刷
*
开本：787×1092毫米　1/16　印张：$22^1/_2$　字数：432千字
2019年10月第一版　2019年10月第一次印刷
定价：78.00元
ISBN 978-7-112-23717-3
（33998）

PREFACE 序

室内设计也指室内装饰装修设计，它是在人类文明诞生之初就随着建筑的出现而出现的。

建筑最初只为人们提供遮风避雨、防寒祛暑的庇护，通常具有实用性。随后，人们开始有意识地对自身生产生活的建筑内部空间进行安排布置，甚至美化装饰，室内设计的雏形应运而生。从早期原始社会墙壁上的彩绘图案和泥塑，到封建社会皇宫贵族寝殿中的建筑构件、器物、织物、盆栽等，再到现代社会满足人们物质与精神需求的各种家具和陈设，室内设计的理念、手法、风格不断丰富和发展。现代主义建筑运动使室内设计从单纯的界面装饰走向空间设计，强调了室内设计的实用性与功能性。

"形式追随功能""功能决定形式"，进而通过对建筑空间的创造，影响着人们的生活方式。在经济不断发展，文化日益频繁地碰撞与交流的今天，人们的需求层次在逐步提高，它牵引着社会生活与文化需求的提升，同时，室内设计也拓展出新的设计理念。在满足基本的生理需求之后，满足精神需求正成为室内设计发展的新趋势，因而实用性与功能性已经不再是室内设计的唯一出发点。"轻装修，重文化"是现在室内设计界普遍流行的一句话，可见提升室内空间的文化魅力，给予人们空间归属感与场所认同感，满足人们精神需求已成为室内设计的发展趋势。

设计是文化艺术与科学技术结合的产物，可以说设计文化是人类用艺术的方式造物的文化。文化是人类生活、社会形态的总称，人类全部精神活动以及活动的结晶产品。设计文化是最能体现一个民族文明的标志。

中国的传统文化是一种以农耕文化为基础，以宗法和礼仪为核心的文化。中华民族的文化历史悠久、内涵博大精深，它包容仁爱、崇尚中庸，具有鲜明的中华民族传统文化的特点。瓷器、民乐、茶道、戏曲、武术、书法、绘画、秦砖汉瓦等物质元素，儒释道等非物质传统文化，符号化地运用于现代室内设计中，既能满足不同人群的需求，又能彰显民族特色与文化底蕴。

美国符号论美学家苏珊·朗格在《情感与形式》一书中将能够引起人们联想与情感共鸣的一切外在表象，称为“有意味的形式”。在生活中寻找这种“有意味的形式”成为营造建筑与室内空间主题的基础工作和重要环节。

中国是一个幅员辽阔的多民族国家，不同地域、不同民族在中国传统文化的基础上演变出众多带有地域特征的文化类型。中国地域文化从东周时期逐渐形成，从西至东大概有关中文化、巴蜀文化、荆楚文化、三晋文化、中原文化、齐鲁文化、吴越文化等，可谓百里不同风俗。

聚落是构成人类文化景观的一部分，由于建筑具有直接可观的形象，因此民居建筑最能体现地域文化，客家的土楼、北京的四合院、云南的“一颗印”、内蒙古的毡包、新疆的“阿以旺”、四川的干阑式，这些都是不同地域文化在建筑上的直观体现。

全球化冲击和人们个性化的精神需求对当代室内设计提出了新的要求，室内空间已不仅仅局限于功能上的满足，它还应具备场所精神中的归属感，以及相应的人文内涵。而通过主题空间的创造可以充分、清晰地表达出这些文化内涵，提升空间品质。

地域文化主题，是室内设计中运用较为频繁的创作主题。地域文化可以划分为三个层面，即物质文化、制度文化、价值观念。前两个层面比较直观，可直接为室内设计所运用，而价值观念较为抽象，需要在深刻把握其价值观、审美观、伦理观的内涵基础上进行创作。地域文化在室内空间上的运用，可以在一定程度上弘扬与延续地域文化的精神与生命力，为古老的传统文化注入现代时空内涵的活力，并以现代室内设计理念重新解析和注释地域文化与传统思想。

改革开放后的三十多年里，中国取得了巨大的成就，各地先后达到甚至超越小康的生活水平。我国的室内设计在这样的背景下也取得了巨大的发展。但是，不能否认的是，我国的室内设计发展到今天，还是存在着基础不厚、发展过快、模仿抄袭等问题。当前，"欧陆风情"设计风格在我国建筑设计和室内设计中盛行，大量充斥于各地楼盘的建筑与室内设计之中。这种外来文化反映出文化自觉与文化自信的严重缺失。所以，我认为中国的当代室内设计应该具备一种中国韵味，从中国传统与地域文化中吸收精华。同时，优秀的室内设计在文化性基础上，还应具有时间印迹，体现时代特征。《文化主题与空间》一书就是在这样的背景下诞生的。杨茂川教授在撰写该书的过程中，结合全球化的时代背景，不仅对室内设计发展现状及未来发展趋势进行了系统梳理与分析，而且深入地探析了中国传统与地域文化在室内设计中的必要性，以及文化主题与室内空间结合的途径，分门别类地对典型主题文化与特定室内空间设计的营造方式进行了研究，并以优秀的主题空间设计作品进行了案例实证。与此同时，作者又能拓展视野，结合时下热门的互动体验课题，积极探索人与空间的互动模式，增加人们对空间的体验感，进一步拓宽了室内设计的外延，对体验设计与室内空间的结合作出了相应的诠释。全书在广泛参考和吸纳同类研究成果的基础上，以丰富的数据与翔实的图片资料，全方位向我们展示了室内设计中各要素之间的关系，以及具体的设计原则与方法，补充夯实了我国室内设计行业的基础与理论，读来令人信服。

杨茂川教授是我多年的挚友。早年我们曾共同编写过室内设计的工具书，还经常在国内室内设计活动中切磋、交流。在我主持的《建筑与文化》期刊的陈设艺术专栏中也曾邀他撰稿。因此，我们之间关系密切，可谓同道中人。杨教授毕业于改革开放初期的同济大学建筑学专业，他既具有坚实的建筑学基础，又富有绘画艺术天分。杨教授喜读书，勤思考，敢探索，能耐得住寂寞。近年来，他主持了多项省部级科研课题，发表了不少高水平的学术文章，同时还承担了大量实际项目的设计任务，在业界口碑甚高。一个多月前，他将一本厚厚的文稿寄给我，执意嘱我作序。这让我既惊又喜，惊的是近年来他成果连连，频传佳音，喜的是我能先睹为快。我深信杨教授的《文化主题与空间》的出版必将得到业界的广泛认同。该书是对建筑室内设计理论建设的补充，也必然对室内设计的实践创作具有指导意义。

高祥生

2018 年 9 月于东南大学

FOREWORD 前言

随着工业化大生产以及信息技术的飞速发展，商品经济的国际化、全球化已成为不可抗拒的发展趋势。新技术的发展极大地推动了社会进步，同时不断地改善、改变着人类社会的生存与生活状态。但不可回避的是我们看到了全球化带给人类诸多便利的同时，也给人类社会带来了潜在的威胁与破坏。表现在文化层面上就是对地域文化、地域特征的消解和对传统文化的无意识冲击。如今，在国际强势文化与价值观的影响下，诸多发展中国家的城市面貌几乎拥有了同一张面孔，各地区的原有特色正在逐步丧失。大量西方建筑理论、设计思想以及新潮的室内设计风格、流派蜂拥而至，一大批设计师出于各种原因与动机，将现代主义、极少主义、高技术主义等各种主义信奉为设计准则，盲目地拼凑抄袭，“文化趋同”现象愈演愈烈，给各地的传统与地域文化带来了极大的冲击。多元化是当今信息时代设计的主流，但在“多元化”的背后，不是百花齐放的繁荣，而是各行其是的芜杂，新颖时髦的“洋楼盘”“洋名词”掩饰不住创意的匮乏，电脑的轻松复制使我们的空间呈现出批量化的雷同；甚至于室内设计要档次，那就是高档石材、欧美装饰纹样并加金箔。民族传统、地域特色逐渐丧失，中国当代室内设计在前行中出现了若干引人思考而又忧虑的问题。

我们的设计文化面临着重大的挑战。文化折中现象把各种不同的思潮、理论，无原则地、机械地拼凑在一起，这意味着极端的危险。正是由于不同的民族背景、不同的地域特征、不同的自然条件、不同的历史时期所遗留的灿烂文化，才造就了世界的多样性。唯有保存人类文化的多样性，确保不同文化间的求同存异，整个人类社会才能保持其文化生态的平衡性，以及持续发展的可能性。继承与保护各民族、各地区的文化特征犹如给不同文化建立“生物基因库”，确保其多样性与差异性长期并存。

信息时代给我们带来无尽的资讯，科学技术的发展为设计提供了有效而快速的手段，大量的新材料和新工艺为我们提供了设计的无限可能性，但我们的设计文化却面临着重大的挑战。传统文化受到了销蚀的威胁，“单一的世界文明，同时正在对创造了伟大文明的文化资源起着消耗的磨蚀的作用”[1]。全球化背景下，室内设计在中国表现出的是传统文化与地域特征的消解，取而代之的是新技术在建筑空间中的典型视觉形象，即钢与玻璃紧密相关的“现代简约”风格大行其道，呈现出时代性突出，而文化性丧失的特征。

传统与地域文化主题设计是针对设计全球化趋势的一种反击。它与特定的传统与地域文化息息相关，关注的是日常生活及真实、亲近、熟悉的生活轨迹。提取文化中本质的东西，以使室内设计和其所处的当地社会维持一种紧密与持续性的关系。传统与地域文化主题设计的深入研究，正是将处于“文化沙漠”中的当代室内设计带进了一片绿洲。从传统与乡土文化中寻求设计灵感，再现中国各地区和各民族的生活情调，体会时空的变化，创造新鲜的、能触发人们情感的、具有时代特征的室内空间环境，无疑是探索中国当代室内设计手法、完善室内设计体系的出路之一。

设计主题是空间环境的灵魂，是设计思维过程中赋予个性与特征的空间整体艺术形象的宏观定位。人们不仅关注空间的使用，更关注空间

---

[1] 保罗 · 利库尔 . 历史与真理 [M]. 上海：上海译文出版社，2004.

环境设计的个性化和个性化价值的体现。空间意境、时代气息、自然环境、文化传统、风土人情等都是主题设计的源泉。设计主题表达了设计者的设计理念与设计价值。传统与地域文化主题，可以延续与弘扬传统与地域文化的精神与生命力，为古老的传统文化注入现代时空内涵的活力，并以现代的建筑设计理念重新解析和注释地域文化、传统思想。基于传统与地域文化主题的室内设计表现手法极为丰富，具有多元化与个性化的双重特点。主题设计要素既可以来自场所长期积淀的具象产物，如自然地理、城市建筑、装饰构件、日常用品、劳动工具、手工艺品等的直接引用；也可以是形式符号或文化精髓的抽象表达，如民族历史、文化传统、社会风俗、风土人情、人文典故的提炼归纳等。

透视原本为看透、看穿之意，也是一种三维表现的制图方法。而在书中透视是一种态度，一种坚忍不拔的精神，直达尘封表面下的本质。透视是一种深度，透过时空积淀的阻隔，洞悉斑驳表象下的真谛。透视是一种能力，见人所之未见，知人所之未知。对事物的透视有多深，思想就能飞多高，设计才能走多远……

全书共分 8 章。第 1、2 章在概要介绍相关研究背景与现状的基础上，综述传统与地域文化，室内设计的现状等；第 3、4 章介绍主题的概念及与空间的关系，探析文化主题与室内空间结合的途径；第 5 章探讨陈设艺术对主题室内设计的作用与结合方式；第 6 章专题探讨几类典型传统文化与特定室内空间结合的具体方法；第 7 章探索基于空间体验的定制服务设计；第 8 章结合笔者的设计实践及指导的优秀获奖作品的解析，对前述理论进行实证。

面对眼前厚厚的书稿，回忆过往，感慨良多。大约在十年前开始着手构思本书，在随后的五年里通过大量的交流、考察、教学、实际项目设计，以及与同行、同事和研究生们共同探讨研究，逐渐积累了书中大部分内容材料。2013 年开始系统思考框架提纲、整理材料，开始初稿撰写，并不断增补相关内容。至 2017 年 10 月，全书基本成形。时至今日，在本书即将付梓之际，对曾经帮助过本书撰写之人的感激之情油然而生。特别感谢我的挚友、东南大学的高祥生教授，欣然应允为本书作序！还要感谢中国建筑工业出版社的张晶编审，是他多年来忍受着笔者的拖沓，不时督促着我完成任务！还要感谢我的一大批研究生，帮助我完成了书稿的文字整理与校对，他们是邓珺、何玲、辛承愿、魏晓旭、马小川、盛超赟、唐敏、焦燕、王存志、张赢月、王玉红、刘凯、张博、毛善武、刘洁蓉、张婧雯。同时，感谢为本书提供了优秀案例的本科生，他们是李卓、练春燕、李佳琦、王凯。感谢江南大学设计学院！感谢中国建筑学会室内设计分会！感谢江苏省室内设计学会！

江南大学设计学院

2018 年 9 月 8 日于蠡湖长广溪

CONTENTS 目录

第 1 章　绪论

1.1　源起

1.1.1　世界范围内的文化趋同

谈到室内设计，就不得不提到建筑设计。没有建筑就无所谓室内，所以，在我们探讨本书内容起源时，就要从现代主义建筑思潮谈起。

现代主义建筑思潮产生于 19 世纪后期，成熟于 20 世纪 20 年代，在 50~60 年代风行全世界。1919 年，德国建筑师沃尔特 · 格罗皮乌斯（Walter Gropius）担任公立包豪斯（Bauhaus）校长。在他的主持下，包豪斯在 1920 年代，成为欧洲最激进的艺术和建筑中心之一，推动了建筑革新运动。德国建筑师路德维格 · 密斯 · 凡 · 德 · 罗（Ludwig Mies van der Rohe）也在 1920 年代初发表了一系列文章，阐述新观点，用示意图展示未来建筑的风貌。1920 年代中期，格罗皮乌斯、勒 · 柯布西耶（Le Corbusier）、密斯 · 凡 · 德 · 罗等人设计和建造了一些具有新风格的建筑。其中，影响较大的有格罗皮乌斯的包豪斯校舍、勒 · 柯布西耶的萨伏伊别墅（图 1-1）、巴黎瑞士学生宿舍（图 1-2）和他的日内瓦国际联盟大厦（图 1-3）设计方案、密斯 · 凡 · 德 · 罗的巴塞罗那博览会德国馆（图 1-4）等。

与学院派建筑师不同，格罗皮乌斯等人对大量建造的普通居民需要的住房相当关心，有的人还对此作了科学研究。1927 年，在密斯 · 凡 · 德 · 罗主持下，在德国斯图加特市举办了住宅展览会，对于住宅建筑研究工作和新建筑风格的形成都产生了很大影响。1928 年，来自 12 个国家的 42 名革新派建筑师代表在瑞士集会，成立国际现代建筑协会，“现代主义建筑”一名也四处传播。

从格罗皮乌斯、勒 · 柯布西耶、密斯 · 凡 · 德 · 罗等人的言论和实际作品中，可以看出他们提倡的“现代主义建筑”是要强调建筑要随时代而发展，现代建筑应同工业化社会相适应；强调建筑师要研究和解决建筑的实用功能和经济问题；主张积极采

图 1-1　萨伏伊别墅

图 1-2　巴黎瑞士学生宿舍

图 1-3　日内瓦国际联盟大厦

图 1-4　巴塞罗那博览会德国馆

用新材料、新结构，在建筑设计中发挥新材料、新结构的特性；主张坚决摆脱过时的建筑样式的束缚，放手创造新的建筑风格；主张发展新的建筑美学，创造建筑新形式。

现代主义建筑影响之深远，可见一斑。尽管现代主义建筑适应了时代发展的需要，但是，自 20 世纪 60 年代以来，在美国和西欧出现了反对和修正现代主义建筑的思潮。

1966 年，美国建筑师罗伯特 · 文丘里（Robert Venturi）在《建筑的复杂性和矛盾性》一书中，提出了一套与现代主义建筑针锋相对的建筑理论和主张，在建筑界特别是年轻的建筑师和建筑系学生中，引起了震动和响应。到 20 世纪 70 年代，建筑界中反对和背离现代主义的倾向更加强烈。

对于什么是后现代主义，什么是后现代主义建筑的主要特征，人们并无一致的理解。美国建筑师罗伯特 · A · M · 斯特恩（Robert A.M.Stern）提出后现代主义建筑有三个特征：采用装饰；具有象征性或隐喻性；与现有环境融合。

现代主义建筑的发展，的确促进了城市的进步，但同时也造成了世界各大城市之间的趋同现象。由于现代主义建筑结构和材料的创新，使得许多看似不可能的建筑方案成为现实。从最早的芝加哥学派，开始兴建高层建筑，到现在的世界各个角落都竞相攀高的摩天大楼。虽然在某种意义上，它展现了一个国家或者一座城市雄厚的经济实力，但同时也带来了这种千城一面的现象，不得不引起我们反思。

美国作为世界超级大国，其文化软实力可见一斑，这种强势文化也渗透到世界各地。比如说，餐饮行业里的快餐店，麦当劳和肯德基可谓是家喻户晓。麦当劳于 1990 年来到中国市场，同年第一家餐厅在深圳开业。现在，麦当劳在中国拥有超过 2800 家连锁餐厅，中国已成为麦当劳全球第三大市场。这种快节奏的饮食文化正逐渐改变着人们的生活节奏。

世界上最早的计算机在 1946 年诞生于美国宾夕法尼亚大学。互联网始于 1969 年，又称因特网。它是美军在 ARPA（阿帕网，美国国防部研究计划署）制定的协定下将美国西南部的大学 UCLA（加利福尼亚大学洛杉矶分校）、Stanford Research Institute（斯坦福大学研究学院）、UCSB（加利福尼亚大学）和 University of Utah（犹他州大学）的四台主要的计算机连接起来。由此，计算机和互联网成为当今时代科学技术的代名词。现如今，美国苹果公司、微软公司的产品已经普及到世界各地，与人们的生活密切相关。

由此，我们深刻地感受到，我们居住的世界已经变成了一个拥有着几十亿人口的地球村。美国强势文化已渗透到世界的各个角落，这种文化趋同现象会逐步稀释我们对自己本民族文化的认同感。就室内设计领域而言，如何在这种强势文化的影响下，传承和发展我们本民族的传统与地域文化，成为当代室内设计师们值得探索的一个课题。

1.1.2 多姿多彩的传统与地域文化

所谓传统文化，简单讲，就是时间积累，历史积淀的文化，而地域文化则是因地理位置的不同，形成的区域文化。就二者的关系而言，传统文化侧重于时间，地域文化侧重于地点，二者可以说相互包含。

中国作为拥有五千年悠久历史的文明古国，有着深厚的文化底蕴。从纵向的历史发展角度去审视，中国的传统文化它是在几千年的漫长岁月里，以中原华夏文化为主体，融合了周边各少数民族优良传统，吸取了佛教文化、伊斯兰教文化、西洋文化、东洋文化的成分，形成的以儒、佛、道思想为主体的文化体系。

近年来，由于中国经济的腾飞，国际影响力逐步扩大。文化作为体现国家综合实力的一部分，越来越受到重视。“文化热”现象在全国各地如火如荼地上演着。

2008 年，北京奥运会开幕式是中华五千年传统文化的缩影，它吸引了全世界人们对中国的关注，也很好地对中国五千年的文化进行了总结，并向全世界传播着中国文化的精神。开幕式的文艺表演名为《美丽的奥林匹克》，上篇为《灿烂文明》，下篇为《辉煌时代》，有《画卷》《文字》《戏曲》《丝路》《礼乐》《星光》《自然》等章节。开幕式表演以灵活多变的手法，运用具体的艺术表演将不同的艺术形式和艺术内容结合在一起，成功地打造了一台色彩纷呈的视听盛宴，展示了中国文化兼收并蓄、海纳百川的胸襟，集中囊括了中国传统文化的精髓。

2010 年，上海世博会成功举办。中国馆的设计引人注目，它以城市发展中的中华智慧为主题，表现了“东方之冠，鼎盛中华，天下粮仓，富庶百姓”的中国文化精神与气质。其设计思路主要是从中国古代灿烂的文化遗产中汲取营养。它大面积采用了大气沉稳的“中国红”作为主色调，并借鉴“故宫红”采取多种红的渐变，在形成强烈视觉冲击力的同时加强了层次感和空间感。在外观上则采用了中国古建筑中的“斗栱”技术，梁枋层叠，榫卯咬合。繁复的“斗栱”结构被简化为形式简洁的立体构成，远望如商周时象征权利和社稷的青铜鼎，更酷似一顶古帽，因此被命名为“东方之冠”。

中国传统文化源远流长，诸子百家，百花齐放。中国传统文化在其几千年的发展演化的历史进程中，先是儒家、道家文化，而后，随着佛教的传入与改造而形成了中国佛教。从此，千余年来，儒、佛、道三家在相互斗争、相互融合中，推动着中国文化的繁荣和发展。无论历史上或当代的中国设计作品，都深受其影响。室内设计作为文化传承的一种表现手段，正逐步发挥着越来越重要的作用。

室内空间的产生一开始只是满足人类最基本的需求——安全与温暖。随着经济的发展，社会的进步，人们对居住空间环境提出了更高的要求，更加注重对精神文化的追求。正因如此，现在的室内空间里各种造型、装饰、陈设等无一不表现着对美好生活的追求和向往。这些不同风格的现代室内设计以科学技术为依托、文化艺术为内涵，它的发展在一定层面反映了一个民族的文化传统。

1.1.3 不断提升的精神需求

美国著名心理学家亚伯拉罕·马斯洛（Abraham Harold Maslow）把人的基本需要分为若干层级，从低级的需要到高级的需要，排成梯级。该理论将需求分为五种，分别为：生理上的需求，安全上的需求，情感和归属的需求，尊重的需求，自我实现的需求。在人的发展中，只有基本的需求满足之后，较高层次的需求才会突显出来。每一低级的需求不一定要完全满足，高层次的需求也会出现，它的性质更像是波浪式的演进。

在人类文明发展史上，最初的建筑主要是为遮风避雨、防寒祛暑而营造的。它是人类为抵抗残酷无情的自然力而自觉建造起来的第一道屏障，只具有实用的目的。随着物质技术的发展和社会的进步，建筑才具有了文化的价值与审美的意义，直至发展成为作为权势象征的宫殿建筑，以供观赏为主要目的的园林建筑等。

室内设计从始至终都是伴随着建筑的发展而发展的。从最初的原始社会时期的牛河梁女神庙墙壁上的彩绘图案和泥塑，到封建时代宫廷中各种家具、建筑构件、器物、织物、盆栽的使用，再到现在满足人们物质与精神需求的各种家用设备。随着时代的发展，人们的需求层次在逐步演进。室内空间在满足了基本的生理需求和安全需求之后，人们开始追求更高的精神需求。提升室内空间的文化魅力，满足人们不断提升的精神需求，成为室内设计的发展趋势。

1.2 目的

1.2.1 提升空间文化魅力，满足人们的精神需求

随着我国经济的蓬勃发展，人们的生活水平显著提高，人们对室内环境的要求也越来越高。在室内空间设计中，人们不再局限于满足基本的功能需求，而是更多地关注精神文化的需求。

现在室内设计界普遍流行的一句话是“轻装饰，重文化”，可见文化元素在室内设计中的地位也得到人们的日益接纳与重视。人们不难发现，在近年的我国室内设计中，不论酒店场所、文化场所、交通场所、办公场所、医疗康复场所中，文化元素都得到普遍应用，这反映了一种社会的普遍需求。

那文化性如何在室内设计中完美、合理地体现出来呢？成功的室内设计不仅是

满足其使用功能的需要、设计新颖，更重要的是具备不同的地域文化特征。世界之所以多姿多彩，正是由于不同的民族背景、不同的地域特征、不同的自然条件、不同历史时期所遗留的文化而造成的世界的多样性；从这一点上来讲，越具有地域性也越具有世界性。在室内设计中，充分提炼并运用传统与地域元素，提倡室内设计中浓郁的文化元素与鲜明的时代气息相结合，以提升空间魅力，进一步满足当下人们的精神需求。

1.2.2 丰富主题室内设计表达方式

主题室内设计是创造具有深层文化内涵的室内空间方法之一。多元化的社会和个性化的需要对当代室内设计提出了新的要求，即室内空间已不仅仅局限于功能的意义，它还要具有场所精神和人文内涵，而通过主题空间的创造可以充分表达空间的文化特征，形成视觉上的冲击力和艺术上的感染力，借此实现室内空间的品质追求。

室内设计师常常为室内设计的主题创意而感到茫然和困惑，或者一味地效仿人们已熟知的某种风格、某种主义等，甚至是毫无顾忌地任意去抄录，剪辑式地搬到自己的设计之中。这样的作品显然缺乏原创性和鲜明的主题立意，必然是缺乏内涵、思想平庸的室内空间设计。

设计主题是多层次的，既有大自然的淳朴之美，又有都市的时尚之新；既有人文景观和历史文化的内涵，又有自由、轻松、休闲的视觉表现等。人们在这些空间场所中体会着文化的差异性，体会着空间的抽象情绪，从而进行着人与空间的对话，实现人与环境的和谐统一，这种在满足使用功能基础上的情感交流给功能空间增加了新的附加值。因此，蕴含文化的主题体现了空间的价值与意义。

当下室内设计界较为集中于以下三大方面的主题：人性化主题、时代化主题、地域化主题。

人性化主题设计是指在符合人们物质需求的基础上，强调精神和情感因素的设计，人类社会的发展在某种程度上也可以说是人性化要求不断发展的过程，是不断否定自我、超越自我的过程。人性化设计是以“人本主义”为原则，以人的精神、行为、生理、心理需求为前提，以相应的技术手段为保障的创造性活动，是人文精神的集中体现，是人与环境、人与自然和谐共处的集中体现。今天，人们的需求逐渐超越了仅以物质功能的满足为前提这一范畴，而向高情感的层次过渡。

时代性主题也称时尚主题。随着科学技术的发展，资源环境的开发利用，人类的生存环境正面临着前所未有的挑战。自然资源的日益匮乏，环境污染正日趋严重，人类物质生活水平的大幅度提高和对环境资源的无止境索取，都对当今人类的生理及心理造成了很大的压力。室内设计师结合现代特征开始寻找新的主题，这些主题应具有强烈的时代性。如人与空间环境的互动关系被不断加以强调和突出，功能空间进行全新的改良，"新的使用方法"是空间设计创新最为显著的特征，新的材料与新的技术推动各种新的类型的空间形式层出不穷。

文化是多元化的，注重传统文脉，充满地方特点的环境，已成为设计发展的主流方向，随着国际交流的增多，中国设计师已认识到"民族的就是世界的"的深层意义。自从和谐社会成为自上而下的主旋律以来，设计思潮中的和谐也无一例外地反映出与时代大背景紧密相连、以融合为主体的语境。这里，融合不仅是不同文化间的对接的概念，而是超越这种概念上升为全球化与本土化两大主题下的现代设计的中国式表达的探索。[1]

1.2.3 探索人与空间的互动模式，增加人的体验

如今，我们的社会已进入体验经济时代，客户在购买商品之前都希望能亲身地体验一番。所谓体验，就是企业以服务为舞台、以商品为道具，环绕着消费者，创造出值得消费者回忆的活动。其中的商品是有形的，服务是无形的，而创造出的体验是令人难忘的。与过去不同的是，商品、服务对消费者来说是外在的，但是体验是内在的，存在于个人心中，是个人在形体、情绪、知识上参与的所得。人只有通过亲身体验空间，才能真正增加对空间的了解。单纯地凭借设计人员手中的图纸，并不能保证最终的空间效果满足客户的要求。我们需要增加人在空间中的体验，以适应社会的发展。人与空间的亲密互动增进了客户和设计人员的有效沟通。

人作为空间的主体，对空间的内容和形式起着主导作用。空间不仅作为一件静态的商品供人所观赏，它还可以通过现代化的技术手段让人身临其境地产生不同的感受。人可以通过视觉、听觉、嗅觉、触觉在空间当中进行全方位的互动。这不仅减少了设计人员繁琐的画图工作量，同时为空间中的主体创造了更多的选择机会。

1.3 概念界定

1.3.1 透视

我们一般理解"透视"是作为绘画法的理论术语。"透视"一词源于拉丁文"perspclre"（看透）。最初研究透视是采取通过一块透明的平面去看景物的方法，将所见景物准确描画在这块平面上，即成该景物的透视图。它是观察、研究景物，在平面画幅上表现立体空间的直接的和基本的方法，应用在绘画上，有助于精确描绘物体

[1] 安勇．室内设计的主题性研究 [J]. 家具与室内装饰，2001（12）.

的远近、高低、大小等关系。在平面画幅上根据一定原理，用线条来显示物体的空间位置、轮廓和投影的科学称为透视学。

本书中所说的“透视”作为一个动词存在，是一种设计方法。透视是设计师透过表面现象追寻事物的实质和内涵，再以视觉化的方式呈现在使用者面前。透视是一种深度，透过时空积淀的阻隔，洞悉斑驳表象下的真谛。透视是一种能力，见人所之未见，知人所之未知。对事物的透视有多深，思想就能飞多高，设计才能走多远。

1.3.2 传统文化

传统文化一词有广义、狭义之分。广义的传统文化泛指社会群体历代流传下来的文化，是民俗文化的精华。S·埃立克森认为，在所有的社会阶层中都可能发现有相当分量的，往往是传袭下来的，并且至少是个别地同化及消化了的文化。从历史传袭的意义上讲，愈原始的文化其传统性愈强。狭义的传统文化指工业社会以前的文化，它是以农业经济为社会基础产生的文化，与以工业为基础的文化相对应。传统文化更多地体现在精神文化方面，体现在人们的生活方式、风俗习惯、心理特征、价值观念、审美情趣上，内化、积淀、渗透于每一代社会成员的心理深处。传统文化的特点主要有：历史传承性，传统文化是历代传承下来的。每一代人都是首先接受传统文化，然后改造和丰富传统文化，从而留给下一代的又是一个全新的传统文化整体。相对稳定性，传统文化是植根于自己民族土壤中稳定态的东西，有相对不变的一面，能够超越时代而长久延续。不过，传统文化的这种相对稳定性的特点使它带有一种文化惰性，在向现代工业文明的过渡转型中，表现得尤为突出。广泛的社会性，传统文化反映和代表着一个民族和社会的整体意识和总的价值倾向，并不是少数人的思想精华。

1.3.3 地域文化

地域文化是指世界上某些地域所拥有的文化。由于地理条件是人类文化发展的载体，所以相同的地理条件下的各国、各民族文化均有其相同或相似的许多方面，如欧洲历史上存在过的以希腊文化与罗马文化为代表的文化。以中日文化为主流的东方文化等都是地域文化。此外，大陆文化、海洋文化也带有明显的地域性质，因此也属地域文化。

图 1-5　客家围龙屋

就中国不同地区的民居建筑类型而言，都带有明显的地域特征，体现着不同的地域文化。客家的围龙屋（图 1-5）、

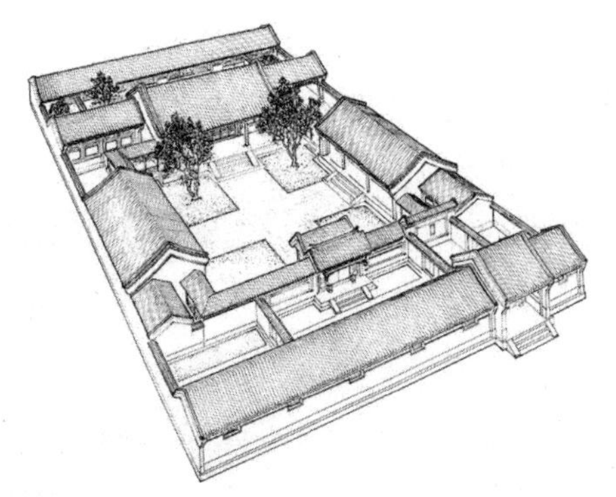

图 1-6　北京四合院

图 1-7　陕西窑洞

图 1-8　广西“干阑式”

图 1-9　云南“一颗印”

北京的四合院（图 1-6）、陕西的窑洞（图 1-7）、广西的“干阑式”（图 1-8）、云南的“一颗印”（图 1-9）并列为中国五大特色民居建筑。民居建筑只是地域文化的一种体现，不同地域文化的室内设计也带来不同的室内设计风格。比如我们经常提到的以地域划分的室内设计风格，地中海风格、欧式古典风格、美式乡村风格、新中式风格等。创造地域文化主题的室内空间，一方面可延续与弘扬地域文化的精神和生命力，另一方面也可为古老的传统文化注入现代时空内涵的活力，并以现代的空间设计理念全新分析和注释地域文化，随之赋予时代感的亲和性和清新感。

1.3.4　主题设计

主题，我国古代又称为意、旨、意旨、题旨等。现代，在记叙文中又叫中心思想、中心意思，在论述文中叫基本论点、中心论点等，它们都可以统称为主题。主题是作者在说明问题、发表主张或反映生活现象时，通过文章的全部内容所表达出来的基本观点或中心思想。它不是写作的“内容”，而是通过这些内容表述的看法与主张；也不是写作的“主要问题”，而是作者对问题作出的回答与评价。

就设计师而言，主题是设计师经过深思熟虑后作出的理性判断，是设计师思想认识的结晶。主题对室内设计有着举足轻重的意义，衡量一件设计作品精神价值的最终标准，在于主题。主题为室内设计带来了社会意义，主题又制约着室内设计的全部要素。材料、色彩、结构、灯光等都接受主题的统率。所以，主题常被比喻为室内设计的灵魂。

主题设计在室内设计中就是我们对于空间的定位。一个空间或几个空间有一个明确的主题，那这个空间就像是有了灵魂。有了明确的主题，我们就可以把空间进行区分，并传达特定的设计理念。主题的提取可以从很多方面，可以是文学，也可以是艺术。确定主题后，我们就要通过空间中的元素去体现。这些元素包括特定的灯光、色彩、材料、家具等。元素的提取与组合运用的最终目的就是表达空间设计的主题。

1.3.5 室内设计

“室内”即由建筑实体构件限定围合出的内部空间环境，可以为人类提供遮风避雨的场所。“设计”一词是指为了一种使用目的而进行的构思和计划的活动。简单地讲，室内设计是指建筑内部空间环境的设计，是在建筑环境中为了实现某些功能而进行的内部空间的组织和创造活动。

“室内设计”的深层含义是为了满足人们的各种行为与心理需求，运用一定的物质技术手段与经济能力，根据使用对象的特殊性以及他们所处的特定环境，对建筑的内部空间进行的规划和组织，从而创造有利于使用者物质功能需要与精神功能需要的安全、卫生、舒适、优美的建筑内部环境。室内设计包括室内空间设计、室内建筑构件的装修设计、室内陈设品的陈设设计、室内照明和室内绿化五大部分。[1]

室内设计的目的是通过创造室内空间环境为人服务，为人类创造更好的生活方式，满足在社会发展过程中生存、生活、发展的需要。从文化层面来说，为人的设计更多地在于获得精神上的享受。

1.3.6 当代表达

“当代”即是我们现如今生活的时代，它包括我们的社会生活环境、经济发展水平、文化背景，以及科学技术水平等，这些都是我们当下所面临的现实状况。“表达”的基本解释，就是通过语言或者文字等把我们的思想感情表示出来。而语言或文字这些都是基本手段，当然也包括其他技术手段。

所谓的当代表达，就是把传统文化与地域文化运用当代的技术、材料、设计手法

---

[1] 万征．室内设计 [M]. 成都：四川美术出版社，2005.

表现出来。例如，北京奥运会开幕式就是一次中国传统文化的集中展示。运用当代的科技手段表达了悠扬的古乐、美艳的昆曲、“动静结合、刚柔并济”的太极拳、整齐与变化的活字印刷术等。上海世博会中的中国馆从中国古代建筑结构斗栱演变而来，同时也采用了新型绿色环保材料。这样做一方面体现了时代特征，另一方面继承并发扬了中国的传统文化。

1.4 现状

1.4.1 国外现状

20 世纪 70 年代和 80 年代出现了几种向现代主义挑战的流派。既然室内设计是一个不断发展的领域，甚至是竞争的领域，那么在竞争中出现几种相对不同的发展方向以求把控未来设计，由此而产生相互抵触和混乱也就不足为奇了。有人杜撰出一种相当不合逻辑的说法——“后现代派”来描绘前段时期现代派范围以外一切设计的发展。但是，这种说法逐渐又依附于一种特定的发展方向，它只不过是几种明显不同的方向之一。无论最终选定什么样的名称，人们可以清楚地认出和辨别三种明显的方向，它们各自均以生动活泼的方式向前发展。

晚期现代派指的是诸多方向中最为保守的流派。该流派设计牢固地建立在四位著名大师奠定的现代派基础之上，但它又意欲发展成新的形式，比现代派晚辈们公式化的设计更富有探险精神，而且在美学角度上更富有变化。贝聿铭（I.M.Pei）的设计，如华盛顿国家美术馆东馆（图 1-10）（1978 年竣工）就属此类。雷查德 · 梅埃尔（Richard Meier）设计的住宅和其他室内设计，以及查尔斯 · 格尔斯梅（Charles Gwatehmey）同样也是沿着早期现代派所追求的方向发展起来的，最终也没有背叛现代派的宗旨。

一种基础与现代派相同而某些方向稍许变化的室内设计被称为高技术派。高技术派更侧重于开发利用和有形展现现代化科学要素，尤其侧重于先进的计算机、宇宙空间和工业领域中的自动化技术，早期现代派与技术派紧密相连，它的兴趣是在机器上以及意欲通过机器来创造出一种适合现代技术世界的设计表现形式。看来过分地集兴趣于单一的机器已变得过时，把机器化设计视为解决一切问题的手段则显得相当天真、幼稚和浪漫。高技术派设计已进入电子和空间开发利用的“后机器年代”

图 1-10　华盛顿国家美术馆东馆

(post-machine-age)，以便从这些领域中学到先进技术和从这些领域里的产品中寻找到一种新的美感。

图 1-11 罗伯特·文丘里所著的《建筑的复杂性与矛盾性》

后现代派这一总称现已逐渐成为识别另一新方向的代名词，该方向的理论基础来自罗伯特·文丘里所著的《建筑的复杂性与矛盾性》(图 1-11)。该书出版于 1966 年，是一部很有影响的著作。在这本书中，文丘里就现代派特征的逻辑性、统一性和秩序提出质询，暗示了设计中的复杂性与模糊性。根据这一宗旨，文丘里的设计作品时常显得怪诞、混乱和平庸。

后现代的设计由于运用装饰、讲究文脉而同现代主义分离。这些传统符号的出现并不是简单地摹写古典的建筑样式，而是对历史的关联趋向于抽象、夸张、断裂和组合，利用和当代技术相适应的材料进行制作，通常是突然开始忽然结束，幽默地、荒诞地将历史的隐喻放在墙面上，让人回味。无疑，后现代丰富的创造力，使当今世界的现实生活变得似乎不可思议，多彩多姿。

尽管迈克尔·格雷夫斯(Michael Graves)不喜欢“后现代派”这一提法，他却是美国最享盛誉的后现代派设计大师。如今他诙谐有趣的家具和室内设计已纷纷为其他工程设计项目所效仿。1980 年他设计的波特兰(俄勒冈州)公共事业大楼成了近来建筑领域引起争议最多的一幢建筑。对该建筑既有过度的赞美之词，又有辛辣的责难。有趣的是人们看到长期以来菲利普·约翰逊(Philip Johnson)一直是美国现代派的支持者，但是，他所设计的工程项目如 1984 年的全美邮电总局大楼却已转向后现代派，尽管该建筑借鉴古罗马(式)、罗马式和乔治式设计要素。

在意大利，孟菲斯(Memphis)建筑设计集团始终精力充沛地发展带有后现代倾向的家具和室内设计，其色彩和形式更加随意与怪诞。许多美国设计家们也热衷对其加以吸收和采纳。[1]

另外，值得一提的是，活跃在世界前沿的室内设计师也通过自己的设计实践不断创新，丰富了室内设计的理论。季裕棠是在台湾出生的一名中国人，他自幼移民来到纽约。他自小热衷设计师的艺术，沉醉于其选择加以理解的每一项设计项目。他被人形容为一名现代主义者，生性活跃，拥有设计天资。对艺术的爱好、对设计的钟情、青年人对“设计项目”的激情，三者的结合，再加上一个特殊且富有灵感的头脑，推

[1] 许建春，葛轩. 室内设计史(五)[J]. 室内，1993(2).

动着季裕棠在设计专业道路上一步一个脚印，从初出茅庐时默默无闻，仅仅经过二十年的奋斗，今天已成为国际知名的设计大师。

赋予空间灵魂是季先生的不懈追求。他曾谈道："设计不应该简单地被视为一个理性的过程，它是在塑造一个无形的氛围，影响你的触觉、嗅觉、听觉以及味觉。当一个人进入一个空间后，如果他不能感受到这个空间为何使他感觉不同，那么，我想那说明我的设计没有完成。"

另一个非凡的传奇人物飞利浦 · 帕特里克 · 斯塔克（Philippe Patrick Starck），集流行明星、疯狂的发明家、浪漫的哲人于一身，或许算得上世界上最负盛名的设计师。他的作品随处可见：从纽约别致的旅馆到 FF4900 邮购商行，从法国总统的私人住宅到欧洲最大的废物处理中心，从全球各地的咖啡馆及家庭中数十万的座椅和灯具到浴室中的牙刷。飞利浦 · 斯塔克在他的主要工作中进行引导，使物与人的关系变得更融洽。

1982 年他有幸接到一项非常重要，影响也很大的项目，即与另外四位设计师一道完成香榭丽舍总统私人住宅的室内改建工程，1984 年他又完成巴黎 Costes 餐厅的室内设计，这两项设计为他带来了极大的国际声誉。1980 年代以后，斯塔克成为最著名的新生代"设计巨星"，完成了数量和质量都非常惊人的设计项目，包括一些规模非常大的宾馆室内设计，如 1988 年完成的纽约皇家饭店的豪华高贵的室内工程，以及 1990 年完成的纽约巨人饭店室内工程，斯塔克在此以耀眼夺目的法国装饰传统作为主体构思。同时，他亦完成了许多夜总会、商店和餐厅的室内设计，并在设计中大量使用他自己的具体产品如家具、灯具、扶手以及花瓶等细小物件。

他的设计不会乖乖地向人们的偏见妥协。它的设计最突出的特征就是其设计具有幽默感，斯塔克的设计不仅停留在幽默这个层次上，它还有更深的寓意，欣赏的时候应该注意挖掘其内在的东西，而不是一笑了事。如果说幽默是他设计作品的树干，那么对事物奇特的解析就是树上最繁茂的枝叶。他的作品还有一个不能忽略的因素便是它美观的形态。圆润得让人感觉没有摩擦力，这样的模样与其说是一种存在形式，倒不如说是一种流动的感觉。他的设计作品样子各异，可是都有一个共同点，都有像"牛角一样的形态"，这样的外形不会太刺激感觉，而且还隐约地散发出它独特的魅力。自然流动的曲线和圆圆的平面，看起来优雅和平，让人对美的感觉从直接感受变为间接感受。

1.4.2　国内现状

就目前来看，国内研究传统文化与地域文化在室内设计方面的论文有很多，但论著却寥寥无几。就论著而言，传统文化多涉及民风民俗，而地域文化偏爱于建筑的研究。

安勇先生撰写的《延伸与衍生：地域建筑室内设计研究》可以说是地域性室内设计的一部经典著作。该书立足于湘西地域室内设计实践，结合了文化学、地理学、民俗学、设计学与遗传学的理论来尝试地域文化与现代设计的探索，视野开阔，论据充分，观点鲜明。它采用了“从基本理论到认识探寻，从理论推演到实践论证”的基本方法。这部著作有四个特点：一是“刨根问底”，由现象反思到文化溯源，从文化心态直至文化自信，都有深入浅出的阐述。二是“主干笔挺”，从地域文化、地域设计直至设计方法、设计发展表述清晰，具有独特见解。三是“枝繁叶茂”，立足传统背景、当代语境、世界视野来思考设计创作。作者走遍世界各地，博览众家所长，不局限于几个简单的论调，而是多角度、多视野地散点透视。四是“以身试效”，作者用二十多个现实案例来证明了“疗效显著”，这是在设计实践中得出的经验，而不仅仅是实验台上的数据。

陈伯超教授撰写的《地域性建筑的理论与实践》开辟了“地域性建筑”研究的先河。该书立足于东北，以沈阳地区的建筑实践为研究立足点，以论文的形式充分阐释了地域性建筑的理论。论文内容翔实，观点明确，见解独到，发人深省。东北是满族的发祥地，有着悠久的历史与文化。沈阳的“一宫两陵”和众多历史建筑凸显满族建筑的辉煌与神韵。满族建筑在漫长的发展史中，兼容并蓄，吸纳了多民族特别是汉族传统的构架形式，融入了丰富的建筑技术与艺术。然而，满族建筑在其自身的发展过程中始终保留了本民族的精华，形成了满族建筑独自的建筑体系、风格与特色，创造了满族民族辉煌的建筑文化与建筑历史，为中华民族留下了大量的宝贵遗产。全书共收录论文 62 篇，涉及建筑历史与历史建筑保护、城市建设与建筑设计以及建筑教育三大领域，对建筑理论与城市建设的研究很有价值。

关于“主题室内设计”“传统文化”“地域文化”“当代表达”，以及其他相关概念，在“CNKI 中国知网”中出现的次数如表 1-1、图 1-12 所示。

相关概念 CNKI 搜索论文篇数　　表 1-1

主题室内设计	41
传统文化	38695
地域文化	13937
当代表达	309
主题室内设计 + 传统文化	13
主题室内设计 + 地域文化	8
传统文化 + 当代表达	109
地域文化 + 当代表达	26
主题室内设计 + 传统文化 + 地域文化 + 当代表达	0

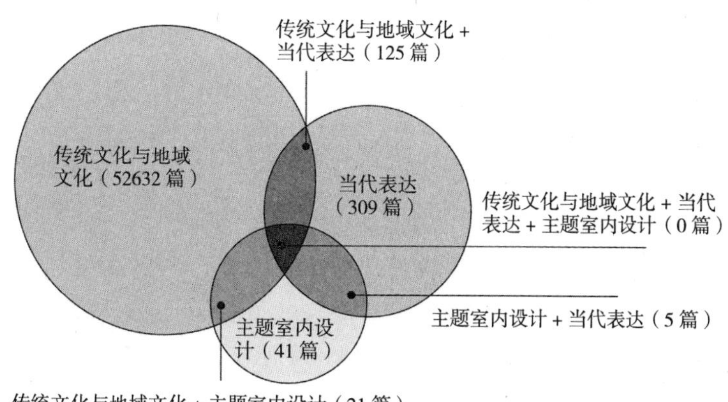

图 1–12 相关概念 CNKI 搜索论文篇数

通过表 1–1、图 1–12，我们发现研究传统文化与地域文化的论文数量相当之多，这说明我国学者们对传统文化与地域文化非常重视，并倾注了大量精力。但是，传统文化、地域文化与室内设计结合的论文数量却很少，这就为室内设计工作者与相关人员提供了广阔的研究领地。随着室内设计产业的蓬勃发展，主题作为室内设计的灵魂越来越受到人们的关注。尤其是在餐饮、酒店、会所、酒吧等休闲娱乐场所中，主题室内设计更是一展风采，成为未来室内设计的发展趋势之一。

1.5 思路

本书立足于传统文化与地域文化，从主题室内设计谈起，通过探讨在室内设计中主题与传统文化、地域文化的内在联系以及结合途径，并结合实例分析，最终达到“透视”文化与空间的目的。本书共分为八章。第 1 章绪论主要是概要介绍相关研究背景与现状。第 2 章综述传统与地域文化的概念，以及当代的文化现象、文化与产业的关系等。第 3 章介绍主题的概念，以及与空间的关系、当代表达的空间呈现方式。第 4 章借助文学的相关理论探析文化主题与室内空间结合的途径。第 5 章专题探讨最具文化内涵与审美价值的陈设艺术对主题室内空间的作用与结合方式。第 6 章探讨几类典型传统文化与特定室内空间结合的具体方法。第 7 章借助工业设计领域的交互理论尝试探索基于空间体验的定制服务设计，对未来理想空间的设计流程与方法进行前瞻与展望。第 8 章结合笔者的设计实践及教学中的优秀设计探索作品的解析，对前述相关理论进行实证。

研究框架如图 1–13 所示。

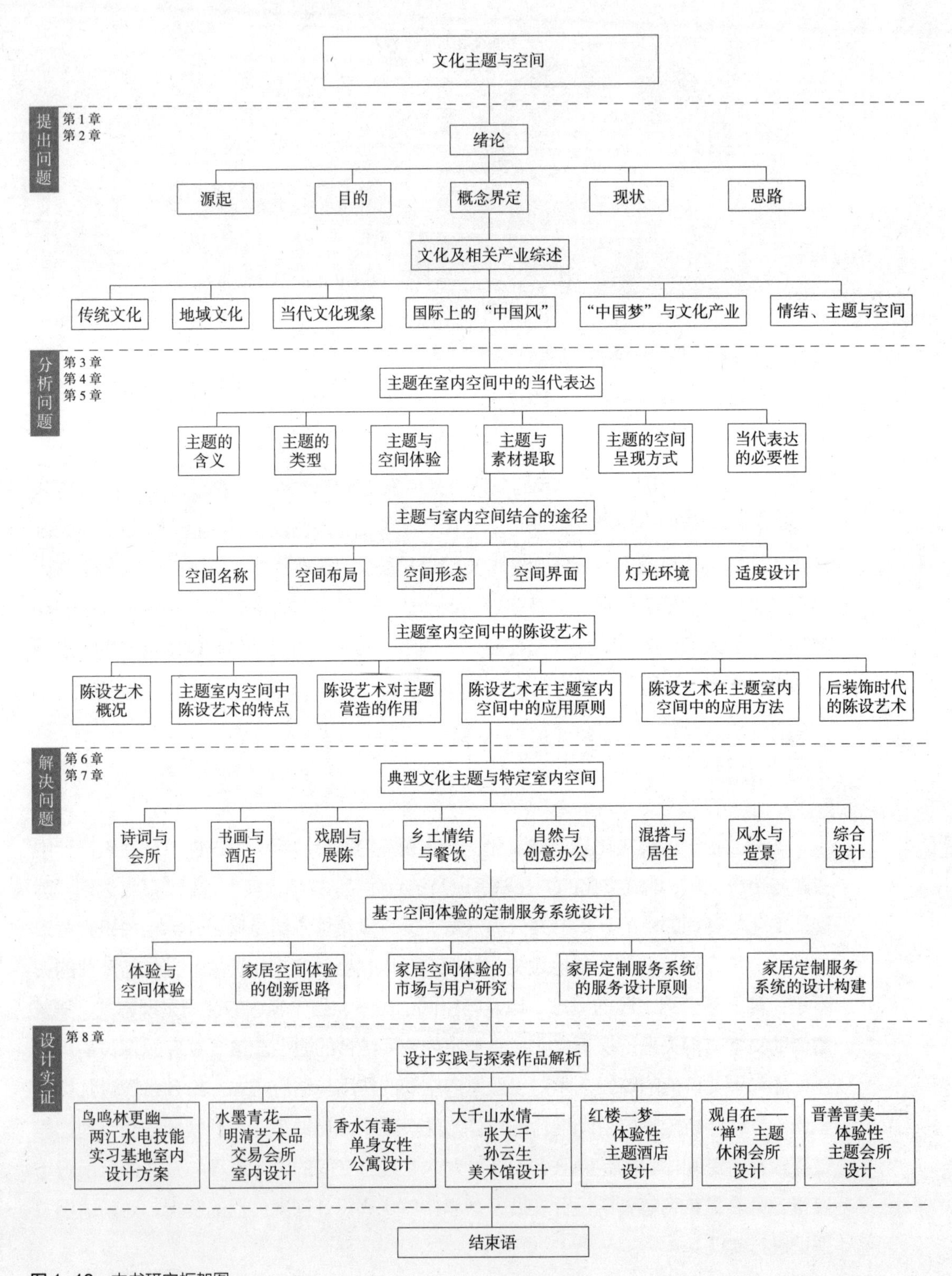

图 1-13　本书研究框架图

第 2 章　文化及相关产业综述

《辞海》中有对文化的定义，也是为中国当代学者大多所接受采纳的："从广义来说，指人类社会历史实践过程中所创造的物质财富和精神财富的总和。从狭义来说，指社会的意识形态，以及与之相适应的制度和组织机构。"

中华文化是世界文化的重要组成部分，曾经处于世界文化的前列。随着工业化大生产以及信息技术的飞速发展，商品经济的国际化、全球化已成为不可抗拒的发展趋势。但不可回避的是我们看到了全球化带给人类诸多便利的同时，也给人类社会带来了潜在的威胁与破坏。表现在文化层面上就是对地域文化、地域特征的消解和对传统文化的无意识冲击。

现如今在国际强势文化与价值观的影响下，诸多发展中国家的城市面貌几乎拥有了同一张面孔，各地区的原有特色正在逐步丧失。大量西方建筑理论、设计思想以及新潮的室内设计风格、流派蜂拥而至，一大批设计师出于各种原因与动机，将现代主义、极少主义、高技术主义等各种主义信奉为设计准则，盲目地拼凑抄袭，"文化趋同"现象愈演愈烈，给地域文化带来了极大的冲击。随着民族传统、地域特点的逐渐丧失，中国当代设计在前进中出现了若干引人思考而又忧虑的问题。

2.1　传统文化

伟大的民族必然有伟大的文化，历史悠久的中华民族以伟阔宏大、精深神奇的文化著称于世。中华传统文化以五千年的历史积淀，形成了一座巨大的宝库，任何人以毕生精力都难以穷尽其底蕴。

2.1.1　中国传统文化的特征

在特定的地理、历史、社会因素作用下，中国传统文化与其他国家和民族的文化相比，有以下特征：

第一，具有顽强的再生力，无与伦比的延续性。中国文化历尽沧桑，始终传承不绝，是世界文化史上罕见的不曾中断的古老文化。世界范围内其他文明的文化，在发展历程中都曾出现过断层，而中国文化的发展序列有如此完整、连续的形态，是世界文化史上的一个特例。

第二，"大一统"与多元文化两种倾向并存。中国的政治结构、文化素质、人才条件诸方面的种种"大一统"的先决因素，都是其他国度不可能具备的，也是中国封建文化达到世界最高水平的基本原因之一。由于中国幅员辽阔，各地区文化发展极不平衡，导致文化多元倾向，按地域出现不同的学派，给文化增添了活力。

第三，入世思想成为主导心理，宗教色彩比较淡薄。秦汉以后，宗教在中国有所发展，但老百姓并不专一，而帝王总是高居于宗教之上，政教分离，政在教上，较少有人成为纯粹的宗教徒。

第四，以伦理道德学说作为维系社会秩序的精神支柱。儒家伦理思想渗透于全民族的心理、意识之中，孔子的仁学成为宗法思想与封建国家观念之间的中介，其后的魏晋玄学、宋明理学都利用思辨去满足伦理的需要，忽视功利，虐杀了人文精神，使社会呈现僵化而有秩序的状态。

第五，重政务，轻自然，斥技艺。历代统治者促使中国古文化沿着封建政治化的轨道滑行。文化的各个侧面都依附于政治。政治功利主义使科技没有独立地位，历代的科学思想和著作不受重视。

第六，朴素的整体观念，注重直觉体悟的思维方式。作为"科学型"的欧洲文化的理论基础，欧洲哲学较多地强调对立面的冲突与斗争。作为"伦理型"的中国文化理论基础的中国古代哲学，则比较趋于对立面的统一、同一。但是，中国古代朴素的整体观念缺乏对各个细节的认识能力。中国的思维方式发展史缺乏一个机械唯物论阶段，这与近代工业及相关的实证科学在中国的不发达是互为因果的。

中国文化的特征是由地理条件、生产方式等因素决定的。许多学者认为，中国文化最显著的特征是政治型伦理文化，其他的文化处于次要、从属的地位。以国家最高所有权支配下的小农经济为基础，外靠以专制王权为核心的行政力量，内靠以血缘关系为纽带的宗法关系，构成了中国封建社会结构的基本特点。因此，中国文化注重人事，注重治国，注重驭民，注重伦常。

2.1.2 哲学文化

中国哲学的精神是自强不息、实事求是、辩证思维、以人为本、内在超越、有容乃大。张岱年在《中国哲学大纲》中列出中国哲学的特点，即"合知行""一天人""同真善"。

而其中“天人合一”则是中国哲学最突出的特点。

自20世纪90年代以来，随着西方文化中心论的不断衰落和文化多元论的普遍流行，许多思想家开始考虑如何借鉴世界各民族的宝贵文化遗产，重建人与人、人与自然的关系，为人们寻找安身立命的内在依据。在这种反思过程中，中国传统文化中的“天人合一”思想备受关注。著名学者季羡林认为“这个代表中国古代哲学主要基调的思想，是一个非常伟大的、含义异常深远的思想”。法国哲学家施韦兹盛赞它以“奇迹般深刻的直觉思维”，体现了人类最高的生态智慧，是“最丰富和无所不包的哲学”。

中国哲学思想在佛教与道教中有着深刻体现。

中国佛教是随着印度佛教的传入而产生的一种宗教哲学。佛教传入中国后和中国原有的思想相接触，不断变化发展，最后形成了自己特殊的新学说（图2-1）。所谓中国佛教，既不同于中国的传统思想，也不同于印度的佛教思想，而是印度佛教文化与中国传统文化相融合而生成的一种新文化。这正是中国佛教文化的一个显著特点。

道教是吸纳了中国文化诸要素的一门宗教。“道”是中国人特有的观念，被作为天地人存在、机能、实践的根本。它存在于中国民众自我意识的深处。它的一个重要特点是博容各派、兼收并蓄（图2-2）。道教在它的形成和发展中，尤其是在与儒佛两种强大思想的对抗中，正是凭借着自己广纳博容、应物变化的特色，使之在中国文化的领域中牢牢地占据着一席之地。

在世界设计发展史中，中国设计以其自身蕴含的哲学思想和文化特质而独树一帜。受礼制文化和典章制度的影响，寓于伦理的严整布局、天尊地卑的装饰表征、富于审美的结构造型、自由灵活的空间组合以及师法自然的意境创造成为中国传统设计的基本法则。

图2-1 佛教在中国

图2-2 道教圣地清源山

2.1.3 政治文化

科举文化是以科举制度为核心的一种文化，它是中国传统文化的重要组成部分，源远流长（图 2-3）。科举制度是中国封建社会选拔官吏的一种考试制度，它和以前的选举制度最根本的区别，在于让普通的读书人均有参加官府考试，从而被选拔做官的机会，这就使封建王朝能在更大的范围内选拔官员。科举制度从隋代开始实行，到清朝光绪二十七年举行最后一科进士考试为止，经历了 1300 多年。

书院文化是中国封建文化的一个组成部分，是中国封建社会的一种文化现象。书院文化的内容包括书院的规模、活动、组织、功能和作用，以及与书院相关的意识形态、政治制度、人文心理、学术和教育环境、历史条件等一切文化因素。书院之名始于唐代，蓬勃发展于宋代，追求的是学术自由，促进学术发展，书院活动在本质上不违背封建社会的礼义伦常（图 2-4）。随着专制皇权不断强化，它不允许任何自由和分歧，内外因素限制了书院文化的积极成分，而使书院最终走上官学之路，成为应举仕子的训练所。

宗法文化的内容包括宗法本身的问题，如宗法制度、宗法组织、宗法功能等，以及与宗法相关的意识形态、政治制度、人文心理、民族性格、民族习俗、历史条件等一切文化因素。宗法就是宗族内主从之分、贵贱之别的法则。严格意义上的宗法制在西周末年已开始瓦解，家国同构的统治体系被打破。自北宋开始重建的宗法组织，是民间自发组织的、以男系血统为中心的亲族共同体。它在唐中叶以后已经出现，到宋代才成为社会结构中具有普遍性的主流社会组织。在宗族共同体内，逐渐形成以族长权力为核心，以家谱、族规、祠堂、族田为手段的宗族制度。

中华民族的文化传统源远流长，不仅培养了炎黄子孙高尚文雅、彬彬有礼的精神风貌，而且也使中国赢得了“礼仪之邦”的美称。礼成为社会生活最高权威的制约因素。冯天瑜在《中华元典精神》中也表述“从一定意义言之，一部中国文化史，即是一部

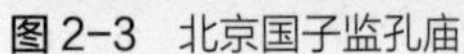
图 2-3　北京国子监孔庙

图 2-4　龙江书院

礼的发生、发展史”。礼在中国曾发挥过巨大的作用，是中国一份特别厚重的文化遗产。礼虽然培养出了中华民族敦厚、质朴的美德，但也使得我们民族在心理上愈来愈趋向克己、知足、守旧。许多传统礼仪，经过改造以后，仍能为我们所借鉴。

2.1.4 学术文化

在中国古代历史上，真正出现过“百花齐放”“百家争鸣”的学术文化繁荣景象的还只有春秋战国时期，这与当时复杂的政治、经济、军事、文化背景有关。春秋战国时期形成的诸子文化，对后世学术文化的发展产生了极为深远的影响，它涉及经济、政治、法律、军事、文学、哲学、自然科学等各个方面（图 2-5）。

汉武帝“独尊儒术”后，儒家思想一直占据着统治地位而独领风骚，使儒家几乎成了中国文化的代名词。在整个中国文化思想上、意识形态上、风俗习惯上，处处可以见到儒家思想的印痕，成为构成中国传统文化的主干。儒家文化源远流长，影响非常深远，即使到了今天，我们仍受到它的制约（图 2-6）。而且它的影响并不限于中国本土，就是远隔重洋的其他国家和地区，亦或多或少地受到它的浸染。当今越来越多的西方人开始注重东方，仰慕东方温情脉脉的人伦关系，这些不能不说与儒家文化有着密切的关系。

道家，即“道德家”的简称。先秦时期，它是作为儒家的对立面存在的，儒家主张积极入世，道家则倡导消极出世，但它们都追求身心内外的和谐，以塑造理想人格风范为目标，因此两家在思想上也具有某些一致的地方。汉代以后，儒道两家逐渐合流——“儒道互补”，共同构建中国传统文化的基本框架。在诸子各家学说中，道家思想最富于哲学内涵，对中国学术思想的发展具有深远影响。

法家文化是一种以先秦法家思想为轴心的文化现象。它的内容包括两方面，一是法家本身，如法家人物商鞅、韩非子，法家典籍等。二是与法家相关的政治制度、法

图 2-5 百家争鸣

图 2-6 曲阜大成殿

律制度、历史条件等一切文化因素。法家文化的基本内容和特征为：在外在形式上，以儒学为旗帜，神化君权，弘扬儒家的“仁政”和伦理纲常，而实质上又是法家的绝对“君权”，中央专制。

2.1.5　民俗文化

姓氏，是一种区分家族的代号，也是文化范畴的东西，所以称之为姓氏文化。姓与氏，在古代则是既有联系，又有区别的两个不同的概念。姓，是表示具有血缘亲属关系，世代同宗一祖的家族的徽号、标志或称谓。氏，是表示具有血缘亲属关系，世代同宗一祖的家族，由繁衍生殖所派生出来的分支派系的徽号、标志或称谓。名号文化，是指由于社会交际的需要，除要辨别人的出身家族姓氏之外，还要辨别个人的称谓的一种文化现象。字由名而生，有解释补充之义，故古人取字与名有意义上的联系。号是人的别称，故又称别号。有外号、尊号、年号、谥号等。

图腾是原始民族或部落的象征，是维系联结氏族部落的纽带。图腾文化是世界性的普遍现象，在原始文化中占有十分重要的位置，它包含宗教、法律、文学艺术、婚姻和社会组织制度等多方面的文化要素，它或与这些文化的起源有关联，或在其中起着重要的作用。图腾文化体系包括图腾文化丛、图腾文化类型、图腾物的种类和图腾的派衍（图 2-7）。

在博大丰富、悠久连续的中华文化中，有一部分文化具有神奇而隐秘、科学而迷信的特征，我们统称为神秘文化。神秘文化的范畴涉及三方面：人与神的关系、人与自然的关系、人与人的关系。基于天人之间的神秘关系，先民总结自然现象和规律，

图 2-7　浮雕图腾

创造了阴阳五行学说，作为认识神秘现象的基本理论和方法。其余还有占星术、算命术、奇门遁甲术、内丹术（气功）、择日术、相术、测字术、风水术、炼丹术、中医术、巫蛊术、幻术。

节日文化包括节日中的种种具体实物，及其折射出的民间信仰、文化心理、道德伦理、各种节日的传统习俗及艺术等，涉及民俗学、民族学、历史学、社会心理学、文化人类学等多学科内容。中国传统节日文化是一种反映民风民俗的社会文化，对于深入了解中华民族具有独特的参考价值。

2.1.6 器物文化

2.1.6.1 服饰

中国传统服饰的式样有两种基本形制，即上衣下裳和衣裳连属。这两种形制的服装大概源于原始时代，男女通用，并流行于后世各个时期，虽屡经变化，却始终未改变其基本形制。但由于劳动环境和条件所限制，统治阶层多宽衣博带，而劳动者多着短装。因此，长短衣服就明显地形成了两个阶级的基本特征（图 2-8）。

中国的传统服饰都具有装饰纹样，一般采用最多的往往是动物、植物纹祥。图案的表现方式大致经历了抽象、规范和写实等几个阶段。商周之前的图案，与原始的文字一样，比较简练、囊括，并富有抽象的趣味。周朝以后，服饰图案日趋工整、上下均衡、左右对称，式样布局严密，这个特点，到汉唐时期反映得尤为突出。到了明清时期，服饰纹样尤注重写实手法，一簇鲜花、一群蝴蝶，飞鸟走兽，往往被刻画得细腻逼真，栩栩如生，真是绣龙若飞，绣凤起舞，绣花欲放，绣鸟似鸣（图 2-9）。这

图 2-8 中国传统服饰

图 2-9 服饰纹样

些特点在清代后期反映得更加强烈，并明确分成皇帝为龙，皇后为凤。文官为鸟，武官为兽。

中国传统服饰讲究色彩。秦汉以前的服饰色彩比较单纯、鲜艳，以后逐渐变化，繁复而协调的色彩代替了鲜艳和单纯。色调也日趋稳重提炼，通常采用整体调和、局部对比的色调，使服饰显得浑朴大方又富丽堂皇。中国的传统服饰在色彩上，深受阴阳五行学说的影响。《史记·历书》就有“王者易姓受命，必慎始初，改正朔，易服色”的记载，还特别讲道，秦灭六国，“以为获水德之瑞……色上黑”。后来则长期以黄色为最尊贵，象征中央，青色象征东方，红色象征南方，白色象征西方，黑色象征北方。青、红、皂、白、黄等五种颜色被视为“正色”。一些朝代规定正色的服装只有帝王官员可穿，百姓只能穿木色或深暗色的葛麻布衣（图 2-10）。这种以色彩来严格划分等级的方式成为中国传统服饰文化的一大特性。

虽然中国传统服饰在服饰的三大要素即式样、图案、色彩上有如上特点，但各个历史时期的服饰，又都具有浓郁的时代气息，均显示出一定的特色与风格。

2.1.6.2 饮食

饮食文化是以饮食为核心的文化现象。它主要包括三个层次：其一是物质层次，包括饮食结构和饮食器具；其二是行为层次，包括烹饪技艺、器具制作工艺、食物保藏运输方法等；其三是精神层次，包括饮食观念、饮食习俗以及蕴含其中的人文心理、民族特征等文化内涵。饮食文化涉及历史学、民俗学、人类文化学、哲学、制作工艺等多学科知识。它所要研究的是饮食的起源和变迁、饮食风格、原则、观念和习俗等问题。

饮食文化是中国传统文化的重要组成部分，有着十分悠长的历史渊源。从饮食文化的发展轨迹可见，它是一个随着社会政治、经济和文化的发展而积少成塔的积淀过程。作为中国传统文化的一个重要分支，饮食文化在长期的积累中形成了自己的民族风格和特征。

2.1.6.3 城市住宅

中国的住房在漫长的历史发展中，不论在结构上，还是在形式风格上，始终承前启后，一脉相传，保持着一贯完整的建筑体系，它不但与西方住房建筑不同，也与东方许多国家住房建筑有异，体现着中国传统文化对住房建筑的影响。中国传统住宅以其形象的语言，表述了中国的许多文化内涵。

中国传统住宅主要是木构架结构，它的基本构造方式是以立柱和横梁组成构架，屋顶将房檐的重量通过梁架传递到立柱上，墙壁只起隔断作用，而不是承重的结构部分（图 2-11）。所以，门窗可以自由开设，室内空间的分隔，墙壁的材料和做法等都具有很大的灵活性。斗栱是我国古代木结构建筑的特点之一，在世界建筑中是很特殊的。它的使用，增加了建筑的牢固性，加深了屋檐的外挑深度，使整个建筑更加美观（图 2-12）。

图 2-10　百姓服饰

图 2-11　中国传统建筑

图 2-12　斗栱模型

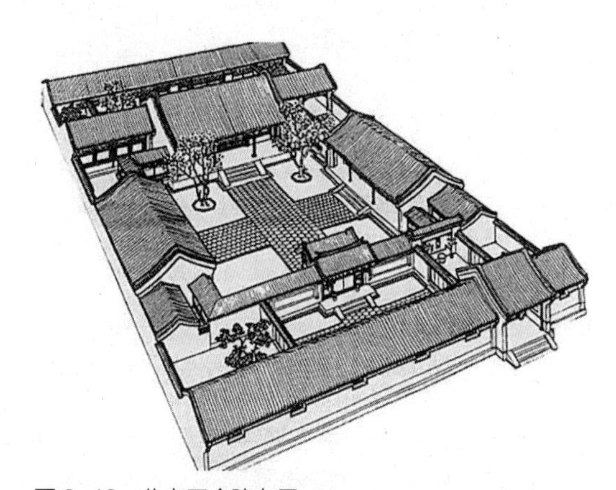

图 2-13　北京四合院布局

就中国传统住宅建筑的主体思想而言，主要是受儒家思想的支配和影响。儒家强调敬天法祖，尊卑等级，注重中庸之道，讲求均衡、对称、谐调，这也都成为住宅建筑的指导原则。在儒家思想的影响下，许多住宅建筑，不过是墨守成规，按一定模式的重复再现。但是在一些山区住房中，却出现过许多活泼自然，实用性较强的住宅，这显然是受儒家思想束缚较少的原因。

由此可见，中国传统住宅，一方面讲究等级秩序，均衡对称，另一方面追求自然情趣，灵活多变。这二者组成中国传统住宅丰富多彩的面貌，既有庄重典雅的一类，也有潇洒超脱、逸趣横生的一类（图 2-13~ 图 2-15）。特别是进入近代以后，中国住宅的发展逐渐突破了长期保持的封闭体系，新材料、新结构、新式样在住宅建筑中成为主流。不过，我们也不应忽视中国传统住宅建筑的优秀遗产，要在继承这一文化遗产的基础上，创造和完善中国住宅建筑的新体系。

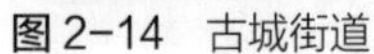

图 2-14　古城街道

图 2-15　徽派建筑

图 2-16　算盘

2.1.7　科技文化

中国是人类文明的发源地之一，也是科技萌生最早的国度。在黄河流域、长江流域、珠江流域、北部的游牧地区都有科技发生的线索。

数学是一切自然科学的基础，也是衡量每个国家科学技术发展水平的一个标志。中国是世界上数学历史最长的国家之一。中国古代在数学方面硕果累累，堪称世界前列（图 2-16）。商代甲骨文的自然数用十进位制，是最简便而合理的方法，沿用至今。

中国是个农业国，农事与天文历法、气象有密切的关系，所以，先民很重视观天和季节。中国有从古到今连续的、丰富的、细致的天象记录，这是世界上任何国家和地区都望尘莫及的。天体认识方面，先民建立了一个完善的赤道分区体系，主要是三垣和廿八宿。依据科学的天文学知识，中国独创了历法系统。其基本形式是阴阳合历，它把日月五里等天体运动都纳于其中，还与二十四节气相联系，并且不断修改和完善历法（图 2-17）。中国古代天文历法、气象方面的成就有个显著的特点，即重实用，少玄想。以农业为主要生产方式的古老国度，必然重视自然变化，特别务实，所以成就也很大。

中国是世界上最大的果树原产地之一，中国是最早发现茶树和制作茶叶的国家，也是世界上最早植桑养蚕的国家，丝绸享誉世界。早在新石器时期，中国就形成了“南稻北粟”的农业局面，春秋战国时代，中国已确立耕作与时令的关系，按季节种庄稼，不违农时，并且有了各种金属农具，为了发展农业，大兴农田水利，有了整套田间灌溉系统。农业技术方面，汉代就有了耕犁，唐代有江东犁。汉代还有龙骨水车，这是比较先进的灌溉或排水机械。汉代还有楼车，类似于播种机。

中国古代医学在世界医学史上自成特色，它有独特的医学理论和实践体系，是人类文化的一份宝贵遗产（图 2-18）。中国医学的源头可以追溯到原始社会，人们在从事农业、畜牧业、同自然界和猛兽的斗争中，萌生了医药卫生知识。传闻上古的伏羲画八卦，制九针，神农尝百草，黄帝教民治百病，对中国医学产生了重大作用。中国

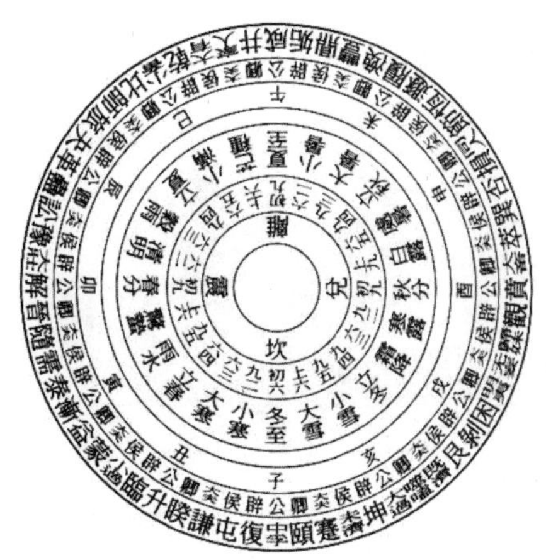

图 2-17　二十四节气

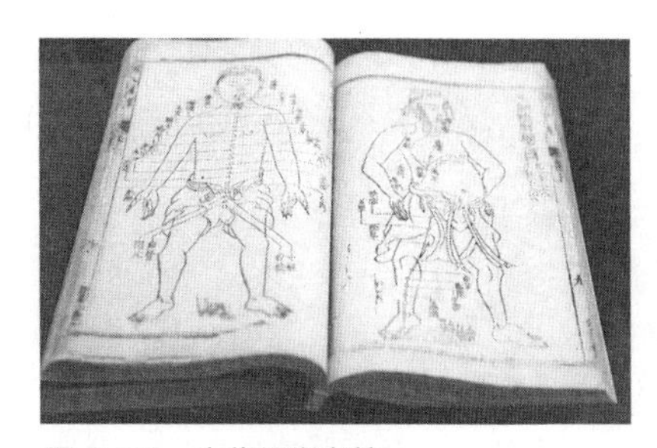

图 2-18　古代医学书籍

医学对日本、朝鲜、东南亚各国的医学有很大影响，成为其“母体医学”。明清以后，中国医学传到欧洲，许多医籍在海外翻译出版，丰富了世界医学，为人类健康作出了巨大贡献。

武术是中华民族传统文化瑰宝中的一颗明珠。所谓武术文化，乃指包括武术技击在内的与武术有关的一切文化现象，是对武术的技击观、伦理观与价值观的反映。中华武术具有许多独有的特点。传统武术文化是德与力的统一，传统武术文化讲求道与器的统一。健身、技击是为了悟道，达到“天人合一”。另外，传统武术文化还具有艺术性。李白《从军行》中有：“笛奏梅花曲，刀开明月环。”这说明刀术可以在音乐伴奏下，以套路形式舞练。

2.2　地域文化

2.2.1　地域文化概述

地域文化是以地理空间概念经过长期积累，形成的区域文化。地域文化不仅包含那些在特定地域条件下积累的科学知识，还包含那些人们在不同的地域条件下认识到的不同的艺术理念。地域性是地域文化的一种属性，是在一定的地域范围内长期形成的历史遗存、文化形态、社会习俗和生产生活方式等，是一种从古到今的文化沉淀。

设计的地域性是指设计上吸收本地的、民族的、民俗的风格以及本区域历史所遗留的种种文化痕迹。通常地域性的形成主要离不开三个因素：一是本土的地理环境、自然条件、季节气候、动植物物种等自然因素；二是历史遗风、先辈祖训、民俗礼仪、本土文化、风土人情等非物质因素；三是乡土建筑、当地用材、农具器物、食品作物、服装服饰等物质因素。正是由于上述三方面因素长期共同作用，才构建出了地域性独特而丰富的文化特征。

图 2-19　抖空竹

图 2-20　藏族文化

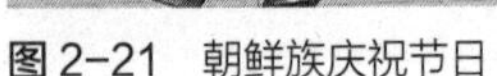

图 2-21　朝鲜族庆祝节日

图 2-22　新中式家具

地域性和民族性的概念有所不同：一些地理区域较小的国家或民族，地域性可能就等同于民族性；而对于像中国这样幅员辽阔的国家，不同的区域地理环境、自然条件、生活方式、民俗礼仪都有着显著差异，建筑及装饰材料各不相同，地域性在某种程度上比民族性更具狭隘性。地域文化是一个因地制宜的概念，按地理空间区域进行划分。例如，北方地区有京津文化（图 2-19）、晋中文化、中原文化、齐鲁文化、关中文化、关外文化、塞外文化等；南方地区有海派文化、江南文化、巴蜀文化、云贵文化、荆楚文化、湘赣文化、岭南文化、闽台文化等。另外，还包括最西部的青藏（图 2-20）文化与新疆文化。而民族文化是按人的民族属性进行划分的，例如有汉族文化、苗族文化、壮族文化、朝鲜族文化等（图 2-21）。地域性和民族性具有不同的特征，两者是完全不同的概念。

地域性设计是对设计全球化趋势的一种反击。它与特定的地域文化息息相关，关注的是日常生活及真实、亲近、熟悉的生活轨迹，提取文化中本质的东西，以使室内设计和其所处的当地社会维持一种紧密与持续性的关系。地域性包括了本地的、民族的、民俗的风格以及本区域历史所遗留的文化痕迹，本身具有鲜明的差异性。地域性设计的引入无疑是将处于“文化沙漠”中的当代室内设计带进了一片绿洲。

地域性不仅表现在对待传统的尊重，同时也在对待外来文化的新思想中表现出适度的宽容（图 2-22）。将当代出现的新问题、新理念，与空间设计有机结合，将地方精神融入现代技术与材料中。使用新材料，采用新工艺，创造出新的界面造型和空间形态，达到声、光、色、质的匹配，给人耳目一新的感受。

从民俗、乡土建筑中寻求设计的灵感，再现中国各地区和各民族的生活情调，体会时空的变化，创造新鲜的、能触发人们情感的、具有时代特征的室内空间环境，无疑是探索中国地域性设计手法和完善中国现代设计体系的出路之一。

2.2.2 地域文化的分布

中国不但是有着悠久历史的文明古国，而且也是一个地域辽阔的多民族统一的泱泱大国。因此，由于历史渊源、地理环境、经济状况、风俗习惯以及语言诸方面差异，在漫长的历史积淀中，不仅形成了本民族的文化，也积蓄成了具有本地特色的地域文化。诸如以河南为中心的中原文化、以两湖为中心的荆楚文化、以山东为中心的齐鲁文化、以山西为中心的三晋文化、以陕西为中心的关中文化、以辽宁为中心的东北文化等。这些地域性文化虽然互有影响，却是各有特征，且都是一个个相对的独立文化发展系统。它们既构成了中国文化丰富多彩、灿烂夺目的多方位格局，更增添了中国文化多元性的色彩。

2.2.3 地域文化的差异性

世界之所以多姿多彩，正是由于不同的民族背景、不同的地域特征、不同的自然条件、不同的历史时期所遗留的灿烂文化，造就了世界的多样性。唯有保存人类文化的多样性，确保不同文化间的求同存异，整个人类社会才能保持其文化生态的平衡性以及持续发展的可能性。继承、保护各地区各民族的地域特征犹如给不同文化建立“生物基因库”，确保其多样性与差异性长期并存。

全球化的一个典型的表现就是今天文化的趋同现象。随着全球化在世界范围迅速扩散，民族文化觉醒和民族自信心增强，世界文化与地域文化这两个既互相矛盾又互相联系的文化进行着激烈的碰撞和冲击。全球化导致的文化丧失让很多人进行了反思，为了追求国际化，是否必须抛弃或改变各民族、各地区长期形成的既存传统文化？是一味信奉外来文化，还是不断发掘自身内涵？设计的目的之一便是使设计对象存在差异性，丰富人类文化。地域性因其文化内涵的极其丰富，成为当今设计关注的焦点。面对文化消亡的威胁，各个设计领域都将眼光瞄准了地域文化，因为鲜明的地域文化可以为设计的个性化提供不竭的源泉。文化界流行一个通用原理，即“文化越有民族性、地域性，也就越有国际性”。

2.2.4 典型地域文化

2.2.4.1 中原文化

广义的“中原区”，主要是指黄河中下游地区或整个黄河流域。狭义的中原区，主要是指今河南一带。中原文化是中华文明发展史的奠基石。通过对中原文化内容的描述和特征的透视，可以让人们更了解华夏文化的雄伟壮阔。

文字是人类文明象征的重要标志之一。文字的出现及简单使用标志着中原文化的最早创造者由野蛮阶段向文明社会过渡。中原地区作为九州之中，无论从考古资料来分析还是从古文献资料来分析，它都是中国汉字的发源地（图 2-23）。

中原地区不仅文字典籍出现得早，而且从古至今都出现了许多的杰出人才。纵观二十四史中的主要朝代立传人物籍贯地理分布，最多的是中原文化的中心地河南。从春秋战国到清朝末期，中原地区更是产生了一大批的杰出人才，科学家如水利专家郑国、历算家张苍、天文学家一行、医圣张仲景，文学家贾谊、晁铺、睹少孙、蔡文姬、谢灵运、韩愈，思想家如墨子、韩非子。这些人物不仅是中原文化的代表者，而且对整个华夏历史都影响很深。

中原文化与佛教结缘早，笃信深。汉明帝时期修建了中国第一座佛寺——白马寺。佛教在中原真正的兴盛是在北魏时期，而表现最突出的即是龙门石窟佛教艺术和少林武术的兴起。中原最有名的佛庙是少林寺（图 2-24）。少林寺位于河南嵩山，始建于北魏孝文帝时期。少林僧众既重武功，又重武德。古代历史上少林武僧爱国保家、不惜牺牲的事例，层出不穷。

2.2.4.2 吴越文化

吴文化的诞生地，据考证是在今南京、镇江一带。今南京市的北阴阳营，有吴文化的遗址。越文化的遗存最著名的应该是河姆渡文化和良渚文化，在今浙江东部。吴

甲骨文	日	月	車	馬
金 文	日	月	車	馬
小 篆	日	月	車	馬
隶 书	日	月	車	馬
楷 书	日	月	車	馬
草 书	日	月	車	馬
行 书	日	月	車	馬

图 2-23　文字对照

图 2-24　少林寺

和越在地域上互为近邻，有着相同或近似的文化习俗，在文化特征上表现出许多共同点，这是有别于其他区域文化的。

吴、越同处在长江下游，土地肥沃，雨量充足，适合水稻的生长，自古以来吴越人民一直把稻米作为主要的粮食，吴越之地是我国稻作起源的中心（图 2-25）。吴越境内河网纵横，又靠近大海，水产资源十分丰富，“饭稻羹鱼”道出了吴越食文化的特点。

吴越文化千姿百态，特色鲜明。驰名中外的江南园林，是吴越文化中的瑰宝。江南园林之美，得益于江南秀丽的山水。它规模不大，但小巧精致，在造景、借景等方面，别具一格（图 2-26）。江南园林离不开水，有“无水不成园”之说，园中又多假山叠石，小桥流水，曲径通幽，自然与人工景观的和谐，使人融入浓浓的诗情画意之中。

自东晋以来，吴越地区一直以发达的文化冠于全国，名人学士不断涌现。隋代开始实行科举制后，令许多有才能的寒士得以施展抱负，进入仕途。特别是南宋迁都临安（今浙江杭州），江南成为全国文化的中心。对教育的重视、刻书与藏书的风行是吴越文化发达的重要标志。

2.2.4.3 巴蜀文化

巴蜀文化，从地域上讲，是指以古代巴蜀地区为中心的文化，即以今四川地区为中心的文化。

四川的地形为盆地，四周全为高山，因此古人有“蜀道难，难于上青天”的感叹。但巴蜀先民通过长期而艰苦的努力，打通了巴蜀与外界的交通。这就是世界闻名的巴

图 2-25 鱼米之乡

图 2-26 江南园林拙政园

蜀栈道，它在四川盆地四周都有分布，贯穿盆地四周的高山，与外界沟通。巴蜀人虽然生活在盆地式的地理环境中，但并没有“足不出盆，眼不出川”的盆地意识，而是用海纳百川的精神情怀长期敞开大门欢迎外来的先进文化，从而创造了具有鲜明特色的巴蜀文化。

四川酿酒的历史相当久远，在商代之前的三星堆文化遗址中就发现了大量酒器，这些酒器作为礼器，表明那时的蜀人对饮酒十分重视。从宋代开始有了纯净透明的蒸馏酒，并一直发展为今天四川的一系列国家级名酒，如五粮液、泸州老窖、剑南春（图2-27）、全兴大曲、郎酒等。这些名酒在宋人诗词中都有所描写，其酿酒生产一直延续到近代。

全世界种茶饮茶的发源地是中国，而中国最早种茶饮茶的地区又在四川。四川种茶地最有名的是名山县的蒙山。蒙山种茶历史悠久，古人早就有“扬子江中水，蒙山顶上茶”的佳句。

中国是世界著名的“烹饪王国”，川菜是四大菜系之一，在巴蜀文化中占据重要地位。川菜在色香味中特别突出一个味字。川菜虽然擅长于麻辣味，但辣味菜在川菜中还不到30%。川菜调味的特点是清、鲜、醇、浓并重，一菜一格，百菜百味。

川剧形成于清代中后期，虽历史不长，但由于综合各家、广收博采，因而取得的成就特别突出。其特色之一是剧本数量多，川剧艺人有句口头禅，叫“本子姓川，起码上千”。在祖国传统戏剧大家庭中，川剧可说是拥有观众最多的剧种之一（图2-28）。

2.3 当代文化现象

2.3.1 文化建设制度转型

2.3.1.1 经济与文化

文化与经济融合催生文化经济。“文化经济”是文化和经济紧密结合，互相渗透，形成以经济为依托的新文化形态，或以文化为内涵的新经济形态，即“文化的经济化”和“经济的文化化”。文化产业是文化经济化的直接产物，使得文化的作用除了满足人类的精神生活需要之外，本身也能创造巨大的经济价值（图2-29）。文化离不开经济，经济也离不开文化。文化对政治、经济的渗透力越强，影响力越大，文化的社会价值就越突出。随着文化的扩张和渗透，文化与政治、经济日益一体化，文化力与经济力、科技力、政治力、军事力、保障力等成为综合国力的重要组成部分。文化与经济如此高度的融合，所催生的“文化经济”不仅会加速经济增长方式的转变和提升，再次给国民经济发展注入新的巨大活力，而且还能成为国民经济的重要支柱产业和新的经济增长点，促进国民经济更加协调、健康和可持续快速发展。

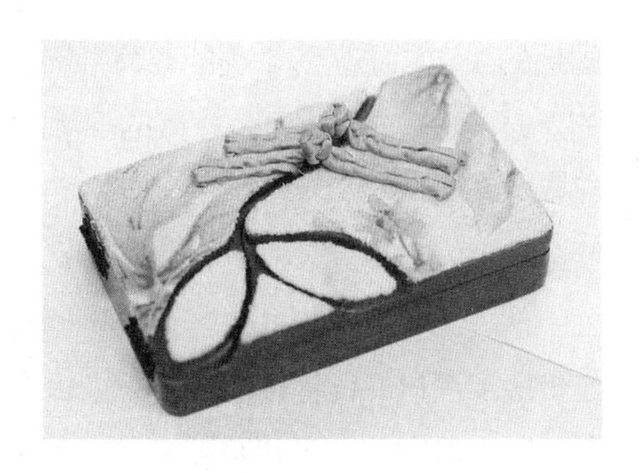

图 2-27（左） 剑南春
图 2-28（中） 川剧变脸
图 2-29（右） 文化产品

文化经济反映着社会巨大而深刻的发展，现代社会财富的大量增加使多数人进入了“过剩经济”时代，人们用于物质生活的开支所占的比重越来越小，而更多的消费向非物质的文化、休闲方向转移。

不久前，勤劳致富几乎是个不容置疑的真理，而吃喝玩乐、游山玩水在一般人眼里却是一种浪费，是有害于经济发展的败家子行为，但是现代社会的情形却大不相同，这些被称作为文化产业的经济领域却成为经济发展的支柱产业。现代社会的各国都在缩短工作时间，据报道，美国、法国、德国等政府都认为，缩短工作时间将改写经济结构和提供最大的就业机会。

2.3.1.2 “孔子学院”

中国文化在缪塞尔 · 亨廷顿的“文明的冲突”思想体系中扮演着经天纬地、界定乾坤的重要角色，这就是被他所崇尚但又难以解构的“儒家文化”或曰“中国文化”，以亨廷顿等以西方文化为背景的学者、政客，他们终究难以解构和参悟中华文明之核心蕴涵。

孔子的学说传到西方，是从 400 多年前意大利传教士把记录孔子言行的《论语》一书译成拉丁文带到欧洲开始的。而今，孔子学说已走向了五大洲，各国孔子学院的建立，正是孔子“四海之内皆兄弟”“和而不同”以及“君子以文会友，以友辅仁”思想的现实实践（图 2-30）。为发展中国与世界各国的友好关系，增进世界各国人民对中国语言文化的理解，为各国汉语学习者提供方便、优良的学习条件，中国国家对外汉语教学领导小组办公室已在世界上有需求、有条件的若干国家建设了以开展汉语教学为主要活动内容的“孔子学院”。

孔子学院，即孔子学堂，它并非一般意义上的大学，而是推广汉语和传播中国文化与国学的教育和文化交流机构，是一个非盈利性的社会公益机构，一般都是下设在国外的大学和研究院之类的教育机构里。孔子学院最重要的一项工作就是给世界各地的汉语学习者提供规范、权威的现代汉语教材；提供最正规、最主要的汉语教学渠道。它秉承孔子“和为贵”“和而不同”的理念，推动中国文化与世界各国文化的交流与融合，以建设一个持久和平、共同繁荣的和谐世界为宗旨（图 2-31）。

从 2004 年开始，中国在世界范围内开办了 100 多所“孔子学院”，其宗旨是通过传播汉语进而传播中国文化，以赢得世界对中国历史文化的喜爱和理解，通过一种潜移默化的文化交流和熏陶方式，向西方世界传播中国文化，这无疑是一个具有战略远见的文化策略，也是将封闭在农耕大地上的中国文化种子播撒到人类文化沃野中的举措。

2.3.1.3 “啃老”与创新

一个民族要真正赢得世界尊重，一定要在科技、文化、思想上对世界有贡献。事实上，我们在世界上影响最大的还是“中国制造”，真正让全世界敬重的文化上的东西，现在还没有。可以说，中国文化这些年仍在“啃老”。“功夫”一定是“中国功夫”，“水墨画”也强调是“中国画”，什么都要特别打上“中国”二字。中国文化的扩张力显得不够强势，而一些西方国家，拿出的东西总会上升到世界高度。

一部外国电影上映，大家都喜欢在里面找中国元素，其实他们传达的都是他们自己的东西，却很容易扩张成世界的语言。如今我们凡事都提中国元素，不仅缺少真正的包容，也缺少对于世界的主人意识。近些年来人们越发强调中国元素，这是很可怕的趋势——我们的经济完全放开，文化、思想却越来越收。经济上越国际化越好，文化上却以为越“原来”越好，殊不知一个社会的政治、经济、文化是不可分割的。

中国有悠久的历史、伟大的古文明，古代中国对世界有卓越贡献，可是，如今中国还有什么新科技、新思想与世界共享？这是真正的问题，我们应当深入思考。

图 2-30　孔子文化传播

图 2-31　美国瓦尔帕莱索大学孔子学院

2.3.2 文化非均衡性发展

2.3.2.1 精英与大众文化

对于文化的理解，不少人有这样一种看法，即认为“精英文化”就是“高雅”的，而“大众文化”则是“低俗”的。这是一种误解。其实，文化历来就有“高雅文化”与“通俗文化”、“精英文化”和“大众文化”之分。这种理解，是取它们的价值评价含义，就是“根据文化品质的高低优劣”来规定什么属于“雅”文化，什么属于“俗”文化。说一种文化现象是“雅”还是“俗”，与它“是谁的文化”不同，而是适用于一切人的文化产品和文化行为的判断。

目前，“雅文化”常与“精英文化”“贵族文化”“君子风度”等联系在一起，是指以社会上层人群为主体、满足有较高地位人群需要的文化（图 2-32）；而“俗文化”自然也就与“大众文化”“平民文化”乃至“市井文化”相联系，指以社会下层人群为主体、满足一般大众需要的文化（图 2-33）。对于“俗、雅”与“大众、精英”之间的联系，要有具体的、实事求是的分析判断，不能轻易在它们之间画等号。不要以为“大众文化”只能是粗野简陋的，而“精英文化”则必然是高雅精致的。事实上，文化的“雅俗高低”是要在每一次的创造中具体地显现和接受评判的，并不是谁家固定不变的专利。

京剧等戏剧、中国传统工艺等，原都是来自民间的“大众文化”、“俗”文化产品，现在则成了传统文化中的瑰宝，成了雅文化。应该说，不论大众的还是精英的文化，都有自己的“俗”和“雅”，都有自己从低向高、从浅入深、从粗到精的发展提高问题。历史证明，“大众文化”也可以有自己的精品，有自己的高贵和优美；而“精英文化”也难保不出粗俗之作，也有它们的俗气、无聊和空洞。只有凭借创造的智慧和精心的劳动，而不是凭借某种身份，才能产生精品。对任何人和任何文化形式来说，都是如此。

图 2-32 雅舍

图 2-33 庙会

2.3.2.2 城市与乡村文化

中国的农村是传统的第一产业的主要基地，其社会生活长期被自给自足的自然经济所制约。在农村，血缘关系不仅一直是影响乡村文化发展趋向的主流，而且也作为中国文化主体的儒学文化赖以产生的基础。农业生产的不可移动性，不仅使中国农民产生了对于土地的眷恋，而且使血缘关系长期存在，从而使这种关系成为滋生乡村文化的一种主要温床。

城市自兴起的那个时刻起，其社会结构就与乡村有着极大的不同，城市的出现被视为人类进入文明社会的标志之一，这种文明的表现首先在于地缘关系打破和替代了乡村所存在的浓厚的血缘关系，从而使社会结构的变化成为促使城市文化与乡村文化出现差异的一个主要原因。与乡村人口相比，城市人口虽然也带有一定的地域性特征，但是这种地域性特征却因城市人口来自五湖四海而与乡村带有极大的不同，来自不同地区的城市人口在某种程度上打碎了乡村顽强存在的血缘关系。城市文化更多地体现为行业文化和市民生活文化。行业文化在城市文化的产生与发展中起到了不可估量的作用。

在城镇化、市场化、知识化、现代化的驱动下，城乡的差距正在缩小。这不仅体现在物质生活的层面，更反映在精神观念的层面。城乡之间确实存在着观念的互动，并从深层推动着城乡民俗的整合，随着时代的发展，城乡之间的差距逐渐缩小，当城乡的政治、经济、文化的发展处于同一水平之时，城市文化与乡村文化这两条轨迹便会融为一体，变成一条轨迹，从而构成华夏民俗板块，这是时代使然，也是历史使然。

2.3.2.3 东方与西方文化差异

西方文化主张个人荣誉、自我中心、创新精神和个性自由，而中国文化主张谦虚谨慎、无私奉献、中庸之道和团结协作；西方人平等意识较强、家庭结构简单，由父母以及未成年子女组成核心家庭；而中国等级观念较强，家庭结构较复杂，传统的幸福家庭多为四代同堂等（图 2-34、图 2-35）。

东西方文化在很多方面存在着巨大差异：

第一，义利关系问题。一般来说，西方人重利轻义，东方人重义轻利或义利兼顾。东方人的意识就是义字当先。三国关羽是一个不折不扣的义气英豪，被古今人们大加赞赏，这正是由于古时的多方思想而造成的一种文化意识，5000 年的文化也是造成这种重礼的不可忽视的原因。相对而言，短短的西方文化更注重利益，这也正是现实主义的表现，也可以称为不虚伪、实事求是的作风。在东方比如中国人的生活中，谦让是一种美德，而西方人在多数时候为了利益可以牺牲自己的义。

第二，整体性和个体性问题。东方人强调整体性和综合性，而西方人则重视个体性。比如中医和西医，中医强调的是整体，西医不一样，从解剖学的角度来说，它重视整体中的局部。整体思维和个体思维之间的差异还表现在交往中，比如在很多报道中，一位中国人到西方人家吃饭，当主人问今天吃中餐还是西餐时，客人很客气地说道："随便""客随主便。"西方人对这样的答复难以理解。我们的思维方式深处，认为客随主便是礼貌的表现，是对主人的尊重，可西方人不这样看，会明确表明自己的愿望。而中国人往往较少表示个人的愿望。

第三，求同思维和求异思维的问题。我们中国人总是强调"和为贵""天人合一"等，而西方则讲究多样的标立新说。西方文化鼓励人民开拓创新，做一番前人未做过的、杰出超凡的事业。而传统的中国文化则要求人们不偏不倚，走中庸之道，中国人善于预见未来的危险性，更愿意维护现状，保持和谐。

第四，我们的思维方式里经常有意会性，而西方是一种直观性。比如我们有些文章或在生活中喜欢用暗示，或者喻古论今。这种含蓄需要你去意会，所谓此处无声胜有声，这与西方人的直观性不太一样。关于西方与中国文化方面的对比，中国诗虽然

图 2-34（上） 歌剧
图 2-35（下） 戏剧

只有寥寥数十字，但表达比西方的长诗更有意境。但对西方人来说，这又是很深奥且难以理解的东西。

2.3.3 文化饥渴

在当今经济全球化不断加速的大潮中，世界正在逐渐融合为一个全球性的统一市场，国际交流与合作以前所未有的速度、广度和深度推进。全球化以崭新的方式加强了各个国家和民族之间多方面的联系，世界在日益变小。这种巨大的变化，尤其是相伴而生的西方强势文化的迅速扩张，对各个国家和地区民族文化的原有状态都产生了重大而深刻的影响，文化趋同的现象日渐明显，欠发达国家和地区的民族传统文化面临严峻挑战。当前的文化全球化在很大程度上表现为西方部分发达国家的文化产品充斥于全世界尤其是第三世界国家。可以说，西方文化意识和文化习俗正在日趋全球化。无论是在服装、食品、影视、娱乐，还是在设计方面，西方强势文化的侵略扩张，不但使许多发展中国家的文化变得极度脆弱，也使许多输入西方文化的国家和地区出现了严重的文化混乱。正像有的学者强调指出的，今天经历的文化全球化道路与百年前的殖民化过程一样，正在趋于破坏各个发展中国家的传统文化，抹杀各民族文化自身的本质特征或文化身份。

文化的多样性和差异性，对文化、社会和人本身都有着积极的不可替代的作用。各种文化只有在和而不同中接触到异质文化并以它作为参照系，才能不断地了解自身，消除自身文化中的消极因素，吸取异文化价值资源的优秀成果，增强本民族文化的生命力和创造力，达到整个人类文化的全面进步。无论全球化、一体化怎样使文化具有了某种趋同的态势，但是我们仍然需要有意识地使文化整合保持在一个必要的限度之内，维持各种文化的间距，保持文化的多样性和差异性。中国传统文化的这些主要内容和特征，决定了它必然能够成为我们今天在应对文化全球化严峻挑战中进可攻、退可守的主要依托阵地。

2.3.3.1 读经读史风潮

《百家讲坛》是中央电视台科教频道的讲座式栏目，栏目宗旨为建构时代常识，享受智慧人生。栏目选材广泛，曾涉及文化、生物、医学、经济等各个方面，现多以文化题材为主，并较多地涉及中国历史、中国文化。其演播风格与学术性的理论研究相比较为平易，同时亦追求内容的学理性与权威性，力求雅俗共赏。许多学术界人士，以通俗易懂的形式将传统文化知识传播于民众中（图 2-36）。

《百家讲坛》就像一扇通往学术殿堂的大门，观众从中了解历史、汲取知识，再加上节目衍生品，为中国传统文化的继承传播发挥着巨大作用。这正反映了广大民众对传统文化的兴趣、追求和狂热。

图 2-36　百家讲坛

2.3.3.2　混搭风潮

所谓“混搭”，本属时尚界的专用名词。它源自 21 世纪初的日本时装界。指将不同风格、不同质料的服饰，随意地拼凑在一起，混合搭配出独特的和个人化的着装风格。

时尚界的混搭风潮，在某种程度上也正是文化混搭的表征。在大面积的文化交融和文化冲突的状况下，主导型的艺术风格面临挑战，混搭必然会形成强有力的趋势。艺术乃至整体文化方面的混搭现象，乃是文化转型时代，不同文化之间的相遇和杂糅。

从根本上说，整体性的文化混搭乃是文化的价值核心解体和消融的产物。京剧配上歌剧的曲式，交响乐混入摇滚的旋律，芭蕾舞与功夫和杂耍相混杂，用高科技光影技术的舞美设计昆曲《牡丹亭》等。任何一种文化，尤其是历史地形成的精神性的文化，其形态、风格和价值，是整体性的，而且有着相当大的稳定性，文化的改变和转型，并非依靠随意的拼贴和混杂，就能够完成（图 2-37）。历史上，无论是“中体西用”还是“西体中用”，改变的只是体用的内容，体用的结构性关系则不曾改变。

2.4　国际上的“中国风”

2005 年美国的中国文化节期间，京剧《杨门女将》在华盛顿肯尼迪艺术中心剧场连续演出，场场爆满。《华盛顿邮报》甚至在头版报道了此次盛事，并发表评论说，肯尼迪艺术中心迎来了有史以来最雄心勃勃的一次国际艺术节。除此之外，中国京剧还走进罗马歌剧院、佛罗伦萨歌剧院、维罗纳歌剧院和悉尼歌剧院等世界著名剧场的舞台。由此，许多外国人都对京剧产生了浓厚的兴趣，不但爱看，也爱学上几式，过过戏瘾（图 2-38）。中国文化的盛行，使越来越多的外国人对古老神秘的中国文化充满了好奇，不少外国人开始学习汉语，以便更深层次地了解中国文化。

图 2-37 混搭风格建筑

一直以来，很多外国人都着迷于中国武术的神秘和强大的力量。2004 年 10 月，郑州市歌舞剧院的《风中少林》首演。这种以故事、舞蹈和武术相结合的新型表演，一经上映，就反响强烈。之后，被美国娱乐集团以 800 万美元“买断”，走出国门，赴美演出两年，总计约 800 场。世界各地的武馆学校也将少林武术和太极功夫，真正地带到外国人身边。目前世界上有 50 多个国家和地区建立有专门学习少林功夫的学校和团体，少林功夫有洋弟子 300 多万人。在国外有 150 个国家开展了太极拳运动，世界太极拳人口达上亿人。

英国家庭通过瓷器了解中国。原装中国瓷、订制中国瓷、仿制中国瓷、自造西方瓷，经历数百年瓷与瓷的碰撞之后，东方西方互相发现彼此兼容的故事。欧洲人学习了中国瓷器的生产技术，开始生产瓷器（图 2-39）。可以说瓷器在欧洲的生产改变了世界，因为它打破了当年中国瓷器垄断市场的局面，使整个社会发生了巨大的变化。大英博物馆馆长尼尔·迈克格雷戈曾感叹“当英国人开始了解东方和中国的时候，最让他们惊叹的就是中国的瓷器。正是因为有了瓷器，英国的每一个家庭才开始知道中国，也正是因为瓷器贸易，两国之间的经济和文化交流有了更多个人和情感的色彩。”

2.5 “中国梦”与文化产业

中国梦可从多种角度来认知。从历史的角度，是国家的大国崛起。从经济的角度，是经济的繁荣发展。从政治的角度，是民本的深入践行。而从文化的角度，则是全球化背景下中华文明的伟大复兴。

图 2-38　京剧表演

图 2-39　西方瓷器

2.5.1　近代历史与“中国梦”

中国梦的提出，不是一般人以为的国家领导人形象地、率意地谈话，而是历史发展条件下的必然，同时具有中国特色的发展构想，也就是说是中国的发展战略的形象表达。期间经历了漫长的历史时期。

实现中华民族伟大复兴，是近代以来中国人民最伟大的梦想。中国梦是从痛苦中涅槃的永恒的民族精神。中国已经做了上百年的噩梦。中国共产党领导中国人民成功开辟出中国特色社会主义道路，中国发展取得了历史性进步，综合国力显著增强，人民生活明显改善。我国的发展仍处于可以大有作为的重要战略机遇期，国家富强有了可能性。只有国家富强，民族复兴才有坚实基础，人民幸福才有根本指望，因此可能性要成为必然性。这就是中国梦的战略构想。

“实现中华民族伟大复兴，就是中华民族近代以来最伟大的梦想。”这是习近平总书记对“中国梦”的深刻解析。从鸦片战争以来，无数先辈为了救亡图存、兴国强民，使中华民族屹立于世界民族之林，作了一次又一次无畏的探索。实践证明：只有中国特色社会主义的发展道路、理论体系和社会制度，才是实现“中国梦”的唯一正确选择。

2.5.1.1　民族复兴

文化是维系民族生存发展的血脉和灵魂，是民族的精神载体，是推动经济社会持续发展的精神动力，是国家综合实力的重要组成部分。回首近代以来的历史，这一点尤为令人感慨。

当 1840 年 6 月 47 艘英军舰船带着 4000 名陆军封锁广东珠江出海口、挑起鸦片战争的时候，一向在亚洲大陆东部引领文化方向的中国，第一次遭遇到了真正的挑战：一个与中国文化传统完全不同的文化形态，在坚船利炮的护送下，呼啸而来，要把自己的种子强行撒播到中国的土地上。面对这个来自西洋的文化怪物，中国固有文化的守卫者进行了顽强的抵抗，中西文化之间产生了一波又一波激烈的碰撞。

从魏源“师夷长技以制夷”的呼喊到共产主义在中国“徘徊”“扎根”，从孙中山“天下为公”的理想信念到“科学发展观”的生动实践，“中国梦”的构想与践行，有如一盏明灯一直照耀在华夏大地，催促着全体华夏儿女奋然前行、拼搏奋斗（图 2-40）。“到中国共产党成立 100 年时全面建成小康社会的目标一定能实现，到新中国成立 100 年时建成富强民主文明和谐的社会主义现代化国家的目标一定能实现，中华民族伟大复兴的梦想一定能实现。”习近平总书记对实现“百年梦想”所作的铿锵有力的宣示，激励着我们全力以赴，实干兴邦。

“中国梦”的实现，离不开“兴国之魂”的科学理论和先进文化建设。“兴国之魂”凝聚着中华民族悠久的历史文化传统，是社会主义先进文化的结晶，其核心价值观念、道德伦理思想、精神文化生活、文化整体实力，决定着实现国家梦想的基本功能和前行方向，是推进“中国梦”激情放飞和绚丽盛开的内驱力和表现力。“中国梦”因有了文化推动而变得高远而磅礴，鼓舞着中华儿女忘我奋斗、不懈努力。先进文化的聚合融通功能形成了文化引导力、文化竞争力、文化软实力、文化影响力，它为“中国梦”源源不断地提供了理论支撑、思想先导和精神动力。

社会主义文化的先进性，使“中国梦”蕴含着中华民族伟大复兴的精神境界、理想追求和价值范式，它促使人们追求真善美、抵制假丑恶，渴求幸福和谐、厌恶无序混乱，追求公平正义、反对腐败特权，为建设社会主义现代化强国而不懈奋斗。

2.5.1.2 文化自信

文化自信是一个国家、一个民族、一个政党对自身文化价值的充分肯定，对自身文化生命力的坚定信念。只有对自己的文化有坚定的信心，才能获得坚持坚守的从容，鼓起奋发进取的勇气，焕发创新创造的活力。

文化是一种软实力，它源于人们的生产、生活活动，文化是一种思考力、思想力和竞争力。继承、弘扬、发展我国优秀传统文化可以保持中华民族的独立性，对于维系民族和文化的多样性具有积极作用。而文化的多样性和多元化既是经济、文明长足发展的内在动力，又是丰富多彩世界的客观要求。

图 2-40 民族团结、民族复兴

文化为中国梦提供社会共识。文化是一个社会良性运转的灵魂。当我们讨论中国梦的时候，实际上预设了这样一个文化基础：国家富强、民族振兴、人民幸福已经成为中华民族的共同认识。这既是一个基于现实考量的共识，更是一个基于历史维度的共识。一方面，整个国家和民族的物质基础和精神动力已经具备。另一方面，近代以来民族的屈辱史让民族复兴的梦想愈加强烈。一个国家或一个民族拥有共同梦想的前提，就是共同文化自信和文化自觉之下倍增的凝聚力。凝聚力是社会共识的基础。有了社会共识的粘合，中国梦的实现才可能拥有最为坚实的民意基础。

民族复兴离不开文化的复兴，民族自信离不开文化的自信。但同时也要看到，在通往复兴的道路上，中国遇到的挑战和困难，无论是从规模来看，还是从复杂程度来看，都是人类历史上从未经历过的。

全面建成小康社会，实现中华民族伟大复兴，必须推动社会主义文化大发展大繁荣。我们要发挥文化引领风尚、教育人民、服务社会、推动发展的作用，提高国家文化软实力和竞争力，使中华文化在世界民族文化之林中，焕发出独有的魅力和光彩。

2.5.1.3 中国精神

中国梦也包含文化的多样性和多元化，让不同层次的民众享受不同的文化，满足人民群众多方面的需求。改革开放，让中国民众口袋鼓了起来，当人们在享受物质文明的同时，也需要精神方面的享受，同时，经济建设面临着新的挑战，也需要有文化来激励、促进，所以小康社会也包含着文化建设，人民的幸福生活也少不了文化，把文化融入中国梦中，中国梦定会觉得更精彩，内涵也更丰富。

中国梦的实现，不是孤立地搞经济建设，文化建设以及精神层面的建设也不可少，也并不是说口袋有钱了人民就幸福了，而是需要更多层面的享受，文化建设就是其中的一个方面，加强文化体制改革，建立公共文化网络体系，有助于中国梦的实现，能让人们感受生活的美好，也会使现代化的中国更加美丽。

以中国文化浑厚的历史积淀为基础，重构中国文化的核心价值体系，继承和发扬儒家文化中经世致用、关爱苍生的思想精华，弘扬和丰富道家文化中崇尚自然、天人合一的精神智慧，将二者和谐统一在中国文化的思想架构中，充实和汇聚传统中国文化博大精深、鸟瞰八荒的人文智思，才能无愧于中华文化之盛誉，才能在与世界文化的交流、交融中发挥中国文化开阖创化、启悟人性的积极作用。

“中庸之道”是中国文化的精髓，作为一种方法论，它已经深深渗透到了与中国文化有关的每一个元素和成分之中，成为构成普遍的文化心理和社会心理的核心要素之一。儒家的中庸之道是古代农业社会大环境下的产物。在农业社会中，生产方式和生活方式的单一性，以及由单一性而必然存在的重复性，乃是儒家倡导凡事追求最优解思想的社会背景。农业社会生产和生活的慢节奏也为儒家凡事追求最优解的理想化方案提供了时间上的可能性。中国讲究“和平发展”。中国多次向世界宣示，中国始终不渝走和平发展道路，在坚持自己和平发展的同时，致力于维护世界和平，积极促进各国共同发展繁荣。

一个富强中国、民主中国、文明中国、和谐中国、美丽中国的“中国梦”的复兴曙光，正在我们眼前徐徐展开，光耀世界。

2.5.2 文化产业

文化创意产业化已经逐渐成为经济发展的战略趋向，成为改变城市生活方式的重要载体，成为一种新型的产业。

文化是一种生产力，是综合国力的重要组成部分。当今世界，文化与经济、政治相互交融，在综合国力竞争中的地位和作用越来越突出，越来越重要。因此，大力发展社会主义文化，建设社会主义精神文明，是我们全面建设小康社会必须完成的重任。要完成这一重任，改革文化体制是题中应有之义。转企改制让一大批文化企业焕发出新的生机和活力，文化产业成为各地新的经济增长点。

文化是综合国力竞争的重要因素，是推动社会前进的强大动力。恰如联合国教科文组织在《文化政策促进发展行动计划》中指出的“文化的繁荣是发展的最高目标”。

2.5.2.1 传播传媒

传媒业是一种特殊的行业，和一般文化产业门类相比，具有相对垄断性、良好的增值性和独特的盈利模式。

2010 年年底，中央各部门各单位出版社转企改制工作全部完成。改革实践表明，新体制新机制让出版单位与市场贴得更近，和读者贴得更紧，逐步实现了社会效益和经济效益的有机统一。出版发行体制改革一直走在文化体制改革的前列。中国传媒业总体上正呈现出良好发展势头，目前，中国与世界传媒产业一样，正面临着一场深刻的变革，数字化转型与商业模式创新开始成为世界范围内传媒产业发展的主题。

2.5.2.2 文艺院团改制

2010 年，北京市全市 82 家营业性演出场所共演出近 2 万场，实现演出收入 10.9 亿元；北京儿艺、北京歌舞剧院、中国木偶剧团、中国杂技团等四家转制院团演出场次比转制前翻了一番多，营业收入比转制前增加了两倍多。通过体制机制创新，国有文艺院团增强了内部活力和发展动力，实现了社会效益与经济效益“双丰收”（图 2-41）。

文艺院团以改革实践向社会传递出这样一个启示：转企改制不是政府不管了，而是要坚持面向群众、面向基层、面向农村、面向市场，遵循艺术规律与市场规律，改革管理体制和运营机制，切实把演艺业发展的主体培育好、结构调整好、环境营造好，激发文艺院团内在发展活力，不断提高创作、生产、演出的水平。

图 2-41（左） 民族舞蹈
图 2-42（右） 创意烛台

2.5.3 创意产业战略发展

2.5.3.1 文化创意产业

文化创意产业是指“源于个体创造力、技巧及才能，通过知识产权的生成与利用，而有潜力创造财富和就业机会的产业”，包括广告、建筑、美术和古董交易、手工艺、设计、时尚、电影、数字媒体艺术、音乐、表演艺术、出版、软件以及电视、广播等诸多部门。

2.5.3.2 文化创意产业兴起

文化创意产业是一种在全球化消费社会的背景中发展起来的，推崇创新、个人创造力，强调文化艺术对经济的支持与推动。文化创意产业的产业特征如同一般制造业，即其产品可以大批复制。当文化创意产业的复制变得十分容易时，产品及其内容的创新性要求在文化创意产业的生产中开始占据核心地位。相对于传统产业，文化创意产业突出了文化的附加值，它的特点就是要将抽象的文化直接转化为具有高度经济价值的“精致产业”。换言之，就是要将知识的原创性与变化性融入具有丰富内涵的文化之中，使它与经济结合起来，发挥出产业的功能（图 2-42）。显然，这是一种使知识与智能创造产值的过程。因此，原创性思维和知识产权保护对于创意产业来说至关重要。

目前，全世界的文化创意经济每天创造的产值达 240 亿美元，并以每年 7% 的速度递增，在一些国家，增长速度更快，美国达 16%，英国是 14%。创意产业的增长率是传统服务业的 2 倍，是传统制造业的 4 倍。西方七大工业国的文化创意产业从业者达到其人口的一半，特别是在英国、美国、澳大利亚、韩国、丹麦、荷兰、新加坡等发达国家和地区，其众多创意产品、营销和服务，已经形成了创意经济浪潮，产生了巨大的经济效益，成为引领国家产业创新和发展的一股重要力量。文化创意产业是知识密集型、高附加值、高整合性产业，对于提升我国的产业发展水平、优化产业结构具有不可低估的作用，因此，中国进一步推动文化创意产业类产业群的发展是十分必要的。

2.5.3.3 创意产业与生活方式

中国改革经过 40 年，国人的生活方式大致经历了三个阶段，第一阶段是但求温饱的生活方式，出现香港急节奏的生活方式；第二阶段是吃得好穿得好的生活方式，出现暴发户的生活方式、欧美西化又不伦不类的生活方式。两个阶段的生活方式使每一个城市里的人或多或少地厌倦，感到不满意，再加上环境污染，交通堵塞，人心利欲，工作压力使人无可奈何，又挥之不去。于是一些人开始追求生活方式更高的第三阶段，追求生命质量及人生能量的最大发挥是人心所趋，创意产业在这一阶段得到了迅速发展。

2.6 情结、主题与空间

人的需求是空间设计的出发点，也是终点。追求人性的回归使情感体验成为空间设计中不可漠视的因素。所以，在传统与地域文化的室内设计中，应从情感需求出发，以情结为线索形成设计主题，从而展开主题性室内设计。

2.6.1 情结的视觉化

2.6.1.1 情结及其类型

情结（complex）一词最早由瑞士心理学家荣格所用。荣格将“情结”形容为“无意识之中的一个结”。“情结”更多地反映了精神生活的焦点或节点，它将物与事按次序连接起来，就如同把散落的词语组成有意义的句子一样。“情结”的核心要素主要由经验和性格固有两个部分构成。基于这样一种理论，我们可以将情结分为显性情结（经验）和隐性情结（性格固有）两大类：显性情结即看得见摸得着，具有物质性特征的情结，例如：山水情结、明月情结、松柏情结、水墨情结等；隐性情结即深藏内心的一种民族精神、文化心态、审美观点等，例如：忠孝情结、怀旧情结和隐世情结等。

2.6.1.2 情结的视觉化

美国符号论美学家苏珊·朗格提出“表现性形式”的概念，深刻地论证了形式与情感的关系。情感是形式产生的起点，形式是情感的表现，二者相互依存，密不可分。这一理论证明了情结视觉化的可能。情结源于设计师和消费者所共有的生活，设计师与受众之间存在着内在联系，这种内在联系通过形体、色彩、结构、物料、文字等形式体现。因此，挖掘隐藏在这些元素中的情感，寻找特定意义的符号，依据符号学能指与所指的理论，梳理情结中的视觉元素及其组合方式，并按照一定秩序编排成空间情景。

正如日本建筑大师安藤忠雄先生所述，“人体验生活感知传统的要素是在不知不觉中成为自己身体的一部分”。空间中的情结是场所、记忆、体验三者相互关联体现出来的。记忆与体验抽象地存在于人的内心世界，通过空间场所中的视觉元素，触发内心联想，进而满足情结式的情感需求。现代人内心情结的视觉化需要通过对与情结关联的所有视觉元素进行筛选，选择其中最具代表性的元素；在此基础上对视觉元素进行加工变换，以符合现代人的审美习惯，使其在传统与地域文化的基础上具有鲜明的时尚性。

2.6.2 情结与主题

情结是情感诉求的体现，是以情为主的主题文化的核心所在。情结的主题来自于生活，与人各自的生长背景、亲身经历有关。以情结形成的主题可以分为以时间为表现题材的情结，如：红色情结、儿时情结；以空间概念为主题的情结，如：故乡情结、江南情结；时间与空间共同限定下的情结主题，如：夜上海情结。地域情结就是在以空间概念为主题的情结中提取得到的（图 2-43）。就如作家柯灵在《乡土情结》中描写的那样：“每个人的心里，都有一方魂牵梦萦的土地。得意时想到它，失意时想到它。”所以，地域情结是一种对场所记忆的追求。地域情结的产生与变化受到多重因素的影响，如：成长环境、个人情感、社会文化等。由于地域情结本身所具备的这些特质，使得以地域情结为主题的空间设计作品具备了多样化与深层次的潜质（图 2-44）。

主题是作者的心理感受与体验的集中体现，是情感的凝练与升华，它来源于传统与地域文化，以及生活的各个方面，包含物质与非物质两个层面。譬如一个神话故事，一段民间小调，一首凄婉诗词等；有时候，一种特殊的空间氛围，一种艺术处理手法等也都可作为主题。

2.6.3 主题与空间设计

具有立意的设计可称作“主题设计”。这里的主题设计是一个泛设计的概念，可适用于包含各设计门类在内的大设计范畴，当然也适用于建筑、室内等空间类的设计。以室内空间为代表的主题空间设计的最终作品犹如一串完整的珍珠项链，主题是其中的“线”，而由主题确定的素材就是一颗颗熠熠生辉的珍珠。

图 2-43　农乡农韵

图 2-44　地域情结

主题空间设计始终围绕着“人”而展开，是表达功能性与艺术性完美统一的空间环境的创作活动，同时满足人类社会与文化不断发展的多元化物质和精神需求。以文化为代表的精神层面的“主题”最能体现设计思想，是整个空间环境的灵魂。在现代空间设计中代表物质层面的功能设计是主题展开的“硬件”条件，而由主题演化出来的故事与情结正成为当下对文化要求较高的室内空间必不可少的“软件”部分，二者结合满足高效的使用功能、形成丰富的精神内涵。主题的介入使得空间环境产生场所效应，并以此展开叙事、表达思想与情感。

第 3 章　主题在室内空间中的当代表达

3.1　主题的含义

3.1.1　主题的概念

主题，也叫“主题思想”。原指文艺作品通过艺术形象的描绘、刻画所显示出来的中心思想。它构成了整个艺术形象体系的核心和灵魂，统帅全局、贯穿始终，使之形成个性鲜明、寓意深刻的一个统一的整体。我国古代对主题的称呼是“意”“主意”“立意”“旨”“主旨”等。主题是作者对现实的观察、体验、分析、研究以及对材料的处理、提炼而得出的思想结晶。它既包含所反映的现实生活本身蕴含的客观意义，又集中体现了作者对客观事物的主观认识、理解和评价。

3.1.2　主题空间

主题空间是指以某个主题为标志塑造的空间场所，使空间拥有特定的主题构想和主观意义。人在主题空间中可通过观察和联想，进入设定的主题情境中，身临其境地重温那段历史、了解那些文化。

每个空间都有自己的主题，但是有主题的空间并不一定就是主题空间。一个空间能否构成主题空间，主要看其主题在空间内的主次位置。在空间中，若是主题内容依据空间现存条件来择定，主题从属于空间的形式和功能而存在，空间为主体而主题为载体，那么这样的空间不是主题空间。假如空间的形式和空间的语言均由空间主题而定，空间的形式和功能从属于主题，主题为主体而空间为载体，那么这样的空间便是主题空间。

3.1.3　主题与室内空间

室内空间的主题，是指蕴藏在室内空间的思想内涵，随意、自由、丰富而微妙。

主题在室内空间中的具体表达，包含一种意义和象征文化的反映。在主观方面，主题是一种想法、一种意趣、一种美的发现，或是各种各样的人生感悟等；在客观方面，它常常源于生活、反映生活，并高于生活。

室内空间设计是功能与艺术的结合体，是为人服务的空间媒介，需要满足人们生理与心理双重方面的需求。在室内空间设计中，主题内涵不仅有物质层面的外在符号表现，也有精神层面的内在情境表达。主题是空间的灵魂，赋予了空间自身独特的“思想”和“情感语言”，人们于此不仅可以体验到大自然凝练的美，还可以感受不同的地域文化、民俗情趣中的思想与情感，进行着人与自然、人与空间的无言对话。

3.2 主题的类型

空间主题性的表现题材十分丰富。空间意境、时代气息、自然环境、文化传统、风土人情等都是主题营造的源泉。室内空间主题大致可分为：地域文化、自然生态、传统历史、传承再生、仿生仿物、趣味性主题及多主题并存等类型。

3.2.1 地域文化主题

地域性应具有国家、民族、地区、民俗、文化等特征，包括人类在社会实践中所创造的物质与精神财富、社会意识形态、自然科学、技术、政治、文化、艺术等。创建地域文化主题空间，可以延续与弘扬地域文化的精神与生命力，为古老的传统文化注入现代时空内涵的活力，并以现代室内设计理念重新解析和注释地域文化与传统思想。

室内设计是一种文化，也是一种历史，它是人类社会发展的记忆，也是人类社会文化的沉淀。在当今全球面临多元化的今天，室内设计文化的地域性特色愈加受到设计师及使用者的关注。在处理历史与现状、共性与个性、传统与现代等众多关系方面，许多优秀的现代室内空间成为协调各种关系的典范，在这些室内空间中我们既可以看到现代设计的标志，又可以看到传统地域特征的影子。这样的室内空间毫不造作地为大众营造一种文化氛围，在文化和地理情形诸多因素的自然和谐中体现出设计者的设计意图，那就是和谐地同根深蒂固的地域文化相处。

建筑师贝聿铭设计的苏州博物馆新馆（以下简称苏博），是将厚重的地域性历史文化与现代设计手法、科技材料相结合的典型。在其室内部分，苏博艺术处理的一个显著特色是具有地域特色的传统形式的重复出现。贝先生运用了许多新材料来营造中国传统建筑的“形”，在建筑材料、结构细部、室内设计等方面都有独特创意。博物馆室内运用开放式钢结构，替代了苏州传统建筑的木构材料。开放式钢结构既是建筑的骨架，又成为造型上的特色，与顶棚和木边一起，体现中国古建筑的语言。同时，

图 3-1 苏州博物馆新馆

木色的金属遮光条取代了传统建筑的雕花木窗，使得光线柔和，便于调控，随处可见形态各异的漏窗则起到泄景功效。室内的曲折水渠、睡莲水池、螺旋形楼梯所构筑的灵动空间，都显示出其独特性、唯一性，又与周边传统民居浑然一体，折射出当地的历史文化特色（图 3-1）。

例如，上瑞元筑公司设计的无锡外婆人家阳光店，室内引用了江南水乡的街景画面，意象的竹林，潺潺的流水，深深巷陌，描绘出一幅粉墙黛瓦、竹林深处有人家的优美画卷。空间是以简洁而单纯的白色为主调，用现代精练的体块关系营造出一处处房屋，一道道回廊院墙，形成整个场景的大布景，将整个大厅变成一个表演的舞台，邀朋唤友，不亦乐乎；在细节上，设计师独具匠心地把两处明档置于其中，将炊烟袅袅、香气扑鼻的街景氛围烘托得更为生动，独具江南韵味（图 3-2）。

图 3-2 无锡外婆人家（一）

3.2.2 自然生态主题

阳光、天空、土壤、海洋、河流、树木花草、空气、山石构成了人们所崇尚的自然环境，在当今设计与生态环境结合为主流设计理念的时代，激发了室内设计师创造以生态为主题的室内设计的灵感。大自然的万物为设计师提供了设计素材，使设计师寻觅到具有创意的灵感与表达形式，并传达设计的内涵，冲破固定僵化的思维模式。

不同的生态环境、不同的地理条件演绎着形式各异的文化、多彩的生活方式与迥然不同的审美观。中国自古以来“天人合一”的哲学观，反映的不只是一种文化内涵，更重要的是深层次地表露出人向往自然的本性内涵。人来自于自然，对自然有着无以名状的亲切感，尤其经历了现代城市的繁杂喧嚣，人们更向往自然界所带来的生机与活力。在以自然生态为主题的室内设计中，设计师可以巧妙地把室内与自然景观、绿色植物、山石水景融为一体，体现出来源自然、融入自然的情怀，满足人们对大自然意境追求的心理与生理的双重需求。

在现代室内设计中人们倾向于将自然引入室内。广州白天鹅宾馆室内中庭设计以“故乡水”为主题，融汇了中国古典建筑造园的手法，将山石、古亭、瀑布、水池和阳光及绿化组合在一起，有金亭濯月、叠石瀑布、折桥平台等，体现了岭南庭园风范，具有传统的地域特色，环境幽雅，空间流畅（图 3-3）。

再如 OOS 公司在瑞士苏黎世为 MMP 公司做的办公环境的室内规划设计项目，以自然环保为主题的设计，整个办公空间以绿色为主色调，嫩绿或草绿或深绿，目的是便于养护办公人员的双眼并保护视力。室内用玻璃分隔成多个不规则的办公小空间，相邻的办公小空间不相连，小空间内里挂着嫩绿色的帘布，玻璃外有原木制成的树枝形装饰物，使内外空间有效地区分开。办公的桌椅均为木质，休息区地面铺有几块绿色系地毯，辅以明亮的自然光洒入，整个办公空间清新自然、一派生机盎然之景（图 3-4）。

3.2.3 传统历史主题

历史性主题是指在现代室内空间中重拾传统风格，实质上是在某种程度上掺进传统的精神，是在对传统文化的理解消化基础上所产生的一种时代风貌。一个有着深厚修养文化的设计师应该很注意新文化的视觉效果，并非仅在室内空间设计物身上附加照搬古代文明符号。在五千年的历史长河中，中国悠远博大的文化里面肯定有适合今天室内设计的精华，传统历史的时尚表现形式，是历史主题空间在新世纪发展的关键。这就是设计者现今所追求的时尚，它既要强调历史性、文化性，同时还要富有时代性。

回忆是人生重要的情感体验，历史性主题表现过去的时光和历史事件，将时间和空间交织在一起，引起经历过那段时光人群的追忆和共鸣，调动出后人的新奇目光。

图 3-3 广州白天鹅宾馆

图 3-4 MMP 公司办公环境室内规划设计

历史性主题的室内空间易吸引经过那段时光和欲体验那段时光的人群的光临，他们可以从中看到逝去的时光，追忆述说酸甜苦辣的往事。

例如，江南大学设计学院 2008 届夏聪的毕业设计《尚古食代》中，在门厅处以大块不规则的青石板和细小的白砂石在色彩和大小及材质上形成了鲜明对比。两人散座区的隔断选用半透明的布料，上面印着远古文字，卡座之间放有点燃的小火盆，厚重的原木餐桌，这些使人感受到远古时代的洪荒历史气息。再配以现代感十足的硬质沙发和地面上的碎石铺路，可感受到古今元素的完美结合。当微风拂去历史的沙尘，龟裂的石板渐渐浮现在眼前，沿着古老的城墙，踏着卵石，穿越时光的隧道，带你去感受那刀耕火种、洪荒战乱、人与鸟兽共语的上古时代（图 3-5）。

还有 2012 届雷诗俞的毕业设计《醉西关》中，大厅内建有特色的广州骑楼，色彩斑斓的满洲窗光影曼妙，仿佛折射出老广州的迢遥旧梦。行走在木质地板上的幽幽声响，与现代都有着神秘而又微妙的距离，为烦乱躁动的现代人创造出一处心灵驿站（图 3-6）。

3.2.4　传承再生主题

随着城市经济结构的变化和城市功能的转型，许多城市传统工业衰退，废弃的老建筑面临全面拆毁重建或改造再利用的抉择。产业建筑的改造和再利用可以减少投资、缩短工期，减少建筑垃圾和环境污染，降低旧建筑拆除与新建筑建造过程中的多重能耗，体现了可持续发展的观念。在许多城市，废弃的产业建筑被成功地改造成为艺术展示和艺术活动建筑，室内空间获得全新的诠释并得到了充分利用。

例如，荷兰的阿姆斯特丹白鹳餐厅原为老工业建筑，餐厅的所有设施都被安置在建筑内部右侧一堵距离屋顶有一定距离的长墙之后，墙左侧和建筑外墙之间开放工业空间保持不变；家具之类的新元素被添置在这个空间之内。这堵墙包含几个开口，其中之一作为餐厅的开放式厨房，所有美食的准备过程和厨师烹饪过程都被一一展示在食客的眼前。改造后的设计把仓库原有的工业气息保留到完美的地步。未经修饰的斑驳墙壁、略作修葺的水泥地面，在颓废感之上增加了简约现代的笔触，也就是时下流行的“shabby chic”风格。裸露在外成排穿梭的金属架构，赋予餐厅一种律动感，充满了工业设计的气息（图 3-7）。

例如，Mimosa 餐厅位于上海苏州河南岸 pier one 的一楼，pier one 前身为挪威斯堪脱维亚啤酒厂（后上海啤酒厂）的生产厂房。Mimosa 室内设计以象征香槟的气泡为主要设计元素。设计保留了啤酒厂酿造车间厂房的宽敞空间、斑驳的楼板、粗大的水泥梁柱、裸露的钢筋、长方形的砖炉烟道、石材围砌的发酵槽等，这些似乎在诉说着建筑本身的酿酒历史，也是设计者以气泡为主题的重要原因。与这些形成鲜明对比的是白色的钢梁、细腻而通透的玻璃、摩登的家具、白色的帷帐、气泡形式的环形 LED 吊灯，气泡水雕等又为原有厂房注入了新的活力。新与旧的强烈对照，使得空间更具摩登感（图 3-8）。

3.2.5　仿生仿物主题

仿生设计学是在仿生学和设计学的基础上发展起来的一门新兴边缘学科，是模仿生物系统的结构、形体、功能原理来设计新技术系统的科学。大自然中生物为了生存，在漫长的进化过程中，本能地选择生态因素最适宜的地方生长、生活，使自己的躯体适应环境，“创造”了最为科学的形体结构。在功能上形成非常复杂和高度自动化的器官系统；在外形上形成一个色彩丰富、造型优美的形状。

图 3-5 《尚古食代》

图 3-6 《醉西关》

图 3-8 上海 Mimosa 餐厅

图 3-7 荷兰阿姆斯特丹白鹳餐厅

室内设计仿生学是根据自然生态与社会生态规律，并结合室内设计科学技术特点而进行综合应用的学科，是科学与美学的有机结合。它的主要研究内容包括：室内空间界面设计的仿生、现代家具设计的仿生、室内软装饰的仿生等方面。室内仿生学的应用范围很广，从整体风格到某个细节装饰，从居住环境到装饰材料都可涵盖，未来的城市将是仿生与生态的城市。

杭州唐宫海鲜舫位于杭州新城区一个大型商业中心顶层，空间层高九米，朝南方向有广阔的视野。编织竹条是主要的建筑材料，它沿着墙体走向蔓延起伏，表达了仿生与生态相互融合的设计理念。在大厅中，利用原有的层高优势，将部分包间悬吊于顶上，创造出高低层次的趣味性并丰富了空间的视觉感受。因为在原有的建筑条件下，大厅中心巨大的核心筒和侧边悬挑的半椭圆形体块使空间显得零碎杂乱，以一片用薄竹板编织、从墙面延伸至天花的巨大透空顶棚，将空间重新塑造。如波浪起伏的竹顶棚，构筑了大厅里戏剧般的场景。而视线穿过透空的竹网，不仅保持了原有的层高优势，亦使得上下层有了微妙的互动关系。在原来的核心筒外，以透光竹板包覆四壁形成灯箱，则使得原本沉重的混凝土体量变为空间中轻盈的焦点（图 3-9）。

3.2.6 趣味性主题

趣味性是由艺术形象和有趣内容结合产生的一种美学意义和审美情趣，是近代发展起来的一种创造主题的方法。它以新颖的构图、奇特的造型体现独特的个性和创意，有极强的识别性和象征性，易于引人联想。趣味性强调的是感性认识作用于欣赏者的情感从而使作品具备感染力。现代经济是一种眼球经济、注意力经济，只要能引起顾客注意，能为顾客提供一种独特的体验，就能在市场中占有一席之地。

一提到日本餐馆，大多跟简洁、柔美、清新相关，而位于上海虹桥的东京 Edo

图 3-9　杭州唐宫海鲜舫

Robata Kemur 餐厅就“剑走偏锋”了。按照业主的要求，设计团队借鉴电影《杀死比尔》中西方世界所理解的东方文化，将其运用到建筑中：选用艳丽的红色为主要装饰色调；建筑主体类似日本神庙，大量使用麻绳和木头；室内空间用成片竹子和一帘麻绳作隔断，增加诡秘的色彩等，给人一种神秘、安静又危机四伏的感觉。日本本身就是一个极度矛盾的国家，《杀死比尔》所反映出的、这个国家的部分特质，在建筑及室内空间中同样能得以体现。这恰好能够吸引很多对此好奇、有兴趣的人前往（图 3-10）。

作为一种营销策略，店面新颖独特的设计或许在竞争日趋激烈的市场更能吸引消费者。伦敦瓷砖商铺 Capitol Designer Studio 携手建筑师 Lily Jencks 和 Nathanael Dorent，推出了名为 Pulsate（脉动）的独特弹出式室内设计，更有效地展出了商铺里的货品。商铺的整个空间被排列成重复的人字形瓷砖包裹，这一设计创造出的氛围使顾客的感知更具挑战性，打破了传统的瓷砖店设计，充满迷幻味道（图 3-11）。

3.2.7 多主题并存

现代室内设计很多时候不仅仅只有一个主题，很多极具创意的室内都是多主题并存的。多个主题同时存在，如果处理不好，就会导致混乱，影响创意性的表达。所以，在选择多个主题时，要充分考虑各个主题间的互融性，利用适当的设计手法，将多个主题进行穿插渗透，使主题之间和谐统一，为室内空间的整体性表达服务。

例如，乌克兰首都基辅的 Twister 餐厅，由就餐区和休闲酒吧两个部分组成，每个部分都有各自的主题，就餐区为“龙卷风”和“雨水”，休闲酒吧区为“鸟巢”。设计师通过对空间的分层利用，将就餐区设计成两层的复合型空间，一层为普通餐桌，二层的室内阳台为圆形卡座区，一、二层通过一个楼梯连接。圆形的卡座仅有 5 个，

图 3-10 上海虹桥的东京 Edo Robata Kemur 餐厅

图 3-11 伦敦某瓷砖商铺

图 3-12　乌克兰首都基辅的 Twister 餐厅

相互连通，其整体造型就像一个个高脚杯，由一层“生长”出来的细长支架相支撑。这个颇具艺术感的二层，既合理地利用了空间的层高，又丰富了视觉的层次感，让整个空间有一个向上提升感，暗合了龙卷风向上的造型。设计师选用极具垂挂质感的水滴吊灯，将其由顶棚处高低错落、稀疏随意地垂下，营造出大自然中雨水从天而降的感觉，模糊了一、二层泾渭分明的造型结构。周围墙面上的木栅格，不加修饰的自然木质感强化了空间内部的自然理念，同时室内木栅格墙面与表面光滑的二层卡座形成了对比（图 3-12）。

3.3　主题与空间体验

3.3.1　关于空间体验

3.3.1.1　空间体验的内涵

所谓体验即“以身体之，以心验之”[1]。Pine & Gilmore 指出：“所谓体验，就是指人们用一种从本质上说以个人化的方式来度过一段时间，并从中获得过程中呈现出来的一系列可回忆的事件。”体验英文为“Experience”，有经历、经验、体验、阅历之意，体验仅是其中一种。体验本身有动词和名词两种释义，名词体验可以理解为是经历过某种事件后的体会、感受、回忆以及总结的经验；动词的体验有两种状态，一种是主动式体验，如旅游、健身、消费等，另外一种是被动式体验，如意外、接受访问、接受教育等。而真正的体验，是要个体全身心地去溶入、参与、共鸣、升华，去感受并且参与其中。

空间体验是一种个体式的体验，是不能由他人代替的。空间体验行为既是体验主

[1] 陆邵明 . 建筑体验——空间中的情节 [M]. 北京：中国建筑工业出版社，2007.

体内部心理活动的结果，也是外部空间环境刺激的反应，二者结合促成了体验行为的形成。空间体验行为既有其主观性、自主性、开放性的个性表达，还有共同性、客观性的展现，如城市文脉就客观地反映了历史上典型的生活场景体验的经验。从空间意义与审美价值而言，空间体验不仅是对历史场所的深层次回忆，也是对聚居生活的理性认识，不仅是空间审美价值实现的途径，也是空间意义与场所精神的审美升华，填补了设计主体与空间使用者之间的空白。

3.3.1.2 空间体验的对象

空间体验的对象是空间本身及其结构关系，而非建筑外在形体。“美观的建筑就必须是其内部空间吸引人、令人振奋（城市空间也一样）”。如米开朗琪罗设计的圣彼得大教堂，内部空间结构赋予了建筑超出四个向度的魅力。从古代中国“当其无有器之用”的老子空间到当代外国“专横的逻辑关系占主导”的库哈斯极端空间,不同时间、不同地点，空间一直都是室内设计中永恒的话题。时代变迁、物转星移，空间形态有着自身时代性的变化。

空间的结构关系是指在若干个空间之间、不同要素之间与生活结构的关联关系，如此与彼的前后顺序、空间场景与各要素之间的语境关联等。空间的结构关系是体验过程中不可忽视的对象。无论是营建城市公共空间，还是建筑空间或者室内空间，都是创造一种聚居空间及其结构秩序，都在表达个人对于环境空间的观点以及审美体验的可能性，即如何去感受并解释空间本身。

3.3.1.3 空间体验的意义

人类通常依靠体验活动来感知空间环境及其空间秩序，从而建立空间的场所感并感受空间的精神意义。人类从出现或者出生，就通过各种各样的方式体验、认知周围的环境空间，以便建立自己与环境空间的秩序关系。如远古人的钻木取火，就是人类在对周围环境的多次体验后结合自身生存需求，所创造出的解决办法；再如刚会爬的婴儿，通常是依靠自己的舌头来“体验”身边的事物，以此来辨别其不同之处。

体验活动对于空间的意义在于场所感的建立。人、生活及其空间秩序的建立往往是在一定环境中进行的，不仅是单纯的物理组成部分的叠加，还需要内在情绪、心理活动与时空文化背景因素等。空间本身提供的意象是空间体验的产物，以此找寻意义与精神上的内容，营造出空间的场所感与秩序感。而场所感的建立又与我们个人经历、教育背景、心理活动、情感历程相关，体验是一个丰富的、复杂的个人感受过程。

3.3.2 主题空间的特性

室内主题空间设计是通过赋予空间以某种主题，围绕既定的主题来设计空间形态、功能布局、装饰细部等，使主题成为使用者识别所属空间的特征和产生消费行为的刺激物，让空间演变为体验场所。室内主题空间设计具有五大主要特性，分别是表意性、互动性、整体性、鲜明性和丰富性。

3.3.2.1 表意性

室内具有功能与思想的双重性，它包含功能和意义两个层面，是一个城市时代精神特征的物化表现和文化体现。现代室内由于科技的进步，功能不成问题，但是意义却在退化。主题设计就是将特定的意义蕴含于室内空间之中，使它在“功能”的外壳里包裹着“意义”的种子，“意义”主宰着“功能”的表达。室内空间只有蕴含意义，具有文化功能，才不会显得苍白乏味。主题性将功能与意义结合起来，使室内空间能够“传情达意”，成为有内涵的实体空间。

3.3.2.2 互动性

室内空间不仅仅是作为实体空间而存在，也是凝聚着公众精神的“容器”，其本质上是人们群体交流、互动的场所。它与城市的文化历史和发展、场所的性质、人的生活都有着根深蒂固的联系。主题室内空间设计建构的是一种与城市环境产生文化交流的互动关系，一种与人产生情感交流的互动关系，让人们由被动地接受转换为主动地参与，这样人们才会对其产生有意识性的认同感和精神上的归属感。这种互动使人们通过艺术化的空间与主题性氛围产生交流，使室内环境充满活力，从而完成整个室内空间存在的意义。

3.3.2.3 整体性

室内空间设计是整体的艺术，它是对空间、色彩、肌理以及虚实关系的整体把握，对功能组合关系的整体把握以及对意境创造的整体把握。主题性室内空间强调的是系统性和全局性，从全局的高度出发体现整体风格。具有整体感的室内，才能更好地被人接受和记忆，才能更好地表达主题。主题性室内空间显现的是协调一致的美感，许多成功的主题室内设计都是遵循整体设计观念、艺术上强调整体统一的作品。

3.3.2.4 鲜明性

室内空间的主题性设计在于强调差异性，需要具有与众不同的鲜明个性。具有鲜明主题的室内，才能触动大众的心灵，引起共鸣。主题空间环境的主题性表现主要是通过其空间的装饰格调来展现的，因此独特的空间造型、个性化的材料肌理、贴切的色彩搭配、恰当的灯光氛围等都为鲜明的主题性设计服务，从而为人们提供一个很好的识别形象并加深人们的记忆。

3.3.2.5 丰富性

人的思想是复杂多变的。同样的视觉符号在不同的文化区域中所代表的意思也可能不相同，这就是所谓的“非语言符号含义的无穷无尽性”。它们具有普遍的意义，但不是绝对的，更不是唯一的。在不同地区，不同的人对于同一件事物的理解会有差异甚至会出现相反的意思。以色彩为例，黄色在中国是高贵、庄严和神圣的象征，过去只在皇宫、佛殿这类室内被大量使用，但是黄色在一些国家和民族却被视为低级、轻浮或不吉利的色彩，甚至用于葬礼等场合。针对同一个题材，不同的设计师会产生各自不同的思想，这些思想对设计题材的理解和对主题的认识发生作用，促使主题设计表现变得丰富而微妙。

3.3.3 主题空间设计与符号

3.3.3.1 设计与符号

符号（symbol）一词，来自希腊语 Symballein，意思是把两件事物并置在一起作出瞬间比较，最早用于古希腊医学领域根据症状对疾病作诊断和预测的范畴。其具体含义指某种用来代替或再现另一件事物的事物，尤其是指那些被用来代替或再现某种抽象的事物或概念的事物。人们日常生活的交际活动，都是通过符号这一媒介物，进行交往、表达和传递信息。因此，符号是我们一切交往的起点，也是社会的本质。

长久以来，人类在长期的生产实践中，因为生存的需要，总在不断地寻求各种观念、情感和信息的交流与表达形式，创造了一系列传播信息的手段，例如相互接触中的手势、表情、肢体动作、标记、语言等，其中工具代表了某种生产或使用的用途。而后出于精神生活及祭祀活动的需要，人类又发展了原始绘画、纹样、音乐等艺术形式。在创造使用的过程中，久而久之对形态、色彩、材质等形成了不同的认识，便有了广泛意义，结成特定的设计艺术符号。

3.3.3.2 符号的特性

1. 可识别性

符号作为一种具有表意功能的表达手段，是为了人们生存、交流而产生发展起来的，其自身的可识别性是符号的根本特性，是符号语言的生命之源。例如，靳埭强在20世纪80年代初设计的中国银行的行徽，“以中字和古钱形相互结合而构成。中字代表以中国资本的联营集团，古钱象征银行服务，圆角的方孔是现代化电脑的联想，上下连串的直线则象征联营服务。”（靳埭强语）。古钱币能够准确地传达金融机构这一信息，具有极强的可识别性，此标志一经问世便得到了委托方乃至大众的认可。如果一项设计作品不能为人所识别，让人不知所云，那它就完全失去了意义（图3-13）。

2. 普遍性

符号的普遍性，在公共场所的标牌设计中得到了充分体现。如公共卫生间的男女标识，如箭头所指，如红绿灯，不论男女老幼、文化深浅，对这些都能够清楚分辨。作为设计师经常会遇到这种情况，

图3-13 中国银行行徽

自己费心费力设计的“精品”不被客户所接受，设计师此时往往会认为客户的欣赏水平不够。但是现代设计都是为大工业生产服务的，设计成品会在市场中广泛传播。作为生产销售的客户与市场与大众紧密联系，如果他们不认可那可能就是设计师的作品与市场脱节，其实有时客户比设计者更了解大众。设计师只有找出让自己、客户、消费者都能理解的设计语言，才能更好地完成设计任务。

3. 限制性

任何语言都只在一定的范围内才能被理解，只有具备相关文化背景的人才能领会到该符号所传达的信息。只有符合特定背景的符号才能在这一范围内被接受。例如，德国招贴艺术大师冈特·兰堡的作品中常出现土豆形象，对于不了解德国的人来说，很难看懂作品所要表达的意思，只有明白土豆对于德国人的特殊意义，才能够明白设计者对土豆如此钟情的原因（图3-14）。

4. 独特性

符号的可识别性需要一定程度的“求同”，这样才容易被大众所理解接受，但是符号的“求异”也是设计的关键之处。在能被大众所识别的前提下，符号本身的独特个性也是非常重要的。每个符号都代表了一个特定的含义，是应该与其他符号相区别开的，否则形式相似而含义不同的符号是很容易被人们混淆的，形式与内容的独特性是符号的重要特性。

3.3.3.3 主题空间设计中的符号运用

在室内主题空间设计中，设计师常采用某种形态符号作为设计的母体。这些形态符号可能与人们所处的时代特征、地域文化或社会背景相关，也可能是个人情感因素的体验。人们通过特定符号传递的信息来感知室内空间环境氛围，经由某种可以感知或想象的形态符号来暗示空间不可见的意蕴。符号学的研究，为揭示室内环境视觉形态符号及其形态创造的规律打下了基础。例如，在室内设计中利用后现代主义的表

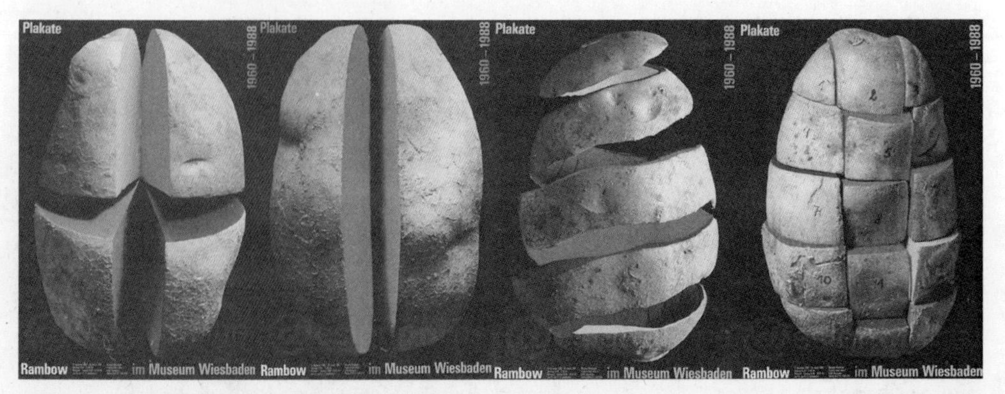

图3-14 德国招贴艺术大师冈特·兰堡的作品

现方式，对传统视觉形象重新进行演绎，有目的地选择最能传达意义的构件进行裂变重组等。但这些在手法上并不是传统视觉符号的照搬，而是有意识地挑选有意义的形态符号，用新方法、新材料来创造出具有强烈主题韵味的气氛。现今室内设计流行的“场景化”风格，追求营造一种真实的环境，来表达某种艺术理念。但是这种真实环境不可能是自然主义的照搬，并不是要把“黄山”或“石林”搬到某大楼的中庭中去。真实是指艺术的真实，采用简化后的符号形式来表达场景之真实性，这种手段既经济实用又具有创造性，具有强烈的艺术效果，如杭州四季酒店中餐厅的环境营造（图 3-15）。

图 3-15 杭州四季酒店

3.3.4 主题空间体验的生成机制

主题空间的生成是设计者将一定的主题思想进行简化抽象等处理，然后以文字、图案等符号化语言重新表述空间的主题。而主题空间的体验则是由设计者和使用者共同参与完成的，即在设计者完成主题空间表达后由使用者对其进行“验收”，综合运用感知觉、情绪、联想推理等不同方式对空间中可辨识的符号语言进行研读，以期与设计者的思想意图相碰撞。从符号学理论角度讲，主题空间体验的生成就是设计者“编码”和使用者“解码”的综合过程。

3.3.4.1 设计编码

在信息的传播过程中，发送者会在发送端将信息转换为可以发送的信号，我们称此过程为编码。设计编码具体是指将源概念信息按照一定规则转换为可认知的独特的设计符号，并能够在以后被还原。源概念信息指的是传播的内容，这些概念信息必须转化为某种可视、可触、可感的设计符号，通过特定的场合或者媒介才能传达出去。设计师作为信息的传送者，同时也是产品符号形式的创造者。设计师在确定了需要向消费者传达的信息后，通过块面的组合、线条的变换、材质的搭配、色彩的配合等为人直接感知的形式要素的运用乃至整体的空间构成，把自己需要向消费者表达的原始信息进行编码，转化为一定的造型符号，抽象、集中地加以表现，从而使得设计物成为满载信息的传达载体。设计师所赋予设计物的形式因素，积淀了人类长期的经验，会直接影响人的情绪变化，并伴随着丰富的联想和想象。设计物的语言是设计者为表达概念、精神或文化观念，寻找形象并在形象中抛弃、拣取、拼凑后，选择与主观情感、思想能糅合的部分来塑造形象。这种选择实际是客观物象主观化的过程。设计物经过设计者的编码之后，灌注了设计者的思想和情感，从而使得设计物被赋予文化内涵与情感意义。

3.3.4.2 设计解码

设计解码和设计编码是对应的过程，是指在传播过程中使用和设计编码相同的特定规则，接收者按已有知识与经验把符号转换为信息意义，这一过程在人们大脑中进行。设计解码是接收者通过对设计物本身的造型、形状、色彩和质感，信息显示及内部状态的指示，图案元素或平面标记等途径的感受和理解，经由对设计物的使用情境、实际操作和符号反馈的观察，结合使用者自身的文化背景、使用时的听阅运作以及群体的定型反应和使用条件等，逐步还原出自己能够理解的信息，并采取相应的行动，从而完成信息的沟通传达的过程。

在设计物的语意解码过程中，联想起着重要作用，接收者由视觉感知设计物的形象后，会与其信息库中的信息相比较并寻找具有关联性的部分，从而通过视觉经验和视觉联想得出有关设计物意义的结论，以达到理解设计物的目的。与设计编码类似，设计物视觉造型中联想的形式多种多样，这样会使设计物产生美学或功能意义上的多种联想，从而引起情感上的共鸣。视觉符号之所以可以辨认，是因为在某种程度上与它所代表的事物相类似、与某种行为相关联。例如，形态中直曲的变化表现为硬或软、流畅或笨重，色彩的冷暖则可表现为各种情感。视觉与联想是一个完整的解码过程，从视觉得来的信息经过大脑直接或间接的转译，意义才能被人们所理解。

3.3.4.3 编码与解码之间的联系

设计编码是设计者对概念信息以特定规则进行加工，并通过可视、可感、可触的符号载体形式展现；而设计解码则是使用者在体验设计物时综合运用感知觉、联想推理以及自身的文化素养全面解读设计物的过程，二者是相辅相成、互为补充的。使用者解码后在生理与心理两方面的双重感受对设计者“升级”编码有着借鉴意义，而设计者的再编码则能为使用者提供更为精彩的体验解码过程。

3.3.5 主题空间体验审美的系统构成

一件优秀的室内空间设计作品，无关乎比例、材料、工艺性的把握，而在于能否表达理念和感受，让在空间中有行为关系的人产生与之情绪相关的意境。设计除了要主题明确、语意清晰、保障功能舒适外，还要注重物境的表达、情境的营造、意境的感悟，为人类提供衣食住行的设计要紧密关注人们行为和心理的双重体验。其空间体验的审美有形式美、意境美和意蕴美之分，即表层审美结构、中层审美结构和深层审美结构。不同层次审美结构的系统构成与生成机制各不相同，这与个人体验的感觉、感知、感悟的程度相关联。

3.3.5.1 表层审美结构——形式美

人们对外界事物的感知最先依赖的是感觉，事物的形态是人们第一时间能够感知的美感形态，因此说形式美是人们日常生活中最为常见的美感形态，生活中尤其是室内空间中常见的色彩重叠交错、形态夸张变换以及鸟语花香等视听觉感受，总能带给人们丰富的感官享受，如日本美秀博物馆的入口大厅（图 3-16）。形式美是审美结构的初级层次，人们通过基本的感官感知外界事物，视觉和听觉的感受结果形成形象性的审美表象，而味觉、嗅觉和触觉受到的综合刺激会影响审美表象的形成，甚者会形成“通感”。例如，诗文中讲道：“疏影横斜水清浅，暗香浮动月黄昏”“蝉噪林愈静，鸟鸣山更幽”，这里生动地描绘出了嗅觉和听觉对空间美感构成的影响，因此人对于空间体验的感知是由多种感官感觉共同作用的综合结果。

图 3-16 日本美秀博物馆

表层审美结构的生成是主体对外界事物的总体感觉和知觉加工的综合结果。感觉只能感知到事物的部分而非全部，此时必须借助知觉的补充才能全面认识事物本身。知觉总是在感觉之后发生作用，它是对客观事物表面现象或外部联系的综合反映。知觉比感觉复杂而完整，是不同感觉相互联系和综合的结果。主体人通过感官系统去感知空间，然后在知觉的作用下将感知结果进行加工、整合等，形成主体人的知觉结构，也就是表层的审美结构。

3.3.5.2 中层审美结构——意境美

表层审美结构的形式美经由主体的统觉、想象与情感共同作用，建构形成的意境是空间所呈现的艺术形象。从表现的形态角度讲，意境是空间的真正审美对象。意境与人类的情感世界紧密联系，融合了主体的情绪、愿望、意趣等情感，是人类情感活动的产物。因此，即使同一个人体验同一个空间，在不同的情绪作用下产生的意境也会有所不同。

知觉活动使主体对外界的认识由物象上升到表象，统觉活动则将此认识又上升到了意象。知觉活动主要是对外界事物的客观属性的反映，而统觉活动则主要是对知觉活动得到的物理属性的加工。想象是在外界客观物象的刺激下，临时性地将主体已有的经验和感知信息进行重新组合，产生得到新的审美幻境的心理过程。想象活动与主体的敏感程度、记忆能力、经验积累和个人理解能力等密切相关，能够使心理积淀的表象与现在的感知表象相融合然后进行重构，从而生成新的审美形象。综上所述，空间物象在主体统觉活动、想象活动的作用下，能够形成新的审美幻境，结合主体的心境、情操、理想、精神等个人特质生成意境，这是空间体验中层审美结构的生成机制。

如2013届练春燕的毕业设计《体验性主题酒店设计——红楼一梦》中的餐厅提取大观园中的繁华景象，借用江南园林的形式，以月洞与梅花门形成曲径通幽的回廊，轻质的白沙夹丝玻璃形成虚幻的隔断，花青之色在朦胧中若隐若现，其连续的形式感使空间产生无尽的错觉。延续大堂肌理，以太湖石为点缀，花鸟在其中停留，营造出镜花水月般的意境，由虚无中生出色彩，由色成景，因景而生情（图3-17）。

3.3.5.3 深层审美结构——意蕴美

真正优秀的空间作品除了其空间意境要具备超越其表面寓意之外的深层内涵外，其空间意境还需要具备引人进入深层人生境界的能力。对此，李泽厚认为："美感尽管不能脱离形、色、声、体感知想象和情感欲望，但其高级形态却常常完全超越这种感知、想象和情欲，而进入某种对人生、对宇宙的整个体验的精神境界。"[1]空间体验的表层审美结构、中层审美结构以及相应的形式美、意境美只是空间体验的浅层次，并不是空间体验审美的根本。它们的终极目标是为了建构空间体验深层审美结构的特征图式以及形成意蕴美。空间体验的深层审美结构的功能是生成意蕴美，空间的意蕴是主体由空间意境中产生的情感与意识。心灵图式是主体人的情感与体验的原型系统，空间的整体特征自身是一种动力结构，与心灵图式同构对应。当主体感知到空间的整体特征时，特征会对心灵图式的系统产生激发和催化作用，使其相应情感投射到空间意境中，从而生成一种具体可感的特征图式。而当主体再次对特征图式进行观赏时，特征图式便会激发出心灵图式所包含的情绪体验，引发主体人具体的情感反应，即深层的审美意蕴。这一过程便是深层审美结构意蕴美的生成机制。

例如，建造于罗马哈德良大帝时期的万神庙，建筑形式直接表达了罗马人的宇宙观。圆洞表示以太阳为中心的天空，穹顶整体向上升起，墙体下部的神龛里供奉着五大行星和太阳、月亮，在这个完美的圆形空间里，蕴涵了宇宙的意义，体现了宇宙的悠远深邃。穹顶中央的窗洞是建筑唯一的光源，光线从窗洞倾泻而下，如同天堂之门，使空间中弥漫着一种静谧肃穆与广无际涯的气氛，穹顶的窗洞象征着神的世界与现世的联系，使人在感受宗教的震慑力的同时，也被光的魅力所折服（图3-18）。

3.4 主题与素材提取

素材也称元素，是主题的构成要素，是形成主题所需的空间形态、物质材料、装饰细节、陈设艺术等所有要素的统称。主题的形成与表达离不开素材的支撑，如果把最后完成的室内设计作品看作一串珍珠项链的话，那么主题就是其中的主线，

---

[1] 李泽厚．李泽厚十年集[M]. 合肥：安徽文艺出版社，1994.

图 3-17（左）《体验性主题酒店设计——红楼一梦》（一）
图 3-18（右） 罗马万神庙

素材则是串在主线上的一颗颗珍珠。主题性室内空间需要不同素材的合理选择和搭配，包括需要可感可触的物质材料与空间结构，也包括抽象存在的主题性思想与内涵。大致可将主题性室内设计的素材分为“硬件”和“软件”两个层面，硬件层面包含空间形态、光线、色彩和肌理四方面，软件层面包括自然环境、民族文化、历史人文、文学艺术等。

3.4.1 硬件层面

3.4.1.1 空间形态

空间形态是主题空间营造的一个重要方面。人对室内空间的感知首先是对其形态的感知，通过空间的尺度、比例、形状及空间的层次关系对人的心理体验产生影响，可以营造出领域感、私密感、亲切感，根据情境氛围的需要令人产生诸如夸张、趣味、愉悦、神秘等不同的心理情绪。方形、圆形等规则的几何形空间，给人以端庄、稳重、肃穆、静谧的感受；不规则的空间，则给人以自然、流畅、无拘束的自由之感。

纽约的古根海姆博物馆，建筑师赖特要求“平面、结构和室内成为一体”，展览廊由下而上，外侧层层出挑，旋升的板既是地坪又是顶篷，无任何多余的构件或附加的装饰。大厅光线由中庭顶部的玻璃拱顶射入，坡道外侧墙上的带形高窗为展品提供了天然光线。底层大厅的绿岛、休息平台和台阶等都呈弧线，与盘旋的母题相呼应。进入展馆仰视层层挑廊，感觉建筑并不大，但层层回廊却激发人探索展品的愿望，这是旅程的开端。乘电梯直上七层，沿画廊徐徐而下，映入眼帘的是艺术的海洋。回身瞭望中庭或上下对看，这时建筑的体量感比初到时骤然增加了。再回到底层大厅，室外绿化和明亮的自然天光又引导了参观者的行程，把观众带到室外。

赖特设计的是一个塑性的共享空间，使被局限在封闭环境中观赏展品的行为得到了解放（图 3-19）。

3.4.1.2 光线

光是室内环境的灵魂，是室内设计的先决条件。如若没有光，视线区域便成了虚无，因有光的存在才有了形态、色彩以及肌理的出现，有了室内空间审美价值的探讨。根据对人的生理和心理的变化研究发现，高亮度的空间能使人兴奋，低亮度的空间却使人压抑、甚至恐惧；而明暗对比强的空间具有紧张、刺激感，明暗对比弱的空间则给人以放松、舒适感。我们可以利用光的强弱和冷暖变化，在不同室内空间环境中加以合理设计，使室内不同功能的空间区分愈加明朗化，光语言无言地标识了同一室内不同空间的性质与功能。

光是视觉感知的基础，利用人眼的趋光性、心理的围合性、符号元素的引导性来处理和划分空间，是营造空间的手段。自然光会随着时间和气候的变化而产生丰富的光影，使空间更富有节奏感和层次感。人工光的运用更广泛，灵活性更大，效果更多变。无论是自然光还是人工光都能够辅助空间环境营造出所需的主题气氛。当室内光环境的形态所表现出的各种关系与人内在的某种情感模式相对应时，人就会自然地从中感悟到一种生命的律动，人与光环境营造的情境产生共鸣。如李卓的毕业设计《张大千孙云生美术馆暨创意产业园设计》，在美术馆设计方面汲取当地文化特色，建筑在外延走廊上设计了木构结构，每当阳光洒入室内时，走廊地面和墙壁上的光影变化丰富，仿若在诉说着一个美丽的故事（图 3-20）。

3.4.1.3 色彩

色彩往往先于形给人鲜明而直观的印象。色彩可以直接影响人的生理和心理活动，创造各种环境气氛，满足人们的视觉美感，调节室内的光线，改善室内的空间感觉。如冷色调给人庄重、严肃、沉稳和神秘的感觉，暖色调则给人亲切、舒适、柔和与明快的感觉。色彩是视觉传达信息的一个必要因素，空间形态和内容都是以色彩为重要的视觉表征。主题空间常常贯穿着鲜明的主题色彩概念。它与传统文化或地域文化的概念相伴随，以空间、造型、材质为载体，通过采光和照明的强化作用，在视觉上比其他元素更引人注目。所以，室内设计在创造主题空间、表达主题思想的过程中，色彩因素起到了重要作用。

室内主题空间的色彩设计常常利用色彩对人的生理和心理的效应以及色彩的象征性来实现。如上海 MITI 会所中的这处小空间，延续了整体空间的暗色调，而在视觉中心处放置了一个水晶灯，成为这处深色空间中的唯一亮色。水晶灯在整体深沉氛围的营造中宛如一轮明月高挂空中，“点亮”了周遭的环境，而从顶棚垂下的珠帘既起着分隔空间的作用，又扮演了映衬“圆月”的角色，似有似无，如星云一般缠绵（图 3-21）。

图 3-19（左） 古根海姆博物馆

图 3-20（右）《张大千孙云生美术馆暨创意产业园设计》

图 3-21 上海 MITI 会所

3.4.1.4 肌理

室内环境是肌理与形、光、色等因素共同营造出的效果，因此肌理的运用与表现需要配合室内空间形态、物体造型、光线和色彩，以使作品更加完美。不同的肌理经由不同光线的照射会产生各种形态的光影，光线的巧妙应用会有助于完美地展现肌理的美感，丰富空间界面的戏剧性效果。肌理通过材料的表面特点与设计理念结合在一起，可以表达多种独特的空间主题。不同的肌理带给人不同的心理感受，玻璃、钢、铝板可以表达空间的高技感，多在厅堂中使用；砖、木等材料表现了自然、古朴、人情味的环境意向；裸露的混凝土表面及未加修饰的钢结构，给人以粗犷、质朴的感受。同样材料的不同肌理、色彩，施工工艺所营造的主题也各不相同。例如，瓦库餐厅中充分运用了瓦这一人们所熟识的充满故事感的廉价材料进行设计，当人们置身其中会被一种熟悉感所包围，很自然地和环境发生对话。瓦在空间中或成为一处独立的小景，或结合墙体、隔断等巧妙融合，成为空间的背景和构件。瓦库餐厅裸露出的许多建筑细节，粗犷豪迈，大至顶部管线的开放式架设，墙体的原创表现力，不粉饰，不遮掩，从容自如，举重若轻（图 3-22）。

3.4.2 软件层面

3.4.2.1 自然环境

不同地方的自然环境因地理位置、气候、水文等诸因素的不同，形成了各地各具特色的地域性自然环境。根据空间所处的城市或地区，比如周边为现代都市或海滨、山林景区、草原等，室内空间设计将会随着自然环境的不同而改变它的主题，设计风格受所处地域的影响，这便是室内空间的地域性设计。如无锡外婆人家的室内设计主题以中国风为主，同时取材当地自然环境为设计元素。室内随处可见的竹子，竹子上设计了用玻璃烧制的小鸟，营造出了竹林、小桥、流水人家的江南氛围。轻轻作响的装饰物，给人以清新幽静的感觉。餐厅软装设计仿佛为我们营造了一个清新、自然的竹林环境，给人一种回归大自然的愉悦享受（图 3-23）。

3.4.2.2 民族文化

民族文化是一个国家、一个民族经过几千年的历史文化沉淀形成的。民族文化反映的是不同国度的文明，不同民族的灿烂文化遗产是旅游者渴望获取知识的旅游目的之一。以民族文化为空间表达主题，在触动人们的心灵的同时，也使传统民族文化进一步发扬光大，保持纯真的本土民族文化，使文化艺术在可持续发展方面得到延伸。以民族文化为基础，结合当代人的思维方式、生活方式和审美思想，辅以现代设计手法，最终形成传统民族文化与现代室内设计的融合，具有自己民族个性的室内设计是未来室内设计的发展趋势，越具有民族性，也越具有世界性。如雷诗俞的毕业设计《醉西关》中，酒店大厅内建有特色的广州骑楼，色彩斑斓的满洲窗光影曼妙，仿佛折射出老广州的迢遥旧梦。行走在木质地板上的幽幽声响，与现代的都市有着神秘而又微妙的距离（见图 3-6）。

3.4.2.3 历史人文

历史人文是指历史文化与人文景观，它是贯穿一个国家数百年甚至数千年的文化、经济、政治、哲学、艺术等各方面发展的线索。多数游客到外地旅游，都会先去探访当地的古建筑和名人祠堂等，去追寻那段辉煌灿烂的文明史。如果所居的酒店空间能让宾客感受到当地文化遗产的氛围，必会给其留下深刻的印象，该空间也将因主题的个性鲜明而扬名于世。例如，绍兴咸亨酒店在设计上紧紧围绕鲁迅文化和鲁迅笔下所表达的空间主题，经营上以鲁迅小说中的咸亨酒店为题材来展开。大堂的装饰以绍兴当地的宅院吕府为蓝本，并吸收了鲁迅故居及三味书屋等绍兴当地的建筑风格。在设

图 3-22　瓦库餐厅

图 3-23　无锡外婆人家（二）

计中以传统为依据，用现代的设计理念及浪漫主义的想象力来塑造空间。在大堂的中心位置，以铜管构成的三支抽象的毛笔，暗示了鲁迅作为一代大文豪的身份。在设计上笔杆和笔头是分离的，在这中间放置以鲁迅笔下的小说人物创作的雕像，以象征大文豪笔下所流出的经典故事。而在大堂的两侧目前是白色的半透明幕，在设计上考虑以创作的影像来反映鲁迅笔下的故事和绍兴当地的人文，影像隐约浮在空间中，以现代的手法将影像渗入到空间中去，提升空间的现代感（图3-24）。

3.4.2.4 文学艺术

文学艺术领域范围宽广，包含音乐、舞蹈、美术、体育、电影、书法、建筑特色、名著、童话故事等，这些都可以作为空间的主题，不同的艺术主题将会形成风格迥异、特色鲜明的室内空间。文学艺术有非常丰富的典故和语汇，它们寓意深刻，能赋予空间鲜明、丰富的主题内涵，为人们所感知、感悟。如练春燕的毕业设计作品《体验性主题酒店设计——红楼一梦》中，在客房室内部分，作者选取金陵十二钗中的林黛玉、薛宝钗和王熙凤为设计主线，通过对其各自独特的人物特征气质的把握，以丰富的色彩和柔美的女性气息赋予了空间性别，进而产生空间个性，由空间自身来述说人物的点滴，营造出别具一格的主题客房（图3-25）。

图3-24　绍兴咸亨酒店

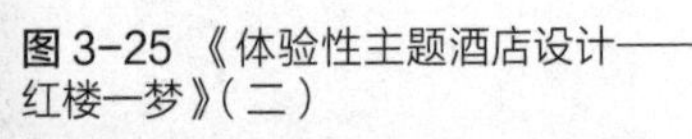

图3-25《体验性主题酒店设计——红楼一梦》（二）

3.5 主题的空间呈现方式

由于设计主题的社会与时代背景发生了巨大的变化，主题的元素提取与空间呈现方式有了很大的不同。有些主题元素的直接运用会带来与时代特征、现代观念的强烈冲突，包括与新技术、新材料以及时代审美的冲突等。因此，主题的空间呈现方式成了时代性的重要体现。集中体现在设计元素的表现方式上，具体的表达应根据设计元素本身的特点以及主题设计需求，采用不同的手法分别对待。

3.5.1 直接呈现

在现代室内设计中，一些设计师通过对设计元素的直接运用，去体现、亮化空间的整体风格与氛围，如在设计中式风格的室内时，我们通常把一些“琉璃瓦”“红灯笼”“红柱”“中国节”“明式家具”等符号，直接用于我们室内设计的装饰上，以营造具备中国风情的室内空间氛围。如杭州一味坊的一处空间，直接移用了一株略带花朵的老树，屋顶的木栅格稍微零落，打开灯光便如月光从屋顶上洒入般，树影倒映在大理石的凉台流到地面，老树的存在使得整个空间充满了生命的气息（图 3-26）。

3.5.2 变换呈现

在室内空间的设计领域里，我们可以将基本的设计元素作为符号去处理，如点、线、面、灯光、材质、色彩等符号元素。以符号为载体，通过对符号的变形、挑选、组合来表达符号的隐含寓意，从而体现出室内空间的空间风格与空间寓意。以下就简化、位移、夸张、重组、色彩、材质六种变换方式进行分析。

3.5.2.1 简化

简化变换的处理手法是针对形式繁复的元素所提出的，指略去具体细节而抓住主干，形神兼备地传达出形象或意念的大致轮廓与内在精髓的构思方式。在古代，艺术创作的最初形式是对自然界已有形态的模仿、重现。简化地把握原型的主体特征，去掉原型中附属的部分，通过符号化的处理，提炼出抽象、简洁的视觉形象。如无锡外婆人家阳光店，将 PVC 管喷涂成绿色，垂直悬挂于室内空间，起到了围合与分隔空间的作用，同时营造了“乡间竹林”般的意境。意象的竹林、天然的石板、潺潺的流水、质朴的木桶，描绘出一幅充满乡间野趣的田园图画（图 3-27）。

3.5.2.2 位移

位移变换可以摆脱传统空间观念的束缚，运用现代技术手段，让不同的空间互相交错。这种手法打破了原有空间观中“内与外”“上与下”的秩序，进而呈现出视觉震撼与艺术美感。台湾老一辈设计师登琨艳主持设计的“苏荷天地”，把原本铺在江南水乡民居建筑屋顶上的小青瓦巧妙地“位移”到了室内环境当中，作为墙体填充材料加以使用。小青瓦特有的朴实质感凸显出地面彩色陶瓷的鲜艳与光洁，在灯光的照射下静静地散发着怀旧气息，让人联想到小桥、流水、人家的江南意境。细细品味，砌筑的小青瓦犹如池塘里荡起的层层涟漪，质朴、儒雅的视觉效果提升了整个场所的文化品位（图3-28）。

3.5.2.3 夸张

夸张变换的处理是为强调事物本身特征而进行夸大、变形、扭曲，因此使用功能往往被放在相对次要的位置进行考虑。夸张的设计手法能打破常规的思维定式，产生较强的冲击力。如湖南保利“麓谷林语”销售中心，被放大之后的鸟笼形象构成了VIP会客区的隔断，自然地划分出了半私密的空间，同时也是空间主题“鸟鸣树林中”的生动展现（图3-29）。

3.5.2.4 重组

重组变换的结果是多样的，彻底打破了人们固有的思维束缚，运用到设计中不仅能够刺激人们的感官还能引发更多的联想和猜测，增加了空间的审美情趣。重组变换的处理方式基本有两种，一种是将完整的原样打碎，然后运用七巧板的方式随意拼贴出新形象，另一种就是将毫无关联的不同元素组合在一起，这样更能激发出人们无限的想象力。如姜湘岳设计的南京国品燕鲍翅馆，将窗内外的树与窗、隔断、灯饰、地毯等陈设适当组合，营造了“老树”“枯树”“枝干”以及“密林”等众多和树有关的风格迥异的意象，更好地烘托了室内以“树”为意象的设计主题（图3-30）。

3.5.2.5 色彩

色彩变换是指将提取的传统地域的视觉元素，在保留其形态和材质的基础上，对其表面的全部或局部进行色彩替换处理。传统地域的视觉元素在满足使用者情感需求的同时，还能让人感受到由于变化带来的新颖与时尚。比如“外婆人家”在对包厢区老柜子的处理上就是采用了这一手法，将柜门与抽屉表面处理成橘黄色，将老柜子的结构框架处理成黑色，保留了拉手等原铜质装饰构件。这种变化让人感到鲜亮的色彩，与时装一样“新潮”；同时还似曾相识，从而触发埋藏于心底的儿时情结，引起对孩童时代在外婆家的种种美好回忆（图3-31）。

3.5.2.6 材质

材质变换是指保留视觉元素的形态与尺度所进行的材质替换，这种替换常采用现代材质替换传统或地域材质，同样达到既新颖时尚又饱含传统韵味的目的。在过去的设计思路中，材质这一设计元素多是以复原、再现的方式加以使用。然而在当今追求时尚与高品质生活的背景下，过去的常用手法呈现出的视觉效果略显平淡，单纯的复制重现已难以满足当代人追求创新求变的心理诉求。材质转换已成为当今空间设计探索的新思路之一。新的加工工艺的产生，也为材质的多元化运用提供了更多的技术支撑。近年来，不乏采用材质转换的设计手法取得成功的设计案例。2008“江南之韵”概念设计金奖方案，采用具有高反光效果的不锈钢材料替代了传统木材，使传统的明式家具呈现出新颖、时尚的视觉效果，给人深刻印象（图 3-32）。

图 3-26（上） 杭州一味坊

图 3-27（下） 无锡外婆人家（三）

图 3-28 苏州苏荷天地

图 3-29 湖南保利“麓谷林语”销售中心

图 3-30 南京国品燕鲍翅馆

图 3-31 无锡外婆人家（四）

图 3-32 2008“江南之韵”概念设计金奖方案

3.5.3 寓意呈现

3.5.3.1 象征

《辞海》中认为，象征是“指通过某一特定的具体形象来暗示另一事物或较为普遍的意义，利用象征物和被象征的内容在特定经验条件下的类似和联系，使后者得到具体直观的表现”。这里“具体形象”指代了某种“意义”，而“意义”又超越了“具体形象”，也即象征应有一个联想区域。例如，人们常将“早晨的太阳”这一自然现象，赋予“诞生”的意义，这个过程就是象征；原始人好以兽骨皮毛作装饰，这些物品也成为他力量和勇气的象征。

象征作为一种思维方式，在人类历史的发展中从未消亡，而是随着发展不断地被赋予新的内容。象征在现代室内设计中运用得很广泛。例如，中国古代室内许多变形过的如意图案，象征着“吉祥如意”。比如在杭州四季酒店的中餐厅过道旁，用切割打磨后的银色金属材质以石头形象出现，象征了江南园林中常见的太湖石，其棱角分明、体块感强，同时符合时代审美，颇具新意。

3.5.3.2 隐喻

隐喻本属于语言学的范畴，是语言学中的一种修辞手法。它通过将一个事物的某方面特征或属性传送或转换到另一个事物上，从而使得第二个事物能够用第一个事物来表达或描述。具体来说，隐喻是在彼类事物的暗示下感知、体验、想象、理解、谈论此类事物的心理行为、语言行为和文化行为。隐喻依赖于某种文化背景，它与语言的产生是一致的，这就部分依赖于人的生理、心理特质，其产生与发展是由人的认识和实践活动所决定的。

图 3-33　柏林犹太人博物馆

隐喻的特征是暗示。根据审美的知觉理论，室内设计作为艺术作品的形式的一个整体，不但包括直接表露的意象，而且还包括那些根据某种文化中的习惯用法能最确切地论证的暗示的内容。历史博物馆在陈列设计之中，经常运用隐喻性来强调它的历史性与文化性，这种隐喻强调的是社会文化及使用者个人的文化要求。如柏林犹太人博物馆建筑反复连续的锐角曲折、幅宽被强制压缩的长方体建筑，像具有生命一样满腹痛苦表情、蕴藏着不满和反抗，令人深感不快。穿行在建筑内部的线状狭窄空间，经过不规则的条形开窗，看着顶部看似杂乱的构件穿插，狭长的窗、狭窄的空间，隐喻了曾经历史的残酷死伤者的悲惨。从人面铁片上踩过，恍若听见了那些逝者的悲泣之声，犹如尖刀般刺入人们的心灵（图 3-33）。

3.6　当代表达的必要性

3.6.1　特色文化的衰落与消亡

当今时代，全球化就如一股势不可挡的汹涌潮流，先是以跨国界、跨民族和地域的运作方式在金融界大行其道，而后又影响渗透到政治、经济、社会甚至文化等多方面，对旧有的社会结构模式和生活方式产生着强烈冲击。伴随着全球化的进程，人类社会的各个领域都有着巨大变化，秩序在重构、观念在更新，以经济为核心的全球化必然带来文化全球化。全球化在文化方面的影响表现为文化趋同，文化趋同是指不同种族或民族间相互了解、理解并吸纳彼此的文化传统的趋势。在此背景下，科学技术特别是电脑网络技术和通信技术以及交通手段的迅猛发展，使得整个世界变得越来越小，各国家、各民族之间的交往日益频繁，从而导致不同民族文化彼此接纳，相互交融，舍异趋同和求同存异的趋势越演越烈。

从一定角度看，当下人们普遍关注的文化全球化，可理解为大众文化传播的全球化。大众文化是产生于西方商品经济时代的一种新型文化，随着中国改革开放以来市场经济的实施，大众文化于 20 世纪 80 年代在中国兴起，发展到 90 年代已然成为当代中国社会中的一种引人注目的文化景观，成为一种与主流文化、精英文化并驾齐驱的独立文化形态。它的出现，大大促进了中国社会的发展与进步，从根本上改变了中国文化的传统格局，积极影响了社会文化转型和国人现代品性，可以说大众文化的发展本身就是中国社会进步的一个重大标志，而全球化对大众文化的传播起到了很大的推动作用。

但是全球化和大众文化的广泛传播对一些少数民族的特色文化产生了不小的冲击。据语言学家估计，世界上大约有 7 万多种语言，但一项最新的研究发现，其中近一半的语言正处于濒临灭绝的边缘。这些语言很可能在本世纪内消失，而且消失的速度非常快。现在，每两个星期就有一种语言消失，超过了部分鸟类、哺乳类动物、鱼类和植物灭绝的速度。这份研究成果发表在美国的《国家地理杂志》网络版上。语言是文化传承的载体之一，这些语言的消失也意味着相对应的文化的衰落乃至消亡。这些少数民族的偏小众文化在全球文化大环境的夹缝中求生存，这些文化自身的传承能力在人力和物力方面都在缩减，社会对于这些文化的关注度也还不够，它们只有与时代接轨并融合当代先进文化，才有可能在全球化环境中生存下来。而一些来不及转变或者不想转变的，得到的结果只会是逐渐走向衰落甚至消亡，最终湮没在时代的浪潮中。

3.6.2 审美能力的提升

在 21 世纪，文化全球化发展的必然趋势对文化教育的影响非常深远，全球经济的发展与交流使得国际人才的交流日趋繁密。经济的飞速发展、信息技术的发达以及教育教学政策的开放，吸引了众多学子到外地交换或者到国外留学，国际院校之间的学术交流更紧密、学术合作更多样。这种国际间的教育合作与相互影响，形成了所谓教育全球化的现象，对国际的教育交流产生了更重大、更深远的影响。

改革开放以来我国的经济迅猛发展，全球化在国内的影响逐渐增大，经济、教育、文化等都有涉及。教育的全球化趋势促使高校的教育逐渐与国际接轨，带来了各个地方多样的先进文化，越来越多的国际性交流拓宽了国人的视野，教育制度的改革有力地促进了国内教育水平的整体提升。在此基础上，基础教育的普及、教育制度的改革和教育深度的加大都促使教育水平得到提升，进而使得全民的教育素质有了整体质的提升，审美能力也越来越高。

3.6.3 空间需求的提高

随着人们的生活水平越来越好，在物质需求得到了基本满足的基础上，人们开始寻求更多的精神慰藉。室内空间设计中出现不少问题，空间的无秩序、无情感等诸多问题逐渐显露出来。而今的室内空间除了要保证人们基本的生理需求，还要满足人们增加的心理需求，即除了人类最基本的舒适性和安全性的生理需求外，人们还不遗余力地追求私密性、归属感、领域感、自我实现等多种心理需求。

美国著名人本主义心理学家马斯洛（A.H.Maslow）曾在他的著作《人的动机理论》中将人的需求分为五种层次：生理、安全、归属与爱、自尊和自我实现。依据人的动机理论分析，人在室内空间设计中的需求更多地表现在对空间私密性、舒适性以及领域性等方面的需求。舒适性反映了人在空间环境中最基本的生理要求，是空间设计的首要考量。私密性指的是“对接近自己的有选择的控制”，是社会交往的合适度，个人空间、领域性、语言行为、非语言行为以及文化习惯等共同构成了私密性调整的行为机制。私密并不意味着封闭，而是在对别人封闭的同时又保持对别人开放的可能性。领域性是基于归属需求的一种心理需求，它既发生在大尺度的环境中，也发生在我们身边。领域性的重要功能就是维持社会的安定，增进人们的认同感，并且让人有安定和家的感觉。

3.6.4 科技的创新发展

全球化发展的进程带动了我国经济、文化、信息、科技等多方面的飞速发展，其中科学技术方面的发展创新对于室内设计在现代化社会的表达影响深远。室内设计从最初的简单陈设到风格的出现再到主题情感思想的融入，从规则的空间形态到不规则的线性空间，不论是空间形态、照明还是陈设等都与科技的发展、施工工艺的创新有着必然联系。科学技术的进步，直接带动了室内施工工艺的发展，室内设计更加地趋向于节能环保、不规则和智能化等多方面发展。

在空间形态方面最具代表性的便是著名女建筑师扎哈·哈迪德的作品，从外观的流线型表达到室内空间的表里如一的流畅的不规则空间，无处不彰显着新时期科技的伟大力量。例如，扎哈设计的马德里酒店一层完全打破了传统印象中的室内形式，一切都是流动的，蜿蜒曲折。电梯厅入口很窄，弯曲的线条和变化的颜色引人入胜。进入客房，风格不变，线条更加简练，颜色也采用了全白色，白色的墙，白色的桌椅。特别要说的是，客房门的上方特意安装了发光二极管照亮房门，目的是用不同的颜色表示客人的需要，早饭或者是“请勿打扰”。设计师还为她的作品设计了一个硕大无比的沙发椅，椅子的形状和房间里的线条非常般配。浴室是客房内唯一不是白色的地方，扎哈为它配置了颜色鲜亮的卤素灯，给客房加一点点浪漫气质。置身扎哈的设计，很难定义它是巴洛克风格还是现代主义风格，或极简主义风格，只知道一切都是曲线的，一切都是白色的（图 3-34）。

3.6.5 材料的换代更新

经济的发展、科技的创新，必然会伴随着材料及工艺的换代更新。近年来，随着我国城市化进程加速发展以及房地产市场的火热，相应地带动了室内设计行业的发展，它成为新的消费热点和经济增长点。现代室内设计广泛运用各种新颖的、具有高科技含量的装饰材料、运用各种设计手法，在创造奢华、赏心悦目的室内环境方面取得了较大的成就。随着科技的进步，越来越多的再生环保材料的产生，为设计师创新设计提供了更多的选择。如奥松板贴实木木皮可以替代实木装饰板材，节约材料的同时又不失其华丽的装饰效果；还有现代的仿石材地砖，可以与天然石材的效果相媲美，这些新材料既节约了自然资源，同时也能达到良好的装饰效果。

作为室内风格表现的载体，装饰材料的合理选择与运用决定了室内设计的整体效果和风格。设计师只有丰富、准确地掌握装饰材料的特征，才能更好地表现室内设计风格。如无锡大剧院的主观演厅在墙面和地面装修材料中大量采用具有浓郁江南特色的竹子，仅墙上装饰板块就用了 2 万多片竹块，涉及 1 万多个品种。每一块都是单独设计，既有微造型，又要满足声学效果，由电脑数控进行切割，结合建筑外部的蜻蜓形象以共同体现生态特征和地域特点。“以竹代木”体现了低碳环保的理念，而经特殊处理的竹材既能防蛀防腐，又具有很好的吸声、反声作用，这是世界上首次在观演厅内大量使用竹材料（图 3-35）。

图 3-34 扎哈设计的马德里酒店

图 3-35 无锡大剧院主演厅

第 4 章　主题与室内空间结合的途径

文化主题与室内空间的结合可以通过空间名称、空间布局、空间形态、空间界面、灯光环境等来实现。

4.1　空间名称

4.1.1　空间名称与文字的作用

“艺术是相通的”。任何艺术门类发展到一定的程度，都应该是相互联系、相互融合的。文学作为艺术门类中最广泛、最普遍的一种，与其他艺术之间的联系也最为广泛。各种艺术都包含了文学的各个因素，而且文学还能够为其他各类艺术形式提供题材。同样地，我们会发现，借助文字的补充，能够深化和拓展建筑、室内空间，只需寥寥数语便能达到言有尽而意无穷的艺术效果。文学与建筑、室内空间相映成趣、相得益彰。将文学艺术引入建筑、室内空间这些类似的手法，使空间人格化的同时也被文学化了，这样的空间也更具韵味。

在文学创作里，一篇好的文章，恰当的标题至关重要。标题是文章的脸面，影响着人们对文章的最初印象。而空间名称正如文章的标题一样，是对空间主题的直接表达。所以，关于文章标题的论述同样适用于空间设计。

文章标题通过简单的文字揭示文章的主题，以最直观和简略的方式向读者说明文章的内容、传递内容信息，起到“向导”的作用。我们常说“看书先看皮，知文先看题”，读者在读书看报时是有选择性的，标题的作用之一即是为读者提供选择。同理，人们在使用空间时也可以根据自己的需求对不同的空间进行选择，空间名称在这里就像文章的标题一样以最直接明了的方式揭示空间主题与性质，在很大意义上同样起到了“向导”的作用。

一个好的标题是极具吸引力的，体现在是否有趣味、悬念、文采、冲突等方面。

一个好的空间名称对于使用者来说也是极具吸引力的，它从无形中丰富了空间层次，增强了空间情感。让人们在进入空间之前就对空间产生了情愫，烘托了空间整体氛围，人在进入空间后情感便得到升华。

空间名称可以更进一步地揭示设计主旨与空间实质，指导使用者正确理解空间中所要表达的内容，更加能表明设计师的态度和立场，如同标题是点睛的艺术，是一门学问。如果将整个空间比作一篇完整的文章，空间中的名称与文字就起到了点题的作用。文章标题若题文不符、词不达意，或拖泥带水、沉闷冗长，或老套死板、枯燥乏味，是很难引起读者对文章的阅读兴趣的。所以，空间名称文字的选取也要恰当。

此案例是以“醉三国”为主题的餐饮空间设计。中国文化博大精深，元素浩如烟海，设计者选择三国时期的装饰元素结合历史典故作为出发点，用精炼纯粹的设计语言打造庄重、大方、朴实无华、气势恢弘的空间体验。整个设计从元素的提炼到材料的选择，空间氛围的营造都透出浓厚的三国气息。其中，主题包厢的设计，每个包厢都是以三国中的一个故事为主题来命名。例如筑七星台主题包厢设计，飘逸的绢作顶面装饰，象征东风之意（图4-1）；地面用阴刻的形式做出八卦图纹样；墙面的装饰壁灯暗喻七星；顶面朦胧的灯光映射神秘的色彩；墙面的两种材质饰面暗喻古今对话。火烧赤壁主题包厢设计（图4-2），顶的处理营造睡的感觉，从“赤壁”得名的故事中获得灵感；用墙面上的红色线光源把装饰物映红体现火的燃烧感，片状装饰物用“线”相连暗喻连环船；用现代的装饰语言表现传说故事，实现古老文明与现代文明的珠联璧合。这样点题式的空间命名方式让空间主题更加明确，引人入胜的同时也让整个空间更具有文化内涵。

4.1.2 空间名称的内在追求

标题名称的真实性可以说是文章的基础，所有的文学作品脱离了生活基础都犹如空穴来风，显得苍白无力。我们所熟知的经典著作《西游记》《封神演义》等浪漫主

图4-1 筑七星台主题包厢设计

图4-2 火烧赤壁主题包厢设计

义文学作品，也不是作者胡编乱造、凭空杜撰出来的，而是有其扎实的生活基础。所以，创作标题的过程应是以事实为内在依据，按照美的规律去提炼文章的精华。空间名称的选取要与文字的意义相贴切，也应是有理有据，具有一定的真实性，契合空间主题的。

新颖性，对于空间名称的选取要具有一定的新颖性。从受众角度看，好奇之心，人皆有之。人们总是对那些奇特的、反常的、与众不同的事物具有浓厚兴趣。从艺术品审美创造的角度看，艺术品的想象、制作越脱俗，它的美感就越强烈，个性特征越突出，越具有独特的风格，它的感人力量就越大。

含蓄美，空间名称如同一些文章的标题一样，之所以“含蓄”，是因为“藏”而不“露”，设计师的观点、感情和倾向不在于自己说教，而是让观者挖掘。而“含蓄”且“藏”而不“露”的功夫，是靠文学作品中常说的修辞手段来完成的。

意境美，室内空间的设计其实很注重体现意境。文章标题要尽可能地把思想感情和描写对象融为一体，空间名称也应与空间整体相融合，设计师与使用者通过空间这一媒介有审美层次和情感上的融合，情景交融，意象通达，诗情画意，美不胜收。

音韵美，在诗词的创作中，一般讲求精炼、大体整齐、押韵。空间名称的选取与文字编辑虽不像作诗那么严格，但讲求情感、韵味和节奏是其共性，把构成音乐美的一些要素，如丰富的音乐情感，诗一般的意境，浓郁的韵味，优美的旋律，千形万象的变化，运用一定的修辞手段来表达，就可以使标题既有形象、色彩，又有声音，收到形、色、音俱佳的效果。这种类型的空间名称，或注重音韵搭配，或直接引用古今诗词佳句，或讲究其节奏美，无论哪种，都能给人一种艺术美的享受，使整个空间得到升华。

4.1.3　空间名称与地域情节

空间名称是对空间主题的直接表达。古人在造字的时候对文字之间字义的差异作了明确的界定。例如，中国的传统建筑，不同形态、功能的单体都有各自专属的称谓。空间名称的选取除了要与文字的意义相贴切以外，空间名称与地域特征的结合，既可以反映空间的文化主题，增加空间的独特性，提高辨识度，还能反映主人的生活环境、个人经历、价值取向与文化水平。

从情节出发的名称，更容易打动人。同时，结合地域特征，使其更具文化内涵。例如，“俏江南”品牌餐厅，“江南”二字是对地域情结的抒发，而“俏”字则是餐厅时代感、趣味性的体现。餐厅设计采用传统与现代相结合的手法，从名字上就能看出，江南地域特色的时尚化。再以“晋善晋美”体验性主题会所设计这一案例来说（图 4-3），设计者为了突出山西的传统地域特色，从极具代表性的山西晋商文化

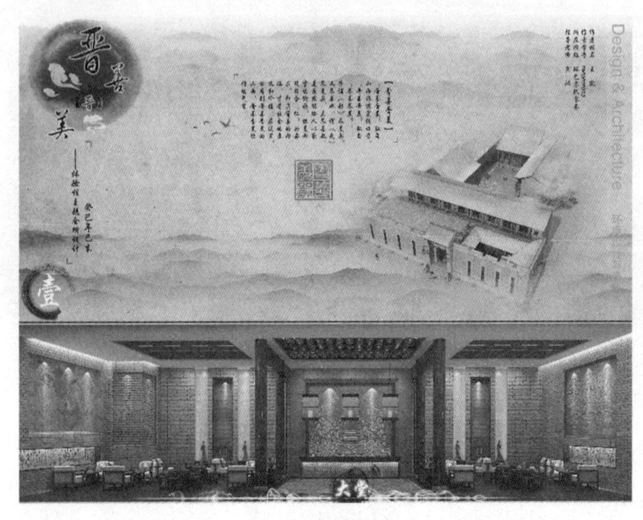

图 4-3 晋善晋美——体验性主题会所设计

中提取“晋”字来代替“尽善尽美”中的“尽”,从主题就能看出整个会所的地域特色，同时也是对山西文化的一种全新诠释，使之得到弘扬。

4.2 空间布局

空间布局可以说是一种以满足人的需求为目标的科学、合理的理性创造行为。它通过一方面充分把握需求的实质，另一方面彻底认识空间的特性，采取有效的计划，对实际的空间进行计划改造和形式创造。室内空间布局最基本的依据就是人，是以使用对象的性格、爱好、审美情趣、功能要求作为室内空间布局的依据，也可以看做是对使用者生活的一种物质描述与创造。

相对来说文学作为意识形态领域的产品，它植根于一定的历史时期，也反映了一定时期、一定条件下的社会生活状况。从局部到整体，不论作者自己是否意识到了这一点，这都是毋庸置疑的，也是不以人的意志为转移的。文学虽然表达的是作者本人的思想情感，但是它并不是凭空想象的，也不是头脑天然产生的，而是“对客观世界的能动反映”，作为一种意识形态它“高于生活”，也必然“源于生活”。

4.2.1 空间结构的整体性

从整体结构来讲，室内空间的处理手法多种多样，包括空间的组成与分割问题；空间的序列与过渡问题；空间的延伸与塑造问题及空间的利用与创新问题等。不管处理哪一个问题都必须先确定好这些空间的性质、规模及它们之间的有机联系，也就是要注重整体性。

从文学的角度来说，任何一篇优秀的文学作品也都是作为一个整体而被人们所认知的。作品所具有的整体性，是建立在一定结构基础上的整体。所谓结构的整体性，亦是指内在的连贯性。在文学作品中则主要表现为情节的连贯或作品内在意蕴的连贯。就像在处理空间问题时我们要注重空间中的联系一样，它可以是多变的但也一定是整体的，这样的空间具有连贯性。例如，在戏剧编排中，故事情节一般都是连续的。连续的情节让故事更加流畅，整体感强。

下面这个案例（图 4-4）是以“草木间”为题的情感主题体验酒店设计。意在为都市中疲惫不堪的人们设计一个能释放内心压力，寻求真实自我的“精神园林”。整个设计仿佛一首完整的诗篇，空间结构的灵活变化搭配，巧妙的界面处理形式，带给人精神上的提升与放松。从一层到三层以不同的主题循序渐进地将一个完整的故事娓娓道来。该情感体验酒店的一层以“宣泄”为主题，即人们释放压力的第一种方式“诉说”。在平面布局上以圆形和弧形为主，空间基本为围合、半围合空间，为人们营造出便于交流的空间场所。融合枯山水“虚”的造园手法模糊空间界限，将墙面与顶棚一体处理，具有动感，刺激人们“诉说”的欲望，达到宣泄的目的。

二层的设计以“感受”为主题，即人们释放压力的第二种方式“体验”。平面上采用曲线布局形式，较一层相比没有大的圆形空间、动感较弱。二层主要通过功能的设置体现主题。其中，冥想室提供给人们一个静思反省的空间，瑜伽室提供给人们一个运动体验空间，茶室、清吧提供给人们一个感受谈心的空间。通过这些功能空间的设置，让人释放内心压力。酒店三层的设计以“唤醒”为主题，即人们释放压力的第三种方式“寻求自然”。三层为客房部分，因此平面布局以直线为主，给人更加安静的感觉。客房部分的设计从“视觉、触觉、嗅觉”三个层面来体现“寻求自然”（图 4-5）。

图 4-4 草木间——情感主题体验酒店设计（一）

图 4-5 草木间——情感主题体验酒店设计（二）

4.2.2 空间结构的层次性

从系统理论的观点来说，任何一种系统的要素，相对于制约它的系统来说是要素，而相对受制于它的其他要素来说，则又是系统，这种辩证统一的关系反映在系统的整体结构上，就呈现出明显的层次性。文学作品的层次性，既反映客观事物的复杂性，同时也反映出了作者对客观事物认识的深化程度。

以中国传统建筑空间为例，处理的轻盈、玲珑、通透，与大片屋面、规则的柱阵、坚实的台基形成了虚实、刚柔、轻重、线面、粗细、高低等一系列的生动对比。同时，通过屏风、花罩、炕罩、碧纱橱、博古架、珠帘等构成元素对空间进行层次丰富的组织，勾勒出一系列模糊空间、灵活空间、私密空间、核心空间等多层次空间，渗入中国文化因子，大大丰富了空间的内容和文化品位，创造出特有的中国民族风。传统建筑的空间层次丰富而玄妙，同时具有很强的秩序性。这种秩序性极像谱一曲乐章，高低错顿、起承转合、层次分明、意韵深奥。在一定程度上与文学作品中所强调的层次性有异曲同工之妙。

现代室内空间布局中常用来分割与限定空间以达到丰富层次的方式，首先是硬性隔断分割空间。将室内空间通过“板壁”“屏壁”“屏门”等完全固定的、不透视线的构件将室内空间进行分割限定。其次是实中有虚的隔断分割空间。如“碧纱橱”是最为典型的一种，这种碧纱橱可以开启，可以透入光线。最后是软性隔断分割空间。既利用各种罩、隔架等空间上隔而不阻的，视线上隔而不断的构件进行空间划分，也常利用植物来进行空间限定。空间限定的构件有很多种，但是用植物来进行限定，不仅可以柔化界面，而且有利于崇尚自然意境气氛的营造。例如：隔墙：如半高的墙、花格砖墙、栏杆、布帘、博古架、玻璃等不能完全阻隔声音和视线的都属此列，称之为局部分隔。家具：用家具，可组成绝对分隔，也可组成相对分隔。如卧室中的入墙柜，可用作两个房间之间接隔墙，同时，还可贮物，可谓一物两用；而以沙发围合一个区域，则是起居室的一种相对分隔。地面材料：铺地的材料不同或仅仅是颜色和图案的不同，也可使人感到这是两个不同的区域。这也是一种典型的象征分隔。地面的高低变化：地面抬高做成地台或矮几梯，可非常明确地限定出一个特别区域来。吊顶的变化或篷罩：顶棚的凹凸变化、材料变化或干脆用篷罩悬于上空都可起限定与分隔空间的作用，把较大的顶部空间变得更加合理、规范。这种方法常常别具情趣。屏风、折叠门、推拉门：这种分隔可依临时的需要随意开启和关闭，使空间的分隔具有很大的灵活性。这种分隔称为弹性分隔。

“禅”主题会所设计（图 4-6）的空间贯穿了“竹径长寂寥，幽人自来去，禅房花木，曲径通幽”的意趣，在草叶的香气中聆听虫音，忘却尘世纷扰。虽是以“禅”为主题，但是“禅”的意义高深莫测，一千个人就有一千个哈姆雷特，每个人对禅意的理解也自然不尽相同，真正的设计不应是向人灌输某个既定概念，而是通过设计的语言对人进行引导，从而让使用者从中得到自己的理解。这个以“禅”为主题的“观自在”会所设计就是本着引导人们想法的理念进行设计，将禅文化分为四个部分——“空、静、禅、悟”。四个部分各自独立又相互联系，串成一个完整的故事线贯穿整个空间设计的始终。根据这条故事主线，作者对空间进行了灵活的划分，通过对立面的处理和隔断的划分形成多种空间，这些空间元素从功能上又都是服务于主题的，正如我们所说的文学结构中任何一种系统的要素既是制约要素又是形成要素，这种辩证的关系构成一个整体，呈现出明显的层次性，空间结构灵活多变、层次丰富。

“光影书吧”（图 4-7）的空间结构借鉴了中国古典园林的布局形式，具有多空间、多视点“步移景异”的特点，仿佛一幅山水画长卷。中国古典园林多沿四周布置，所形成的空间序列为一个闭合的环形。该方案的空间与空间之间相互渗透却又各自独立，在各自内部形成独立的回游空间，在整个大空间里面也形成了一个回游的路线。丰富的空间层次提升了整体空间的品质，也增强了空间的主题性。

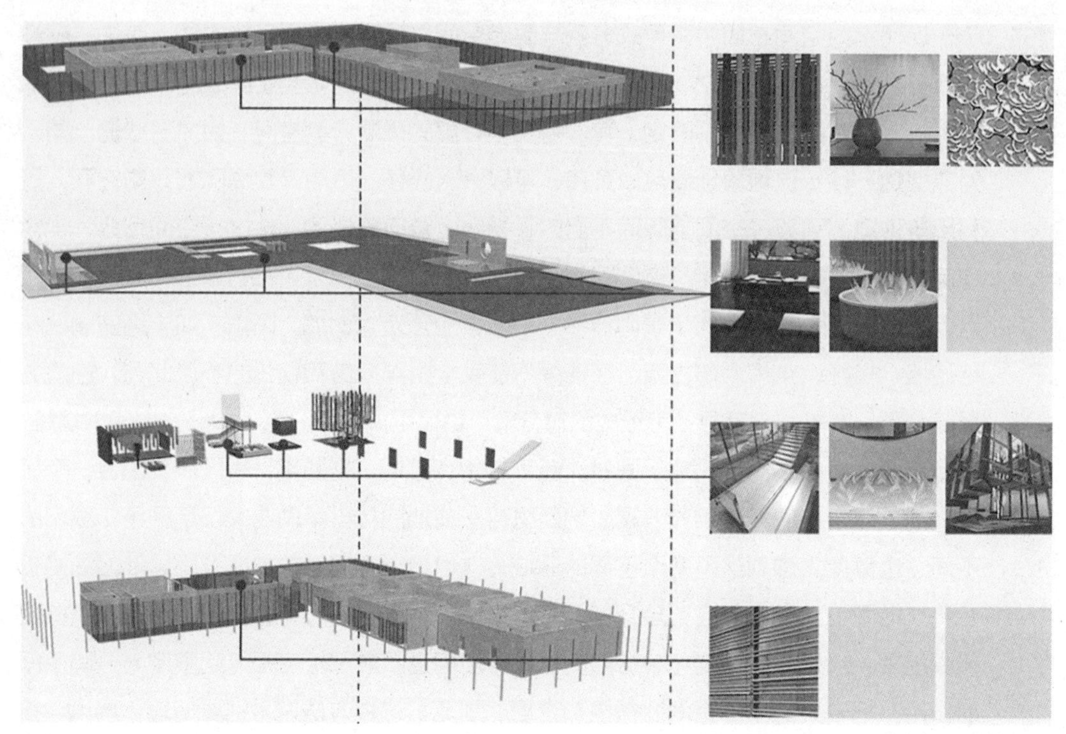

图 4-6　观自在——“禅”主题会所设计

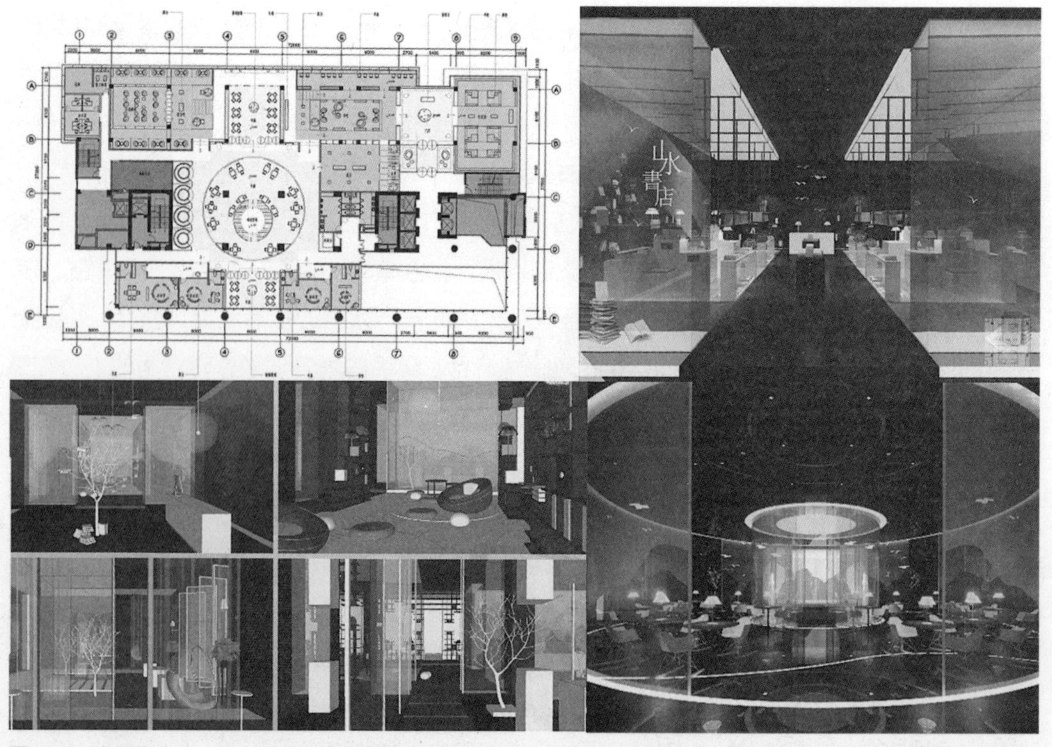

图 4-7　光影山水——综合书吧室内环境设计

4.2.3 空间结构的相对稳定性

文学作品作为一个整体，其内部诸要素一般说来存在着相对稳固的有机联系，当它们凝聚在作品系统中，便有了不可随意改变和折移的稳定性。所谓结构形态的诗化、散文化，无疑是短篇小说结构的建构在一定程度上借鉴和吸收了诗歌和散文等文学体裁的结构方式和特点。主题性的室内设计在空间的布局上如同诗化、散文化和小说化一样。

无锡“外婆人家”的空间布局就体现了小说般的文本结构。通过精心策划的空间布局与设计元素的综合运用，犹如在给用餐者讲述孩童时代在外婆家的一段段生动故事。走进这间充满乡土气息的餐厅，人们便开始用自己的双眼去寻找儿时的纯真记忆。意象竹林、流水小桥、街巷院墙，这些包含浓郁老无锡特色的元素将大厅、包厢两部分的空间划分开来。竹林环绕，犹如一片自然的大布景，让大厅成为整个空间中的舞台。黄昏时分炊烟袅袅，坐在竹林下用餐，邀朋唤友，不亦乐乎。设计师独具匠心，用无锡的几条老巷的名称为餐厅的走道命名。大娄巷、小娄巷、棉花巷，这些熟悉的巷道名让人倍感亲切。行走其间如同走进深深小巷，粉墙黛瓦的街景画面不禁让人回想起在巷子里嬉戏玩耍的童年时光。走进包厢，掀起竹帘，推开窗户便能看见脚下潺潺的流水，而悬挂在窗外半空中的鱼形饰品，在灯光的照耀下星光点点，如梦如幻，枕水江南。

4.2.4 空间结构的协调性

文学作品内部诸要素通过结构而形成一个整体，即作品系统。要素与整体间、要素与要素间既相互联系，又具有相对的独立性。结构的这种协调作用，是实现作品结构的整体性、层次性、稳定性，实现和提高作品系统功能，充分表现作家创作意图的真正的终极原因，或者说是一种内在机制。

就如同建筑不能摆脱空间性物质材料如砖、石、木等，音乐不能摆脱时间性物质材料——声音。文学则仅以文字为载体，不受任何物质材料的制约。文学的这一特点运用于建筑，常起到点明建筑主题，帮助形成或强化建筑意境，协调空间的作用。这在中国传统建筑当中表现突出，形式也多种多样，诗文、题名、楹联均可运用。建筑与文学经过了若干朝代的相互融合之后，最终导致了明清园林中的景点直接以诗造景。苏州拙政园中的枇杷园（图 4-8），透过圆圆的月亮门望去，层次分明，景物深远，“庭院深深深几许”，正体现了欧阳修《蝶恋花》的意境（图 4-9）。另一处“与谁同坐轩”，景点三面环水，一面依山，直接取意于苏轼“与谁同坐？明月、清风、我”。

当我们要求文学作品的布局主次分明、详略得当时，实际上是在强调结构的比例美。讲究疏密相间、张弛有度的结构特点。在紧张激烈的情节之后总是穿插着一些舒缓的抒情描写，整部作品的情节安排显示出丰富多变的节奏感，这是矛盾统一美。在

图 4-8　苏州拙政园

图 4-9　欧阳修《蝶恋花》

戏剧文学作品中，也大都强调前后呼应、首尾相顾的结构特点。实际上，这是在强调对称美。反之，有呼无应，有首无尾，就使作品失去了平衡而不稳定，甚至使读者感到莫名其妙。其实这些对于建筑、室内空间布局来说有很好的启发性。

4.3　空间形态

空间，是各种事物活动或存在的“环境”。空间依靠客观事物的形象、距离、疏密、比例来决定，离开具体事物的空间很难确定和理解。也可以说，空间是具体的、实在的形态结构的不同方式的围合，它以形态的方式存在。人们对空间环境气氛的感受，通常是综合的、整体的，既有空间的形状，也有作为实体的界面。室内空间由于墙体的不同围合形式会产生不同的空间形态，而空间形态的不同对人会产生不同的心理影响。空间形态是空间环境的基础，它决定空间总的效果，对空间环境的气氛、格调起着关键性的作用。不同处理手法和不同的设计目的及要求，最终凝结在各种形式的空间形态之中。既然室内空间为人所用，就应该适应人的行为及精神要求，其形态设计除了要考虑适应特定的功能外，还应结合一定的艺术意图来设计和加以选择，室内空间形态就是室内空间的各界面所限定的范围，而空间感受则是所限定空间给人的心理、生理上的影响。

“形”通常指物体的外形或形状，它是一种客观存在。“态”是指蕴涵在物体内的“状态”“情态”和“意志”，是由“形”向人传递的一种心理体验和感受。“形态”在《辞海》中的解释就是“形状与神态”，“也指事物在一定条件下的表现形式”。在艺术设计领域中，形态作为艺术创造的载体，是指带有人类感情和审美情趣的形体，即由物体的形状、大小、空间结构、色彩、肌理和相互间的组合关系等要素的互相配合，所产生的给人的一种有关物体的心理印象和精神反映。空间形态具体包括了建筑形态、室内空间形态等。

在室内空间的形态设计中，为达到社会审美的要求，视觉原理、造型法则以及审美基础等都可以成为设计的依据。性格特征是文学创作中人物塑造成功与否的重要标志。文学作品中，众多经典的人物形象因其鲜明的性格特征而被读者深刻地牢记。比如：坚毅勇敢的哈姆雷特、阴险多疑的曹操、纯洁善良的爱斯梅拉达……古典名著《红楼梦》让人百读不厌。曹雪芹在其中为我们塑造了一大批性格特征鲜明的人物形象，展现了一系列冲突的复杂性格。作者细致的刻画，使一个个鲜活的人物从书中走到读者的身边。

如同文学作品中人物个性的描写，在空间设计中，设计师通过对空间形态的塑造，在空间内部营造出与主题特征相符的氛围。决定空间形态的因素主要包括形状、光线、色彩、质感四类。以地域情结为主题的空间设计，设计师需要在前期对地域特征作深入的解析。在此基础上，综合运用以上四种限定手法调整空间形态，最终让人从多重的感官体验中领略空间内的地域风情。

4.3.1　空间形态的白描

白描作为一种艺术手法被应用到了文学创作领域，尤其在小说创作中，白描被大量运用于人物描写，主要指注重运用简洁、凝练的语言，通过对人物形象的描绘，精准、恰当地捕捉其神髓所在，不加藻饰，言简意丰，从而赋予人物形象更加丰富含蓄的韵味，使读者在有限的语言空间中感到回味无穷。白描的特点就在于它虽然致力于文字的简洁，但绝不同于追求文字的简单直白，高度概括的语言将粗线条勾勒与工笔细描有机地结合，从而为揭示人物的性格、气质、思想感情提供了真实可感的外在形态，做到了“笔精形似”。

《红楼梦》中刻画了一系列个性鲜明的女性形象，作者以金陵十二钗正册林黛玉、薛宝钗、贾惜春、王熙凤、贾巧姐、李纨、秦可卿为主线展开故事，每位都有着独特的个性与魅力，在曹雪芹细致的笔下充分展示了封建女性的精神世界和文化品格，体现了女性意识的觉醒。

在“红楼一梦”设计方案中（图 4-10），客房为整个空间的高潮，丰富的色彩和柔美的女性气息，赋予了空间性别，通过对十二钗人物特征气质的把握，进而产生个性，由空间自身来述说人物的点滴，营造出别具一格的主题客房。通过这种对文学作品中典型人物的特征分析来提炼表达空间设计的元素手法，让整个空间更具有人性特征，为空间增加了生命力的同时也更具代表性，主题鲜明。

■ 人物分析

黛玉	判词：春恨秋悲皆自惹，花容月貌为谁妍 住所：潇湘馆 气质——风露清愁 花相——芙蓉，绛珠仙子 色相——草之青，木之灰，黛之黑
熙凤	判词：凡鸟偏从末世来，都知爱慕此生才 气质——五辣 花相——凤凰花，玫瑰 色相——正红，宝蓝，明黄
宝钗	判词：可叹停机德，金簪雪里埋 住所：蘅芜苑 气质——任是无情也动人 花相——牡丹 色相——雪之白，簪之金，花之丹

■ 元素提取

共性：古典女性　妆台　脂粉　绸缎

特性：人物形象　个性　花相　色相

图 4-10　体验性主题酒店设计——红楼一梦

4.3.2 空间形态的对比与衬托

要想把人物刻画得个性鲜明，就应当充分把握人物之间的细微差异，并把它们有区别地表现出来，对比衬托是人物描写中比较常用的艺术手法，把两个人物有代表性的性格加以对比，可以使人物的性格更容易显出独特性和鲜明性，尤其一些并不容易识别的个性特征，在对比中一下子就明朗起来。

对比与衬托是艺术设计的基本定型技巧，把两种不同的事物、形体、色彩等作对照就称为对比，是指某一造型中包含着相对的或矛盾的要素的对照与比较，正所谓“万绿丛中一点红”，就是不同色彩元素的对比表现。在空间形态的塑造中，可以采用直线与曲线、方形与圆形、明与暗、动与静、繁与简、对比色、材质不同等的对比方式，使空间充满动感和生命力。把两个明显对立的元素放在同一空间中，使其既对立又和谐，既矛盾又统一，在强烈反差中求得鲜明的对比和互补的效果。比如体量的对比，如同我国古典园林中的“欲扬先抑”，通往大体量形态空间的前部，有意识地安排小空间，以求引起观者心理情绪的突变，获得“小中见大”的视觉效果。不过，对比也不能行之过度，否则也会使空间显得杂乱无章，不能为了对比而对比，应以高度的统一作为基础，才能达到富于变化而不失统一的最佳效果。

4.3.3 空间形态的侧面烘托

《红楼梦》中描写人物的手法非常灵活，有时候刻画人物不从正面着笔，或环顾左右而言他，或从旁人眼中、口中写出，这种侧面烘托的手法往往能独辟蹊径，出奇制胜，产生正面描写所达不到的艺术效果。

在现代室内设计中装饰陈设品相对于室内空间界面的“硬装饰”而言，称为“软装饰”，这些装饰陈设要素可以从细节上对空间形态进行细化，提升空间环境的品质。而“软装饰”就是一种从侧面对室内空间形态进行丰富的方式，它不同于传统的硬装从空间结构与界面的处理上来改变空间形态，而是以一种更加灵活、讨巧的方式来丰富空间形态，甚至更能体现出不同空间形态的独特性。例如，上海南京路上的俏江南餐厅室内顶棚设计，用串起的纸条作为顶棚，成功地打破了餐饮空间设计的惯例，而运用纸条这一线形元素不断重复并且在用餐者的头顶达到满铺的状态，软化了整个用餐环境，这一形态的创新运用成为吸引眼球的设计亮点。

“水墨青花”(图 4-11)以中国传统的青花与水墨作为主要设计元素。青花——繁复美丽的花纹。中国瓷器源远流长，瓷器是最能代表中国传统文化的一大器物，中国的英文名字的原始含义就是瓷器。中国瓷器以青、蓝、白诸色闻名，其中最具中国色彩的就是“青”，即作为中国瓷器的主流品种之一的青花瓷。青花是我国最具

图4-11　水墨青花——明清艺术品交易会所

民族特色的瓷器装饰，也是我国陶瓷装饰中较早发明的方法之一。水墨——清新淡雅的融合。水墨即中国画的一种表现形式，一般指用水和墨所作之画，由墨色的焦、浓、重、淡、清产生丰富的变化，表现物象，有独到的艺术效果。长期以来水墨画在中国绘画史上占着重要地位。这一案例从空间界面的材质、色彩的处理到所选用的陈设装饰物品都紧扣“水墨与青花”这一主题。通过中国传统元素的灵活运用来阐述空间意境的方式，提升空间品质、烘托空间氛围的同时也弘扬了中国传统文化。

4.3.4　空间形态的韵律美

有一类文章，抑扬顿挫，婉转曲回，犹如一首悠扬、清丽的歌曲，充满韵律。韵律运用于空间形态设计中，是指色彩、材质、造型元素等的有规则的重复应用，在特

图 4-12 “观自在”禅主题休闲会所

定的空间组织中制造虚实、强弱不同的形态关系。如在一个室内空间中，通过窗子、柱子等造型元素的反复应用，创造一种秩序感；或通过室内隔断、陈设品的大小渐变，创造一种节奏感。如果室内形态缺少韵律感，便会显得死气沉沉，缺乏生趣，有了韵律感，才会使环境气氛充满变化，形成抑扬顿挫的空间氛围。

“观自在”禅主题休闲会所（图 4-12）通过对空间中顶界面的处理，以重复有序的组织形式来丰富空间层次。无论是从视觉上还是空间感受上都给人强烈的韵律感。

素雅的色调与材质相呼应为整个空间氛围定下大的基调，独特的空间分割形式与极具特色的造型元素的灵活运用为整个空间弹奏出灵动悠扬的旋律。

4.3.5 空间形态的协调性

在文学作品中塑造人物，有一种比较有特色的手法，就是用简练的语言进行叙述，在看似波澜不兴的平静语言表象下暗含机锋，或者不直接描写而是通过一些较模糊的文字进行暗示，以此来刻画人物的性格特点，表达对人物的褒贬态度，达到含蓄蕴藉的艺术效果。这种手法被称之为“春秋笔法”“不写之写”。这种方法平衡了文章的整体节奏，让文章起伏得当。不是所有的描述都是清晰直白，一看就懂的，含蓄隐喻的调和更需要读者用心体会。

调和既是一种协调、和谐的状态，也是指两个造型要素之间统一的关系。调和并不单调，它是前面所述的平衡、韵律、比例、对比最终所要追求的目的，是追求多样的统一的过程，它是在满足功能要求的前提下，使各种室内物体的形、色、光、质等组合得到协调，成为和谐统一的整体。调和的方法也有很多：形态、色彩、材质等的相互调和应用。就形态而言，有直线型、曲线型、角的调和。勒·柯布西耶的朗香教堂就是一个曲线型建筑的天才作品。大师将自由的曲线以不同的方式反复和改变方向或角度地纯熟运用于室内空间形态的塑造，尽管复杂，但流畅的曲面轮廓仍然可以使人感到运动感和生命力。就材质而言，有软硬、粗滑、轻重、凹凸等种类。例如，贝聿铭设计的卢佛尔宫，透明尖利的玻璃与四周古老的砖墙建筑形成对比的调和，产生了视觉冲突的美，成功地将现代建筑融入古老的文明。

晋商是中国最早的商人，其历史可以追溯到春秋战国时期。明清两代是晋商的鼎盛时期，晋商成为中国十六大商帮之首。在中国商界号称雄达百年之久。晋商之家族不同于一般官绅家族，它是具有商业烙印特征的中国传统文化家族。晋商家族集群文化所铸造的山西传统民居乔家大院、王家大院等别具一格的建筑与装饰风格充分展现了晋商辉煌的历史。在“晋善晋美”的设计作品中（图 4-13），作者就是提取了山西建筑的特点，结合山西晋商文化而设计的。无论是建筑还是室内都透着浓厚的地域性特征，通过对具有代表性的算盘、砖墙、城墙及卷棚屋顶等的元素提炼，将其运用到具有现代风格的会所设计中，空间形态的表达从建筑外部到室内物体的形、色、光、质等组合达到协调、和谐的状态。在元素的提炼与表达上正如同文学作品中以简练的语言进行叙述，看似简单的元素表达下隐藏着极具代表性的山西晋商文化，整个空间仿佛就是在叙述山西的历史，跌宕起伏、荡气回肠，让人过目难忘同时又留有回味，对历史肃然起敬。

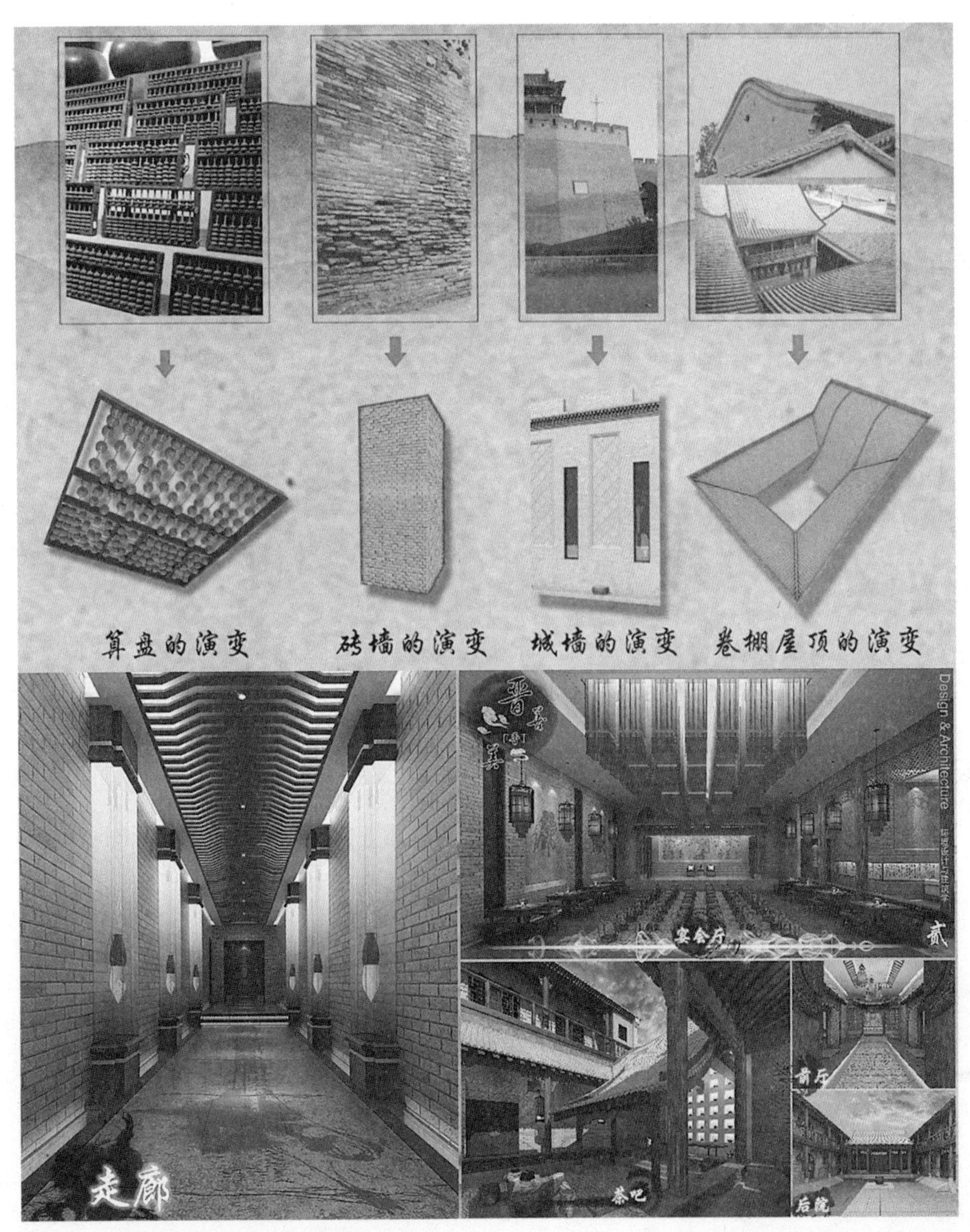

图 4-13 晋善晋美——体验性主题会所设计

4.4 空间界面

“界面”是物质实体，其主要作用是塑造空间。室内空间界面设计是空间艺术设计表现的重要组成部分。界面设计在室内空间中往往容易被忽视，但是这些被忽视的因素就是室内空间营造的最好载体，它对整个室内设计起着烘托氛围、营造个性风格的作用。我们常说的室内空间中的围合界面，主要包括水平向的地面和天花，以及垂直向的墙面，同时还包括分割室内空间的隔断、室内家具等细节。每个界面的设计，都涉及界面的形式、尺寸、材质、界面之间的建构关系等诸多方面。

随着社会的发展、高科技技术手段的运用、新材料的研发，室内空间界面所呈现出来的形态，早已突破传统空间界面中顶面就是顶面、墙体就是墙体、地面就是地面的固有形式，出现了各种各样理性的和感性的空间界面形式。室内空间中界面材料的使用也越来越丰富，不同材料的使用，表现出了不同室内空间独特的性格。

4.4.1 空间界面的主题性表达

水平界面主要包括顶面、地面及在二者之间的垂挂、悬挑的起到界定作用的水平向构件。顶面是区分室内外的首要元素，也是整个室内空间中传达给人类室内领域感最强的元素之一。垂挂面，通过某种构件以顶面为基础向下方进行某种形式的垂吊，并构成分隔、界定作用的横断面、悬挑面。地面则是构成室内空间的最基本界面，也是最稳定的要素。保加利亚的 Graffiti Café（图 4-14），独特的顶面处理手法带给人强烈的视觉享受，由顶面延伸下来的统一元素形成柱子的表皮，整个空间显得灵活而多变。中国深圳、上海的连锁咖啡馆 GAGA Café（图 4-15），以序列感十足的纵向木条结合射灯，让整个顶面都充满了韵律感与时尚感。从这两个案例中可以看出顶界面的处理对于整个室内空间来说十分重要，而且能加强整体氛围。

垂直界面包括分隔空间的墙面，还包括分隔空间的各种形式的隔断及家具等。垂直界面通常比水平向的界面有更灵活、更多的塑造可能性，垂直界面不单单是限定了空间，也创造出个性化、奇特的空间形态和变化多样的形式感。正如图 4-16 所示的这家极具特色的香水店，由激光切割的木板墙面给人一种神秘感，正符合店内香水的主题，神秘而自然。

视觉构成，从视觉构成的角度来说，主要是由点、线、面，这三个基本要素构成。其中，视知觉体验的“线”性立体构成，其形式大概可分为框架结构、垒积构造和编结构造、拉伸结构等（图 4-14、图 4-15）。在室内空间界面中“线”的运用，无论是直线还是曲线都具有很强的美感。从建筑设计的角度来看，例如奥运会国家体育场的“鸟巢”设计，就是界面空间的立体构成形态，界面形态是立体的“线”性表现。界面设计与结构完美统一，结构的组件相互支撑，由一系列辐射状钢桁架围绕碗状坐席区旋转而成，形成网络状的构架，就像树枝编织的鸟巢，赋予空间戏剧性和具有震撼力的立体形态。我们所说的视知觉感知的“面”不仅仅有长度和宽度两个方面，也有一定视觉限制的深度，具有平整性和延伸性等，它的产生是由面的外轮廓线所决定的，面材的构成形式也丰富多样。北京奥运会国家游泳中心“水立方”就是立体形态的“面”性表现，“水立方”内外空间界面是由一系列不规则的类似于细胞、水晶体的充气膜共同组成的，就像大小不一、形状各异、充满水的气泡一样，形成巨大、凹凸的表面体，在视觉上形成神奇的面状立体形态。

建筑室内空间发展到当代，空间与界面的主从关系开始慢慢瓦解，于是给界面带来了更多独立的发展空间。界面设计的手法也得到了很大的突破。传统空间中，界面的基本特性表现为一种二维连续性，能够进行翻、卷、折、叠的操作，这是界面的固有特性。然而，当建筑发展到当代，尤其是在解构主义引入建筑之后，配以技术成熟这一外在因素，对界面的三维连续性的探索引起设计师们的广泛注意。人们通过各种三维辅助设计手段，已经能够建造异形的界面，三维变形、塑性变形、扭转等手法运用到了界面的设计中。伴随着界面形式的多样化，各种形态复杂的空间大量出现在室内空间中（图 4-17）。例如，图 4-18 所示的这家咖啡馆的设计用动态的语言创建了静态的空间，而同时人又是运动着的，这样的设计模糊了动与静，身体与空间界限。木材、大理石、玻璃等，使用简单的材料便创建出了激发独特体验的空间新景象。采用几何特别是三角形作为基调，简单而富有变化，动态而具有视觉冲击，更显独一无二。同时，三角形元素也打破了墙、地面、顶棚之间的边界，让室内的体验感知非同凡响。

图 4-14 Graffiti Cafe Studio Mode（保加利亚）

图 4-15 GAGA Coordination Asia（中国深圳、上海）

图 4-16 TFK-Store

图 4-17 某酒店卫生间

图 4-18 中国杭州的 Arthouse Café

4.4.2 影响空间界面的因素

界面围合的空间是构成艺术的综合呈现，好的空间设计是基于界面的平面构图、立体形态、色彩、材质肌理及界面之间相互组合关系的综合体现，即以立体构成形态为空间主体框架，色彩构成及平面构成等构成要素作用于其中，构成要素不是孤立存在的，而是构成因素总体作用的结果。

材质。“界面形态”作为空间设计的主要对象，本身是由不同材质，配合不同的形态造型加以糅合实现的。界面材质本身所具有的质感、肌理、重量感等决定了界面本身的特质。日本福冈某木材回收公司的办公室（图 4-19），设计使用了可回收材料和自然能源，符合该公司形象定位。办公室建筑的墙壁和顶棚都是玻璃的，内部覆盖上一层编织如柳框图样的木条层，这层材料让白天的天光变得柔和，人们不需要开灯就能办公，也使办公室不至于过热，减少对空调的依赖。从视觉效果和感受上来看，柔和轻盈的质感营造出了一个轻松愉悦的氛围，减少了办公室的压抑感，也有助于提高办事效率。

色彩。色彩是敏感的、最富表情的视觉要素，它可以在形体表现上附加大量的信息，利用其冷暖感、远近感、轻重感、胀缩感，来丰富空间表情。从传统建筑室内界面中的彩绘、壁画到现代室内界面中抽象的色块涂饰，都体现了色彩的造型功能。多种多样的色彩感觉，还可以对室内界面的尺度比例、空间远近层次感、界面的方向感等进行调节，进而创造出设想的情感体验。色彩情调是色彩构成因素的重要体现，色彩情调作用于空间界面能引人联想，营造空间情境。如红色给人以温暖，象征热情、革命与危险；绿色唤起人们对自然的遐想，象征生命、和平等，各种色彩所构成的色彩情调正是以其特有的品质影响人的心理情感，形成特定的界面空间情境。例如，中国香港的 Breakers davidclouers（图 4-20），以冷色调带出一种宁静祥和的氛围，营造出一个清净悠闲的环境，方便人们休憩与思考。顶界面结合墙面及柱子的这种一体化处理形式让整个室内空间更显整体，也更加强调了意境与主题。

光。勒 · 柯布西耶说："建筑艺术的要素是墙和空间，光和影。"这里的光和影顾名思义，便是强调光线的重要性。在室内空间中，相对于自然光源，人工光源的丰富变化性起到了更显著的作用。点光源或光源射线所构成的阵列，除了具有很高的空间延展特性外，还可以丰富空间界面。此外，光也可以对空间的围合程度产生影响。漫射光穿插在界面中的不同位置可以形成不同的空间效果，直接影响到空间界面的尺度、形状、质地和色彩的感知。所以，光也是影响室内空间界面的因素之一（图 4-21）。

图 4-19 日本福冈某木材回收公司

图 4-20 Breakers davidclovers（中国香港）

图 4-21 鲁夫清真寺

4.4.3 空间界面的特征与发展趋势

人是有情感的，人的社会性情感组成了人类所特有的高级情感，这种高级情感的反映需要一定的客观事物来引发。设计师对界面空间的设计目的不只是为了创造使用空间，而是通过界面围合空间引人联想，强化空间的精神功能及情感因素，并对人的情感产生引导作用。作为一种心理现象，情感与人们的生活经验、文化素养、审美情趣等密切相关。相同的界面空间，能使不同的人产生不同的情感联想，客观对象对人的情感联想所起的作用是不能轻视的。因此，在界面空间的设计中把人们的情感引导到一定的方向和高度，是设计师的一个重要任务。室内环境的界面设计，大都具有实用和精神情感两种作用。界面围合空间所创造的情感意境就是以特定的界面形象影响其中之人，引起他们情感上的共鸣。

好的界面围合空间给人以好的情感联想，在情感联想与形成深刻情感体验的过程中，界面的文化感受与体验也得到了高度的升华，这种文化感受与体验正是界面设计所追求的最高境界。空间界面设计如果没有了深厚的文化内涵感受，那只能是冰冷的现代主义设计，设计师在界面设计时应该注重界面形态所表现出的心理情感价值与文化内涵，通过界面形态设计使室内环境和人的情感产生文化上的共鸣。界面围合的空间给人特定的文化感受，也就是空间的文化内涵，空间界面有文化内涵，与人的视觉与心理交流起来才具有更强的可亲性，因此提高审美的认识层面，赋予室内界面设计多元化的文化品格内涵是十分重要的。那么，就在界面设计中应加强民族文化、民俗文化、地域文化、时代文化的体现等。如中华民族文化中，文化的外显性体现在民族的语言、文字、服饰、色彩、工艺等方面，是民族文化内涵的物质体现；文化的内隐性体现在民族风气、图腾、象征、信仰、观念等方面，是民族文化内涵中的精神体现；民族文化实质上就是一种民族风貌意境悠远的表达，是民族神韵的显现，在室内界面设计中设计师应巧妙地加以运用。

如今，许多空间界面设计存在的不足之处，体现在过多地注重空间界面视觉效果的堆砌与叠加，贵重、高档材料的大量应用，灯光的照度不合理，界面视觉符号杂乱，视觉语言模糊含混，界面形态设计无内涵地呈现，空间界面之间的无系统性和无联系性，缺乏同一与统一的界面主题，没有深入地考虑使用者最基本的生理感受与心理感受，在此基础上，更没有深入探讨人的更高层次的需求，即人的情感联想和文化感受。

在科技与社会进步、文化发展的潮流中，设计师应该与时俱进，设计师在进行室内界面的设计时，要深入地研究界面与人的关系，除了能够融会贯通地应用室内设计的理论知识，还要学习设计心理学方面的生理、心理、情感与室内设计相关联的理论知识，并能很好地加以诠释与运用，设计师们应注重人性，设计出满足人们生存与精神舒适为目的的室内作品；学习美学及人类文化学方面与室内设计相关联的知识，培养自身高尚的情感及浓厚的人文情怀，努力进行具有文化底蕴的室内设计探索，以有远见的眼光探求有利于人类发展的新设计作品。随着人们越来越注重室内界面设计中的人文因素，人文精神的展现与设计师自身文化素养的关系更为密切。中华传统文化源远流长，要真正在室内界面设计中体现其文化内涵，设计师必须掌握其文化精髓，透彻理解与体悟中国传统文化的思想观念与精华，努力进行文化内涵的探索，才能厚积薄发，才能把文化所传承的品格融入界面设计中，设计出具有人性关怀及文化内涵深邃的界面空间。

模糊化，当代建筑空间理论的又一大发展，表现在空间对人性的关怀上。在 1951 年的《筑 · 思 · 居》中，从地点与空间、人与空间的关系来论述的建筑空间的思想，在本质上与古希腊的空间概念较为接近。建筑的本质在于人的栖居，空间的实质在于场所，这反映出空间中包含着对人、对人文、对地域的关怀。舒尔茨也特别提出建筑空间与人的关系，以及与公共世界的关系。根据人的形象来组织空间，根据人的情感需要来创造空间，其根本目的是“帮助找到一个人存在的基础”。这种对人性的回归，在经历了现代建筑运动之后，尤为迫切。现代建筑，尤其后来演变成国际主义设计风格，改变了世界多元化的面貌，把全世界的城市变成了单调、刻板、无个性的钢铁和玻璃的森林。从 1970 年代后现代主义起，人们就开始反思这种单调、冷漠的建筑空间对于人性、人文的缺失，重拾空间对人的精神关怀。当代的建筑空间概念不再是欧几里德的几何空间，也不是牛顿的绝对空间、爱因斯坦的弯曲空间，而是与人类生活、实践密切相关的生存空间。空间不仅是物质固有的存在形式，它更是人类生存得以展开的场所。空间不仅以物质存在形式而规定，更因为人的具体存在方式而获得它更为现实的人类意义。于是，当代室内空间的发展，内容更加广泛，包括了社会空间、人的行为心理等多方面内容。同时，注重体现地域文脉，传达人文精神，注重人与自然的和谐，注重建筑与环境的可持续发展。建筑设计也由此找到多个切入点，反映空间不同层面的内容，从而创造出多种诉求、多种风格和多种形态的室内空间。哈迪德还从自然景观中汲取灵感，她认为自然中“空间之间柔和的过渡相互影响、渗透”，而且“对空间的限定是很细微的”，通过对这些自然景观的研究，她尝试着创造出类似于自然界的，不具备明确定义的模糊空间（图 4-22）。她认为：“这并不意味着我们放弃了建筑学，屈服于无理性的自然界。重要的是我们想找出那些潜在的价值，从而激发创造的灵感，来适应当代复杂、短暂的生命过程”。空间的模糊性，使空间在发展变化过程中，其性质由秩序空间过渡为混沌空间。为适应这种变化，室内空间界面的形态（图 4-23）也将由现在的硬性边界发展为偏向于软质型、甚至可变幻的流质型界面。计算机参数化

图 4-22 银河 soho

图 4-23 水鼓舞画廊

设计，也直接刺激了这一系列变化的发展。空间以其模糊、不确定，从而具有包含多种功能和意义的可能。

随着个性化需求的提升，室内界面模糊化设计也逐渐成为室内设计的主要设计手法之一，人们希望通过“界面模糊化”设计来改造室内空间环境，提高生活质量。室内界面模糊化设计在室内空间设计中的意义重大，它改变了长期以来固有的设计观念，为室内设计带来新的界面设计理念和新的空间感受。在近年来，我们可以看到很多设计师运用室内界面模糊化设计手法进行设计的例子，这些设计师极力地突破已有的审美观念，不仅仅只是将功能主义和理性主义审美价值观作为设计的主要宗旨，而是重新考虑美学、艺术与设计之间的全新关系，他们从室内界面模糊化的形态塑造入手，使室内空间物质界面变化向精神界面变化转变，也即从形变到神变，将室内界面设计推向更高的艺术境界。

室内界面模糊化设计可以达到柔化空间边界，增强空间渗透感，丰富空间层次的效果。设计师通过对室内界面创意的衔接和特殊的处理，使墙、顶、地、家具等界面之间的界限得以柔化，界面在空间中流动，向空间延伸，每个空间相互渗透、贯通，赋予空间新的视觉维度，不仅在视觉上扩大了空间，还能产生巧妙的感官体验。传统的界限分明的空间界面被模糊化界面所代替，打破了以往缺少空间节奏变化的状况，空间层次看起来丰富而紧凑。在数字化、参数化的时代背景下，模糊化界面以其独特的形态，在空间中发挥着重要的作用，扮演了非常重要的角色，是空间品质提升的点睛之笔。高度设计化的社会趋势，更加决定了人们欣赏品位的提高，当单一的空间界面设计方式使人产生审美疲劳时，人们对模糊化界面的视觉表现力和设计感的追求就会日益强烈，通过室内界面模糊化设计来提升空间品质和改善空间环境无疑是很好的设计方式，因此，这样的研究和探索很有意义。

4.5 灯光环境

在科技现代化的今天，人们对室内空间的要求不仅仅停留在对空间功能性的满足上。随着社会的进步，人们思想观念的发展，一个理想空间的概念被赋予了更多形式的评判标准，比如除了功能性以外，还需要有视觉上的享受、精神层面的愉悦、文化内涵的洗礼等。而注重室内空间设计的光影效果是现今室内设计中对于视觉享受上的一大突破。在室内设计中，光，除了为“看”——人们这一最基本的感官活动提供必要的功能需求之外，还发挥着强化主题、立体造型、渲染气氛、装饰环境等艺术作用。

4.5.1 光与影的语言

在运用“光”“影”前，首先要了解什么是“光”，人类最初看到的光，无疑是以太阳、月亮、繁星为代表的自然光。我们人类在这种自然光的恩惠中繁衍、进化、发展。“光”与“影”这两种物质看似相互对立，实则协调统一。“光”代表着光明、光亮，而“影”则代表着黑暗。正因为有光与影的完美结合，呈现在大众面前的景象才显得缤纷多彩、栩栩如生。欧洲的印象派画家是较早将光影视为艺术化产物的群体。他们对光影有独特的理解，并利用手中细腻的笔触，创作出一幅幅惊世名作，将光影艺术表现得淋漓尽致。随着时代的发展，光影艺术也被充分地利用到空间设计的作品之中。在窗明几净、光亮夺目的场景下，人们善于表达、宣泄。而在那些微暗的场景当中，人们自在而易于沉思。光影效果越来越被设计师所看重，他们深知一个既舒适又温馨的人居环境离不开光与影。

光与影本身就是一种特殊性质的艺术。光产生影，影对应光。光和影在共同空间中创造出了新的形式，也随之形成了光影变幻的丰富气氛。例如，扬州施桥园竹院茶馆（图 4-24），室内空间的光影效果通过灯具布置及照明设计来创造一种清净悠然的氛围。光影效果表现在顶棚上、墙上、地面上，使灯光配合下的茶馆主题更显亲切，让人身心放松。同时，利用室内的各种陈设物件加强氛围，最终创造出一种使人神往的艺术效果。再配以色彩上、形态上的变化，其光影效果更显丰富多变。

建筑大师赖特曾说过，越来越强烈地感觉到光就是建筑的美化师。设计师在构思方案时，光影效果绝对是作为一项重要的因素被加以考虑。一个完美的空间，与其说是通过完善的空间布局与优雅的室内造型来构成，还不如说是通过一种令人沉醉的空间氛围而体现得更加全面。光影可以起到整合与分割空间的作用，同样也可以营造出不同的空间气氛与情调。光影所表现出的色调是重要的影响因素之一，室内设计中空

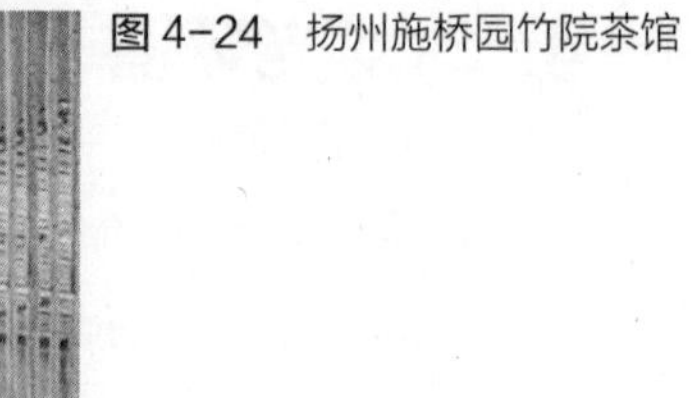

图 4-24　扬州施桥园竹院茶馆

图 4-25（左）　中式会所（昆山阳澄湖，李玮珉建筑事务所）

图 4-26（右）　某餐厅

图 4-27　俏江南

间界面的处理及材质选择使其有了明确的色彩倾向，随着光影带来的色彩变化，能让人的心理产生一种与空间的共鸣，那么空间就有了“灵魂”。

4.5.2 渲染空间气氛

室内照明设计是照明设计中重要的部分，它对营造空间气氛、强化环境特色、定位场所性质等都会起到至关重要的作用。随着照明设计研究的日益深入，照明的手法也日益丰富。图 4-25 所示的中式会所，三个垂下来的小吊灯十分精致地点缀在整个空间里，无论是位置还是照度都恰当、合适地配合着整个空间的宁静氛围。这种手法运用精细的现代材料组合，灯光与陈设的精妙搭配，营造出了传统南方建筑含蓄而优雅的氛围。画面中平静的水面的映衬结合岸边形态自然的石材的摆设，形成一种去物质化的诗意，一种浑然天成的自然美感呼之欲出。图 4-26 中胡桃木色的木质顶棚，运用常见手法在顶部暗藏的灯源，起到主要照明的作用，通过可调光荧光灯或普通线型荧光灯可以满足一般照明的要求，暖色调柔和的灯光与同样具有柔和感的木质材料搭配在一起，整个空间氛围也相得益彰。

灯光产生的光影和形、色等要素，在茶馆室内空间环境中绝不是孤立和分割的因子，它必须与茶馆室内环境和实际需要有机地结合在一起，并和其他元素如室内陈设、装修等相配合，共同作用并为整体服务，因而是一种综合性的作用，所产生的效果亦是共同作用后的综合效果。灯光与灯具有色有形，用它们来渲染茶馆室内环境气氛，可以取得非常显著的效果。一盏盏大红灯笼突出表现了中国古典气息特色的室内装饰风格（图 4-27）；五彩缤纷的灯光使空间扑朔迷离，充满梦幻；外形简洁的新型灯具使空间显得新颖明快、富于时代感；配置得当的灯光使室内的陈设景物生动耐看；有意识形成的光影使环境新奇、特别。丰富的色彩可以使人产生丰富的联想，给人以美的享受，但应用不当也会适得其反。利用彩光营造意境，通常适用于商业区和文化娱乐性场所、临时性用光、灯光表演和某些戏剧效果的创造。

4.5.3 表达空间用途

安藤忠雄认为：“在到处布满着均质光线的今天，我仍然追求光明与黑暗之间相互渗透的关系。在黑暗中，光闪现出宝石般的美丽，人们似乎可以把它握在手中，光挖空了黑暗，穿透了我们的躯体，将生命带入场所。在光的教堂，我所寻求的正是这样的光所创造的空间。”他呼吁：“我们有必要回到以光明与黑暗的相互融合来表现形式，并借此将丰富还诸建筑空间。”我们应对设计观念进行一下调整，光色空间的设计不应该是在“明亮环境”中设计实体，而是应处于“暗环境”中，对光与实体同时进行双向的动态设计。图 4-28 所示的这个可容纳 40 人的天主小教堂位于西班牙加里纳群岛特内里费的耶罗岛上，于2013年6月刚刚竣工。业主希望每周都能进行礼拜，加上造价有限，建筑师需要善于利用各种条件。由于用地类似不等边三角形，因此影响了教堂的布局，教堂的形状也接近锐角三角形。建筑师处理的时候，将稍宽一侧高度降低，而抬高最小锐角那一侧的层高，并在那里布置讲坛。配合整个空间的灯光效果也很值得一提，首先教堂的功能性决定了教堂的肃静氛围，强调讲坛的重要性就需加强讲坛区域的照明，墙体藏光隐藏直接光源的手法也营造出一种符合教堂气质的神秘感，在这个三角形的空间里，在锐角的夹角处增强亮度同时也弱化了锐角空间带给人的急促感。把室内的空间照明设计成何种照度水平，都是与空间的功能性质、行为的可见性要求以及所要求的氛围等因素有关。图4-29所示的某商场入口，从功能性来讲，其背景墙作为入口的主要标示增大照度，形成重点照明。图4-30的服装店根据站台的需要对照明也有要求，重点展示的商品需要进行重点照明，吸引顾客的眼球。照度越高，空间越亮，照明质量就越高，空间层次清晰，功能明确。当然，在餐馆等重视氛围的场所，则宁可牺牲掉一些可见性，也要追求一种比较暗的照明效果，通过积极地引入暗，才可以使被照亮的部分更为醒目、突出，而暗的部分也会由此让人觉得更有深度、更有内涵、更为宽阔、更为厚重、也更有魅力。

图4-28（上） 西班牙耶罗岛的天主教堂
图4-29（中） 某商场入口处
图4-30（下） 某时装商店

4.6 适度设计

在悠久的传统文化与当今的时代背景之下，适度已成为各设计领域的共识。这里的适度设计包含三个层面的内涵，一是符合时代可持续发展的主流，从节约能源、资源的角度来说需要适度设计；二是创造新的美学价值与引导审美，从材料、资源的重复利用角度来创造适度设计；三是回应中国传统文化中的“言有尽而意无穷”，留有想象的余地，从增强参与者体验性的角度提倡适度设计。

4.6.1 可持续性

可持续发展的概念来源于生态学控制论“持续自生”的原则，这个概念形成于20世纪80年代后期，其基本含义是：人类社会的发展应当满足当代人需要，又不对后代人满足其需要的能力构成危害。可持续发展的前提是发展，目标是通过发展增强经济实力，并使发展与环境的承载力相适应。1993年联合国教科文组织和国际建筑师协会共同召开了“为可持续的未来进行设计”的世界大会，其主题是：各类人为活动应重视有利于今后在生态、环境、能源、土地利用等方面的可持续发展。这一观点联系到现代室内空间设计方面，设计者不能急功近利，只顾眼前的设计效果，而要确立节能，充分节约与利用室内空间、力求运用无污染的绿色环保装饰材料，创造人与环境，与社会相协调的观点，动态可持续的发展观，即要求室内设计者既考虑发展又有更新可变的一面，同时充分考虑到能源、环境、土地、生态等方面的可持续发展。

室内设计与建筑装饰自古以来都是紧密地联系在一起的，建筑装饰纹样的运用，也正说明了人们对生活环境、精神功能方面的需求。人的一生，绝大部分时间是在室内度过的，因此，室内空间设计必然会直接关系到室内生活、生产等活动的质量，关系到人们的安全、健康、效率、舒适等。室内环境的创造，应该把保障安全和有利于人们的身心健康作为室内设计的首要前提，这也正是对室内空间设计可持续化发展的要求。它意味着在设计中统筹安排，协调好形态、材料、技术、功能等各个方面的关系，实现经济、生态与社会效益三者的动态统一。

可持续设计的典范就是自然本身，其循环过程中没有废物的产生。世界建筑协会也将“可持续”定义为“满足今天需要的同时不以牺牲未来人类所需为代价”。建筑业是个耗能大户，全球能量的50%消耗于建筑物的建造使用过程中，建筑直接或间接带来各种环境问题。据世界观察组织的统计，美国的建筑消耗掉70%的水、25%的木材、花掉了40%的能源、排放了33%的二氧化碳、产生了40%的建筑垃圾。特别是现代各类型建筑更是建立在一种奢靡的消费方式的基础上，中央空调、采光照明、各类电器、自动电梯等，都威胁着有限的自然资源。这些看似简单的问题其实应该引起广大设计师们的广泛思考。创作符合可持续发展原理的建筑及其内部空间是目前设计界的一种趋势，是人类在面临生存危机的情况下所作出的一种选择与探索。

4.6.2 残缺之美

在文学作品中，残缺结构往往更能增强作品表达的含蓄性、朦胧性，扩大了自由的想象空间。残缺结构是完整结构的一种变异现象，仍属于形式美。语言的残缺所表现的形式和意义正符合要求，但是也不是说所有的设计语言都要用这种残缺的形式。要随设计的主题和所要表达的意义而定，做到形式多样化。同样的道理运用在室内空间设计中，我们会发现，往往过于直接的元素表达反而显得笨拙而繁杂，恰当合适地提炼元素进行转化，一种意在形似的不完整表达更容易勾起人们对空间的思考，增强了感受力，同时也加强了人在空间中的能动性。根据每个人的能动意识都可以对空间所呈现出的样子进行有主观意识的自主造就。就像我们常说的一千个人眼中，有一千个哈姆雷特。

文学里的每个语言符号都联系着某种事物，但由于符号和符号之间不同的组合方式，使其在语言的实际运用中语符和语义会产生偏离，文学作品中这种偏离便赋予作品以特殊意义。设计师在设计室内空间时亦是通过对主题元素符号的提炼与转换来表达空间主题。符号和符号之间不同的组合方式，其中就包括特殊的一种不完整的组合形式，如由于各种原因而只能看在眼中的残篇残句。但正是作品的符号的残缺，使读者得以参与文学的意义构成，并形成文学理解在不同空间和时间中的个性变异，“作品最有趣的地方正是那没有写出的部分。”作为一个不完全的叙述序列，它为读者提供了一个开放性的解读空间。

一钩新月也别有另一番情趣，纤细的美，残缺的美。残缺的句子在一定的环境下包含着潜在的信息，读者可以对这种潜在的信息加以想象，创造性地理解和补充。室内空间里的含蓄表达，情境衬托，正如一个残缺的句子，需要使用者们自己去想象，去将它填充完整。残缺与完美是相对的，是一切事物表象的破坏和不完美，是事物的夸张或破坏。同时也是秩序的颠倒，是心理的叛逆，与人们的美好理想背道而驰。但是它却更能够吸引更多人的眼球，引起受众的注意，给人们留下深深的印记，这种残缺性本身就是一种美。

4.6.3 再创造性

再创造，可以说是一种新的观念与模式。在文学中，每一个读者，他的阅读会纳入他自己的轨迹，他再创造他所阅读的文学作品，这就属于一种再创造类型。艺术的形式是对我们自己的过去的扩展，而在我们目前的情形中为我们找到意义，这些因素

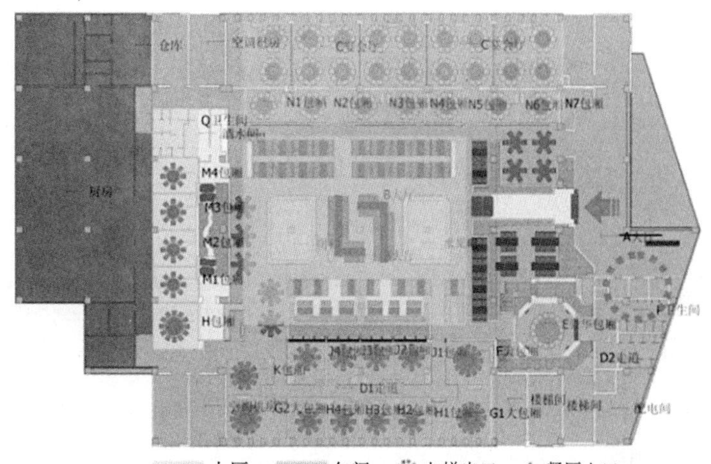

图 4-31　无锡外婆人家阳光店平面图

图 4-32　无锡外婆人家阳光店

构成我们阅读的再创造。就像无锡“外婆人家”的设计（图 4-31），通过精心策划的空间布局与设计元素的综合运用，犹如在给用餐者讲述孩童时代在外婆家的一段段生动故事。走进这间充满乡土气息的餐厅，人们便开始用自己的双眼去寻找儿时的纯真记忆。设计师独具匠心，用无锡的几条老巷的名称为餐厅的走道命名。大娄巷、小娄巷、棉花巷，这些熟悉的巷道名让人倍感亲切。行走其间如同走进深深小巷，粉墙黛瓦的街景画面不禁让人回想起在巷子里嬉戏玩耍的童年时光。走进包厢，掀起竹帘，推开窗户便能看见脚下潺潺的流水，而悬挂在窗外半空中的鱼形饰品（图 4-32），在灯光的照耀下星光点点，如梦如幻，枕水江南。这种对脑海中记忆的重现产生某种感情，再将这种感情带入到实际空间里，所产生的这种情愫可以说就是对空间的一种再创造，空间已经不再是一个单一的物质载体，通过人们思想意识的再创造赋予了空间生命与含义。

第 5 章　主题室内空间中的陈设艺术

5.1　陈设艺术概况

5.1.1　陈设艺术概念

“陈设”源自《后汉书·阳球传》一书。“权门闻之，莫不屏气，诸奢之物，皆设缄滕，不敢陈设。”其中的“陈设”既是布置、摆放、陈列、展示的物品，也指布置、摆放、陈列、展示。现代室内陈设，包括功能型陈设，如家具、家用电器、灯具、器皿、织物等有实用价值并兼有观赏性的物品；另有以装饰观赏功能为主的陈设，如各类艺术品、挂画、古董、文艺品、绿化植物等。

陈设艺术简单地从字面上理解就是室内陈设品进行主观的艺术化情感的创造表现。它非同一般的放置，而是经过设计师精心的构思，并考虑到光线、色彩等诸因素布置出来的整体效果。陈设的内容和对象通常独立或者游离于建筑构架和实体之外，具有移动性和变易性强的特点。

5.1.2　陈设艺术的发展现状

作为人类最古老的艺术形式之一的装饰，是人类独有的一种实践活动，同时也是人类利用审美方式改变世界的一种手段。英国设计史学家乔治·赛维奇在《室内装饰史》一书中解释：“室内陈设是建筑内部固定的表面装饰和可以移动的布置所创造的整体效果。”

在物质文化飞速发展的时代，人们的精神需求和品位也逐渐提高，这在室内空间设计中主要表现在人们对于室内公共及私人空间的艺术氛围的要求也日益增高。陈设艺术品作为现代软装饰的一部分，随着软装饰的发展而发展变化。陈设品作为室内环境的重要组成部分，其地位和作用是举足轻重的。品种繁多、款式齐全的陈设品，满足了人们多方面的物质、精神需求，为美好室内生活的创造提供了无限种可能。陈设艺术在我国的确是一个比较新兴的行业，因为房地产后时代的来临，室内精神追求越来越高，这也注定室内陈设艺术设计的需求庞大。室内陈设艺术设计是室内精神设计层面的重要组成部分，当然这也得益于室内设计的总体发展，以及社会发展而带来的精神需求的提升，这也就是室内陈设艺术这几年来受到高度重视的原因。

5.2 主题室内空间中陈设艺术的特点

5.2.1 陈设艺术与室内空间的关系

谈及室内空间设计，就不得不与室内陈设艺术设计联系在一起。众所周知，室内陈设艺术设计是建立在室内空间主体之上的二次空间设计，是对室内空间本体的完善与补充。毋庸置疑，室内空间设计与室内陈设艺术设计有着双重性，它们既是一种科学，更是一门艺术，二者相辅相成，密不可分。

既然室内设计与室内陈设艺术是一种相辅相成的关系，那么只要有室内设计的环境，就会有室内陈设艺术的内容。室内陈设艺术是赋予室内空间生机与精神价值的重要元素，对室内设计的成功与否有着重要的意义。陈设设计在室内空间中展示了其强大的表现力和无穷的魅力。室内陈设艺术的范畴广泛、内容丰富、形式多样，把陈设品作为装饰的主角有利于改善目前室内空间的装饰现状，能够进一步认识到陈设对居住空间的影响，并在室内设计中充分地发挥其作用，有助于创造出丰富多彩的人性化空间。室内陈设设计是跨越了平面和空间两个领域的设计，它是将平面的一些设计元素和空间立体的设计作了一个完美的结合。室内陈设设计属于展示设计，它是室内设计的一个局部，也是平面设计的一个延展，它是介于平面和室内之间的一种设计。作为室内空间设计的延续——室内陈设艺术设计，当然与室内空间设计有着十分相似的特点，一方面，室内陈设艺术与室内空间设计都要受到结构、材料、工艺、造价、功能等客观条件的限制，具有技术性和科学合理性；另一方面，陈设艺术与室内设计也有着不同之处，如果将室内空间设计本体比喻成航行在大海中的战舰，那么陈设艺术设计，就好比战舰中的各个操作与控制系统，使之内在更为完善与合理。以不至于只有空壳，而无内在构造。室内陈设艺术设计在完成室内空间设计的基础之上，根据人们的内部空间需求，应做到更细致，更具体的设计。充分考虑到人在室内空间中的各种身心感受与舒适程度，满足以情感和功能为依托的精神活动需求。

室内陈设艺术设计对提升室内设计作品的艺术品位总能起到积极的推动作用。陈设装饰是室内空间设计的一部分，室内空间的陈设品的造型、组合方式对空间能够产生一定的诱导和影响。室内可以没有建筑界面的装饰，却不可能没有陈设，也即室内设计的精神灵魂主要在于陈设。它既要满足人们日常生活的使用，又要与室内环境相得益彰，具有较好的观赏性。好的陈设又称为室内艺术品，它是随着人类的历史发展起来的，在不同的国度与民族，不同的历史时期造就了风格各异的陈设和与之相生的室内环境。

室内设计依建筑而存，建筑结构确定了室内空间的总体布局和功能划分，并确定了室内的风格框架，是室内装饰陈设的依据。不同地域、社会、人文因素决定了建筑结构与布局的风格，进而影响到室内陈设的风格。如北京的四合院平面配置多采用均衡整齐的布置格局，室内功能划分得非常清楚。室内分隔则多采用各种形式的罩、博古架、槅扇等，上部装纸顶棚，构成了丰富、朴素的艺术形象。而木式结构如梁柱式和穿斗式的房间陈设则充分利用木主体结构，梁、柱、斗栱、门窗、墙壁皆有彩绘和雕刻，达到结构与装饰的有机平衡。

5.2.2 陈设艺术的文化内涵

“文化”，是人类在漫长的进化和发展过程中，物质文明与精神文明的总和，也是人类在改造客观世界、协调群体关系、调节自身情感的过程中所表现出来的一种时代特征、地域风格和民族样式。文化传播是对社会意识形态、道德规范和文明规则的一种启蒙与宣扬。社会的风俗、习惯、伦理道德、宗教信仰、哲学及法律等意识形态和社会观念，通过文化传播不仅影响到人们的社会心理和价值观念，而且向人们提供行为规范，制定“游戏”规则以协调和控制人们的社会活动，实现社会的稳定与平衡，促进人类社会和文明进步。而陈设艺术在室内设计中是文化的承载物，它具有继承和传承文化的作用。换言之，就是具备了文化传播的属性。那么陈设艺术设计的文化性内涵即指设计的“文脉”。德国著名哲学家和哲学史家恩斯特·卡西尔说：“文化的本质是人类通过人造的符号和符号系统在时间或空间中交流传递信息的行为”。

随着我国经济高速发展，人们的生活水平不断提高，对生活空间的内在要求达到了一个新的高度，在满足基本生活需求的同时，人们对生活品质的提升，变得更加关注。对贴近生活本质的陈设艺术的要求更是如此，满足物质需求的同时，精神文化需求则更加不可或缺。因此，室内空间设计中的陈设艺术应具有一定的文化内涵。不同的室内空间及陈设艺术，对文化的反映是截然不同的。不同空间形式中的陈设艺术，更是文化的集中反映。因而要从不同文化的差异性中理解陈设艺术的文化内涵。

5.2.2.1 消费文化的催生

经济发展是当下时代的主旋律，“消费”已然成为热议的话题。德国美学家韦尔施指出：“今天，我们生活在一个前所未闻的、被美化的真实世界里，装饰与时尚随处可见，它们从个人的外表延伸到城市和公共场所。从经济学延伸到了生态学。”韦尔施勾勒出一个消费社会的图景。消费社会是一个发源于 20 世纪西方发达资本主义国家的词汇。而从 20 世纪 30 年代的巴黎可以看出消费社会全球化的景象，在欧洲的大都市也已是一个习惯性传统。这也印证了现在社会有生产，就会有消费的存在，只有这样才能带动市场经济健康、规律地运转。当消费已成为人民大众生活中极为平常的一部分时，那么它对各个行业领域发展的影响也变得极其密切，所以在当下，人们更多地愿意把它理解成一种“消费性文化”。在当代的室内陈设艺术设计领域中，这种“消费性文化”催生了许多陈设艺术设计的思潮，同时为其多方面发展提供了良性的社会环境。

有学者广义地把消费社会分为三个不同的层次：底层的消费为纯粹的物质消费，这种消费只看重物品的使用价值，即实物的用处，以维持人们的基本生存需要；中间层次的消费是交换价值的消费，以证明消费者的购买能力；金字塔顶层层次的消费则是对符号价值的消费，关注商品的符号价值，即文化内涵，以表现个性与品位。而这一最高层次的特征在此处就反映在消费类室内陈设艺术的演变趋势上。室内陈设的消费过程遵循着消费经济的规律，并且遵循着消费性文化的逻辑。由于人们的消费逐渐呈现为个人家庭乃至社会需求，而后迅速由单纯物质消费演变为物质享受和精神生活的融合，从而使消费获得了深层的文化意义。在《历史与阶级意识》中作者卢卡奇从物化的角度认为一切文化产品都以商品的形式被生产、交换和消费，就像商品一样，它为获取利润被大规模地生产出来，然后在社会体系中被消费。从整体上看，这里的文化已经演变为消费性文化。

在消费文化的催生下，室内陈设艺术设计的流行趋势的更替速度像时装一样，在井井有条地变化着。我们在讨论城市文脉、象征、意义的时候，室内陈设艺术设计已经开始考虑流行趋势和引领潮流的时尚风格。与室内设计相比较，陈设艺术有明显的“时效性”。室内陈设艺术更注重于空间气氛、人情品位、行为方式、风尚习俗等。更趋于时尚的追捧与新事物的模仿，这便是消费文化催生出的结果。一些主题室内空间陈设艺术设计变更次数已有数次之多，而不变的是室内空间本身。室内空间陈设艺术的更替，时时都以消费者购物心理为依据，与当今时尚且高档的消费品紧密相连。

5.2.2.2 回归自然的传统

在现在快节奏的生活中，人们的压力与焦躁感显得异常突出。寻求心灵的慰藉与灵魂深处的暂时休整，同样也是当下人们所追寻的一条逃避之道。“回归自然”（图 5-1、图 5-2）、“回归传统”便成为人们逃避当下、舒缓压力的一种方式。

室内空间作为与人们密切相关的内在环境，也在第一时间体现了当代人的欲望。愈来愈多的“回归自然的传统形式”在当代室内陈设艺术设计中再现，构成了当今的一种设计文化与新的设计思潮。反映了一种传统理性的回归，而传统文化精髓的传统构件、传统家具、装饰纹样所共同构成的传统符号系统，在当代室内陈设艺术设计中

图 5-1 《草木间》情感主题体验酒店（一）（刘光）

图 5-2 美国岩石住宅

图 5-3 中国传统纹样在现代室内设计中的运用

图 5-4 苏悦餐厅

表现极为活跃（图 5-3）。传统元素在室内陈设艺术设计中的出现，说明了一个问题，那就是无论社会怎么发展，思想有多么新潮，对以前传统的学习是人们不变的一种生活方式。这是人们在当下压力生存中对简单生活的一种向往。当传统符号原汁原味地出现在室内陈设设计中时，它往往显示某种深沉与傲慢的气质，又或许是某个时代的剪影呈现。当今正处于一个知识爆炸的时代，人们会摒弃过度设计，转而追求这种至纯朴实的魅力。室内陈设艺术设计中传统的"另一种再现"，主要是对空间生命力的一种思考。力求将传统的自然精神再塑，与当代文化相结合，从中展示出新的感染力。这种方式不是将传统样式、内容植入新的建筑空间中，而是再利用或再设计，使之在原有的空间中焕发出新的生命力，不依赖于原始符号，而力求用空间的整体性唤起人们的意识。这也正是现在最为时尚的一种设计趋势，对老旧空间的重新改造。许多设计在保持传统风格样式的前提下，更多地融入了当代的设计理念，更加突显了陈设品与文化符号所构建出的新的传统文化精神（图 5-4）。

5.2.2.3 传统之下的地域特色

所谓设计的地域性是指设计上吸收本地的、民族的、民俗的风格以及本区域历史所遗留的种种文化痕迹。地域性在某种程度上比民族性更具狭隘性或专属性，并具有

图 5-5 特色少数民族风餐厅

极强的可识别性。由于许多极具地域性的民俗、文化及艺术品均是在与世隔绝的状态中发展演变而来的，即使经过了有限的交流和互通，其同化和异化的程度也是有限的，因而其可识别性是非常明确的。在特定的地域气候和历史条件下产生的文化是多元化的，是符合当时当地民族特性的。因此，长期以来，必然形成特定地域的特定文化，这样的结果就会使不同的地域和民族在生活方式、审美标准和价值取向上发展出不尽相同的文化，室内陈设也是普遍遵循这个规律的（图 5-5）。

多元化设计思潮的今天，地域文化情结的介入已不可避免，其介入的方式是多重性的。通过室内概念的设计、空间设计、色彩设计、材质设计、布艺设计、家具设计、灯具设计、陈设设计，均可产生一定的文化内涵，表达其一定的隐喻性、暗示性及叙述性。在上述的手段中室内陈设设计最具表达性和感染力，陈设品从视觉形象上最具有完整性，既表达一定的民族性、地域性、历史性，又有极好的文化内涵。

人文的脉络及地域场所精神是每一个民族繁衍发展所积淀的产物，是原样照搬还是取于表象，是关注符号还是挥其精髓，或是立于现代感怀念过去，室内陈设设计应该正确对待历史文脉，寻求切入点。室内陈设设计过程是一个感悟的过程，不仅是对尺度的感悟，空间的感悟，更重要的是对人性的感悟，而对待地域文化情结依然是一个感悟的过程。它是一个不断感悟、不断修缮、不断补充的过程，是不断地寻求自己感情、“意”与“境”的过程。“意境”则是“悟”所寻求的结果。室内陈设设计如同艺术创作，如不能做到有感而发，其作品必是苍白无力的。那么在设计过程中“感”与“悟”是不言而喻的。

此外，时间空间化是通过人的记忆来完成的，在时间长河中的历史风格、样式、事件是通过人类的记忆重新编排组合，从而将室内陈设在同一空间组合中呈现出来。成都世纪城天堂洲际大饭店（图 5-6）中利用川西民居的符号与陈设艺术，使成都世

图 5-6　成都世纪城天堂洲际大酒店大堂

纪城天堂洲际大饭店成为蓉城又一璀璨亮点。室内陈设设计中运用川西民居设计元素充分表明酒店地域文化情结，结合室内空间室外化的现代设计手法，充分体现酒店现代中又不失传统，灵动中又不失稳重的风格定位，给人留下深刻的印象。

5.2.3　陈设艺术的审美价值

当代的艺术审美已经成为包含视觉艺术、大众艺术、媒体艺术等作为主要内容的多元化的艺术。英国著名美学家克莱夫 · 贝尔提出过“有意味的形式”这一论断，他认为“有意味的形式”才是艺术的本质所在。“意味”是指艺术品能够激起欣赏者审美情感的性质，这种“意味”仅仅在于艺术的“线条、色彩以某种特殊方式组成某种形式或形式间的关系”，即形式。因此，在克莱夫 · 贝尔看来，艺术的审美价值就在其形式本身，艺术家的审美来自对这种纯形式的关照，艺术家的美感则是由这种纯形式激发出来的。克莱夫 · 贝尔的观点固然有些偏颇，但是他给我们指出了艺术形式所具有的审美价值的问题。因此，无论哪种艺术，其艺术语言形式都具有一定的审美特征。目前，国内学术界也有众多理论家赞成将审美特性看成是艺术的本质特征，周来祥先生认为：“艺术作为审美意识的物化，在本质上和审美是一致的。”胡经之先生也认为：“艺术活动本质上就是一种审美活动，艺术创造是一种审美创造。”艺术与非艺术相区别的一个重要标准就是其审美性，就是艺术品所具有的审美价值。因此，从整体上看，艺术固然有众多特征，比如情感性、形象性、认识性等，但是作为最本质的特征来讲，仍然是审美特征，离开了审美特征也谈不上艺术。针对这些描述，把陈设艺术的审美价值划分为以下几点。

5.2.3.1　灵韵 · 意境美

中国艺术思想讲究“意境”：通过有形的物质世界，达到形而上的精神世界，与大自然融为一体，这就是所谓“外师造化，中得心源”的道理。对陈设艺术这样一门实用艺术来说，应在满足实际功能需求的基础上，传达一种“神韵”。这种神韵的传达也是对身心疲惫的现代人附庸风雅的心理满足，以及对田园环境同益恶化、缺失的弥补。一方面我们在精神上需要一些古典文化意境，另一方面我们还需要现代化的设施来得到物质满足。“意境就是特定的艺术形象和它所表现的艺术情趣、艺术气氛以及它们可能触发的丰富的艺术联想与幻想的总和。”而在艺术设计中，意境是艺术设计语言所达到的一种境界，是设计作品蕴含与显示的情调、境界。这种境界可以启发观者的联想和想象并引导观者进入超越具体形象的更广的艺术自由空间。

图 5-7　极简留白

总之，意境是人与自然、物与人、景与情的统一，是象与境、虚与实的辩证统一，是情景交融的艺术形象和它所引发的想象的形象的总和，是艺术设计的灵魂。设计中“空”的意境，实质上是按照艺术创造规律，采用虚实结合的手法，获得以少胜多、言有尽而意无穷的艺术效果（图 5-7）。艺术空白以其简约不失深邃，单纯不失丰富，无声胜似有声的独特意境在众多艺术设计手法中别具一格，成为现代艺术设计与中国传统文化结合的典范，并深受设计家青睐。

5.2.3.2　节奏 · 韵律感

陈设艺术在主题空间中分布的节奏和韵律是密不可分的统一体，是美感的共同语言，是创作和感受的关键。因为它们是通过节奏与韵律感的体现而产生美的感染力。节奏与韵律是通过陈设体量大小的区分、空间虚实的交替、构件排列的疏密、曲直刚柔的穿插等变化来实现的。这种室内陈设艺术的具体手法有连续式、渐变式、起伏式、交错式等。在整体空间陈设中虽然可以采用不同的节奏和韵律，但同一个房间切忌使用两种以上的节奏，那会让人无所适从、心烦意乱。

5.2.3.3　视觉 · 符号化

恩斯特 · 卡西尔说：“人是符号的动物。”我们的种种文化形态都是符号功能的集中体现，符号的解释离不开对对象世界、人类生活经验的参照。符号的使用会不断产生新的意义，人对符号的解释是一个不断变化的过程。人类生活在一个充满意义的世界中，这个世界完全不同于动物的自然世界：动物只能对自然界给予它的各种信号作出本能反射，而人类能够发明、运用各种“符号”，传承人类优秀文化，创造出自己的理想世界。符号学在美国的创始人是皮尔士，他把观念的意义和实际效果联系起来，自称为“实效主义”。他指出，人类的一切思想和经验都是符号活动，因而符号理论也就是关于意识和经验的理论。人类的所有经验都组织在三个层次上，依次是感觉活动、经验和符号。陈设艺术在室内空间中是符号功能的集中体现，陈

图 5-8（左） 北京某酒店
图 5-9（右） 北京侨福芳草地中庭

设艺术符号作为一种特殊的符号形式，体现了人类的思想和情绪，是一种整体情感的表达（图 5-8）。

5.2.3.4 色彩 · 象征性

室内空间中的陈设品应该具有“视觉色彩特征”，色彩的调和配比，即色彩的相互作用，它通过传达的方式作用于人的视觉，使人的思想和事物建立精神上的共鸣，主题室内空间中的“赏心悦目”就是这个道理。

色彩作为空间美的重要组成部分，能在第一时间为人们所感知，构成人们对空间的第一视觉印象，能够带给人以多种不同的心理感受，是所有美感中最大众化的部分，所以当人们第一次进入一个空间时，色彩就已经作为人们的第一感官给人们以心理上的感受。室内空间中的色彩是多种多样的，由于附着在陈设艺术之上，必然会受到光照、灯光照明的影响，同一装饰艺术品在不同的环境背景下，表现出来的效果也是不一样的，所以室内空间环境对于装饰艺术品会起到一定的限制作用。由于人类文化历史和生活经验的积淀，色彩自然会使人产生情感。所以，色彩能对人的心理和生理产生一定的影响，如暖色的装饰艺术品能给人以温暖的感受。通过不同空间装饰元素的不同色彩倾向，使人们容易辨认和产生亲切感，在室内空间中起到很好的感染和诱导的作用（图 5-9）。这一层面上反映了装饰艺术品对室内空间氛围营造的促进作用。室内陈设色彩的调和配比具有十分重要的美学价值，设计师通过色彩来传递自己对生活、对美、对情感的歌颂。同时，通过色彩的象征性来表现陈设品，传达思维，交流情感，渲染氛围，提高空间陈设艺术的感染力。

5.3 陈设艺术对主题营造的作用

室内空间环境的组成部分是多方面的，其中装饰艺术品在室内空间中的作用是不容忽视的。就文化和精神的角度来说，恰当的室内装饰艺术品的陈设更能体现出设计者和使用者的文化背景和品位，同时也为室内空间中不同装饰风格的营造提供了另外一种表现方式，使室内设计更具有审美情趣和文化意境的发展倾向。

5.3.1 提升空间的主题情结

装饰艺术品在室内空间中的广泛运用，逐渐引起了人们越来越多的关注，这种关注不仅只是关于其在室内空间中的应用，同时还可以延伸到美学与心理学的范畴。从美学的角度进行分析，外观的形式美、材料的质感与肌理，都是一种外在美观的表现，能给人以“美”的视觉印象。在这种视觉印象的基础上，增添空间中的环境氛围，从而达到陶冶人们情操的目的。比如：装饰画中内容与色彩带给人的视觉冲击力；雕刻作品的细腻、光洁、栩栩如生等，都能给人一种直接的感官愉悦。另外，从心理学上来说，人的洗礼过程可以分为“认知”“情感”“意志”三个阶段，正如人们看到波澜壮阔的大海，能够使人感觉激情澎湃；身处幽静小宅，则能使人心境平和、安详宁静。如：在室内装饰过程中，以竹藤为题材，可以悬挂墨竹图，或栽植竹丛、摆放以竹藤条为题材的装饰艺术摆件，就能带给人以身处藤蔓丛林之感，让人们的内心更加平静祥和，同时，这竹藤的清新高雅也为整个空间增添了一份自然之美（图 5-10）。

室内空间按照空间的不同功能性来分，可以分为娱乐空间、办公空间、餐饮空间等，而且除了功能性要求不一样以外，由于所处的地域不同存在着地域性差别等问题，同时空间面对的主要受众也存在着年龄层次、文化层次不尽相同等问题，因此该功能的实现在对室内空间进行装饰时要充分考虑以上各方面的因素和整个环境要求。综上所述，这就要求装饰艺术品必须自身具有一定的审美情趣，且具有相对的寓意性和装饰性（图 5-11）。

5.3.2 主题文化的视觉传达

室内陈设艺术是在室内设计过程中，设计师根据环境特点、功能、需求、审美要求、使用对象要求、工艺特点等构成要素，精心、个性化地设计出高舒适度、高艺术、高品位、高情感的理想环境。国际上工业先进国家的室内设计正在向高技术、高情感化方向发展，高技术与高情感相结合，既重视科技，又强调人情味。

室内陈设艺术包含物质陈设和精神陈设两个方面。室内物质陈设以自然的和人为的生活要素为基本内容，它以能供人体生理获得健康、安全、舒适、便利为主要目的，

图 5-10 《草木间》情感主题体验酒店（二）（刘光）

图 5-11　北京无用生活空间

图 5-13　南意大利主题风格室内空间

图 5-12　地中海主题室内空间

且要兼顾实用性和经济性。室内精神陈设是室内陈设艺术的重点，其内涵已超越美学的范畴，而成为某种精神的象征。室内精神陈设必须充分发挥艺术性和情结性两个方面。艺术性的追求是美化室内视觉设计的有效方法，建立在装饰规律与形式法则的基础上面，无论是室内的造型、色彩、光线还是材质等要素，都以舒适的视觉效果和陶冶情操的美观效果，以及传递某种情感表达为目标。

主题文化的塑造是表现室内情境的理想选择，是完全建立在性格、特性和性情等因素之上，通过室内形式，反映出不同的兴趣和格调，才能满足和表现个人和群体的特殊精神品质和心灵内涵。艺术性与情结性设计经常共同创造温情空间，因而室内陈设艺术使有限的空间发挥最大的艺术形式效应，发现情境世界中的广阔天地，创造非凡的富于情感的室内设计空间环境。

5.3.3 主题氛围的二次营造

主题氛围的营造是一个系统工程，在确定的设计主题基础上从空间名称、空间布局、空间界面、空间形态等方面进行第一次主题营造；以此为基础，再以陈设艺术与灯光艺术进行第二次主题营造。也就是说，硬装修完成主题氛围的一次营造，为最终效果打下基础；而软装饰则再次提升和完善主题氛围，使主题氛围得以完美地呈现在使用者面前，是二次营造。

室内陈设艺术是感性的艺术，影响人们的思维情感，以情动人，使室内空间更加具有条理性，增强人们对于审美的认识。中华民族具有自己的地域文化传统和艺术风格。同时，其内部各个民族的心理特征与习惯、爱好等也有所差异。这一点在室内陈设品中应予以足够的重视。格调高雅、造型优美，具有一定地域文化内涵的陈设品使人怡情悦目，陶冶情操，室内陈设品已超越其本身的美学界限而赋予室内空间以精神传达的价值，陈设品的布置可以营造出一种文化氛围。室内陈设艺术的布置，首先是风格塑造。不同时期因为社会文化不同，审美取向不同，以及地域性差异，形成了不同风格的陈设艺术品。室内陈设品的合理选择应用，就是对空间风格塑造的最好体现。其次，还可以通过陈设品来营造地域情感氛围。民族是人们在历史上形成的一个有共同语言、共同地域、共同经济生活，以及表现于共同文化上的心理素质的稳定共同体。因此，民族与人种不同，是长期历史形成的社会统一体，是由于不同地域的各种族在经济生活、语言文字、生活习惯和历史发展上的不同而形成的。例如，地中海风格典型的蓝白色彩搭配，白色的村庄、碧海蓝天；蓝紫、黄、绿，南意大利向日葵的金黄色；法国南部薰衣草的蓝紫、香气，绿叶的映衬，体现自然的美感。陈设作为最好的叙述语言，在空间配置中，向人们传达的是一种生活方式、一种地域形态、一种民族气质（图 5-12、图 5-13）。

5.3.4 审美的视觉需求

室内空间的装饰行为是一种审美心境的展开过程，通过人们在空间中的行走产生的视觉感受让人们的内心产生联想，一种独特的艺术感在人们的内心逐渐蔓延开来，这是只能通过亲身体验才能得到的感受。面对日新月异的室内空间环境，独特的装饰艺术不仅能给人们带来视觉上的愉悦感受，最重要的是能为身心疲惫的现代人带来心灵的慰藉。审美需求作为满足人们各种“需要层次”中较高层次的要求，需要我们在室内装饰的过程中使艺术品与室内空间进行融合，使之成为一个完整的系统。对室内空间的主体“人”来说，室内空间中的美应该是可以通过视觉被感知的，应该是能使人心情愉悦的、明快的。这样的美可以作为人们保持精力充沛的源泉，让人们得到心灵上的升华、品质变得高尚，为人们提供奋发向上的动力，为了一个更美好的未来而努力。

视觉语言是在造型艺术领域，可以传达信息、情感和理念的形象及色彩所构成的视觉样式。它是在视觉经验和视觉规律的基础上，逐步建立起来的视觉传达和图示创造的手段和途径，并能够突破时间和空间的限制，自由地表现无论是实际生活还是精神生活现象。

5.4 陈设艺术在主题室内空间中的应用原则

5.4.1 主题室内空间中陈设艺术存在的问题

现代意义上的室内设计与实践模式源于欧美，20 世纪初，随着科技的发展、大规模产品制造业的兴起以及现代建筑的横空出世，现代人的居住面貌有了前所未有的改观，但由于奉行功能至上、摒弃装饰的原则，彼时的室内陈设艺术大多比较单一，依附于建筑之上。直到 1960 年代，反理性及多元价值观的后现代主义的出现才使得这种现状得以改变。后现代主义强调形态的隐喻性、符号化以及文化与环境的历史性，重视现代与历史的融合。中国当代的室内设计发展正是在这样的潮流影响下逐步成长起来的。

5.4.1.1 陈设物的商品化

现代主题室内空间的陈设有朝着商品化、标准化发展的趋势，为了缩短施工时间，避免手工制作过程中的质量不稳定，以及减少加工过程中材料的损耗，大量“系统家具”“成品装饰构件”被设计师和业主采用。这些“系统家具”如板式家具、套装门、隔断、隔板等大多采用工业产品。在工业革命之前，传统的民居空间中的陈设品大多是手工业品，由于加工工艺耗时较长，通常数量有限，所以不会产生大量的雷同。而现代室内空间中使用的家具和其他艺术装饰品多半是工业生产的成品，甚至包括绘画

图 5-14　深圳悦肴精品粤菜小馆

图 5-15　北京东直门外茶馆

都是大批量生产出来的，由此会出现许多的雷同空间，类似的视听墙、相同的沙发、相同的装饰物，造成千篇一律的感受。

5.4.1.2　装饰元素的盲目堆砌

有人曾说，20 世纪 60 年代，后现代主义在欧美的兴盛，一部分原因在于科技的发展带来物质文明的极大丰富，消费主义成为主流，所以在设计上出现了大量运用各种历史符号语言装饰的潮流。这种以装饰达到视觉审美愉悦的现象是后现代主义的一大特色。当下中国经历了改革开放 40 年的高速发展，人民的生活面貌有了很大的改观。人们对物质生活的需求也日益高涨，后现代主义的装饰手法正契合了这样的需求，越来越多的设计师将各种历史装饰符号与现代设计结合起来（图 5-14、图 5-15）。值得警惕的是部分设计作品，让人感觉画蛇添足，金玉其外，败絮其内，缺乏对整体空间的认识。

5.4.1.3　文化精神的缺失

上文所提到的外在的现象所对应的就是设计精神内核的缺失，这种设计浮于表面，外表给人金碧辉煌、富丽奢靡之象，而内里却十分空虚。每种装饰元素都是一种文化

图 5-16　墅创国际设计工作室

的代表，各自为政，相互唱对台戏，最终给人留下的是混沌、混乱的感受。混搭并不可怕，难点是对文化整体协调性的把握，分清主次，把握重点。在突出主题文化之外，设计师适当地选用具有文化差异性的陈设品进行互补，体现不拘一格、匠心独运的效果。

5.4.2　现代室内空间陈设艺术的特征与趋势

自古以来，人类从未停止对理想家园的营造。在东方，盛行的是农耕文明，人群世代固守在祖先耕耘过的土地上，跟土地有着非常浓厚的情感。他们非常重视大自然的变化，逐渐掌握了自然变化的规律以及与自然和谐发展之道。这就形成了东方民族，尤其是中华文明讲求“天人合一”，注重平衡、温和含蓄的性格特征（图 5-16）。现代室内空间设计摆脱了过去的传统方式的种种弊端，正朝着产品化、智能化和个性化的方向发展。现代的室内空间首先考虑的是空间的物质和精神、形式和功能的统一，从以人为本的角度满足使用者的需求，以适应使用特点和个性要求为依据。

陈设艺术是承载于现代建筑技术和现代文化艺术之上的，是一门实用艺术。中国的室内设计起步较晚，大约于 20 世纪 80 年代开始兴起，经过 40 年的发展，已成为代表中国改革开放步伐的新生力量，与建筑空间设计一样，中国现代主题室内设计深受西方建筑思潮和风格的影响。从早期的提倡重装饰和奢华的巴洛克、洛可可风格，到国际主义理性简约的盛行，再到后现代主义装饰的复兴。当然，每一次风格的转变亦融合了国人对于传统精髓的继承和当代创新。而室内的陈设风格则是营造室内风格最突出的代表。目前，现代室内空间陈设设计有着以下几个典型的特征和趋势。

5.4.2.1　以人为本的凸显

英国前首相丘吉尔曾说：“人创造了建筑，随后是建筑塑造了人”，这句话深刻地理解了建筑环境的精神文化内涵和人与建筑空间的相互关系。现代室内陈设艺术应该把人的生活和活动感受作为设计最根本的原则。室内陈设设计活动对人的理解和解释以及对人的价值的关切也正成为当代人越来越明确的共识。以人为本，不是说人是自然界绝对

图 5-17　竹屋

图 5-18　水岸山居

的主宰，可以凌驾于自然界，超越自然法则，而是指设计要考虑人的生理尺度和心理体验，使人在所设计的环境里感到安全、舒适，体验到特定环境的氛围。陈设相对装修硬件分布范围大，功能更丰富，样式多变化，且与人的活动关系更密切，所以，更需体现以人为本的精髓。在未来的室内空间设计发展趋势中，会更重视陈设的功能性和情感的结合，更重视人体工程学的运用。

5.4.2.2　自然主义的回归

西方的环境艺术从现代主义、后现代主义到晚期现代主义，一直坚持以人为核心的设计理念，但这种理念是将人与自然建立在互相对立的基础之上的。而传统东方哲学一直倡导的是人与自然的和谐与包容。人与自然的关系不是占有与被占有的关系，二者相互滋养，和谐共生。对于长期生活、工作于钢筋水泥中的城市人来说，这才是其内心最渴望的东西。回归自然、走向自然、返璞归真成为现代室内设计的发展趋势。如室内设计领域出现的仿生化设计，就是模仿生物界某种特殊形式构造的设计，使形态在形式和功能上具有生物的多样特征。

大自然的山水、丰茂的植物是人们美化环境、装饰居所的最好题材。材料可以取山之石、地之土、滩之草、林中木等，天然纯朴、意境深远。因此，传统装饰有着独特质朴的自然气息，与室内设计回归自然的趋势正好吻合（图 5-17、图 5-18）。自然式风格又称“乡土风格”“田园风格”“地方风格”，它提倡“回归自然”。美学上推崇“自然美”，认为只有崇尚自然、结合自然，才能在当今高科技、高节奏的社会生活中，使人们的生理与心理得到平衡。它主张用木料、织物、石材等天然材料，显示材料本身的纹理，清新淡雅，力求表现悠闲、质朴、舒畅的情调，营造自然、高雅的室内氛围。乌鲁木齐原膳中餐厅巧用光线，为室内环境渲染了一种迷人的气氛，反映了人们向往回归自然的心态（图 5-19）。运用天然木、石、藤、竹等材质质朴的纹理。巧于设置室内绿化，创造自然、简朴、高雅的氛围。以朴实的手法，通过虚与实、明与暗、简与繁的辩证结合实现一种“古韵新风”。意味深远的山水枯

图 5-19　乌鲁木齐原膳中餐厅

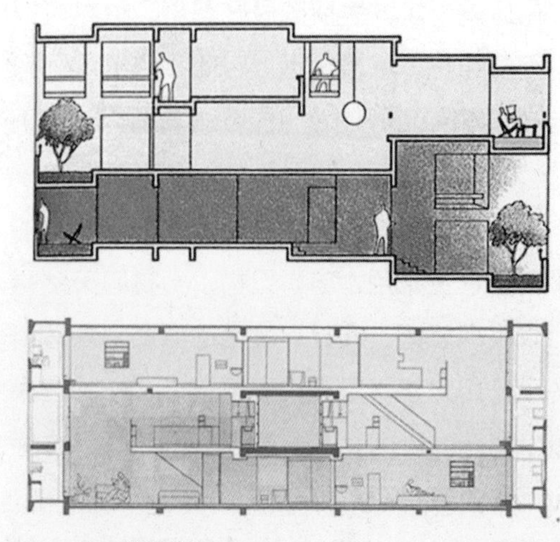

图 5-20　管式住宅

图 5-21　北京菊儿胡同

木造景让人陶醉，以禅的风韵来诠释室内设计，不求华丽，旨在体现人与自然的沟通，以求为现代人营造一片灵魂的栖息之地。在这里或就餐饮酒，或交友会客，或商务洽谈，都从容惬意。

5.4.2.3 地域观念和传统文化的重拾

现代室内设计风格越来越注重本土化，多方面表现出对本土文化的认可。表面上看，本土化与国际化似乎是相互独立的两个概念，其实二者相辅相成。越是民族的，就越是世界的，只有融入本土民族文化的设计，才能获得世界范围的认同。著名印度建筑师查尔斯 · 柯里亚向民居学习建造技术，高度体现了当地历史文脉和文化环境，运用地方材料，从伊朗风斗式住宅中领悟到建筑节能的途径，创造了管式住宅（图 5-20）。吴良镛教授主持的北京菊儿胡同改造，创造了符合北京传统胡同风格的新四合院居住类型，使传统居住模式在现代化的城市环境中得到发展，荣获“世界人居工程奖”（图 5-21）。

5.4.2.4 生态可持续设计的倡导

随着工业化的进程，资源的滥用和对环境的破坏，环境保护已经成为全球刻不容缓的议题。各个领域均将节能环保的理念参与其中，早在 20 世纪 60 年代美籍意大利建筑师保罗 · 索勒瑞就把生态学和建筑学两词合并，提出了“生态建筑学”的概念。随后此理念迅速发展，可持续发展、生态设计、绿色设计等概念蓬勃发展。生态设计已成为当今室内空间设计的一面新的旗帜。所谓生态可持续设计，和前文提出的自然主义有些许异曲同工之妙。就营造结合自然并具有良好的生态循环的室内环境而言，设计时要求以最大限度地减少环境污染为原则，特别注意和自然环境的结合和协作，善于因地制宜、因势利导地利用一切可以运用的因素和高效地利用自然资源，减少人工层次而注意室内自然环境设计（图 5-22）。具体到绿色陈设中，其方式方法又可细分为空间布局的绿色化，如尽量使室内陈设符合自然通风和采光；绿色材料的运用，如绿色天然材料的家具，陈设装饰物；自然环境的引入，如将天然的山、水微缩景观引入其中，既加强了美感，又调节了室内空气循环和湿度（图 5-23）。除这些传统方法外，更重要的是将新材料和新技术运用其中，让人们享受到科技发展对人居环境所带来的便利。

5.4.3 陈设艺术在主题室内空间中的应用原则

5.4.3.1 文脉性原则——对传统与地域文化的传承

谈到古为今用，传统在现代中的传承和运用，就必须谈到精神和内涵的继承，否则会空有其形，而无其神。所以，传统与地域室内陈设在现代建筑空间的设计中，文脉性的传承是最为关键的。室内空间除了满足了人们生理上的需求和美观的表层物质

图 5-22　篱苑书屋

图 5-23　室内造景

图 5-24　地域性餐厅

图 5-25　食之陆柒

功能外，更是一个具有很强“聚合力”和“扩张力”的文化装置和传播载体，其深层次包含的精神意义及社会文化功能不可低估。社会的变迁、文化的积淀、风尚的转移、统治思想的嬗变均左右了室内设计文化和形式的变迁。其中蕴含的人文精神与地域文化的一致性和承继性，除了使空间使用者身心舒畅外，更使其产生一种情感的依赖。可以这样说，这些孕育在室内空间中的文脉痕迹就相当于一个庞大的密码，设计师就相当于解码器，要从元素中分析并整合这些文脉，并用新的形式表达出来，如水乡的文化、隐士的风潮、文人的风骨、经济的繁荣、理学的兴盛等。在现代室内空间的设计中需提炼出这些文脉的精华（图 5-24），而不是只是零散的元素运用。

5.4.3.2　统一性原则——传统与现代的对立统一

传统和现代是一个时间上的相对概念。人们生活习惯与思想观念的改变，使得传统室内空间和现代室内空间具有鲜明的对立性。从空间上来看，传统空间与现代空间相比空间尺度大。而现代室内空间由于受到现代建筑的影响，往往空间尺度更大。同时，现代人在空间内的活动和对空间的需求也和传统有很大差别。但是，在某些层面上来说，传统和现代又是统一的，正如古时的风水学说，在现在看来和当代科学技术有一定的冲突，但是却反映了古人对自然的朴素认识，可以统一到现代人对环境质量和舒适度的追求上来。传统的陈设设计与对环境的尊重、天人合一的思想和现代设计理念中的绿色设计、生态设计相统一；现代室内设计中对空间的分割，使得空间复杂化、多样化的思想和传统陈设中采用屏风、博古架隔断，借景的方式统一（图 5-25）；传统的家具设计虽然没有现代的人体工程学理论的指导，但是却是从人的实际感受出发，也不乏功能与美观。以上均说明了传统陈设在现代家居中的应用上，既存在对立、又统一，关键在于将其完美地融合。

图 5-26　爷爷家青旅

5.4.3.3　适用性原则——适宜和适度地把控

适宜和适度对于当下来说特别具有现实意义。一方面陈设艺术的设计与挑选，包括形态、尺寸、材料、色彩等，以及在空间中的具体位置，都有一个是否合适、恰当，这就叫做适宜。数量的多少与尺寸的大小则使效果最佳，属于适度的范畴，都需要好好加以把控。现代室内空间以人为本、根据当时生活方式和生活特点为出发点进行的设计和实践活动，即在宜人的设计中，蕴含着传统室内陈设的文化特征和科技特征。在现代设计之中，将适用性作为设计原则，能够更好地践行中国传统文化的精髓。

5.4.3.4　创新性原则——继承基础上的再创新

对于传统文化的继承，不是说一味地复古与照搬传统设计，而应依据现代人的生活习惯和审美情趣的发展，增加时尚的元素，从而提高传统陈设在现代室内空间中的生命力，我们必须对传统的东西进行改良和创新，取得功能与精神的统一，中国风的设计才会有新面貌。从形式上来说，传统和时尚结合而成的“传统时尚”就是一种再创新，如传统民居所用的架子床、拔步床，精美绝伦，且为了满足古人的功能性需求，体形较大，甚至可以当成一间小的密闭房间，内设马桶等物。而现在就需要人们在形式引用的基础上进行简化与形式抽象。创新往往是体现现代感的关键，在元素的处理上，可采用多种形式，如采用强烈的对比，元素的扭曲、螺旋、异形等，又或采用材质肌理、仿自然形态等，均易于体现现代感（图 5-26）。

5.5 陈设艺术在主题室内空间中的应用方法

5.5.1 陈设元素的应用方法

5.5.1.1 直接汲取于传统

目前，国内的传统室内陈设从内容到装饰技艺都达到了很高的水平，许多已经被相对地固定下来。其中好的装饰形式和处理手法，可以直接应用到现代空间的陈设中。当然，这种直接应用必然有个选择的过程，需要所选择的陈设和整体的装修装饰风格相契合，不是任何的传统室内装饰都可以直接照搬的。例如，江南传统陈设的直接选用中，包括整体场景的选用和陈设物件的运用。其中又以直接运用物件为主要的引用手段。古为雅，而古在今天更为高档，江南传统陈设隽永挺拔，既精巧美观，而且还透着文人的气质，深受现代人所喜爱，在当今室内空间里随处可见，作为中国传统家具陈设最璀璨的明珠被直接运用（图 5-27）。而各种小特色陈设物，也在现代装饰和陈设中出现很多。如江南传统的木雕，精美绝伦，本身就具有很高的工艺价值和审美价值，许多可以被直接当做室内的陈设或装饰物件。在江苏吴江同里镇上，可以看到很多出售木雕构件的店铺，这些木雕建筑构件同许多老古董一起被作为工艺品而出售，继而用作装饰或收藏品。

同时，可以直接选用的传统室内陈设很多，需要我们去发现和挑选。直接使用传统民间陈设的做法同时要注意两点：一是量不能太多，不能堆砌，选择一到两种典型和切合环境气氛的陈设符号，即可起到画龙点睛的作用，不能一拥而上，因为简约是当代公众审美的主流，过于繁琐会和现代生活节奏相悖离，要点到为止，达到“欲说还休”“无声胜有声”的境界；二要注意装饰对象和场景上的配合，起到意境上的相辅相成（图 5-28）。

图 5-27 水墨青花——明清艺术品交易会所

图 5-28　银丝面馆

图 5-29　成都世纪城天堂洲际大酒店餐厅一角

此外，直接选取传统器物作为室内装饰也是一种环保的做法，因为，随着时间的磨砺，传统民居的木构架会坍塌、毁坏，但其内部尚有完好的局部构件，如牛腿、斗栱、屏风、格架等，这些构件一部分提供给博物馆等收藏机构作公众展示，另一部分可稍加处理变成室内装饰艺术品。这样做对于延续和发扬传统文化的精神有很好的作用，尤其是将传统构件装饰于室内环境之中，如一些具有中华传统吉祥寓意的木、石、竹陈设品，既装点了现代人的生活又使得现代与传统自然发生了关联性。中华传统不再是书本中的口号、标语，而成为美好生活的组成部分（图 5-29）。

对传统装饰元素的运用是文脉的一种延续。诠释的是一股文化脉络，这股文化脉络在某种程度上是一种“软质”，指的是精神层面的内涵。我们在现代室内设计中对传统装饰元素的运用，最终将超越单纯对形式进行简单复制的过程，提炼元素，到达营造一种文化渗透力和场所精神。形式是可以多变的，不变的是贯穿其中的文化脉络，这也是中华民族历经几千年的发展，经历历史变迁，却能始终保持一脉相承的文化传统的根基所在。

5.5.1.2　提取与重构

室内设计是与生活方式相适应的，建筑空间的变化使得陈设艺术也要进行必要的更新，审美情趣的变化也带来发展的动力，对陈设元素的提取和重构在一定层面成为必须。这种提取和重构的方法既包括对传统陈设的整体整合，也包括单个元素的移植与嫁接，以及元素的创新重构。整体的整合是指将陈设中的整体，或构成整体中相对完整的构件提取出来，并和其他陈设品采用一定的组合方式进行有机的组合，这种处理方式是将代表不同文化、不同时代和装饰装修风格的元素和陈设在室内陈设中统一起来，当然这样的处理方法要协调好不同陈设风格的比重，把握主次，风

图 5-30（左） 成都世纪城天堂洲际大饭店
图 5-31（右） 2015 年北京设计周家具展示

格的差异可以用相似的材质、色彩进行调和（图 5-30、图 5-31）。而元素的移植与嫁接则是传统元素的一种最常见的处理方式，如果陈设的整合是宏观处理的话，那移植与嫁接则是微观即单个陈设品上的处理方式，是指将传统元素、传统文化中的要素和特征提取互相交织，融合到某一件陈设品上，将传统与现代的文化相结合，将雅致与时尚相渗透，从而创造一种新旧结合的艺术。这种处理方式在主题室内空间的陈设艺术中的运用最为常见。重构的方法更趋向于一种再创造，是将传统陈设中的各种文化和要素提炼出来，以编排、断裂、反射、交织的手法加工组合，通过设计，经过二次加工和三次加工，使得新设计的陈设不是直接运用传统的符号，而又让陈设物充盈着传统的人文气息。

5.5.1.3 抽象与意向

抽象和隐喻相对前面元素的直接运用，是一种更婉转的运用方式，也是一种更朦胧的表达方式。所表现的更多的是文化的精髓和文化韵味，而不重视其具体形式的表达。抽象的手法是指对传统形式的整体和局部进行艺术加工，提炼与抽象简化，失其形而得其神，使其意韵得到延展。同时，这也符合了现代工业化对陈设简约的要求，现代生活以方便和简洁为主题，生活的压力和繁琐让人厌倦了复杂的陈设，但对品位的追求却是不变的，这就要求设计简约而不简单，将传统陈设简化和抽象，往往一些线条的组合也许就能体现出某一主题室内空间的韵味（图 5-32）。而隐喻则是在现代陈设艺术的基础上，将人们所熟悉的传统符号加以抽象、裂解或变形并将其融入其中。

图 5-32　Water Courtyard 客卧空间

图 5-33　如家上海精品酒店大堂一角

其表现方式主要有比喻、象征、联想三种，比喻是借助一种形象来表现与之有关的另外一种事物，借助观众的某种共识或思维认识来完成表现，其主要重在形象化、通俗化、生动性。象征则重在意念化和人的规范性共识。联想则是借助一定的形象表现，激发和诱导思维认识向一定方向集中。抽象所采用的是现代的加工工艺，现代的陈设设计理念。通过形式的表达和现代空间的组合，使得现代陈设品呈现出典型意义或象征意义的符号，隐喻着主题文化内涵，给人以艺术的享受（图 5-33）。

5.5.2　陈设意韵的营造方法

中国现代建筑的先驱梁思成先生把中国建筑分成四类：即中而古、西而古、西而新和中而新，这其中处于最高境界的便是中而新。这样的评价标准也同样适用于中国现代室内设计和陈设设计。对于现代室内设计来说，“中而新”是指对文化的继承不仅仅需要物质的吸收、提炼，更重要的是空间意韵的营造。在这里“意韵”包括两层含义：“意”指的是意境，“韵”指的是神韵。传统的陈设风格追求的是一种源于物而又超越于物、源于刻意而又归于无意的艺术境界，它不是中式元素的简单堆砌，而是能够反映出设计师和主人的文化修养以及品格和人生志趣的。设计师精心构造的室内空间环境，不仅要能被一般人所接受，所赞叹，更要能发人思考，领略到这一空间意韵的妙处，从而受到启迪，收获裨益。

5.5.2.1　**崇尚自然、巧法造化**

“崇尚自然、巧法造化”是现代空间设计的一个重要特点，通过借景、对景、移景、框景等造景手法，中国古代先哲力图在有限的空间范围内，充分利用自然条件，模拟自然山水之景，再经过人为的加工、提炼和创造，造就源于自然而高于自然，天人合一的理想环境。

在现代室内空间中，人们可以采用以下现代手法将自然引入室内，达到一种内外互通，人与自然的和谐共处的效果。一是如果室外环境较为理想的条件下，可多设置一些能够将优美的室外景观引入室内的构件与通道，以此达到内外互通、互渗互融的理想状态；二是对于室外环境比较嘈杂，不甚理想的条件下，应在室内利用绿植、盆景和一些水体景观设置点睛装饰，构筑心中的自然，为室内空间带来勃勃生机。由KitKemp设计的伦敦的Firmdale Hotel，在酒店的入口处，精心构筑了以树根造型座椅为中心，结合反映自然意趣的花草、雕塑、绘画的场景，这与室外繁华扰乱的都市景象产生了强烈的对比，也使入住的宾客能够迅速摆脱干扰，回归平静（图5-34）。

5.5.2.2 神形兼备，虚实结合

中国传统木构建筑的一大特色在于建筑内部多用木质梁柱，较少运用封闭实体墙进行分隔，以水平均衡的空间形式为主要特点，因此室内空间的陈设也多采用横平竖直的均衡对称的方式，多用家具或装饰性较强的屏风、罩、格架进行空间的二次限定，这种组合摆放形式，一定程度上推动了虚实相生的传统空间意韵的形成。在达观国际设计事务所设计的福州丽苑餐厅包房，运用了木制实体隔断与黑色珠帘相结合的界面处理方法，使得局部包厢空间富于变化，隔而不断，也将互为交织、穿插有序的灵动的中式传统空间特征展现出来（图5-35）。

5.5.2.3 情境渗透，相互融合

在西方人眼里，东方文化始终具有特殊的魅力。东方情调派的设计思想与东方哲学紧密相连。中国道教的“天人合一”哲学思想强调室内与周围环境融为一体，创造安宁与和谐的室内氛围，这与现代的环境意识相吻合。色彩追求柔和自然，朴素雅致，

图5-34 Firmdale Hotel（London） **图5-35** 丽苑餐厅（一）

图 5-36 北京四合院

着意体现东方木构架结构特有的形式与装饰，体现材料的质地美。中国的槅扇、罩架、格屏、帷幔都是装饰手法中不可缺少的，对称轴线在堂屋或起居室的布置中几乎成了不可变更的定式。匾额、书画、对联、太师椅、八仙桌、条案、大漆屏风、明式家具、东方丝绸、雕漆、陶瓷等传统陈设品，再加上象征平安吉祥的瓶镜陈设，构成了一幅完美的中式风格，一起营造浓厚的东方情调。顶棚、墙壁及地面的做法，在材料的使用上有较大的选择，但外观上仍保持古朴、清雅的风格。尤其江南的私家园林住宅，将室外与室内情景交融，以借景的方式，极大地丰富了室内设计的艺术手法，使室内与园林的布局，共同产生东方的情调，营造独特的意境（图 5-36）。

中国传统的室内空间主要为通透的建筑结构、家具、工艺品及其他陈设等共同组成的和谐空间。在中国传统艺术当中，人们往往注重对传统的形式的延续。大多时候设计师们研究的重心集中于其使用位置、组合方式以及数量、形式等可见元素的运用，而忽略了其背后隐藏的中国传统文化的不可见的精髓——意境。可能在许多人的心灵深处留下的是对江南的一些模糊的记忆，没有一个切实的场景，但是却能感知并记忆这种情境。作为设计师要满足人们的这种情境就必须做到古与今、传统与现代的渗透。同样是在达观国际设计事务所设计的福州丽苑餐厅的室内设计中，设计师以“花”为设计主题，借鉴中式传统月洞门的形式，营造出具有独特东方魅力的特色空间（图 5-37）。

5.6 后装饰时代的陈设艺术

高度科技化、信息化的现代社会给传统室内陈设带来了巨大的冲击，但也带来了新的发展契机。室内陈设品正在逐渐走近人们的生活，成为装饰的主要手段之一，很

图 5-37　丽苑餐厅（二）

多业内人士将其称为后室内装饰时代。而陈设艺术也走进了一个崭新的时代——后装饰时代。新的观念与思维方式为我们重新审视传统室内陈设提供了更多的思考空间，而新技术、新材料的出现也为室内陈设的设计提供了新的形式。室内陈设作为现代装饰的一大类，在室内空间设计中起着重要的作用，它已逐渐成为现代室内环境中重要的组成部分和亮丽风景线，同时也成为品评、衡量居住环境质量的主要标准之一。

在生活条件逐步提高的基础上，人们越来越关注精神层次的提升，并且将越来越多的注意力转移到这上面来。主要体现在生活品位的个性化，不再满足于大众化的室内空间环境，具有独特审美趣味的室内空间越来越受到现代人的青睐。正是这种需求促进了室内设计风格的个性化和多元化发展倾向。由此，我们可以深切地感受到陈设艺术品在这一装饰潮流中所扮演的重要角色。后装饰时代已经成为目前室内设计中最热议的话题之一，其目标是令我们的生活更加丰富多彩、空间更具个性与灵魂。

第 6 章　典型文化主题与特定室内空间

以传统与地域文化为主题进行室内设计，易于产生有温度、有情感的设计。通过对具体的典型文化及其主题进行探讨，深入分析了特定室内空间与之结合的可能性，以及具体的途径与方法。本章阐述了诗词与会所、书画与酒店、戏剧与展陈、乡土情结与餐饮、自然与创意办公、混搭与居住、风水与造景、综合设计这八类主题与室内空间的结合。至于其他类的主题与室内空间的结合可参考以上八类展开。

6.1　诗词与会所

中国传统文化中的诗词博大精深，尤以唐诗宋词为后人津津乐道，以空灵、飘逸，字字珠玑、惜字如金为其最大特点，给人以言有尽而意无穷的想象空间。近年来发展起来的私人会所很好地契合了诗词的这些特征。因此，诗词主题与会所空间的结合存在着逻辑上的关联性。

6.1.1　诗词意象的概述

6.1.1.1　意象的缘起

意象是一个运用于文学、美学等多学科领域的概念，关于意象研究的理论浩如烟波，这里从文学意象角度进行研究。"意象"的理论渊源可以追溯到公元前一千多年的商周时期，该时期的《易传》里阐释了易文化的相关知识。该书认为八卦是易文化的物化形式的形象载体，八卦的卦形即可理解为原始的意象概念的雏形。"意象"的概念最早以文字记录的形式出现，是南北朝刘勰的《文心雕龙 · 神思》所记载。到了唐宋时期，意象的概念在诗学领域中逐渐有了重要的地位，指称语言文字描述出来的诗词艺术形象，意象的使用变得丰富多彩，诗词人对意境的追求强调整体感。直到明清时期，意象成为美学领域中普遍使用的一个术语，强调审美观。意象，是一种感性因素和理性因素的综合体。感性因素包含着诗词人的感知和情感，而理性因素则体现了诗词人对客观存在的认知。

6.1.1.2　常用诗词意象的分类

意象是一个运用于多领域的概念，关于它的研究在国内外各界已有广泛的理论支持，不同的学术领域依据的理论观念相异，有着不一样的研究切入点、研究方向和研究目的，因此当今关于意象的研究成果基于的分类原则也存在着差异。本文主要是借鉴诗词意象中较为直观和为人熟识的部分概念，结合室内设计学科进行研究，因此从以下四个方面对常见诗词意象进行分类。

1. 从心理学角度分类

从心理学角度可以分为视觉意象、听觉意象、嗅觉意象、味觉意象、联觉意象、触觉意象（或叫做动觉意象）及错觉意象[1]（图 6-1）。往往一首诗或词里夹杂了作者丰富的情感，蕴含了多种感官意象。

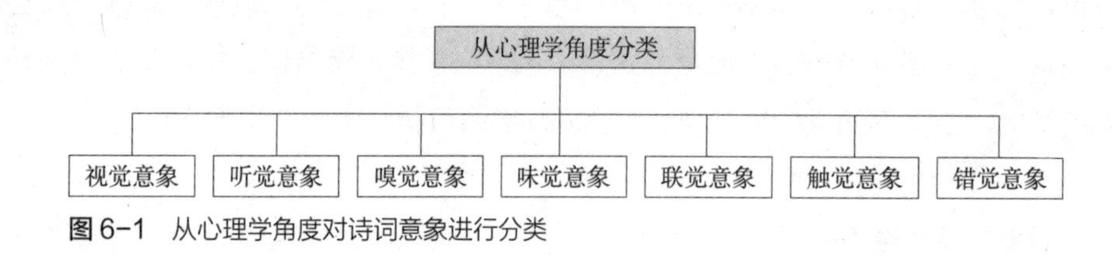

图 6-1　从心理学角度对诗词意象进行分类

2. 按内容分类

按照内容对诗词意象进行分类，可以大致分为自然类意象、人生类意象和神话类意象三种类别（图 6-2）。

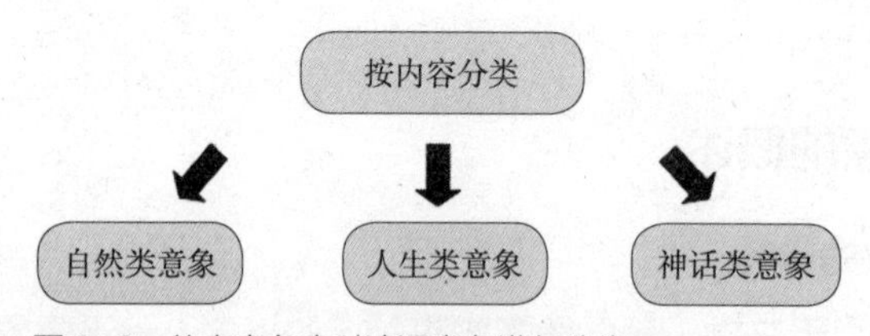

图 6-2　从内容角度对诗词意象进行分类

3. 从语言分析的角度分类

从语言分析的角度可以将诗词意象分为静态意象和动态意象两大类[2]（图 6-3）。这种分类方式主要参考西方意象派的理解，从字面上便可看出静态意象指的是诗词中的静态描写，而动态意象即指动态性的描述。

---

[1] 陈植锷 . 诗歌意象论——微观诗史初探 [M]. 北京：中国社会科学出版社，1990：129-131.
[2] 陈植锷 . 诗歌意象论——微观诗史初探 [M]. 北京：中国社会科学出版社，1990：127-128.

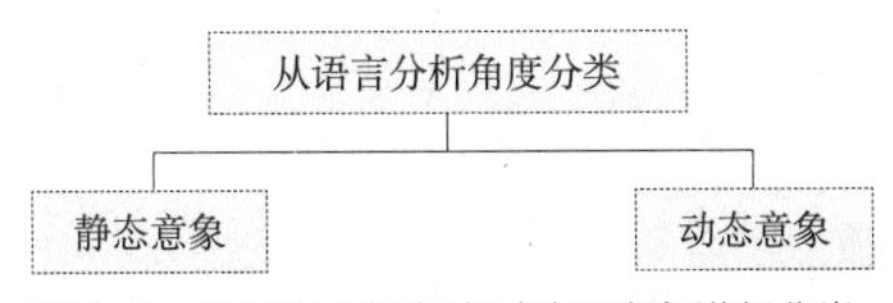

图 6-3　从语言分析角度对诗词意象进行分类

4. 从对象的角度分类

从对象的角度可以分为时空意象、景物意象、人物意象及动物意象四类（图 6-4）。按照该方法对意象进行分类，不免范围较大，因此，在此理解的意象均是从泛指角度来分析和研究。

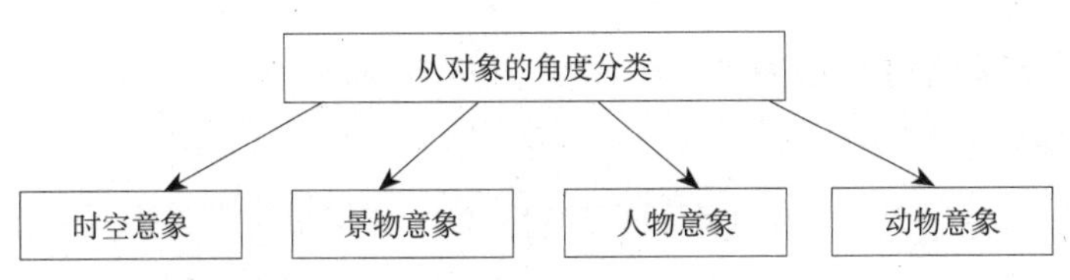

图 6-4　对象角度对诗词意象进行的分类

6.1.1.3　诗词意象的符号化应用

意象有两层含义：一是生活中客观实际的存在形式，是表层之“象”，即物象；二是经过作者的思维和情感并结合人类主体的经历和体验，进行艺术化处理得到的立体感画面，是深层之“意”，即深意、情意。可以说是表层之象和深层之意两种机制构成了意象。本文中所研究的意象范围为诗词中的意象，而诗词正是一种浓缩的语言精华。素有现代符号学奠基人之称的索绪尔指出：“语言是一种表达观念的符号系统。”❶诗词作为中国古代传统文学的精华，其中，意象以文字为载体，将作者赋予的丰富情感展现给后人。根据辛衍君在其《意象空间：唐宋词意象的符号学阐释》一书中对意象符号的细分，得到四类意象符号，即为时间意象符号、空间意象符号、人物意象符号与景物意象符号❷（图 6-5）。

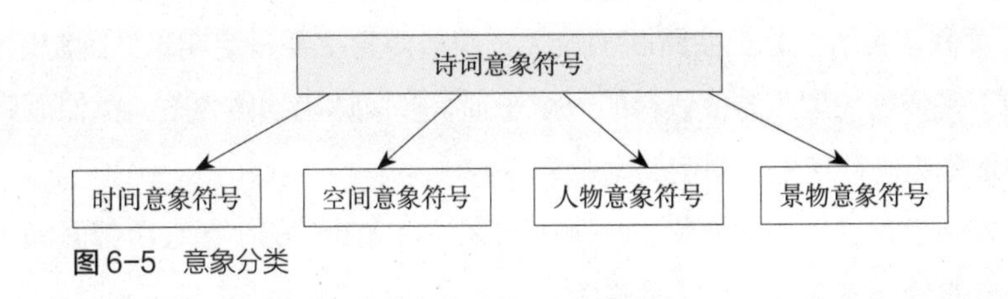

图 6-5　意象分类

❶（瑞士）费尔迪南·德·索绪尔，著. 普通语言学教程 [M]. 高名凯，译. 北京：商务印书馆，2009.
❷ 辛衍君. 意象空间：唐宋词意象的符号学阐释 [M]. 沈阳：辽宁大学出版社，2007：67-148.

6.1.2　会所的相关理论及现状

6.1.2.1　会所的起源

会所是一种具有文化建筑特征的公共空间类型，它是一种集体化的私人空间，可供各类群体在此空间进行团体活动的场所。目前，会所概念的使用范围较广，形式多样，然而一直没有得到专门的权威文献的统一定义。在《辞海》中对会所的释义为：a. 约定会见的处所；b. 会聚的处所；c. 团体组织的办公处所。由此可见，会所包含处所和组织的双重含义。

6.1.2.2　会所的基本类型

各种文献资料对会所的分类众说纷纭，根据笔者对资料的整理，本文认为大致可以从以下几个方面来对会所进行类别分析（图 6-6~ 图 6-8）。

1. 依据使用性质划分

（1）专业会所：这类会所带有较强的针对性，通常情况下采用某一类型的活动或运动为会所主题，供具有某一共同兴趣爱好的群体使用。例如，网球会所、高尔夫会所、壁球会所等。

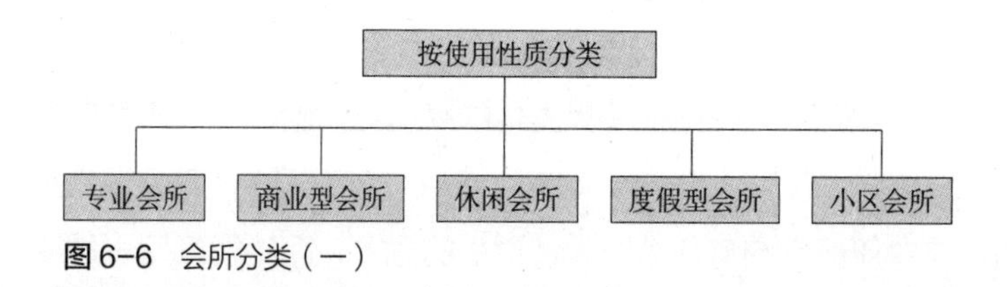

图 6-6　会所分类（一）

（2）商业型会所：此类会所多为会员制且收费较高，入会门槛较高，并具有较高程度的排他性。商业型会所通常是国际集团式管理，一般“大隐隐于市”地存在于闹市区或者坐落于安静的风景区。

（3）休闲会所：该类会所较为泛化，主题较为多变，大多以美容、洗浴、美食、运动等类别为主题。服务对象较为开放，既针对会员，也服务于非会员。

（4）度假型会所：此类会所面积较大，服务对象主要是定期来休闲游乐的客人。一般情况下是作为大型旅游度假村的一个子项，多以休闲娱乐为主，类似酒店，且住宿与康体设施之间存在相对固定的比例关系。

（5）小区会所：此类会所带有一定的封闭性，大部分的小区会所都面向小区业主开放使用，方便业主们的日常业余生活。

2. 依据开放程度划分

（1）封闭型会所：此类会所对会员进行封闭、安全和私密的服务，竭力为会员服务，

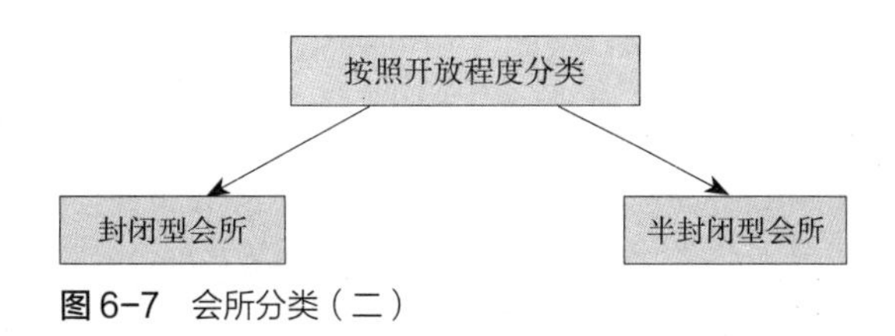

图6-7 会所分类（二）

抬高准入门槛以给会员带来尊重感、优越感，相似或相同的成员性质给会所带来场所的认同感。

（2）半封闭型会所：此类会所的服务对象具有不确定性，分为两部分——既有会员制会员存在，同时也允许部分开放给公众参与，对于会员提供会员级别的服务和体验，而对其他人员有限地开放非会员项目。目的是吸引社会公众，扩大其影响范围。

3. 依据准入方式划分

（1）私人会所：通常是指一些具有相同或相似的社会阶层的人士聚会的场所，即为少数人服务的高级场所。

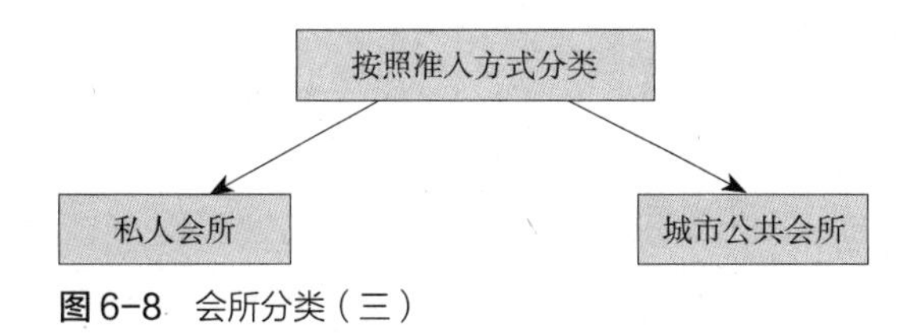

图6-8 会所分类（三）

（2）城市公共会所：此类会所面向全社会开放和使用，对会所使用者不作任何限定，但对两类人员开放的程度有差异，通常采用分流管理的方式，带有开放与私密并存的性质，包括社区会所。

6.1.2.3 会所的表征及空间组织要素

如今社会中出现不少滥用会所概念的嫌疑，很多空间也都挂上了“会所”的招牌，这些各式名目的“会所”存在较大差异，不仅种类繁多，而且其数量呈迅速上升的趋势。随着城市集体空间的不断演化，会所在城市生活中已经开始泛化使用，导致其特征也在逐渐改变。如今会所的特征可以从以下几个方面来概括分析。

1. 复合型的空间形式

在现代快节奏的生活中，人们忙着奔波于学校、公司、家庭之间，需要一个不同于社会一般规则的放松精神的休闲场所，而会所正是这样一个延伸性的场所存在。

2. 一体化的经营模式

会所的经营深受房地产开发商及市场定位的影响，同时，会所与其定向的客户群体紧密相关。

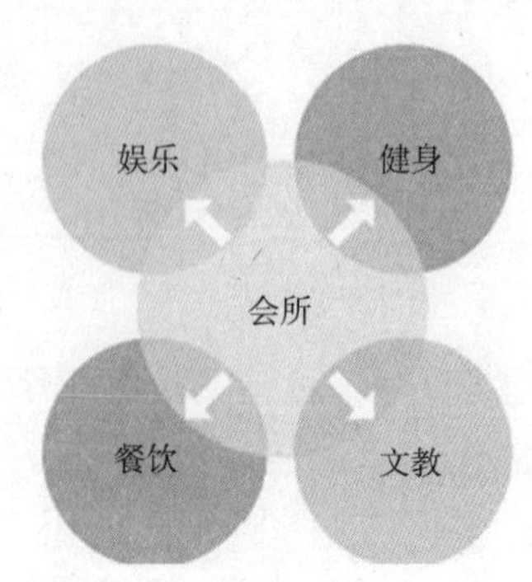

图 6-9 会所的多功能示意图

3. 多元化的功能服务

首先，会所作为一种公共空间类型，其功能并未得到统一规定，而从当今会所发展的实践情况来看，会所纯粹用于公益服务的功能正被逐渐削弱，有偿服务项目不断调整和增多。其次，会所的雏形是 17 世纪的欧洲贵族为了休闲聚集而创造的一个私密性强的聚会场所，如同在家里一般，吸引具有一定兴趣爱好和活动的人来此聚集，经历了演变的会所逐渐实行严格的会员制，会员们非富即贵，个个身份不凡并且有着相同的兴趣爱好，成为会员必须通过繁琐的申请手续和严格的审核。最后，现代会所主要提供娱乐、健身、餐饮及文教等方面的功能（图 6-9），而实际生活中的会所有的专门性比较强，主要针对其中某一项功能来为会员服务，而有的会所则将这些功能进行整合渗透，是一个满足多种功能需求的综合体。

4. 空间组织要素

会所中与使用者紧密联系的是室内空间部分，因此会所空间的设计不能脱离室内设计理论的框架。当今的会所通常是偏重于娱乐休闲方面，有其多元化的个性，更应该具有可识别性，充分地表现其特征，展现其地域性，给会员足够的认同感和归属感。室内设计理论贯穿于会所的空间设计中，然而与其他空间类型不同，使用者对空间的感受更侧重于其观赏性。下文分别从室内设计理论中的空间组织、采光照明、材质及色彩要素与其他空间类型进行区分，阐释室内设计理论在会所空间设计中的体现与应用。

6.1.2.4 当下会所空间设计的不足

在中国不断开放的进程中，本土模式受到大量外来事物和思想的冲击。部分设计师没有看到本土优势和资源，急于照搬西化设计过程和结果，导致本土文化的迷失。而这时，西方对东方文化却投入了越来越多的关注。当今相当一部分会所空间设计并没有考虑到空间使用者的情感因素，缺乏本土特色和定位不明的会所设计导致了使用者对空间心理期望值的跌落。会所设计主要包括硬环境与软环境两方面条件的限制，其中，硬环境条件主要指与周围环境协调性的考虑，软环境条件则涉及地域性的文化表征、会所的主题及市场定位等。而目前大多数会所空间并没有表达出与空间使用者相应的情感呼应，顾客的需求和心理特点并未得到足够的重视，因此设计问题主要突出地反映为会所空间意境的缺失。其中，包括空间语意的缺失、设计意向的趋同等。

6.1.3 诗词意象在当代会所空间中的价值性分析

6.1.3.1 诗词意象的转译与物化发展需求

诺伯舒兹说过："诗有办法将科学所丧失的整体性具体地表达出来……诗使得存

在的基本特质具体化。‘具体化’在此表示使一般‘可见的’事物成为一个具体的、地方性的情境。所以诗朝着与科学思考相反的方向而行。科学离开了‘既有的物’，诗带我们重返具体的物，透露了存在于生活世界的意义。”现代的室内设计理论多为理性的科学理论，所产生的设计结果多带有科学和理性的色彩，而室内设计面对的是带有丰富情感的空间使用者，需要设计受众接受设计，产生认同感。因此，富有情感的空间，当情与景进行交融形成情境才能更好地使人与空间取得平衡发展。

6.1.3.2 新文化语境下室内空间的精神需求

建筑现象学将建筑、环境与人三者联系在了一起，强调建筑需要脱离物质构成，而深入精神层面的“存在”。

会所的属性决定了其空间具备社会功能及文脉精神，它所承载的文化价值是不容忽视的。因此，作为具有场所精神的会所空间，其设计迫切需要精神层面的构建手法介入从而优化自身。很多会所为了彰显其所谓的“高档”，运用了大量的奢侈符号在室内空间中进行无联系的拼贴与堆砌，这样看似满足了使用者对“高档”的向往，却与会所的内涵相左，只能流于俗气。抑或是一些只为满足消费者的猎奇心理就盲目地“创造”一些所谓“新奇”的形式和手法“逼迫”消费者接受，进入到这样的会所进行休闲的过程只能是一个没有精神关怀的过场。例如，不从会所的功能属性考虑，而是为了营造有“刺激感”的空间氛围，大面积地使用具有高反射性的材料，没有从空间使用者的视角和心理看待这个空间，殊不知这样的环境会造成人视觉上的疲劳，缺乏对人的情感关照，忽略了人的体验感受。民族情感因子的淡化现象更说明了我们需要有情感的空间，这样的空间才能有深层的价值。

情感是一种人类特有的特殊反应形式，主体接触客观事物或刺激的经历之后根据主体的经验得出的心理反应，包括对事物的视觉感受、嗅觉感受、听觉感受和触觉感受等。设计需要文化的介入，具有民族特性的思想文化能更容易唤起人们的情感。中国文化博大精深，中国传统美学思想是东方传统哲学体系中的重要组成部分，一向被各界给予高度评价。经过处理，民族情感因子可以转化为视觉化的情感符号，强化的民族情感因子将成为空间情感表达的载体，与空间结合形成情境，促成空间使用者与空间的流畅对话，从而获得深刻的体验。

6.1.4 蕴含诗词意象的会所空间情景表达手法

6.1.4.1 诗词意象符号化的选取与组合

诗词中的意象具有一定的模糊性，是一种具有情感代表性的符号。鉴于意象符号化表达的特质，因此在运用于会所空间设计之前需要进行一系列的转译，使之以物化了的状态呈现，才能被空间使用者所感知及理解。诗词意象原本便是由客观存在演变而来，在转译至会所空间中时也是一种还原至它的物象符号状态的过程，需要注意的是，这一过程中还原了的物象符号是具有诗词意味的限定了的物化结果，既可以是实物的演化，也可以是结合了会所空间载体的变形。本文将通过物象符号的选取与提炼以及物象符号的组合与布景这两种形式来论述诗词意象的转译与物化。

1. 物象符号的选取与提炼

诗词意象组合的目的首先在于表达作者的情意，因此对用于会所空间设计的物象符号的选择须以能否表达“意”为先决条件，对能够突出空间情意的应该予以突出，而妨碍情感表达的则需要考虑取舍与否。比如在会所的休息厅要营造闲适轻松的空间氛围，联想到陶渊明的《饮酒》一诗中脍炙人口的名句“采菊东篱下，悠然见南山”即可提炼出“菊”“篱”“南山”等几个重点的物象符号，便可勾勒出田园闲雅之意。

2. 物象符号的组合与布景

当人对客观物象的体验经验达到一定积累程度时，便产生了特殊的情感，此时的情感是深刻体验的反映，也就产生了意象。但由于单一的意象很难表达某一特定的情感，更难以呈现出复杂的情感及微妙的变化。内含创作者思想和审美的意象需要加以情节的编排与组合，才能达到情感与物象的契合。例如，姜湘岳先生设计的国品燕鲍翅馆充满了古韵之美的诗情画意（图 6-10）。该馆坐落于南京的一处小树林之中，全馆结合了“树”意象进行设计，并充分借鉴了古典园林中的借景、框景的手法，窗户基本采用落地窗设计，将窗外的自然树景充分揽入的同时满足了大面积的采光需求。

6.1.4.2 诗词组合模式对会所空间的优化

中国的传统建筑追求“动静结合、有放有收、有分有合”的空间意境，从而造就了中国建筑一个突出的特点就是空间的通用性和灵活性。这对于会所空间而言，正是可以借鉴之处。现代美学大师宗白华也曾说过：“艺术意境之表现于作品，就是要……由各个艺术家的意匠组织线、点、光、色、形体、声音或文字成为有机协和的艺术形式，以表出意境。”因此，诗词意象采用怎样的组合模式将直接影响到会所空间所要表达的序列效果。笔者将会所空间类型大致分为三种：串联式、并联式及中心式，接下来将在对会所空间类型的分类基础上继续结合意象的组合模式来研究各自适宜的组织方式。

图 6-10 有树意象的隔断

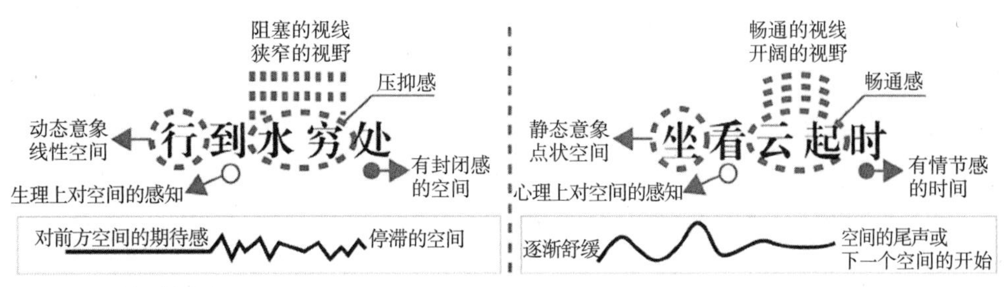

图 6-11 诗句分析图

1. 曲径式的审美意趣

"行到水穷处，坐看云起时"是《终南别业》的名句，展现了空间中路径的布局安排与节奏。如图 6-11 所示，诗人描述的环境中，空间节奏由扬到抑，再恢复到扬的变化，使人情随景变，空间产生情节化的事件节点。通常曲径的设置让人感受到幽静之处的指引，这一句也点明了中国喜爱曲径的审美传统。

2. 蒙太奇式的剪接

蒙太奇是法语名词的音译，最初是指建筑学上的术语，指建筑上的结构和装配。后被借用到电影中，意指电影艺术中的"分镜头"处理，将不同场景的镜头有机地进行剪辑并组合在一起，产生一系列连贯而跳跃的艺术效果。古典诗词为表达寓万里于尺幅的艺术意境时，文学语言也经常使用蒙太奇的手法，通过不同时空的意象构成丰富的画面。例如，王维诗中的"大漠孤烟直，长河落日圆"，两处场景进行并置，一个横向展开，一个纵向延伸。

6.1.4.3 不同风格的诗词意象塑造会所情感主题

意象符号本身是被诗词人赋予了一定感情寄托的物象，意象的有机组合能营构出一定的情感意蕴和诗词风格。王国维在《人间词话》中说过："境非独景物也，喜怒哀乐亦人心中之一境界，故能写真景物、真感情者，谓之有境界，否则谓之无境界"。普通的景物经过人的情感渲染，注入了作者的思想感情，便产生了有别于日常的生动。在会所的空间设计中，各类空间区域的使用功能不同，所要传达给空间使用者的情感也就不能一概而论。比较适合于会所空间设计的主要有磅礴大气、闲适田园、清丽婉约及幽清苍凉等几类常见的诗词意境，在这些风格意境的指导下会产生相应的反映其风格的意象群。

1. 磅礴大气

相对而言，磅礴大气的风格适合于用在面积较大较为开阔的空间，小空间内不容易体现出来，一般来说，可以在比较正式的公共空间中表现大气磅礴的意境。如会所空间中的接待大厅、大堂、较大型的餐厅等处。如果要在会所空间运用磅礴大气的诗词风格，首先可以从具有代表性的诗词人的作品入手，例如耳熟能详的唐代大诗人李白、杜甫，还有宋代苏东坡等人的诗词作品。

2. 闲适田园

闲适田园风格主要用在表现质朴自然的生活气息，注重营造和谐宁静的情调，相对来说，这样的风格适合用于比较安静的空间，现代社会的快节奏生活使得人们大多产生了一种对复古的田园自然的向往之情。该风格相对来说，运用范围较广，深受很多茶馆、酒店、办公空间、居住空间等的追捧。对于会所而言，比较适合用在追求和谐平衡美的美容会所、身处自然风景区的度假型会所等及其他类型会所内部较为安静的空间部分。

闲适的田园风来源于对自然元素的描摹与升华，通过景物意象对自然的暗示，表达空间的静谧之情。例如，鉴于深受古人喜爱的“雨打芭蕉”，玉妆浓女子美容俱乐部的设计师便提取了芭蕉的意象符号进行运用。将芭蕉叶的图案按照一定的比例缩小之后，使用了现代的喷砂工艺，喷涂于入口处的落地玻璃隔断之上，随着光影的变化，芭蕉叶的图案也被投影在其他墙体之上，宛如漂浮的洁白羽毛（图 6-12）。当客人进入俱乐部之时，便仿佛被入口处的“芭蕉”散发的阵阵清凉所感染，为从浮躁社会而来的人们带来一丝清新自然之意。不仅在入口处，设计师还在俱乐部的其他空间部分也不时地重复着芭蕉意象符号的出现。

3. 清丽婉约

清丽婉约的风格相对来说带有较女性化的色彩，比较适合用于女子会所、洗浴会所等重视温馨柔和的空间类型，或者会所中的居住空间，可以营造出家一般温馨舒适的感觉。说到此类风格，可以联想到宋代著名词人李清照的词中，字里行间都透露着女词人独特的细腻与委婉之情。

4. 幽清苍凉

这样的风格通常适合用于进深较大、高度较高的空间，相比磅礴大气的风格来说，

图 6-12 有芭蕉叶意象的玻璃隔断

这里的大空间可以是非正式的场合，且可以用于表现情调的小空间中。幽清苍凉让人联想到感伤、孤单、自嘲的意味。这类风格的诗词意象多为简洁、色调深沉，适合用于会所中半私密的人流较少的空间区域。如果在热闹嘈杂的空间环境中运用幽清苍凉的诗词风格，比如在娱乐空间、运动空间则会产生冲突之感，空间的使用者将感觉不到设计师的意图和该空间所要表达的情感。

6.1.4.4 会所空间中光影的营造与材质处理

“形、光、色、质”是构成室内空间的几大设计要素，美国著名建筑师路易斯·康曾这样评价光在空间中的作用：“设计空间就是设计光”。一个会所要想表现出一定的意境，离不开光影对空间的渲染及材料的质感、色彩等多方面的影响。合适的光影手段和材质处理方法可以使空间的精神文化得到进一步的提升，并丰富会所空间中的文化内涵。光影与材质的变化会给会所的空间带来不同的感受，渲染多样的空间情感，区分不同功能的会所空间。下面探析一下光影与材质对会所空间产生的重要影响及其设计策略。

1. 光影的营造

光影的运用可以调整会所室内空间的界面关系、空间层次，还可强化突出空间的情趣与风格，甚至可以利用光的虚实、隐现等手段弱化一些设计缺陷。

光主要有点、线、面三种表现形式，分别营造出不同的情境感受。点状光能够引发人们产生聚焦的心理自觉，有突出该空间环境中重点的作用。如十乐会所中的“九思”空间（图 6-13），这是一个供客人在此读书学理之处，具有浓厚的文化空间的气氛。

2. 材质的处理

在室内空间中，光影与材质关系较为密切，相互映衬，相互塑造。材料通过质感、色彩、肌理、形态等多方面的综合，在室内空间中表达着一定的情感意境，可作为突出空间的重点，又可作为烘托空间环境的配角出现。

图 6-13 九思艺术空间

材料的表达手法甚至还有嗅觉与味觉的体验。尽管在人体各感官中，触觉、视觉及听觉感官在空间感知方面起到的是决定性作用，我们仍然不能忽略嗅觉系统在空间创造中的微妙作用。材料也是一种设计空间的重要因素，材料通过自身及与其他材料的变化组合可以达到功能和格调兼顾的效果，优化各空间设计要素之间的关系。材料在会所空间中的情景表达手法主要包括发挥材料自身的特点优势及组合变化，以及改变材料特性及组合变化。

6.2 书画与酒店

中国传统书画艺术是传统书法与绘画的统称，同样也是中国传统文化的重要组成部分，以水墨、笔法、留白、散点透视等为其特点，给人以龙飞凤舞、意在画外的想象空间，与西洋艺术存在着很大的视觉差异性，影响着东亚文化艺术的发展。酒店空间功能丰富、空间多变，是人类的心灵驿站，可以很好地与传统书画艺术的轻松、虚实、意境、感悟等特征相结合。

6.2.1 传统书画艺术的发展与美学特征

6.2.1.1 传统书法与绘画艺术的起源与发展

1. 传统书法艺术

我国的书法艺术，是在世界范围内独有的一门艺术形式。我国书法艺术是随着汉字的产生而产生的，也就是说，因为汉字的产生，才有了书法艺术。汉字经历了很长的历史演变时期。目前我国发现最早的汉字，是在原始社会的陶器上的刻画符号，虽然还不是真正意义上的汉字，但已具备了现代汉字的雏形，为以后汉字的演变形成建立了基础。我国的文字学家很早就认为，汉字形成的时期是在夏商之后，经过不断演变逐渐形成了现在的完整文字体系。

甲骨文和金文是我国最早出现的古汉字。从书法艺术的角度看，这些最早的古汉字，在造型的对称美、线条美、风格美、变化美以及章法美等方面，已经具备了书法形式美的诸多因素。汉字的演变趋势是由繁到简，其演变主要是从字体和字形上进行的。比如说，绘画形式的金文，逐渐从象形造字法慢慢简单化，形成了以线造型的篆书，而后来的篆向隶的演变构成中，文字的象形性都大大削弱。但是，书法的艺术性却随着各种书体出现，在表象形式上丰富起来。

2. 传统绘画艺术

中国传统绘画艺术有着悠久的历史和优秀的传统，在世界美术史上独树一帜。中国历代画家辈出，他们辉煌的创作和精湛的画论，是中华民族的一宗珍贵的文化遗产，亦为世界艺术宝库的一宗珍贵的文化财富。

中国画自战国以来，发展到清朝鸦片战争之前，已经过约 2000 年的发展，历史是相当悠久的，风格也经历了多次的变化。《人物御龙图》和《龙凤仕女图》是出土的战国时期楚国帛画，笔墨简洁，人物神情生动。虽然不能叫卷轴画，但可以窥见当时的绘画水平。随后出土的汉代长沙马王堆 1 号墓的帛画和 3 号墓的导引图，构造复杂仍井然有序，造型更为完美。令人难以想象当时绘画水平达到如此之高的艺术境地。

6.2.1.2　传统书画艺术的形式美特征

中国传统书画艺术有着悠久的历史和灿烂辉煌的成就，较世界各国的文化艺术，有着鲜明的民族风格和民族特点，独树一帜，自成体系。中国画是用中国传统的绘画工具，按照中国人的审美观进行创作绘画而成的。传统的中国绘画与西方绘画相比较，不讲焦点透视、明暗光线，不拘泥于物体外表的相似，而讲求神似，追求一种“妙在似与不似之间”的感觉，注重抒发作者的主观情趣。

诗、书、画、印的结合，是中国画独有的艺术表现形式，融诗词、书法、绘画、印章多种艺术为一体，相互辉映。其相互结合是中国画发展到一定历史阶段的产物，是文人画家登上画坛后才具有的现象（图 6–14）。

6.2.1.3　传统书画艺术的意境美特征

中国传统绘画主要表达的是意境美，意境是作品的灵魂，是作品的主题内容所在，意境美的追求是中国传统美学思想的重要组成部分。中国传统绘画常以表现意境美来取胜，尤其是中国山水画更是如此，意境是山水画的灵魂。

图 6–14　唐，王维，山水画作

中国传统绘画的意境，其实就是营造画面气与势、笔与墨的经营、实与空的置换、心与物的交融。“情与景会，意与象通”，意境是艺术家的理想和感情同客观的景物相统一产生的境界，它使读者感到言外意、弦外音、境外味，受到感染和陶冶，从而提高思想情操。中国画借景抒情，画家通过描绘景物来表达思想感情，从而使中国画达到一个很高的艺术境界，通过联想使观赏者产生艺术思想上的共鸣，心灵上的对话。它是艺术家的终点，又是观赏者的起点，是艺术家和观赏者之间的中介，是艺术把读者引向理想彼岸的桥梁。

6.2.2 主题酒店概述

6.2.2.1 主题酒店的概念

主题酒店“是以某一特定的主题，来体现酒店建筑风格和装饰艺术，以及特定的文化氛围，让顾客获得富有个性的文化感受；同时将服务项目融入主题，以个性化的服务取代一般的服务，让顾客获得欢乐、知识和刺激。”❶

下面着重就酒店室内空间主题进行一定的探讨与分析。

6.2.2.2 主题酒店的分类

主题酒店的主题相当广泛，历史文化、风俗民情、地域特征、自然风貌、神话、童话、传说故事等都可作为主题加以运用。主题酒店可以给人以全新的视觉体验和精神享受，让人感觉置身于一个特定的场景或地域。

主题酒店包括以地域特征为主题（图 6-15、图 6-16），以历史文化为主题，以时尚艺术为主题，以科学技术为主题等。

6.2.3 传统书画艺术与酒店空间结合的可能性分析

6.2.3.1 空间维度转化的可能性

传统文化无时无刻不在影响着室内设计。传统书画艺术与当代室内设计尤其是酒店空间设计存在着紧密结合的可能性。尽管有些现代设计师觉得在设计理念上应该抛弃旧的东西，也就是传统的东西，认为自己的作品是“无传统”的，但从实际情况来看这是无法做到的。深厚的传统文化思想在人们心里已根深蒂固，即使最“反传统”的设计师，也必须以“传统”作为反面的参照物来定义与演绎自己的思维，可以说未来存在于过去的延长线上。设计不是一种个人行为，无论从哪方面传统对设计的重要性都是无法替代的。传统书画美学是中国传统文化的重要部分，与其他文化因素息息相关。因此，传统书画美学理念将在酒店空间设计领域扮演重要角色。中国传统书画艺术在其几千年的历

---

❶ 彭雪蓉．基于顾客体验的主题酒店产品研究 [D]. 杭州：浙江大学硕士学位论文，2006.

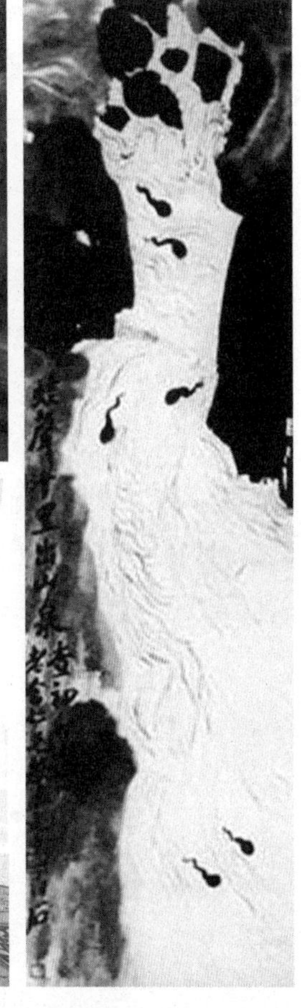

图 6-15（左上） 广州东方文华酒店
图 6-16（左下） 布拉格四季酒店
图 6-17（右）《蛙声十里出山泉》

史进程中，与室内空间环境相互融合，并推动当代中国设计文化的繁荣和发展。主题酒店空间需要中国传统书画艺术的融合，以增加空间环境的主题性与艺术性。

中国传统书画的造型手段以点和线为主，尤其是线条，我们说中国书法就是线的艺术。它靠的就是线的粗细、轻重、浓淡、干枯、曲直、穿插分布、节奏韵律等因素，所呈现给人们的一种线的组合，线的艺术语言。同样，在中国绘画中，线条的作用远远超出了塑造形体的要求，成为表达作者的意念、思想、感情的手段，这同中国画以表意为主的特质密不可分。书法和绘画是相辅相成的，也就是所谓的“书画同源”。正因为有了点、线、面构成，使中国绘画的画意呈现出由一维向二维、三维空间转换的可能性（图 6-17）。酒店空间同样是多维空间，同样存在着从一维到多维的空间。二者的区别在于存在的物质介质的不同。

6.2.3.2 传统书画在现代室内设计中的表现形式

1. 传统书画的直接应用

不论是酒店客房一角，还是酒店大堂正面，或者是休闲背景墙的装饰，有些陈设艺术品和纺织物（如：窗帘、床上饰品等）都可以直接应用传统书画。以书法的形式体现，以具有意境的绘画作为装饰，都可以起到一定的装饰效果。由于传统书画艺术特有的高度概括文化性，具有独特的意境美特征，诗情画意的表现语言，加以合理的运用，定会使得空间增添几分高雅与内涵的韵味（图 6-18）。

2. 传统书画的间接应用

除了将传统书画直接运用在酒店各个空间设计中，还有一种做法就是在比较大的空间内，直接按照书画描绘内容来进行造景，或者是运用其带给人们的意念联想来构成空间的独特立意。近年在公共空间应用比较频繁，被广泛地应用在各类酒店空间，以写实或者抽象的手法来营造酒店意境（图 6-19）。

图 6-18 上海四季汇总统套房

图 6-19 Opus 香港套房

6.2.4 传统书画美学与酒店空间结合的方法构建

6.2.4.1 与空间总体规划的结合

酒店空间的总体，包括艺术风格，从宏观来看，往往能从一个侧面反映相应时期社会物质和精神生活的特征。目前，人们对酒店空间设计的装饰要求，也已不再全都追求西洋及时尚格调，反而将大部分关注度转为对传统艺术的追求，追求传统书画艺术蕴含的意境与意蕴。

传统书画艺术有着丰富的题材与表现的内容，包括山水画、民俗画、宫廷画等。以这些画意为主题，将这些题材与内容很好地服务于酒店空间总体规划，以及酒店的局部造景之中。在酒店空间总体规划设计中应遵循以书画艺术为线索、以使用功能为需求、以局部造景为点缀、以灯光陈设为升华的设计原则。

6.2.4.2 与空间界面设计的结合

我国自古就懂得对自己的居室进行装饰，使精神上得到艺术的陶冶和享受。且每个朝代每个时期的审美价值不一，装饰的艺术风格各具特色。但书画却始终是其装饰必不可少的重要元素。明清的家具与室内装饰发展达到一个顶峰，书画与屏风等家具自然结合，完美无比。在现代，我国传统的各类民居——北京的四合院、四川的山地住宅、云南的“一颗印”、山西的民宅大院、福建的客家土楼、傣族的干阑式住宅、上海的里弄建筑等，在体现地域文化的建筑形体和空间室内组织、建筑装饰设计和装修工艺制作方面，都有对传统书画的借鉴成果。我国唐代画圣吴道子、魏晋时期名家顾恺之等都为寺庙画过大量的壁画。在进行室内空间界面设计的时候，所有的传统书画艺术我们都可以进行借鉴、学习与创新。

从室内设计的整体观念出发，我们必须把空间与界面、虚无与实体有机地结合在一起来分析和对待。实体的空间界面包括顶棚、地面与墙面，这些界面都与虚无的空间相对应。运用传统画意设计界面装饰的时候，同时可考虑到虚无部分的点缀装饰处理。比如设计“鸟鸣林更幽”画意主题时，界面可以“林”与“石”等装饰处理，而中间的虚无部分可悬挂吹起的玻璃小鸟，以增强对画意主题的呼应。

6.2.4.3 与采光照明的结合

就人的视觉来说，没有光也就没有一切。在室内设计中，光不仅是为满足人们视觉功能的需要，而且是一个重要的美学因素。光可以形成空间、改变空间，它直接影响到人对物体大小、形状、质地和色彩的感知。

任何室内空间都影响到空间中的每个人，室内照明设计就是利用光的特性，去创造所需要的光的环境。利用光的均匀性可照亮空间，局部点光源可突出重点，而泛光照明可营造适宜的空间氛围。落实到具体的某个空间中，灯光的设计和布置可借鉴与主题相关的书画艺术，利用其疏密关系、着墨与留白等效果作为设计参考，对突出空间主题很有效果。

6.2.4.4 与色彩材质的结合

色彩要素在酒店空间环境意境的创造中占有极其重要的位置，可以认为意境的创造很大程度上离不开色彩的渲染和映衬，因为色彩有着很强的视觉冲击力，色相的不同以及色彩搭配的不同，都能使人们产生相关联想，还能表达丰富的感情，从而给人以不同的印象和感受。除此之外，还要正确处理好色彩的协调和对比的关系。在处理好人与环境的关系的前提下，营造一个能够表达主题思想的色调和酒店空间环境。

中国画的色彩具有极强的独立性和主观性。中国画立足于情态，重情势必追求意境的表现，形成了中国写意艺术体系。而作为中国画的色彩是写意的，以传统的哲学为依托，注重主观色彩的表现，注重色彩的感情抒发与画面的装饰性。中国人喜欢用单纯明快的颜色，喜用对比强烈的原色，其用色具有一定的主观性，这种用色方法是以“随类赋彩”为原则。中国画不拘泥于自然色彩的还原，用类似的色彩，以平涂的方式着彩，以一主色统一画面。通过画家对色彩的主观夸张与变象，使色彩和谐统一，致使色彩具有清新淡雅与厚重浓烈之别，而水墨有干湿浓淡的墨色变化。中国画用色亦从简单到复杂，又从绚丽渐趋清淡，以致后来用“墨分五彩”来代替“随类赋彩”，其色彩被放到次要、从属的地位。中国画艺术的色彩原理对于当代室内设计来说具有很好的借鉴与参考价值，同时也易于与室内空间结合，其效果具有一定的装饰性（图 6-20）。

中国画以笔墨技巧为表现物象质感的非常有效的手段，如人物画的十八描法、山水画的各种皴法。这些技法对于追求个性化设计的当代室内设计，在材质及其肌理的处理上也是可以加以利用与借鉴的。对于常见的木材、石材、金属、玻璃等材质可利用最新的电脑雕刻技术，借鉴各种皴法对其表面进行处理，可以有效地呼应设计主题。

6.2.4.5 与室内陈设的结合

室内陈设通常包括家具、灯光、室内织物、工艺品、字画、家用电器、盆景、插花、挂物等内容。在酒店空间布置的陈设艺术分为实用陈设品和装饰陈设品两类。陶瓷制品、塑料品、竹编、陶瓷壶等属于实用陈设品；挂毯、挂盘、工艺品、牙雕、木雕、石雕等属于装饰陈设品。在这些陈设物品中大都可以借用与主题相关的书画艺术，或直接或转换之后加以很好地利用，处处呼应设计的主题。

传统书画的表现主题还以一种寓意的方式呈现。如“喜鹊梅花”叫做“喜上梅梢”，牡丹象征着富贵，石榴象征着多子多孙，鸡和荔枝寓意着大吉大利等。“梅、兰、竹、菊”

图 6-20（左） 天津瑞吉金融街酒店
图 6-21（右） Opus 香港套房

是古代文人雅士表现最多的内容，都是一种隐喻，借用植物的某些生态特征，赞颂人类崇高的情操和品行。竹有“节”，寓意人应有“气节”，所谓高风亮节。梅、菊耐寒，寓意人应不畏强暴、不怕困难（图 6-21）。把兰花视为高洁、典雅、爱国和坚贞不渝的象征。传统书画有着丰富的寓意寄托，因此在现代室内设计中应借助这些传统的意识符号来表达我们的设计。

中国画和书法艺术可直接作为装饰陈设品。书画在室内的摆设有一定的原则性，要做到平衡与均衡，应留有较宽的空白和一定的观赏距离。为了体现时代特征，大多字画常用镜框进行装裱，像立轴横幅等传统装裱已较少使用。字画是高雅的陈设艺术品，在设计中加以合理利用，能够起到画龙点睛的作用。

6.3 戏剧与展陈

戏剧艺术与展陈空间尽管看似有点缺乏关联性，但最大的共同点在于时空的转换，二者都是空间加时间的艺术形式。

6.3.1 戏剧艺术与戏剧编排

6.3.1.1 戏剧艺术概述

戏曲是中国戏剧艺术的主要形式。中国戏曲与世界各国戏剧的发展一样，最早可以追溯到上古时代的原始歌舞。在原始社会，为了共同生活、劳动的需要，人们创造出了语言，诗歌和舞蹈也随之诞生。戏曲艺术有着悠久的历史与深厚的传统，它从漫长而曲折的道路走来，在两千多年的发展进程中，不断吸取文学、美术、音乐、舞蹈等多种艺术的精华，成为一门具有鲜明民族特色的综合艺术。

6.3.1.2 戏剧艺术的特征

戏剧艺术是一门综合性艺术。京剧大师梅兰芳先生曾经说过："中国戏曲是一种综合性的艺术"。他认为，戏曲是由剧本、音乐、化妆、服饰、道具等多种因素组合形成的。中国的戏曲艺术同样深受中国传统美学思想的影响，它的表现不局限于外部表象的真实，而是向往内在本质的真实。如图 6-22 所示，简单的一张桌子和两把椅子，一会儿是《钓金龟》里的破瓦寒舍，一会儿又转换成了《龙凤呈祥》里的皇宫内院。戏剧艺术还有程式性的特征，表现为舞台表演的程式化、情节设置的程式化以及人物塑造的程式化。

6.3.1.3 戏剧编排的内涵

1. 时空观的转换

如果舞台上的演员是静止不动的，这时演员就与雕塑没有任何区别，只存在于三维空间中。而戏剧既存在于时间中，也存在于空间中。戏剧艺术中的空间与时间是高度集中的，即它要求时间、人物、情节、场景高度集中在一个舞台的范围内。尽管戏剧的时空结构是密不可分的四维连续，但它仍然包括空间结构与时间结构两部分。

图 6-22　一桌二椅——戏曲舞台的典型布景

图 6-23　简洁虚拟的舞台布景

2. 符号化与抽象化

公元前 4 世纪，亚里士多德在《诗学》中阐述了对戏剧本质的认识，他认为："一切艺术都是模仿，戏剧是对各种生物的行动的模仿"。戏剧是来自生活的艺术，一定程度上可以说是对各种生活形态的模仿、再现。戏曲反映生活方式不是在"写实"，而是在"写意"。

戏曲的内容涉及非常广泛，可以说是把大千世界中的亿万诸色穷形尽相于戏台之上。正如旧时戏台上的一副楹联所写："戏场小天地，天地大戏场"。

3. 虚实相生

戏曲和书法、绘画等中国传统艺术的表现形式一样，是"意象思维"的艺术，它蕴涵了中华民族数千年来的哲学思想和审美意识。"虚实相生""无中生有"的美学观念贯穿了戏曲艺术的各个方面，是戏曲艺术的一个重要特征。

4. 冲突推动情节发展

将社会矛盾作为表现对象，能使文学作品更具真实性与吸引力。戏剧表演是人物、情节在有限时间、空间里的高度集中，所以矛盾冲突显得更为尖锐。戏剧的编排非常注重对于矛盾冲突的建构，要求通过人物性格、行为、思想感情、心理状态的冲突来展开剧情，推动故事发展。所以，冲突是推动情节发展的动力。故事的发生、发展、高潮、结尾，是构成矛盾冲突的四个主要部分。

6.3.1.4 戏剧性编排的视觉转换

1 . 戏剧性编排的要素提取

戏剧性编排的要素提取包括：主题的提取，它是戏剧编排的灵魂；情节的提取，被称之为戏剧编排的血肉；冲突的提取，为戏剧编排的动力，冲突是剧情发展的动力，没有冲突的戏剧索然无味；人物性格的提取，是戏剧编排的根本，特征鲜明的人物形象是成就一部优秀戏剧的重要因素；最后是结构的提取，是戏剧编排的骨架。

2. 戏剧编排的要素组合与视觉转换

戏剧编排的要素组合与视觉转换具体分析表现为以下几个方面：

（1）位移——时空转换，戏剧空间具有"真实"与"虚拟"的双重特征，而戏剧时间则有弹性与可变性的特质。位移处理手法是摆脱传统空间、时间观念的束缚，让不同的时空互相交错。时空转换的创作思想在中国山水画中体现得非常直观。以传统山水画的巅峰之作——《富春山居图》为例，如图 6-24 所示，将不同的场景叠加在一个长达 688.3cm 的画面空间中，从一个相对独立的片段转入另一个片段，从彼视点切换到此视点，从近处的空间淡化到远处的空间。

（2）夸张——冲突与情节，精彩的冲突情节，让即使简单的事件也极具看点。戏

图 6-24 《富春山居图》局部（黄公望）

剧是人物、情节在有限的演出空间、规定的表演时间之内的高度集中，所以剧情中的矛盾冲突显得强烈而又尖锐。

（3）色彩——性格塑造，不同的人物性格使得一出戏具有多样的色彩，不仅富有变化，还形成了角色间鲜明的对比。性格鲜明让各个角色更加独特，“正邪”“忠奸”“刚柔”的对比反差才能将矛盾斗争表现得更加激烈。色彩通过视觉上的刺激能对人产生不同的心理效应。

6.3.2 展示空间的情节需求

6.3.2.1 展示空间的概述

虽然到了 20 世纪末期现代的展示设计理念才逐渐发展成形，但是人类对展示理念的运用却在很早之前就开始了。早在远古时期，图腾崇拜、祭祀鬼神等活动可以视为展示形式的初态。到了西方中世纪初期，交易市集开始出现，经营者把摆放在地上的交易品进行有意识的分类，这种形式后来被认为是商品展销会的雏形。到了我国封建社会时期，展示活动的发展与兴盛主要表现在了商业活动和教化活动两个方面。到了近代资本主义时期，各类博物馆的产生，以及艺术展览活动的开展，使得展示艺术在文化领域得到了巨大的发展。

6.3.2.2 展示空间中的情节

情节不同于生活中客观存在的事物，它具有强烈的个人情感与主观判断，它是记忆、体验的产物。生活中的情节是艺术创作的源泉，任何艺术家，无论文学剧作家、画家，都可以从生活之树上截取一段进行艺术加工，成为艺术品。如表 6-1 所示，情节的加工存在于各种类型的艺术创作中。

文学剧作中的情节与建筑空间中的情节比较一览 表 6-1

	文学 / 戏剧中的情节与空间	室内 / 建筑 / 景观 / 城市中的情节与空间
体验层面	· 视觉 · 主客体分离 （通常剧作中的主角与体验方两者之间不可直接互动） · 体验式，定向的 · 体验者作为旁观者出现	· 多维度：视觉、味觉、体悟 · 主客合一、主客体的互动参与 · 非定向与定向 · 体验者作为参与者出现
时空	· 空间场景虚拟、可移动、可复制 · 时间是定式的、约定的、不可逆的 · 主观性、封闭性	· 空间是固定的 · 时间是非定式的，体验是时常的 · 客观性、开放性
情节	· 内容题材是虚构的，事件是特定的	事件变化无穷、不定式，事件是真实的
	结构秩序是以不可逆的，时间关系为框架	结构秩序以具体的可感知空间关系为框架

空间情节是为了建构有感染力的场所，在空间结构编排中，引入生活情节及其深层体验框架，同时借用剧作学的一些方法，结合活动功能、空间体验对相关题材的空间元素进行一系列的组织安排，从而来诠释空间存在的意义❶。

6.3.3 戏剧与展陈交融的价值分析

6.3.3.1 展示空间设计现状

1. 空间美学角度——展陈形式单一

展品是展示内容的载体，在展示场所中陈列出来供观众欣赏的物品，都可以称为展品。在已有的展示空间中，陈列的形式主要分为：周边式陈列与独立式陈列两种类型。周边式陈列——将展品沿空间的竖向限定界面悬挂或放置，这样的陈列形式能够在空间中形成清晰、连贯的参观路线，引导性较强；而缺点是容易使参观过程趋于平

❶ 陆邵明 . 建筑体验——空间中的情节 [M]. 北京：中国建筑工业出版社，2007.

淡，空间形态过于趋同，观众容易觉得乏味、疲劳（图 6-25）。独立式陈列——通常以独立展柜、展台的形式出现。这样的形式让参观的灵活性变大，适用于随机观赏。不足之处在于，在展品内容较多、缺乏有效指示的情况下，不能较好地按照展览的原有路线完成参观（图 6-26）。

2. 视觉语义角度——传达欠佳

展示语义本身是无形的、不可见的、抽象的概念，只有将其转化成为具象的形态之后才能被观众感知与认同。展示设计中的视觉语义传达是多层次的，可以概括为外在表象与内在本质两个方面，即符号学中所说的能指与所指。在国内当前的展示空间建设中，商业化、模数化往往成为推动展示空间设计的核心诉求，反映在视觉形象上大多是沉闷的壁橱式通柜、独立展柜、图板上照片配以冰冷生硬的文字说明等。造成的结果，一方面是展览的文化内涵缺失；另一方面是设计创意缺乏，整体视觉效果单一，由此导致展示信息传达欠佳，难以打动观众（图 6-27）。

图 6-25 周边式陈列

图 6-26 独立式陈列

图6-27　设计创意匮乏的展示形式

3. 行为需求角度——“人”“物”分离

从博物馆场所的功能复合的角度来看，信息技术的革命给人们带来了新的生活方式，渐渐地，人们追求高效生活的愿望已经不能被单一的空间功能所满足。博物馆也正面临着这一严峻的挑战。国外许多著名的博物馆相应地展开了多种经营策略，以此来争取更多的消费者。剧场、艺术沙龙、图书馆、餐厅等附属设施的引入，使城市博物馆产生了由“传统的博物馆建筑空间”向“城市博物馆综合体”转变的趋势（图6-28）。

6.3.3.2　展示空间戏剧性编排的意义

1. 生动的公众教育

在博物馆收藏、研究、教育的三项基本职能之中，收藏和研究是为了对文物珍品进行更好的保护，其最终目的也还是为了社会教育服务。美国博物馆协会在1906年成立之时，曾宣言称“博物馆应成为民众的大学”。到了1990年，“教育”与“为公众服务”两项职能已经并列构成了美国博物馆协会所主张的“博物馆的核心要素”。展示空间的设计过程本身就是一个传播的过程（图6-29），它传播的内容包括：对空间内容的传达、对美的感知、对空间意义的传达、对展示信息的传达。

2. 丰富展示信息传达的渠道

以人为本的博物馆人性化展示形式设计则较多地考虑观众的需求和感受，倡导互动开放的展示形式，强调观众对展示信息的接收、对展示器物的操作、对展示过程的参与和对展示效果的反馈[1]。情节性设计的引入也会有助于增加空间情节的戏剧色彩，互动的、开放的陈列形式形成层次丰富的展示效果。静态展示和动态展示结合是展示

（a）

（b）

（c）

图6-28　博物馆综合体所具备的社会功能

（a）展览活动；（b）社交聚会；（c）剧场

[1] 宋晓东．试析博物馆室内展示设计的人性化趋向[D]. 武汉：华中科技大学建筑与城市规划学院，2014.

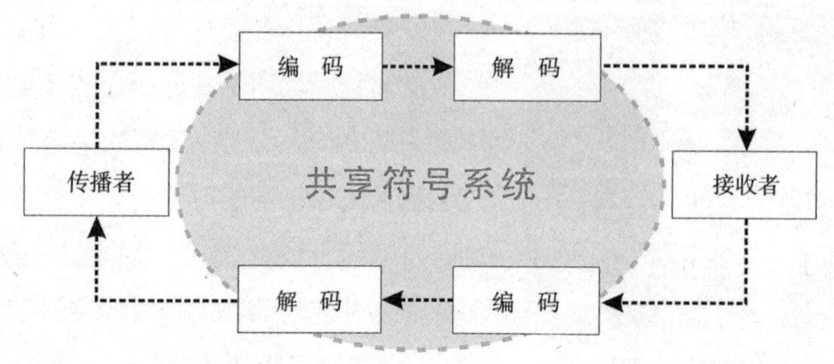

图 6-29　信息的双向传递

信息传达的重要方式（表 6-2）。这种情节式的展示设计由传统观众通过视觉、听觉等单项地接收信息，转变为一种情境化的体验模式，将刺激进行复合与叠加，由表 6-3 可以看出，复合叠加的程度越高，观众对展示信息的记忆效果越好。

静态展示和动态展示比较　　表 6-2

展陈形式	观众接收信息的方式	展示信息的传达方式
静态展示（接收型）	无参观与动作，仅为观看和收听	图片、表格；实物、模型、场景；解说
动态展示（参与互动型）	观看和收听、有操作参与	声、光、电特效，动画和影像；有感应装置控制，自动设定时间循环播放；或者由观众按动按钮启动播放
	观众亲自来操作体验	实验
	观众亲自设定模拟情境	模拟
	观众亲自操作、观察变化	观察
	借由感应器设定时间，观众亲自启动按钮开始	答问
	观众现场观摩和聆听表演、演奏、示范等，可直接与表演者、演奏者、示范者交流。交流观众通过各种接触（皮肤、重量、声音等）启动感应器，从而启动演示	演示：表演者、演奏者、示范者现场演示。预先设定各类事物状态或各种环境场景，通过感应装置控制
	观众自己选择心理刺激性体验，观众自己选择身体接触式体验（如触摸、品尝等）	体验
	观众观看、聆听和进入	虚拟幻境

记忆效果统计　　表 6-3

	阅读文字	听到讲解	看见实物	看见实物、听到讲解	亲自讲述	亲自讲述、亲自操作
记忆效果（100%）	10%	20%	35%	50%	70%	90%

3. 空间中的情感交流与记忆

一种特殊的视觉表现能够让人体会到一种场所感，以激发人们进入空间之中[1]。场所中的归属感与亲和力都需要依靠观众情感上的认同。只有在情感上的认同才可以让双方的交流更加充分，才可以使观众更容易接受，并且主动地了解展示信息以及展览的背景内容。

情感空间的营造需要考虑到地域特征、民族精神和时代背景。由于不同的自然条件和社会环境的制约，世界上每一个民族形成了与其他民族不同的语言、道德、价值和审美标准，必然也形成了不同的民族文化。文化是核心内容，它决定了展示设计的理念、表现手法，并辐射地影响着如今展示设计的风貌。

6.3.3.3 展示空间戏剧性编排的途径

1. 完善故事结构

合理、完整的故事剧本是成就一部优秀戏剧作品的基础。在创作之初，剧作者需要对每一个要素进行清晰、明确的定位，然后按照已有的思路并且遵循一定的编排法则，编成一部完整的故事内容。同样，展示设计文本大纲的编写也是一个点滴积累、循序渐进的过程。完善故事结构包括下面两个方面：展示内容的细分与量化，普遍来讲，撰写文字内容的工作是一个将所有设计内容进行细化和量化的过程。如表 6-4 所示，在此基础之上根据不同内容各自的特点提出具体的设计要求。其次是完整故事内容及连贯故事情节。

展示内容的细分与量化 表 6-4

展示空间设计的相关要素	包含内容
展示内容	实物的种类、数量、造型、尺寸、色彩，以及特殊的保存要求等
展示形式	实物展示、图版平面展示、媒体技术展示
展示环境	空间结构、空间形态、空间尺度、界面色彩、展厅面积、展示平面状况
展示道具	展架、展示通柜、独立展台，展示道具的造型、色彩、尺寸、数量等

2. 规划参观流线

剧本由事件与人物构成。根据故事的结构，不同的事件按照一定的顺序发生，同理人物也有不同的出场顺序。在展示空间戏剧性编排的过程中，根据观众的活动程序来组织参观流线。通常情况下设计师依照参观流线去组织展示空间，流线的确定具有极强的逻辑性，不是随心所欲的。

---

[1] 扬·盖尔. 交往与空间 [M]. 北京：中国建筑工业出版社，2002.

在规划参观流线的过程中，最首要的是全局性的空间控制，参观流线的设置应当尊重原有建筑的空间关系。流线应该尽可能地将各个部分有机串联起来，通过一条明确的主线来引导观众。并且应该尽量避免死角。其二，展厅之间要有逻辑性连接，展厅的入口与出口应该清晰、明确。展厅之间，即上一个展厅的出口与下一个展厅的入口之间的连接方式应当恰当、合理（表 6-5）。最后，流线兼顾便捷性与节奏感，路径最好避免过于直线，简单几何形态的路径虽然具有较强的引导作用，但是会减少观众在展厅中停留的时间，影响对展示信息的接收。

空间过渡类型 **表 6-5**

类 型	明显分割	灰 边 界	缓冲空间
图 解	此空间 | 彼空间	此空间 彼空间	此空间 彼空间
场景特征	二者彼此独立	空间从属于彼此	相对独立于彼此空间

3. 区分展厅特征

传统戏曲的表演十分注重演员在上场、下场中的亮相。特殊的表演动作都是为了给观众留下鲜明突出的印象，预示上一幕的结束和下一幕的开始。博物馆展示设计中，每一个展厅空间都有符合其自身内容特征的结构形态与造型色彩，营造相匹配的场所情感、空间氛围。因此，营造合理的情感空间便是设计师的主要任务。展厅就如同一部变化丰富的情景剧，不同的空间氛围给予观众不同的空间体验。

4. 回归人性场所

在娱乐、休闲形式单一的古代，看戏成了人们生活中的重要消遣活动。戏曲艺术中人性化的演出往往最能“以情动人”。在上文中已经讨论过，博物馆是一个兼具公众教育、信息传播、情感交流多种功能的公共场所。提供多样的活动支持是人性场所的综合性体现，扬·盖尔在《交往与空间》中写道：活动是引人入胜的因素。空间中的活动为人们以一种轻松自然的方式相互交流创造了机会[1]。在展示活动里，将人的因素容纳到设计中，通过引入游戏、问答、实验、操作等活动，提高观众的参与度。同时，需要具备人性化尺度，动态尺度与静态尺度的适宜，是展示空间中最为人性化的设计。

---

❶ 扬·盖尔 . 交往与空间 [M]. 北京：中国建筑工业出版社，2002.

6.3.4 历史主题展示空间戏剧性编排的设计手法

6.3.4.1 主题确定与前期策划

1. 当代博物馆中的历史文化主题

博物馆是历史的忠实见证者。在漫漫的历史长河中，它冷静而客观地向观众重现着先人所走过的发展历程，以及留下的历史印记。以历史主题博物馆为例，它大多以某段历史时期、著名的历史事件、人物为主要陈列内容。这一类型的博物馆往往采用不同的视角，多方面对这些遗迹和遗物进行研究、收藏。因此，馆内的展示内容涵盖也非常广泛，时间跨度也相对较长。根据陈列主题，可以大概分为五种类型：

（1）通史类。这一类型的博物馆在我国博物馆中占有较大比例，包括：以国家历史为展示内容的国家级通史类博物馆；以地方历史、断代史为主要表现对象的地方性历史博物馆。例如，位于首都北京的中国国家博物馆（图 6-30）。如图 6-31 所示的广东省博物馆，则是地方历史博物馆中的代表。

（2）遗址类。为了最大程度地保护在考古发掘过程中所发现的各种遗物与遗迹，通常情况下会在挖掘现场就地建馆，所以这就产生了遗址类博物馆。

此外，还有革命历史类、民俗风情类和纪念类。

2. 展览前期策划

选题是展示设计的起步，它由博物馆本身的性质出发，在现有藏品或预计可收集到的藏品的基础上，制定的关于展览的主题概念与思想突出的中心思想。调查研究作为展开展示设计的前期工作，是十分必要的。因为展示设计是一项针对性极强的设计活动，每一个展览都有自己的独特性，甚至是唯一性。调查研究的内容主要包含两个方面：对内，即藏品本身；对外，即公众的心理期待。

6.3.4.2 故事框架与展厅布局

历史事件、历史人物、发展成果三者是历史主题得以构成的三个基本方面。戏剧的编排则是以把握三者之间逻辑关系为基础的艺术创作。展示文本大纲的框架，关乎

图 6-30 中国国家博物馆

图 6-31 广东省博物馆

展厅的布局，它决定了观众的思考与理解。

1.“连续剧”式的空间布局

（1）单一故事情节的空间布局。如同一出独立的戏，这样的布局具有强烈的叙事性特征，大多数情况下是由展示内容严密的先后顺序决定的，各个展厅依照一定的逻辑关系串联在一起（图6-32），主题贯穿始末。这样的空间布局对观众的流向具有较强的控制性，适合通史类，或者具有演变性的展示内容。

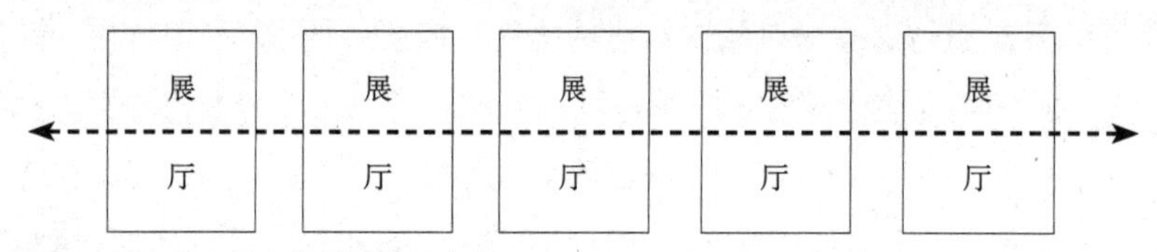

图6-32　单一故事情节的空间布局

（2）复合故事情节的空间布局。复合情节的布局是在上文单一情节布局基础之上的丰富与扩展。例如，“三国”主题之下派生出的许多的子剧目：《长坂坡》《群英会》《借东风》等。这样的展厅布局，首先要确保主题线索与子线索之间能够通畅地连接，同时需要强化各个子展厅的自我特征，加强展厅间的独立性（图6-33）。

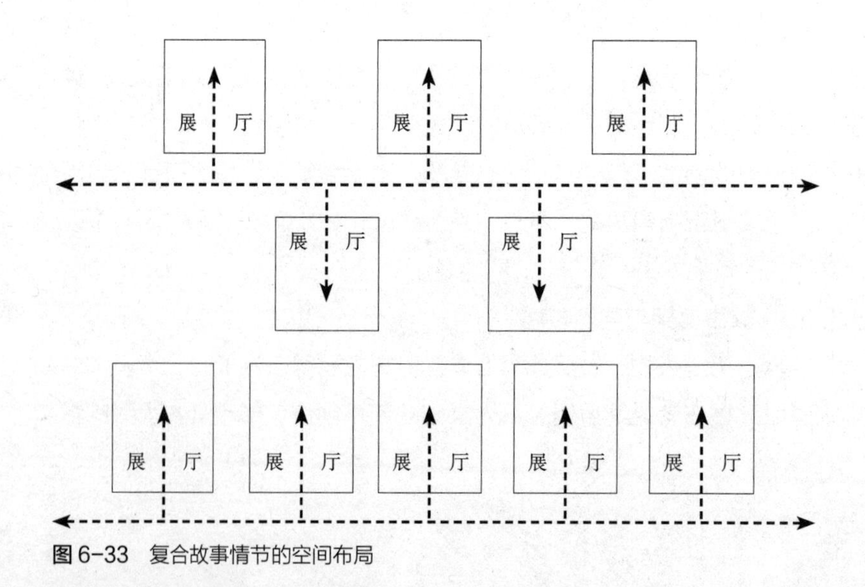

图6-33　复合故事情节的空间布局

2.“折子戏”式的空间布局

“折子戏”是针对“本戏”而言的。顾名思义，它是本戏里的一折，或者一出。折子戏虽然只是整本戏中的一个部分，但通常情况下它却是戏曲中较为精彩的片断，具有很强的独立性，故事情节浓缩，人物个性鲜明。如图6-34所示，折子戏式的空间布局，每一个子展厅的独立性更高，而各个子空间之间也能够建立联系，可以不再统一服从于主题线索之下。

金沙遗址博物馆中的第二厅——《王都剪影》设置于陈列馆的二层东厅，面积约 900m²。在这个展厅中，设计者从居所、工具、烧陶、冶铸、制玉、墓葬等多个方面，为观众勾勒出了一幅充满生机与活力的古蜀王都社会生活剪影。以“剪影”的概念，为观众拼接出一幅古蜀社会的历史画卷（图 6-35）。

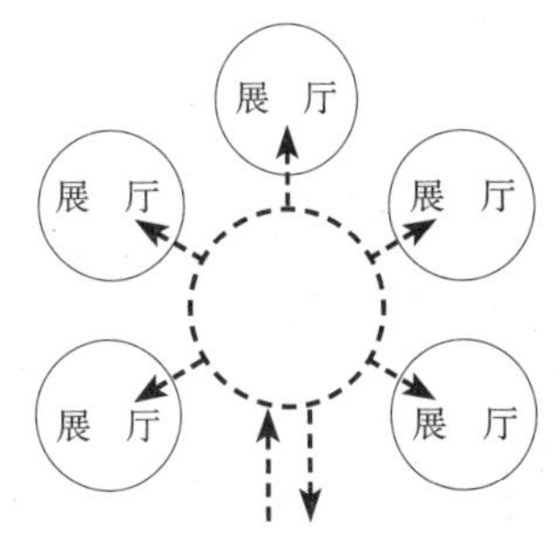

图 6-34 “折子戏”式的空间布局

3.“片段剪辑”式的空间布局（蒙太奇）

蒙太奇（montage），来自于法语中的建筑学术语，意为构成装配，借用到电影艺术中有组接构成的意思。蒙太奇手法是将不同的镜头、画面有机地组织、剪辑在一起，使之产生连贯、联想等各种节奏效果，并构成一部具有一定思想内容的影片。

时间是无限的、单向的，但是展示空间中的故事却有可能是重叠的，是同时发生的，而这就是平行蒙太奇手段运用的原理。平行蒙太奇的手段应用到展示空间的布局编排中。将两个或两个以上分开或相对独立的展示内容、场景以及空间进行并列，如图 6-36 中的 A、B、C、D、E 所示，让它们联合成为更具意味的整体空间。如图中的灰色区域所示，开放性的空间秩序能为观众提供潜在的情节体验，并且这些体验可能是多重复合的，趣味性十足。

6.3.4.3 戏剧情节与空间形态

在上文中已经对戏剧表演的“时空观”，以及展示空间的“流动之美”进行过较为深入的分析与探讨，不难看出，戏剧表演和展示空间都是具有流动特征的时空艺术。因此，创造具有戏剧情节的展示空间，关键则是对“时间”这一元素进行有效的艺术加工，让三维空间具有“第四维”的动感。

图 6-35 金沙遗址博物馆《王都剪影》展厅

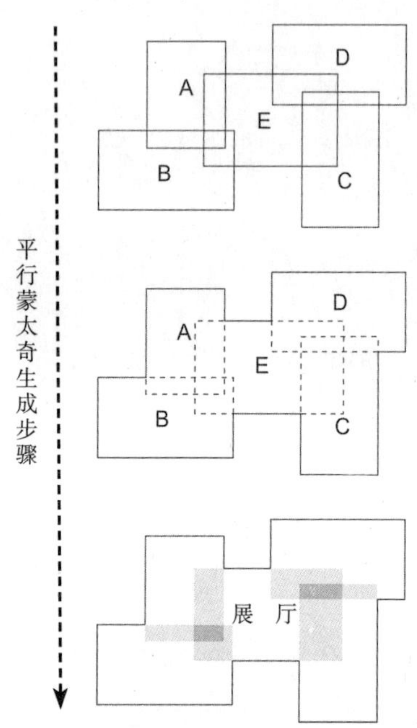

图 6-36 平行蒙太奇生成步骤

1.“开门见山”——导向性设计

开门见山是指说话或写文章直截了当谈本题，不拐弯抹角。在博物馆的展示设计中，导向性设计，就如同“开门见山”的编剧手法一样，运用空间处理手段来引导观众的参观活动。如表 6-6 所示，横向细长的通道，连续的楼梯、台阶，角度适宜的斜坡，下沉、架高的空间，这些造型要素利用人的心理期待，引导观众选择。

2. 排比、重复与渐变——连续性空间设计

在戏剧编排中，故事情节一般都是连续的。连续的情节让故事更加流畅，整体感强。博物馆展示空间中的情节设计，同样需要对展示内容进行连贯的布置和陈列。

展厅中的连续性设计可以大致分为重复性连续

导向性设计对照 表 6-6

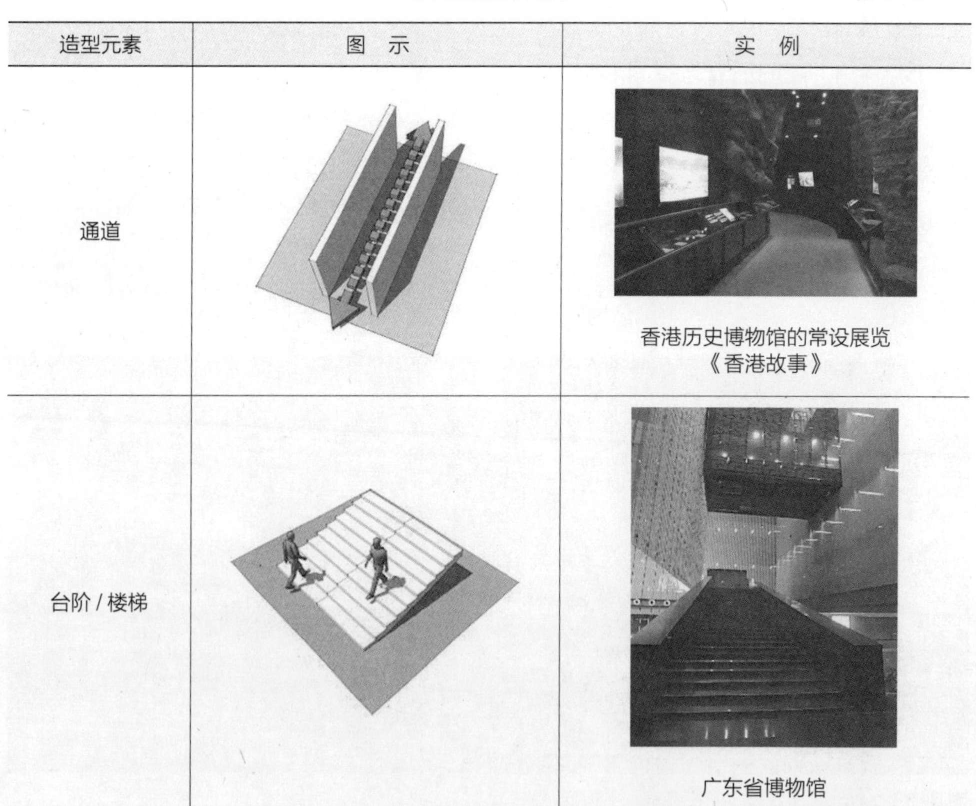

造型元素	图 示	实 例
通道		香港历史博物馆的常设展览《香港故事》
台阶 / 楼梯		广东省博物馆

续表

造型元素	图 示	实 例
角度适宜的斜坡		广东省博物馆的《广东历史文化陈列》
下沉／架高的空间		广东省自然资源展览

与变化性连续两种。重复性的连续，就如同戏剧表演中某个镜头的回放。如图 6-37 所示，“广东省自然资源展览”中展示岭南地区特产中草药的部分，折线形式的展柜使展厅的竖向界面风格统一、主题明确。

变化性的连续就如剧本创作中的排比，它追求的是一系列相似元素的叠加、递减、演变。在展示空间的艺术设计中，变化性连续是非常有效的设计手法，它具有的节奏感和韵律感能够在展厅中制造出浪漫、新奇的空间效果，为展览增添出乎意料的戏剧效果。

3. 冲突与夸张——打造空间“转折”

“起承转合”是文学、戏剧创作中的一种基本结构方法。其中，“转”的部分常常是故事结构的高潮之所在。转折的编排思路同样也适用于展示空间的营造。观众在主题线索的引导下逐步欣赏展览，通常观众会对下一个阶段的展示提前作出一些心理预测。

空间“转折”方法一：空间表情的突转。所谓的突转，指的是在一系列同类型的空间组合中，有意识地穿插进一个具有陌生感或异域特征的空间、场景，即空间的“瞬间”改变。例如，层高挑高，豁然开朗的场景，灯光的集中投射等。为观众提供一种全新的空间体验，从而营造一种高潮空间。

空间“转折”方法二：打破常态。展示空间形态的“打破常态”，指的是限定界面的倾斜、倒置，反常态组合，位移改变，夸张的尺度，破碎感与非完整性等。如图 6-38 所示，2010 年上海世博会的意大利展馆，在垂直墙面上展示的交响乐团，打破了传统的视听角度，出乎观众意料。

空间“转折”方法三：场景复合。把几种类型的场景叠加在一起，这也是一种创造高潮空间的方法。在展示场景中融入文学典故、历史题材，加强展厅的戏剧性空间体验。

6.3.4.4 角色塑造与展示陈列

戏剧艺术中，角色塑造的成功与否关系到一部戏剧的精彩程度，以及是否真正具备打动观众的艺术魅力。同样地，展示设计中，根据展品各自的特征，从而采用不同的陈列形式、色彩材质以及展示道具来对展品进行最完美、最适宜的表达。

1. 舞台动作——陈列形式

戏曲的表演程式分为：“唱”“念”“做”“打”四种艺术手段。类比到展示设计中，依据展品不同的特性区分出不同形式的陈列形式。

基于地面的陈列形式——地面陈列是一种利用展台、展架、地面等进行的展示形式。使观众能够近距离地欣赏展品，或者参与到展示活动当中。如图 6-39 所示，地面展示的形式让观众能够近距离地观赏出土的陶器，特殊的视角使展品显得格外亲切。

基于立面的陈列形式——以展厅中的墙体、隔断、柱体等为基础，陈列展品和设计道具的形式。竖向的陈列形式可以通过嵌入、悬挂、悬挑等手段放置展品和图版，为设计者的创作提供了较大的发挥空间。

界面整合的陈列形式——界面整合是将展厅内部的多个限定界面视为整体，统一地进行设计。这样的陈列手段打破了展示空间中墙面、顶面、地面的关系，模糊三者的界限，使之浑然一体。

图 6-37 广东省自然资源展览中折线形式的空间

图 6-38 上海世博会的意大利展馆中庭

图 6-39 广东省博物馆

2. 人物神情——色彩与材质

人物神情是演员诠释角色性格特征和内心世界的又一渠道，它是丰富而又生动的。脸谱是中国戏曲艺术的重要组成部分，也是戏曲艺术的重要特征之一。著名的戏剧理论家张庚先生曾说过：脸谱，这一化妆造型艺术是中国戏曲所独有。脸谱艺术反映了中国传统文化中的色彩、图案的深刻内涵，是对其进行的高度概括，是一个“形象”到“抽象”的升华。由此可见，脸谱具有极高的欣赏价值和审美意义（表 6-7）。

中国传统颜色的情感效应　　表 6-7

颜色	意象图示	戏曲脸谱	情感效应	展示空间意象
朱砂	硃砂		温暖 激动 勇敢 忠诚	国际非物质文化遗产博览中心
黑	黑		深远 严肃 压抑 正直	金沙遗址博物馆
钛白	钛白		寒冷 无情 奸诈	广东省博物馆，紫石凝英——端砚艺术展览
酞青蓝	酞青蓝		冷静 刚强 勇猛	广东省自然资源展览

续表

颜色	意象图示	戏曲脸谱	情感效应	展示空间意象
三绿	 三綠		平静 柔和 侠义	 川润·珍藏，企业文化展厅
藤黄	 藤黄		激动 残暴	 国际非物质文化遗产博览中心
赭石	 赭石		沉稳 忠诚 成熟	 川润·珍藏，企业文化展厅

材料的质感是由其自身的物理性质与其给人的生理、心理感受而决定的。在展示陈列设计中，合理、巧妙地使用触觉质感友好的材料，可以吸引观众产生靠近或者触摸的行为，从而在展厅中获得参与和体验的乐趣。

3. 舞台道具——展示道具

戏曲舞台美术广泛地运用了中国传统文化里写意和象征的表现手法，而展示空间中的道具是承载展示内容的装置和设施。作为道具，在满足展示需求之余不可“喧宾夺主”。如若能与舞台道具一样，将艺术性、戏剧性的视觉效果融入到展示道具中，让展示道具与展品之间产生一种特有的“互动”关系，一定能给展厅增加新的亮点。

6.3.4.5 体验复合与媒体技术

体验经济时代的到来为博物馆展示设计提出了新的挑战。博物馆角色的转变，迫使设计者改变以往“重展品、轻观众”的设计思路，不断地求新、求变。

1. 辅助展示

传统的展示设计是指在三维活动空间中主要诉诸视觉感官的“广告形式”。通过设计师对展场的规划，在客观的三维环境中将展品、观众、展厅等要素进行关联，有目的、有逻辑地将内容呈现给观众。虽然观众的视觉感官通常能得到充分的调动，但是听觉、触觉等其他的感官机能却处于相对被动、关闭的状态。曾几何时，“全息成像”是高科技的代名词，在大量科幻电影中都得到了充分的利用。随着镭射激光 Laser（Light Amplification by Stimulated Emission of Radiation）技术的不断发展，它已经从传统的“全息摄影”演变成为“全息成像”，并且逐渐开始进入博物馆的展示活动。

如图 6-40 所示，互动全息投影是一种极具科技感的辅助展示手段，它能够兼具装饰与实用的双重特性，非常适合博物馆的陈列环境。观众可以通过触摸屏幕来选择、移动、缩放图片，深入了解展品的各项信息。展厅中设置一定数量的辅助展示设施，能够为观众提供进一步了解展品信息的渠道，使参观过程成为一次“量身打造”的体验经历，更具自主性和参与性（图 6-41）。

2. 场景营造

展示空间，从客观到主观过渡，可以划分为实体空间、虚拟空间、心理空间三个阶段。场景营造是基于已有的实体空间与实物展品，通过声光电、媒体技术等多种手段的配合，或者完全运用媒体技术，根据展示内容营造出逼真的展示场景和空间氛围，为观众提供身临其境的感受，具有较强的戏剧性效果。

如图 6-42 所示，半景画是媒体技术结合传统的半实物仿真技术，衍生出来的一种新型媒体手段，它能够逼真地反映历史主题，具有超强的沉浸感，给观众带来震撼的视听享受，目前被广泛运用于各类博物馆中。相比之下，虚拟场景对媒体技术的运

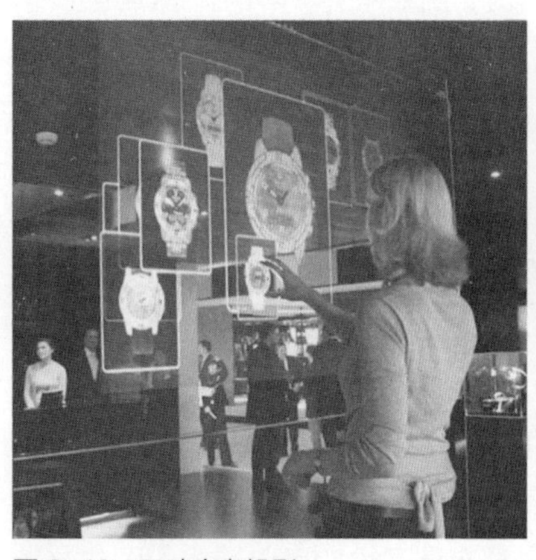

图 6-40 互动全息投影

图 6-41 柏林移动文献展

图 6-42　半景画

图 6-43　360° 幻影成像系统

图 6-44　上海玻璃博物馆

用要求更高，也更为广泛。360° 幻影成像系统将三维画面悬浮在实景的半空中成像，如图 6-43 所示，营造出亦幻亦真的氛围，效果奇特，具有强烈的纵深感。

3. 互动游戏

展示是一个双向互动的过程，观众将参与到整个过程之中。同时，展览工作人员对观众的行为、操作作出及时的反馈，有助于提高展示效果，增强展览的互动性、趣味性。游戏是一种愉快的互动模式，在博物馆展示空间中也是备受观众青睐的项目，无论男女老少，欢乐的气氛总能吸引他们参与其中。在体验互动游戏的过程中，观众不再只是“被动”地接收信息，而是扮演了主动参与和信息传播的双重角色。如图 6-44 所示，在上海玻璃博物馆中，设计者为了向观众展示玻璃在触感传递方面可以达到的精细程度，用 ipad 作为展示的载体，让观众在游戏玩耍的过程中寓教于乐地接收到这个展示内容，极具参与性与体验性。

6.4　乡土情结与餐饮

餐饮空间的室内装饰在竞争日趋激烈的当下，更新周期很短，一般在 3~5 年，迫使室内设计不断更新换代。以情动人，成了当下餐饮空间设计的主旋律。乡土情结可以唤醒埋藏心底的儿时记忆，可以引发对温暖故乡的思念。以乡土情结为主题的餐饮空间设计正占据着重要地位。

6.4.1　乡土情结的概念

6.4.1.1　乡土情结的定义

乡土情结这个概念首先源于文学领域。在中国人心中，永远解不开的是“乡土情结”。在文化上反映的是思乡怀亲诗的创作，又常以托月寄兴来传达。这种乡土情结经漫长的历史沉淀，扩展为乡国情结的民族情怀，具有传承性，也流淌出中国文化的悲剧意识。作家柯灵在其作品《乡土情结》中说："每个人的心里，都有一方魂牵梦萦的土地。得意时想到它，失意时想到它。逢年逢节，触景生情，随时随地想到它。"在文人墨客笔下，故乡是一首诗，故乡是一首曲，故乡是割不断的血脉，故乡是难以忘怀的爱恋。

乡土情结反映在室内环境中，是指现代都市人对阳光、空气和水等自然环境的强烈回归意识，以及对乡土的眷恋使人们将思乡之物、恋土之情倾泻到室内环境的空间、界面的处理、家具陈设以及各种装饰要素之中（图 6-45）。

6.4.1.2 影响乡土情结形成的要素

每个人心目中的故土因外在情况的不同而各不相同，影响乡土情结产生的原因也是多方面的。总体来说，依据人们参与度与能动性的不同，可以分为自然环境和人工环境两个方面的影响要素。

1. 自然地理环境

自然地理环境对一个乡土风格的影响是重要的。比如在气候温润潮湿的江南人家，我们就看不到东北农村家家户户都垒起的火炕，同样在气候寒冷、冬季漫长的东北雪原我们也难以见到小桥流水人家的景象。

自然地理环境使地域乡土风格既表现出综合性的特征，也具有主导性的特点。综合性是指各种生态因素在影响民俗形成、发展过程中绝不是单独地、孤立地发生作用，而是全面地、综合地发生作用。一个区域内民俗的形成和发展也绝不是表现为对某一

图 6-45 具有乡土情结的餐饮空间

图 6-46　气候差异构成的江南的雨巷

个地理因素的专一适应，而是表现为对影响该地区的地理环境在整体上的综合适应。[1] 因此，影响一个地区民俗活动的地理因素是多方面的。一般来说，影响一个地区地理环境的要素有以下几点：气候要素的不同（图 6-46），水文要素、地形与人文要素的差异构成。

2. 人工生活环境

人工生活环境是指经过人工创造的用于人类生活的各种客观条件[2]。我们这里所要用到的人工生活环境的概念是不同的地域民风所构成的一种特定的环境，包括一个聚居地的民居形式、民风民俗、生活方式和当地的物质资源。这些一起构成了一个地域的乡土民情，也可以称作为一个人成长所经历的人工环境。人工生活环境对一个人的气质、性格、道德观念的塑造起着不可忽视的作用。同自然地理环境一样，人工生活环境形式就是由许多要素以一定的关系结合而成的一个整体，不同的要素以变化无穷的关系，组成了自然界一切事物的千姿百态。影响一个地域人工生活环境的要素主要包括：居住环境、社区聚居环境、历史文化遗存。

6.4.1.3　乡土情结元素的现代转换

寻求和发掘出地域元素是乡土风格创造的首要条件，如果将这些元素直接置于室内空间，无疑可以渲染室内氛围，营造空间中的乡土情结。但时空的转换与建筑基础条件的改变，在大多数情况下已很难适应元素的直接运用。而应利用现代的设计手法，将传统的元素进行时代性转换，向人们展示出一种既具有传统文化气息，又时代特征鲜明的室内空间。因此，对于传统元素的运用不是简单地拷贝，而应根据具体情况进行再创造，具体包括简化、位移、替换、夸张、重复等。乡土元素符号的转换形式如表 6-8 所示。

6.4.2　餐饮空间文化现象分析

6.4.2.1　当今餐饮空间的发展趋势

1. 由单一向综合服务型转变

随着人们生活水平的提高，越来越多的集餐饮、休闲、娱乐、茶社、演出等为一体的高档综合型餐饮空间出现在大众面前，该类餐饮空间顺应了当今人们的生活观念，

---

[1] 秦树辉，韩秀珍．初探自然地理环境对民俗事象的影响 [J]. 内蒙古师范大学学报，1998（5）.
[2] 韩宝薇．中国各地区生活环境的评价 [J]. 金融经济，2006（14）.

乡土元素符号的转换　　表 6-8

元素转换类型	元素转换方式综述	体现乡土情结的元素符号转换方式图示	
		原有元素	转换后形态
符号的简化	符号经过提炼和概括，从而对其进行简化		
符号的位移	（1）元素存在位置发生改变，依附到另外一个在平时不相关联的地方。 （2）随着元素位置的转变，其功能性也发生了变化		
符号的替换	元素本身的特点发生改变。将原本不属于这个元素特性的某些方面移动嫁接到这个元素中，从而赋予元素更新的表皮和意义		
符号的夸张	强调夸大元素最鲜明的特质，其余的部分则相应地弱化甚至消失		
符号的重复	将可以体现空间氛围的比较典型的设计元素作为设计母题在空间中反复强调		

对餐饮已从单纯的生理需求，转变为将餐饮作为一种休闲活动。其消费水平也远远高于提供单一就餐服务的餐饮店。同时，服务设计已经作为一门新兴的设计理念，运用到我们的餐饮空间设计中，综合性的服务设计对于餐饮空间的发展是必要的，也是大势所趋。

2. 由高端私人化向普通大众型转变

当今，国家政府部门指出严惩贪污腐败，防止官员公款吃喝；同时在节约资源，杜绝浪费及建立美丽中国的新形势下，网络上包括微信微博等新媒体发起了“光盘行动”，使得许多高端私人化的餐饮空间相对没落，普通大众型餐饮空间得到越来越多人的追捧。这种既有设计内涵又经济适用的普通大众型餐饮空间受到了大多数民众的欢迎。如在江浙沪一带非常受欢迎的连锁餐厅外婆家，融时尚与地域性特征于一体，又渲染了外婆家的温馨主题，受到许多人的追捧。

6.4.2.2 餐饮空间文化渗入的目的

随着社会的发展和人们精神文化需求的提高，追求个性化、多样化的消费观念已经成为一种时尚。餐饮行为已经从单纯的果腹充饥渐变为享受文化空间氛围，以及文化消费的一个过程。人们在就餐场所就餐的同时，能够体验环境带来的文化气息，这需要餐饮空间营造出以情动人的空间场景。餐饮空间传递的不仅仅是食物与食品的信息，更需传递出文化与精神层面的东西。餐饮空间能否体现一定的文化品位，能否给客人一种文化体验，主要得益于设计师营造的空间氛围与蕴含其中的情感因素，使人们更能够体验到其中的精神力量。在餐饮业的发展中，如果没有赋予餐饮空间以深厚的文化内涵，将很难适宜于当下体验经济的时代特征。

6.4.3 餐饮空间体现乡土情结的必要性

6.4.3.1 乡土情结在餐饮空间中的体现

乡土情结在餐饮空间中是以餐饮文化为基础，结合最能打动人内心深处的乡土记忆等，创造出符合市场定位和格调鲜明的高品质餐饮场所，它是以经济基础与文化理念相结合的产物。围绕餐饮空间展开，使得就餐环境向目标群体表达自身思想主题和经营理念，是餐饮场所的市场定位和服务定位的一种表现。通过对空间、材料、色彩、造型、灯光、氛围等方面进行打造，使得自身就餐环境能够区别于其他餐饮空间，创造出符合目标定位的价值体系。

6.4.3.2 乡土情结餐饮空间的定位

以乡土情结为主题的餐饮空间设计是指通过研究乡土文化的独特性，进一步注重地方文化的延续性及包容性，将其结合到餐饮空间的室内设计中，提炼并研究本土文化、地方特色在餐饮空间设计中的新方法和新理念。

在全球化的今天，室内设计领域在追求个性化的同时更要体现其包容性。与社会发展同步，表现纯现代、纯技术性的现代设计手法是值得研究的，但乡土情结的回归恰恰说明了现代设计对情感需求的漠视与匮乏。从传统与地域文化提炼设计主题与素材运用于现代室内空间之中，使传统文化、民间艺术的精神与现代设计手法与新技术有机结合，表现美好的过往记忆。将传统与地域精神融入到现代材料、技术与设计手法中，表达现代工业文明同古老的传统地域文化和谐共生的关系。以乡土情结为主题的餐饮空间设计，是从过往的记忆碎片中去找寻当代人的精神缺失，通过对个人情结的唤醒从而引发人们的情感共鸣。

6.4.3.3 乡土情结餐饮空间的氛围营造

乡土意味着朴实、休闲、自然和收获，有着强烈的家园气息，我们心中的故土，指的是祖祖辈辈长期生活着的特定的地区和领域。在这个区域内的山山水水、一草一木都构成了我们对故土的思念和回忆。在餐饮空间设计中，营造乡土情结的氛围要素包括空间要素、材质要素和装饰要素三个方面。

1. 空间要素

特有的空间形体对应着相应的生活习惯，在某种程度上，空间形体具有一定的象征性。由人类的聚居环境形成的聚落，其基本特征是乡土性，是地域文化的典型代表。聚落文化是一定的地域范围内，聚落居民长期以来所形成的共同的行为方式、感情色彩、道德规范和生活习俗，是一定历史背景下的共同传统。运用乡土聚落的空间特点和形态，可以让人置身于现代餐饮空间时也能感受到强烈的乡土气息与归属感。不同的地理环境、民族传统文化、生产生活方式等诸多因素导致聚落空间形态的不同，但是由于人们的行为以及对空间的感受都有其普遍性的特点，聚落空间又在大范围之内有其共性特点（图 6-47）。

2. 材质要素

在室内设计中，材质的选择是营造乡土情结主题餐饮空间的重要因素。材质不仅可以赋予空间肌理感与整体色调，还可以确定空间的宏观基调。在餐饮空间中运用具

图 6-47 运用皖南民居天井空间形态演绎的人民大会堂安徽厅顶部

有当地乡土特征的材质，可以给人以回归乡土的视觉与心理感受。竹即是其中之一。中国是竹的故乡，在传统文化中竹文化占有重要地位。中国文人雅士爱竹，世代文人将自身感情融入竹子，将竹子作为"清高、气节、坚贞"的象征。在南方乡村或者城郊生活过的人，大都对家乡的竹有着特殊的情感。对于南方地区的乡土情结的营造，竹材质的使用或者竹林意向的营造是非常有效的一种手段。竹的色泽清润，肌理细密，整体形态清新不张扬。运用到墙面、地板或隔断材质时，可令空间顿生野趣，让人联想到清新的空气和雨后的竹林。竹制品也多用于乡土情结的空间之中，可做竹篮、竹筐、竹篓、竹雕、屏风竹椅、竹桌、竹床、竹席、竹帘等工艺品，以及家具、农具和各种生活用品（图6-48）。

3. 装饰要素

1）富有民居特点的建筑装饰

在体现家族情怀的人文要素中，民居是家的容器。数千年来，民居从单纯的居住功能发展到兼具文化功能。民居的形制除了受到自然物质条件的制约，还受到社会政治制度、意识形态、风俗习惯等的影响，各地区的民居建筑在装饰上都体现了这一特征。中国传统建筑装饰在梁柱等结构构件上，都作了精美的木雕、石雕装饰，或优美图案的彩绘。在一些大面积的承重砖墙上，有的还砌有砖雕和灰塑，丰富了实墙面，避免了单调之感。这些砖、石、木构件在建筑结构上是必不可少的。这些建筑装饰手法常被运用到现代建筑室内空间之中，有时这些装饰构件还会以夸张和重复的方式出现（图6-49）。

2）体现市井生活的家具

家具在室内陈设中起着非要重要的作用，除了它本身的功能性以外，家具也可以起着衬托主体、渲染气氛的作用。带有沧桑感的家具会让人联想起家中生活时的情景，让人联想到依附在那些家具上的故事和历史。在乡土情结的营造中，也可用常见的家具来装饰空间，并且陈设方式也可按照普通家庭的布置，增强家的亲切感与温馨感（图6-50）。

3）具有民俗气息的艺术品

广大人民群众在生产生活中创造了属于自己的艺术，人们习惯称其为"民间艺术"。民间艺术孕育成长于农耕文明时期，是特定地域在长期的发展过程中所呈现的思想意识和审美观念。将按民间艺术生产制作的民俗艺术品运用在餐饮空间中，不仅可以让人感受到民俗艺术的魅力，还可以直观地反映出空间的地域文化和审美情趣，激发出人们无限的乡土情思。

民俗艺术品的品种非常繁多，如竹编、草编、扎染、蜡染、木雕、泥塑、剪纸、刺绣、皮影和民间玩具等（图6-51）。由于地区的差异性，民俗艺术品在各地区都呈现出独

图 6-48　竹在空间中营造清新的野趣

图 6-49　传统民居装饰运用到空间中

图 6-50　家具的使用营造家的氛围

图 6-51　反映出地域文化和精神面貌的民俗工艺品

特的艺术审美与风格特征。在空间运用中应注重保留民俗艺术品的乡土性和质朴感，要着重提取本地域最有特征和最具代表性的民俗艺术品，从而起到画龙点睛的作用。

6.4.4 乡土情结餐饮空间的设计原则与手法

6.4.4.1 乡土情结餐饮空间的构成

表现餐饮空间特定的主题时，设计都应围绕体现这个主题展开，每个部分都应围绕主题内涵进行设计。通过主题这条主线将设计元素串联起来，才能够完整体现空间叙述的主题故事与精神内涵。在体现乡土情结的主题空间中，需要我们把握乡土元素的有机构成和排列组合，以达到对乡土情结的完美诠释。

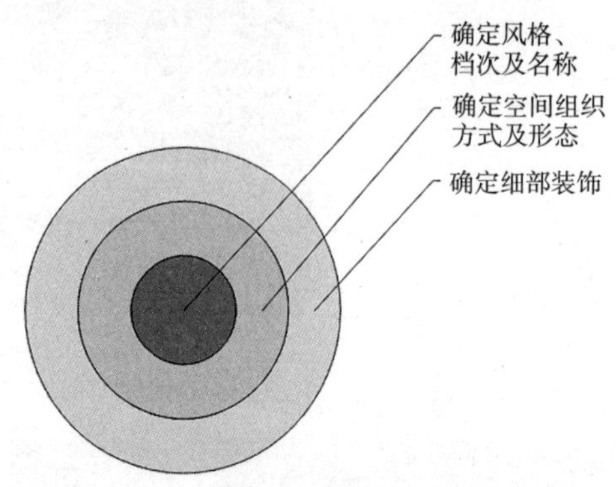

图 6-52 餐饮空间中体现乡土情结的实施步骤

可以通过以下几个方面来体现空间中的乡土情结（图 6-52）。

1. 餐饮空间的风格及名称

首先，要确立整个餐饮空间的风格特征。一般来说，菜品的确立应直接影响到餐饮空间的风格特征，菜系的所在地对应着餐饮空间的乡土地域主题。以此为基础，再确定餐饮空间的名称及每个包厢的名称。在具有乡土情结的餐饮空间中，一个古朴、怀旧的名字可以带领你回到久违的故乡，从名字上就对餐饮空间主题进行了一定的渲染。如“外婆家”“老街坊”“故乡缘”“左邻右舍”等名字都体现了浓郁的思乡之情（图 6-53）。

2. 餐饮空间的布局与形态

餐饮空间首先应满足接待顾客和方便顾客用餐这一基本要求，同时还应满足更高的审美和精神需求。在空间布局上应结合主题参考当地典型的民居布局与组合方式，而空间形态也同样对应着地域所在地区典型的空间形态，将其地理地貌特征、建筑聚落布局、民居空间形态以及民风民俗等特点提取出来，以确立空间秩序、围合方式、使用功能等，以达到唤起人们记忆的目的。比如成都皇城老妈火锅店，以浓郁的四川民俗和人文风貌为依托，为人们展现了川西坝子的空间形态和民风民俗。

3. 餐饮空间的细部与陈设

在确立了空间布局与形态的基础上，就应通过设计主题提取加工细部装饰与陈设物料。陈设物料是指为了满足室内功能、美观与精神需求，附着于空间表面或者装饰物与设备之上，可以移动的装饰艺术品与装饰材料。在体现乡土情结的餐饮空间中，

(a)

(b)

图 6-53 餐饮空间名字以及包厢的名字都要具有故土气息

(a) 皇城老妈北京店；(b) 外婆家

硬装饰与陈设物料都应围绕着自然、故土与家园的视觉系列展开。

6.4.4.2 乡土情结餐饮空间的设计原则

在乡土情结餐饮空间氛围营造中，应侧重于乡土文化的表达。在实际操作中，应遵循以下原则。

1. 注重人文理念

乡土情结餐饮空间应满足顾客希望在用餐过程中的亲身体验，体会到故乡的温馨、田园式的放松及精神的归宿感，这就要求设计师将主题思想贯穿于整个设计之中。虽然由于个体差异，顾客对主题思想的人文内涵的解读也存在着偏差，但都能在一定程度上感受到设计师的良苦用心和要传达的价值内涵。与此同时，也应遵循以人为本的原则，在设计上更贴合使用者的行为特点，从而达到吸引顾客、促进消费的目的。

2. 表现文化背景特征

乡土情结就要把埋藏在人们内心深处的思乡之情表达出来。人的思乡之情由很多因素构成，既有记忆里故乡水土的山川景致，也有乡里乡亲的风物人情；既有故园人家的生活方式，也有当地民族的宗教信仰；既有老人家口中讲述的历史传奇，也有父母亲教亲传的家族规范。这些都构成了乡土地域的文化背景。每一个地方都有自己深层的文化特质，将这种文化特质融合于餐饮空间之中，使乡土地域文化在设计的餐饮空间中得到充分展示和升华。大连的“六和塔—现代粗粮”餐馆设计，就是传统地域文化在餐饮空间中的充分体现。它涉及的不仅是技术和艺术、功能和空间的问题，更是对历史和人文的深入思考。营造出追忆过往生活，品尝东北粗粮，体验人生滋味的空间环境氛围（图 6-54）。

图 6-54　大连的“六和塔—现代粗粮”餐馆体现了特有的历史

3. 新旧嫁接和谐统一

在乡土情结中，很大一部分是对过往生活的依恋和怀旧，是一种情调渲染。但是，在事物更新日新月异的今天，对过往生活的留恋不仅仅在于古旧事物重新出现在视野之中，而是赋予古旧事物以新的内涵与气质，以当下的审美视野表达出记忆中的神韵。在餐饮空间中营造乡土意境，应注意新材料、新工艺、新的建筑构造方式和新的生活方式在空间中与传统性、地域性的结合。注意传统、天然的材质和新型、现代感的材质在空间中的完美搭配，发现材料的新特性，探索它们在空间中独特的表现方法，并且在其中创造一种材质新旧搭配的对比统一之美。

6.4.4.3　乡土情结餐饮空间设计手法

在餐饮空间的设计工作开始之前，首先要多花时间与业主沟通，充分了解项目的使用人群、功能目的、空间需求、个性特征以及成本估算。而乡土情结餐饮空间的设计，还应具体分析思考以下内容。

1. 空间要素体现乡土情结

自然地理特征体现乡土情结就是从具有乡土气息的自然地理环境，提取出气象条件、地理地貌、常见植物、聚落布局等设计要素运用到现代建筑的内部空间，以有限封闭的室内空间来表达广袤的自然环境。这种表达方式不仅可以丰富室内空间环境，同时给人一种身处此地的真实感，而且可以从观感视觉层面对餐饮空间的地域性和乡土性进行诠释，给人带来心灵归属感。

在自然地理风貌特征的引入手法上，分为直接引入法和意境表达法。直接引入法是室内空间造景的设计手法，可以在空间中用特定地域特有的植物、花卉、石材等来表现故乡所在地域的特点。图 6-55 所示，在表现热带地域的室内景观时，可以将棕榈、

图 6-55（左） 直接在空间中引入地貌景观
图 6-56（右） 日本枯山水用静止不变的元素体现着无穷的境界

芭蕉树引入室内，表现滨水地域的室内景观，可以在室内引入水流，并且在水中种植荷花或者营造荷塘的意象。室内空间中的意境表达法可通过借助于富有象征意义的物质形态，将山川地貌的广袤辽阔浓缩在有限的室内空间中（图 6-56）。

聚居模式体现乡土情结，就是要从传统地域的民居在自然状态下生长出来的空间组合关系，提取出相应的聚居模式和传统的生活状态运用于餐饮空间的布局之中。无论是北京的胡同、江南的水街，还是四川的街区，传统城镇聚居模式在现代生活方式的冲击下已逐渐缩小，乃至消失。人们在开发商建起的居住小区中已经很难找回街坊邻居一起生活的场景。新的居住模式虽然满足了人们对生活私密性的需求，却带来了人情的冷漠和安全上的隐患。可以通过提取聚居模式的基本形态、元素、秩序、功能并在空间中再现的方式，诉说一种对老街巷的怀旧情怀，从而给人们的心灵带来亲切感和温暖感（图 6-57）。

2. 装饰要素体现乡土情结

餐饮空间的“硬装饰”指的是对空间的结构、格局的划分以及顶面、地面、墙体的装饰。在现代建筑空间中，餐饮空间所依附的建筑大都不再是传统建筑，但我们依旧可以运用传统装饰手法对室内空间进行装饰（图 6-58）。餐饮空间的陈设艺术，俗称“软装饰”是指对餐饮空间中的各种织物、家具及装饰品的摆放与处理，独特到位的软装饰可以充分渲染整个空间的气氛，让空间变得灵动起来。在体现乡土情结的餐饮空间中，软装饰的设计手法应该选取贴近自然、贴近生活的素材来进行搭配与组合。

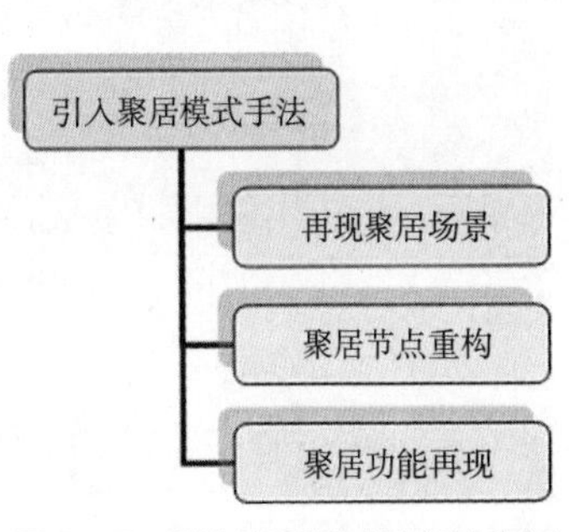

图 6-57 引入聚居模式到餐饮空间中的手法

通过木材、砖瓦、石材以及肌理粗糙原始的织布等乡土材质的运用，给人以原生态不加矫饰的乡土气息。并且在选材上应注意因地制宜，注重乡土、地域性的体现。对于材料本身的质感纹理和色彩所带来的艺术表现力应尽量在空间中加以体现，并且材料之间的搭配应与情感、审美习惯相统一，创造出自然、简朴、温暖的乡土气息。还可以将材质的肌理纹络、色彩质感作为符号提取出来，将其位移到其他材料上，以传达此材质带给人们的信息和情感。其意义在于可以在空间中营造一种意境，使人有耳目一新的感觉，还可以发挥原有材料所不具备的独特性能，让设计师天马行空的创意具有实现的可行性，还可以节省资源，减少预算，具有一定的环保和经济意义（图 6-59、图 6-60）。

（a）

（b）

图 6-58 乡土建筑结构在空间中作为装饰的运用

（a）吴江鲈乡山庄；（b）杭州外婆家铁路大厦店

图 6-59（左） 无锡外婆人家，PVC 管营造竹林意向

图 6-60（右） 府河人家，金属材质模仿砖瓦所搭建的垂花门

6.4.4.4 实际运用中应避免的问题

乡土情结餐饮空间的场景营造应给人耳目一新之感，不宜过多使用一些程式化的场景。比如提起蒙古印象，人们首先想到的就是蓝天、白云、羊群、蒙古包和一望无际的大草原，这些几乎已经成为人们对蒙古草原的定性印象。但过多地在空间中强调这些元素，会让人感觉毫无新意，给人带来视觉疲劳，并且也不利于乡土文化的深层挖掘。在场景营造时，应加入一些独特的、能反映乡土特色的、触及人们心灵深处的情感元素，使用一些大家都曾经历过的、但不太会引起注意的、被深藏于记忆深处的场景，待设计师将这些场景挖掘表达出来时，就会唤醒人们内心深处的记忆，从而引起心灵的共鸣。这样的场景不但给人以独特的视觉和感官体验，还会让人在内心里为之感动。还应注意：装饰元素不应杂乱堆砌，时空避免交错混乱，“乡土情结”不完全等同于乡村情结。

6.5 自然与创意办公

办公空间从封闭独立向开敞共享发展，对于创意办公更是如此。而中国传统天人合一的自然观体现了人与自然和谐相处的关系。轻松愉快、亲近自然的空间环境可以增强创意思维的活跃度，提升创新创造能力。因此，将传统的自然观融入创意办公空间环境在逻辑上存在着可能性。

6.5.1 自然情结与中国式自然情结

6.5.1.1 荣格的情结理论

情结，字典解释为“心中的情感纠葛，深藏心底的感情”。如：骨子里的中国情结，解不开的思乡情结等。

“情结”（complex）是心理学术语，由荣格最早使用，指的是一群重要的无意识组合，或是一种藏在一个人神秘的心理状态中强烈而无意识的冲动。荣格认为情结是由观念、情感、意象三者组成的综合体。基于这一论断，本论文中关于自然情结的讨论以传统自然观为原点，以东方自然审美特点为半径，以古典园林中意象的表现手法为弧，在创意型办公空间中创造一幅与自然相关的完美画卷，重建人与自然的联系，从全新的角度实现办公空间设计的变革。

6.5.1.2 东方的自然情结——中国古典园林

结合荣格对“情结”的定义，这里的“自然情结”具体指受传统自然观影响的，在中华民族悠久的文化历史中形成的，人们内心无意识的自然审美倾向的集合。中国美学以亲近自然为特色，自然观念是核心，自然审美处于一个很高的位置和层次。这种自然美学在诗歌文学、水墨画以及古典园林的设计之中有着淋漓尽致的表现。

（1）自然观中的天人合一。中国传统文化的三大支柱——儒、释、道三家均主张人与自然建立密切的联系，在人与自然的统一关系上表现出鲜明的一致性，三者并非独立，而是互补的。

图 6-61　天造地设的古城村落

（2）文学角度寓情于景。创作时以情入景，触景生情，情景交融从而产生很多绝代佳句，辛弃疾的“我见青山多妩媚，料青山见我应如是。情与貌，略相似。”体现了情景交融，融入自然的意境。

（3）城市设计天造地设。云南的古城村落生于自然、融于环境，道路随水渠曲直而赋形，房屋沿地势高低而组合，虽由人作，宛自天开（图 6-61）。

（4）古典造园巧于因借。计成在《园冶》中提出了“巧于因借，精在体宜”的造园技巧。要取得借景之最佳效果必须因时、因地、因人而异，此所谓因借之巧妙也。

6.5.2　创意产业与创意型办公空间的兴起

6.5.2.1　创意产业概述

“创意产业”也称“创造性产业”或者“创意经济”，定义最早由英国创意产业工作组在 1998 年提出：“源于个人创造性、技能与才干，通过开发和运用知识产权，具有创造财富和增加就业潜力的产业。”[1] 我国政府结合本国国情对“创意产业”的定义作出了如下阐释：“创意产业是指那些具有一定文化内涵的，来源于人的创造力和聪明智慧，并通过科技的支撑作用和市场化运作可以被产业化的活动的综合”[2]。

创意产业涵盖的范围通常包括广告、艺术设计、电影、音乐、出版业、旅游业、软件及计算机服务业等。各个国家因为地区和国情的不同对创意产业也有着不同的分类（图 6-62）。我国结合本国实际情况，把我国的创意产业主要分为：工业设计、影视艺术、软件服务、流行时尚、建筑装饰、展演出版、广告企划和运动休闲几大类。

创意产业的核心内涵主要分为创意能力、科技和知识产权。首先，创意能力是创意产业的灵魂与核心竞争力。比尔·盖茨高度评价了“创意”在商业领域的重要意义：“创意具有裂变效应，一盎司创意能够带来无以数计的商业利益和商业奇迹”。其次，

---

❶ DCMS. Creative Industries Mapping Document 1998[EB/OL]. http：//www.eulture.gov.uk.

❷ 张京成，著 . 中国创意产业发展报告 2006[M]. 北京：中国经济出版社，2006：7.

英国 创意产业分类		
建筑	手工业	艺术与古董
广告	时尚设计	电视与广播
音乐	油漆器皿	电影录像
出版	表演艺术	休闲软件

中国 创意产业分类	
工业设计类	影视艺术类
软件服务类	流行时尚类
建筑装饰类	展演出版类
广告企划类	运动休闲类

美国 创意产业分类	
出版业	文化艺术业
影视业	音乐唱片业
传媒业	网络服务业

图 6-62 英、中、美三国创意产业分类

科技创新是支撑创意产业的关键部分，是“创意”发生与实现的保障。创意能力与科技创新二者相辅相成，我们可以这样比喻：创意能力是创意产业这部机器的发动机，科技创新是其能源燃料。最后，知识产权是保证创意产业得以发展的必要前提和条件。创意产业具有创新性、渗透性、高增值性、高科技含量和差异性五大基本特征。

6.5.2.2 创意型办公空间的发展及趋向

办公空间是供机关、团体和企事业单位处理业务活动的场所，人们对于办公空间的主要使用目的是管理咨询、创造财富并使自身价值得到体现。创意型办公空间作为一种新的办公空间类型，直接受到社会经济发展与办公空间发展历史的影响。通过对办公空间发展历史的梳理和对创意型办公空间设计重点的归纳，可以分析得出创意型办公空间的未来发展趋势：

（1）回归自然化的趋势：随着生活水平的提高、文化品位的提升，人们向往自然的意识越来越强烈，室内空间增加自然色彩和天然材料，创造新的肌理效果，运用具象、抽象的设计手法来使人们联想自然、体验自然。

（2）整体艺术化趋势：随着物质财富的积累和审美能力的提高，人们开始从“物质的堆积”中解放出来，追求空间内各个元素的整体和谐之美，空间、形体、色彩及虚实都要体现艺术性的特点，并且增加了文化、精神层面的要求。

（3）特色个性化趋势：在设计文化极其繁荣的当代，人们渴望打破文化趋同的禁锢，希望用独特的空间、造型和色彩组合来表达他们的个性，满足猎奇心理，鼓励创新行为。

（4）文脉延续化趋势：设计的发展与其所体现的文化底蕴息息相关，人们渴望通过创新设计体现文化底蕴，回应心灵诉求并实现文化延续才是有价值、有生命力的设计。

6.5.2.3 创意型办公空间的设计重点

人与环境是相互作用与反作用的关系，温斯顿·丘吉尔（Winston Churchill）说：

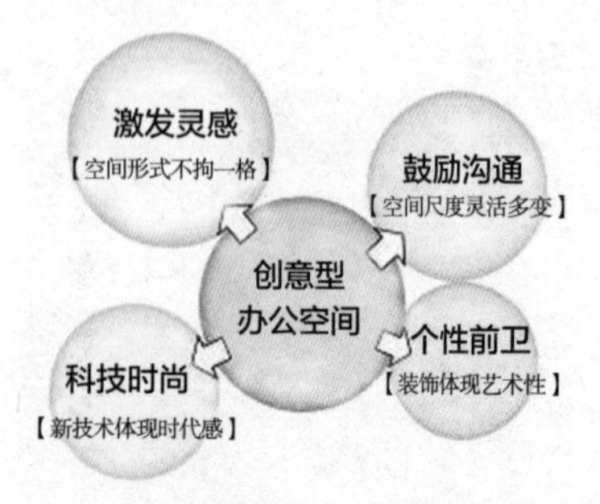

图 6-63 创意型办公空间的设计重点

“我们造就自己的环境，而后这个环境又造就我们自己。”所以，创意型办公空间设计不是设计师个人意愿的表达，所体现的也不仅仅是某种色彩、形体或材料的组合，而是一种令人激动的企业文化、思想的表达。

结合创意产业创新性、渗透性、高增值性、高科技含量和差异性这五大特点，总结创意型办公空间自身的空间需要。首先，创新、设计、策划成为重心，这些职能对空间硬件的依赖程度不高，办公方式更加灵活，所以拓宽了空间功能分配上的自由度；其次，频繁的小组讨论、团队合作以及方案展示需要更多不同尺度的公共空间的支持。基于创意型办公空间特殊的空间需要，总结归纳出创意型办公空间的设计重点与空间需求（图 6-63、表 6-9）：

（1）激发灵感——空间形式不拘一格，讲求变化与创意，激发灵感，提高效率。

（2）鼓励沟通——空间尺度灵活多变，关注公共空间，有助于交流随时随地地发生。

（3）科技时尚——借用新科技与新技术，满足人们“移动办公”的需求。

（4）个性前卫——不论在装饰风格、色彩基调、材料的选择还是艺术特色上都要更加具有个性和艺术性特征。

创意行业的具体内容与空间需求 表 6-9

序号	产业名称	产业说明	主要空间需求
1	工业设计类	平面设计、包装设计、产品研发、网页设计、造型设计、舞台灯光设计等	自由办公空间、展厅空间、交流空间等
2	影视艺术类	广播节目、电台、电视剧、电影等	自由办公空间、创作主题场地
3	软件服务类	商务软件、多媒体互动、手机游戏、网络游戏、数字动画、数字杂志等	自由办公空间、视频观演空间、交流空间等
4	流行时尚类	时装设计、时尚杂志、时尚摄影、珠宝设计、个人形象、时装模特等	商品展厅、专属创作空间、交流空间等
5	建筑装饰类	建筑设计、室内设计、展厅设计、商场设计、景观设计、都市计划、楼盘设计等	自由办公空间、展厅空间、交流空间
6	展演出版类	书籍、报纸、唱片、光盘、数字产品等	自由办公空间、交流空间
7	广告企划类	市场研究、营销咨询、广告代理、广告设计、广告策划、投资策划、会展等	自由办公空间、视频观演空间、交流空间等
8	运动休闲类	以创新体验的方式提供运动、休闲方面的多项服务，例如：游艺场、保龄球、台球、运动相关产品开发、茶艺室、艺术酒吧等	混合型多样空间的集合

6.5.3 自然情结与创意办公空间结合的价值分析

6.5.3.1 自然情结的现代转译

传统自然观与自然情结中处处体现着人与自然的和谐关系，这些在古典园林艺术中也得到了充分的体现，可以说，中国古典园林深受传统自然观的影响，是自然情结物化的产物；或者说，中国古典园林是传统自然观和自然情结在空间中的象征和体现。中国古典园林里写满了中国人有形与无形的自然情结密码。所以，从中总结归纳设计手法，为提倡体验与创新的创意型办公空间设计服务，具有可行性（图 6-64）。

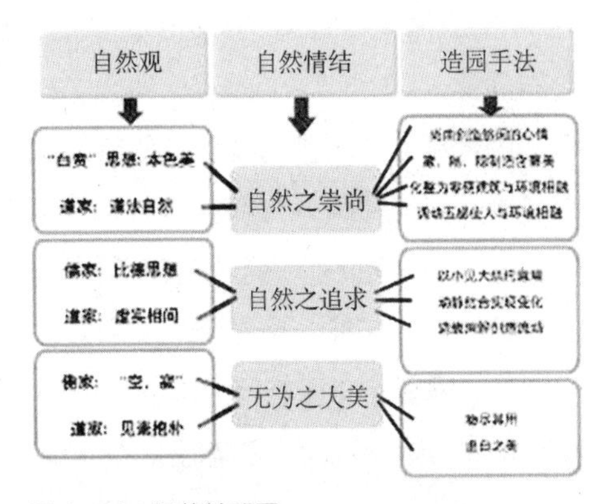

图 6-64 细节关系图

中国古典园林运用的设计方法与创意办公空间的结合，正好迎合了创意产业发展的需要。在创意型办公空间中引入自然情结，不仅是对于中国传统文化精髓的传承，也是自然情结的成功转译。加入自然图形元素满足了创意阶级猎奇的心理和体现个性的需要，对于鼓励创新和自我价值的实现也有重要意义。

6.5.3.2 创意型办公策略需求

创意能力是其产业的灵魂和核心竞争力，这从一定程度上决定了创意阶级具有更加强烈的审美意识。随着信息技术的发展和工作理念的转变，团队协作成了工作重心，交流成了重要内容，从私密办公空间到开放办公空间再到灵活的办公空间，都体现了设计师和企业对交流的重视。创意办公的策略可具体表现在以下几个方面。

1. 实现空间尺度的多样性

在同一个空间之中，从高度集中的个人办公到不断变化的团队协作，二者之间是不断来回转化的。这就要求创意型办公空间应该是多种工作空间模式的综合体，具备复合型与动态性的特点。

欲在有限的空间中满足创意白领们由分到合再到分的办公方式对空间尺度的动态要求，我们就必须对空间实行可变性操作，增加空间尺度变化的灵活度，处理好个人空间的私密性与公共空间的开放性之间的关系。在古典园林艺术中不论是室外空间还是园林建筑的室内空间，空间分隔都比较灵活多变，布局自由。

实现空间尺度的多变性可以促进员工之间的交流活动，在互动中摩擦出创意的“火花”，具有潜在的实用功能，为公司带来长远效益，对创意产业的发展具有重要意义，是创意型办公空间的设计重点之所在。

2. 保持空间区域的渗透性

一份国际设计管理联盟在 1997 年关于设施管理的报告中显示，在美国和加拿大的办公室规划中，平均混杂着 52% 的开放式办公室，38% 的封闭式办公室和 10% 的大房间设计。开放式规划的办公室比例可以更有效地处理内部调动问题和增长的需要。

创意产业渗透性与创新性的特点决定了一个项目的完成不仅仅是同专业团队交流的结果，更需要跨专业的沟通与协作，从而彼此激发灵感。这就要求在空间设计中保证空间区域之间的渗透与贯通。空间的开放性能够吸引创意阶级参与讨论，实现文化的丰富性与多样性，产生空间的活力，开放的空间预示着接受、开朗与活跃，满足人们学习、观望、交流的行为需要；而封闭的空间可以满足人们安静、严肃工作的需要，但却反映着拒绝与保守的态度。

3. 营造平等、融洽的空间氛围

管理学研究表明：平等、融洽的空间氛围是增加员工工作主动性和激发创意的必要条件。和谐的状态一直是东方文化推崇和追求的，因为和谐可以带来很多美好效果：工作的效率、创作的激情、心态的平和，甚至精神的快乐。所以，在办公空间中营造人与人之间的平等、和谐的关系应该是设计的核心与灵魂，在创意型办公空间设计中这一原则显得尤为重要。平等、融洽的空间氛围使人们更容易产生团队意识，愿意参与到讨论和协作中来，对交流与合作的展开奠定了良好的基础。

营造平等、融洽的空间氛围需要我们弱化空间中的等级符号，例如降低材料的奢华与质朴的对比，降低空间尺度的对比，增加空间之间的渗透与开敞，甚至运用整体家具的形式也可以体现出一种和谐与融洽。

6.5.3.3 新技术的支持

现代人每天至少有三分之一的时间生活在与自然隔绝的办公空间之中，机器的噪声、化学合成材料的污染、视觉景观的单调乏味无形地损害着人们的身体健康，导致了“办公大楼综合症”的出现，显而易见，健康、舒适的工作环境虽然是人们对办公空间最基本的需求，却并没有得到很好地满足。

绿色环保材料不仅在物质属性上给人们带来很多益处，在精神属性方面也容易与人们产生情感上的沟通。著名建筑大师阿尔瓦·阿尔托、赖特、安藤忠雄等都十分钟情使用自然材料作为建筑与室内的构筑材料，他们相信自然材料特有的内在属性与外在表情容易与人的精神产生对话。以木材为例，温润的色彩，柔软的质地和美丽的花纹使人们经常联想到自然的亲切，人们禁不住去触摸，去体验，在这一过程中人们热爱自然的情感得到满足，回应了创意阶级对回归自然、重文化、重情感的新型办公空间品质的需求。

6.5.4 体现自然情结的创意型办公空间策略

6.5.4.1 空间形式的合理改造

1. 整体空间改造

中国古典园林在空间的整体改造方面讲究“因势利导”，即顺着事情发展的趋势，向有利的方向加以引导。这个词精准地诠释了空间设计不是完全服从于现有环境，而是通过各种方法和手段对现有空间进行合理化改造，使空间更丰富，更有意趣，在方寸之间包容世间万象。在这里，我们可以从空间限定要素的角度对其进行分析，分别从“线”“面”“体”三个方面总结方法并运用到办公空间设计之中（图 6-65）。

（1）普适的“面”要素围合。面，具有二维形态的特征，因为长宽大于厚度，所以常常体现出轻盈的表情。在办公空间中，在保留原建筑的结构、材质或者空间形式的基础上加入新的元素，既保留原有的空间气质，又满足未来的功能需要，实现双赢（图 6-66、图 6-67）。

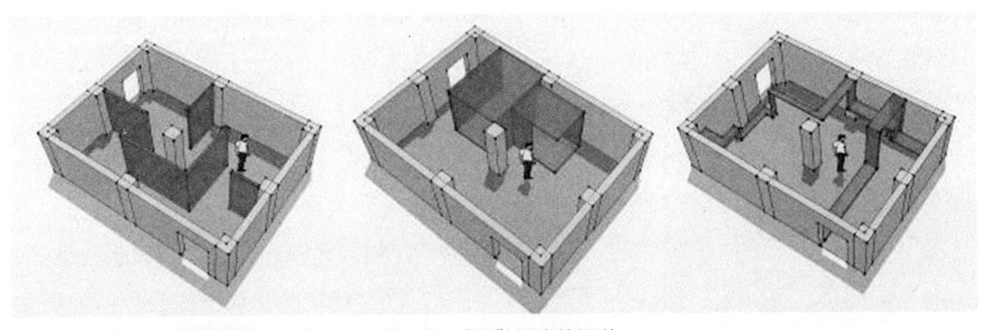

图 6-65 “面”要素的围合，“体”要素的穿插，“线”要素的调节

图 6-66 “面”要素的围合

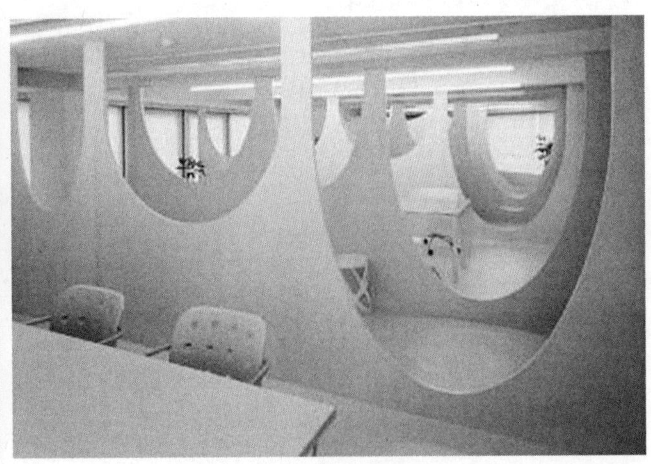

图 6-67 Nendo 设计公司的“面”要素围合

图 6-68　办公空间中“体”要素的穿插

（2）突出的“体”要素穿插。体，具有长、宽、厚三种向度，具有极强的围合感和体量感。在办公空间设计中可以表现为将独立的空间元素穿插到原空间之中，这一新空间要素与原空间有明显的区分，又相互联系。新空间要素的形式可以多种多样，因为“突出”就是这个手法的核心思想。这是克莱夫·威尔金森为时尚设计商业学院（FIDM）设计的 Annex 工作室，在空间的中央，设计师用钢骨架支撑、蓝色尼龙包围的立方体作为会议空间，鲜艳的色彩、特殊的位置暗示了这一空间的特殊功能，成了整个空间的视觉中心（图 6-68）。

（3）活跃的“线”要素调节。古典园林中常用曲桥、回廊、小径、汀步等“线”要素丰富空间，人在盘桓、往复中体会空间的变化。办公空间中也可借用线在空间中的表现特性，一方面，因为“线”要素具有灵活的特性，所以它可以任意表现在地面、立面、顶面上，实现连贯统一的分隔效果；另一方面，传统的交通流线设计依附于功能空间的划分，趣味的流线设计可以在空间中创造一种动态的、移动的、多变的关系，对活跃空间有很重要的作用。

2. 入口空间要藏

“入口在物体与场所之间建立起身体的和视觉的联系。它们能够显示出路程的下一部分，或者成为对已经体验的事物的一种回忆。它们可以被重点装饰，以显示一个相遇的结束和下一个相遇的开始，或者它们可以被适度装饰，这样就丝毫不会影响整段路程的体验。”[1] 这段文字是对入口空间明确、完整、全面的描述，入口空间是企业外部空间与内部空间的过渡，为员工提供一种领域感，给来访者留下第一印象，所以在办公空间设计中入口空间的设计十分重要。

---

[1]（英）格雷姆·布鲁克，莎莉·斯通，著．形式与结构 [M]. 燕文姝，译．大连：大连理工大学出版社，2008：147.

图 6-69（左） 上海 8 号桥内部空间
图 6-70（右） 用镜面“借”空间

3. 开敞空间要隔，增加空间层次

开敞空间导致区域界线的不确定性。例如，挑高开敞的旧工业厂房内部空间，上下双层的复式结构。近几年，这种 LOFT 空间成为好多创意产业与艺术家的宠儿，但是这种过度开敞的空间往往给人高大、深远、疏离的感觉，缺乏亲人的尺度和私密性的需求，长期在这样的空间中工作会失去领域感和安全感。上海 8 号桥创意社区内部空间（图 6-69）设计中，设计师利用原有的旧厂房大挑高的特点，实现多层次的空间使用，从一楼到三楼采用 3 个漂亮的圆弧区分了 3 个不同的洽谈空间，彼此之间仅通过走道和楼梯连接，从而保证了大面积的高挑空间的开敞通透，又实现了空间的有效利用。

4. 狭窄空间要隐，免生闭塞之感

与开敞空间相反，狭窄的空间往往给人闭塞、拥挤、密不透风的感觉，需要设计师通过改造，让使用者感到更加通透、开敞、有进深感。中唐以后，文人们开始痴迷于在方寸之地建立丰富、完整的园林体系。用多样的元素对比、相借、渗透、穿插、组合出多种艺术效果，在“壶中”大小的空间诠释出大千世界的美妙。我们也可以借用这些手法处理办公空间中的狭窄空间。

（1）对比。通过材质的对比、疏密的对比、色彩的对比、明暗的对比、繁简的对比丰富狭窄的空间，强调变化，避免乏味。

（2）相借、隐藏、暗示。古典园林的理水艺术中常常借用小桥或者假山来藏水之源头，挖湖凿池收水之尾，使游者产生水流绵延不绝的错觉。在办公空间的设计中我们也可以借用这一空间改造手法，用特殊的隔断，借周围的景色，实现视线的流动，免生压抑之感。设计师在走廊的尽头用镜面反射，（借）周围的环境与灯光，使空间透视线得以延长，使狭窄的尽头隐藏起来，空间因此而被延伸（图 6-70）。

（3）二维与三维的穿插组合。中国古典园林艺术对“穿插”这一手法作了最精彩的诠释：虚实空间的穿插使整体气韵生动，花墙、漏窗等二维要素的穿插使空间产生

图 6-71 用平面图形“破”空间

曲径通幽之感。创意型办公空间设计中也可以借鉴此法，通过与周边空间形体要素的穿插、组合，打破狭窄空间尽头的矩形轮廓线，会带来更多的空间趣味和丰富的空间效果（图 6-71）。

5. 休闲空间尚曲，暗示悠闲之意

创意阶级对回归自然、重文化、高享受、自娱性和个性化办公空间的需求，要求设计师在满足日常办公的功能需求的基础上，开发空间的休闲性、趣味性与艺术性特征。曲线是这方面最好的表意元素。园林中云墙创造动感，曲径寓意悠闲，流水增加活力，这些曲线要素的运用可以引导设计师在创意型办公空间中体现更多的趣味。

6.5.4.2 空间尺度的丰富变化

空间尺度是影响空间的重要要素之一，分为物理尺度和心理尺度两个层面。英国作家、人类学家爱德华 · T · 霍尔（Edward T.Hall）将空间尺度归纳为亲密距离（0~45cm）、个人距离（45~120cm）、社会距离（120~350cm）和公共距离（350cm以上）四种。在办公空间设计中，合理控制空间尺度，达到既满足个人私密空间的需求，又满足可供沟通、交流的公共空间的需要，这才是最理想的状态。

1. 贯通 / 独立

古典园林中的建筑或掩于浓树绿丛，或藏于假山岩壑，半藏半露与环境相融，用月门、花墙、槅扇作为空间隔断，使个体建筑与整体环境实现视觉与感觉上的相互贯通。这种手法可以看做对私密空间与公共空间对立统一关系处理意识的雏形。

关于私密性和开放度的讨论，建筑师 Michael Brill 的研究为我们提供了很好的依据。在 1982 年出版的《办公环境对工作生活的生产力与品质的冲击》（The Impact of Office Environments on Productivity and Quality of Working Life）一书中证明了旧式的过度开放和过度分隔的办公空间都不是最佳方案，最佳的办公环境应该同时处理好交流和私密性的关系。为此，很多优秀的公司团队为员工提供了便于交流的开敞空间，为员工提供非正式见面和讨论的机会，提高了激发灵感与创意的可能性。在空间中解决独立与贯通这对矛盾的综合体，有三种主要的方法：

（1）独立空间单方向开敞：利用共用的“阳台”、走廊作为彼此贯通、联系的媒介。设计师在办公空间设计中引入住宅小区的理念，员工之间建立了一种社会纽带（图 6-72、图 6-73）。

（2）暧昧的空间划分：对办公空间中各种功能空间的使用调查发现，其中存在着很多使用不均造成的空间浪费现象，例如，会议空间面积大，但平时闲置时间较长，公共休闲空间面积较小，但却很受员工欢迎，使用率较高。为了缓解这一矛盾，我们可以使用暧昧的、灵活的空间划分方法。Cubion A/S 公司希望把办公室改造成一个让客户的感觉更加舒适、惬意的地方，使客户可以没有顾虑地表达自己的真实想法，以便进行更好的交流（图 6-74）。通透的框架在人们的意识中形成暧昧的空间划分，给客户提供一个可以沉思、放松的地方，构筑了一个沟通的平台（图 6-75）。

（3）独立的空间单元：支持游牧的工作方式。无线网络的发展，可移动家具的支持，使创意阶级爱上了“游牧”的工作方式。许多可组装、可移动且配套设施齐全的空间家具满足了人们游牧办公的期望，可以通过变换角度以表达私密或交流的需求，这样的可移动空间增强了空间的灵活性，也是一种满足贯通与独立这对矛盾综合体的设计方法之一（图 6-76）。

图 6-72　贯通的公共空间

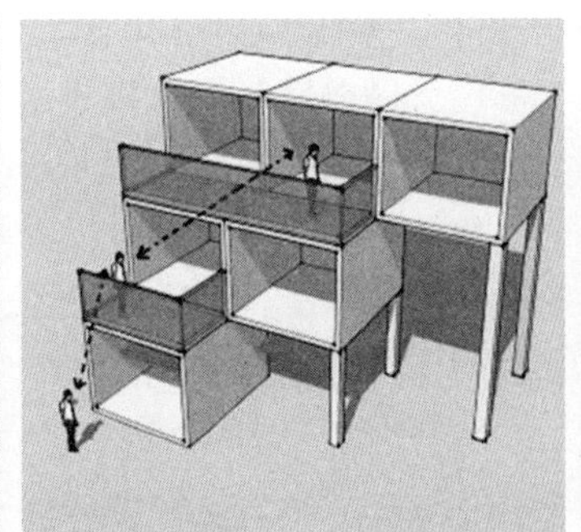

图 6-73　贯通的公共空间分析图

图 6-74　灵活的空间划分

图 6-75　暧昧的空间划分

图 6-76　独立的空间单元

2. 化整为零

从古典园林的平面中我们可以看出，其中极少出现恢弘的建筑群、大片的水池和茂密的树林，大多数园林之中的人造建筑与自然元素都是以穿插的方法散布在空间之中的，这就是我们所说的化整为零。办公空间设计中，“化整为零”可以使空间层次丰富，空间形态多样统一，产生很好的视觉效果与空间互动关系。

6.5.4.3 空间界面的多样与消解

对空间的讨论总也离不开其在现实维度中几个基本方向的界面。诺伯格·舒尔兹说：“任何人造场所的特点和空间质量都是由它们被如何围合而决定的。界面只有围合才能形成空间，进而依据共同的空间建立秩序”。[1] 因为中国独有的“天人合一”的自然观与“和谐统一”的自然审美倾向，所以，在古典园林中界面常常以多样、模糊的形态出现：身边的柱廊、头上的飞檐、脚下的碎砖、远处的青山、近处的花墙都可以被看做是一种界面。

1. 垂直界面的消解

古典园林讲究室内外空间互相渗透、交融，界限常常是弹性的、模糊的。

（1）利用门窗对空间进行划分。体现在门窗的开合变化，使建筑内部与周围环境时而分隔、时而开敞，更有甚者，前厅与天井之间甚至没有固定的门窗，室内与室外完全融为一体，成为“敞厅”。佳园设计研究院的办公室设计便借鉴了“敞厅”的概念，实现两个相邻空间的对话（图 6-77）。

（2）利用柱廊对空间进行划分。通过柱廊的空隙和窗洞实现和外部空间的交流、融合和渗透。这间小型的室内设计公司空间有限，设计师用回收纸板组成的建筑框架作为空间限定元素（图 6-78）。

图 6-77 垂直界面元素——“槅扇”

图 6-78 垂直界面元素——“柱廊”

---

[1] 诺伯格·舒尔兹，著．存在·空间·建筑 [M]. 尹培桐，译．北京：中国建筑工业出版社，1990：127.

图 6-79　Viny1 Group 设计公司的“土坑”

图 6-80　Viny1 Group 设计公司的“舞台”

（3）利用高差形成空间划分。Vinyl Group（万恩佑）设计工作室坐落在一个老仓库的五楼，面积约为 600m²。设计师从秦始皇兵马俑的“土坑”中汲取灵感，“桌面”的轮廓线成了无形的界面，清晰地分隔出不同的办公区域，同时满足了大空间的开敞和小团队的领域感（图 6-79、图 6-80）。

2. 界面要素的多样性

空间由界面围合而成，界面要素的形态、色彩、材质对空间的围合与空间氛围的营造有重要影响，水平界面要素的空间限定度较弱，利于加强空间之间的连续和贯通；垂直界面要素则更容易划定空间界限，提供积极的围合感。古典园林艺术讲究“隔则深，畅则浅”，强调有“隔”空间才会有层次变化，景致无穷。随着新潮设计理念的引入，办公空间中出现了采用色彩和灯光来围合限定空间的新方法，让空间中出现敏感的变化或者质感的对比，自然就出现了一种暧昧的隔断，打破了空间的单调感，增加了艺术性，这也属于象征性分隔的方式。

结合创意型办公空间的特点，我们在设计中要尽量减少绝对分隔的比例，多运用局部分隔、象征分隔和弹性分隔的手法，增强空间的流动性。WHEN 广告公司用悬吊的“大羽毛”围合成的会议空间，整体上实现了感觉上的围合（图 6-81）。

3. 虚白也是一种界面要素

古典园林设计中，造园家利用虚空间为环境增添了丰富的想象性，实现游览者情感和自然物质的交流，创造意境。这种东方特有的空间智慧给现代设计带来启发，在办公空间设计中，虚空间担当着另一个新的职能——“界面要素”。环境心理学研究指出，空间距离太大就会给人以平淡、松散的感觉，太小又会显得拥挤和局促，所以，在相邻的半开敞小空间中适当加入虚空间，使空间具有一定的领域感和私密性，为空间分割创造了更多的可能性。White Peak 公司坐落在北京 CBD 的 MARU MARU 办公室，设计师通过在适当的地方加入虚空间，具有重要的实用价值和心理价值；同样，因为虚空间的引入，使圆与方实现了很好的空间衔接（图 6-82）。

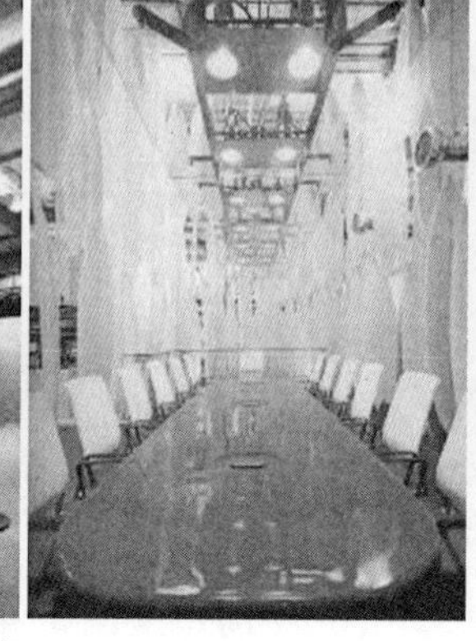

图 6-81　多样的界面形式

图 6-82　MARU MARU 办公室

6.5.4.4　细节与体验

1. 氛围的营造——感悟、体验、释放

1）文化感悟

中国古典园林是文人与工匠完美结合的作品，既体现了高超的造园技巧，又含有深刻的文化底蕴，实现了由“意”到“境”的物化过程。在创意型办公空间设计中，我们如果只取自然之形，易浮；如果只取自然之意，易涩。只有综合运用才能有效提升空间品位，营造文化氛围（图 6-83）。

2）自然体验

自然界绚丽多变的色彩和自然现象常常引发人们的联想，使人们紧张的神经得以舒缓，可以毫不夸张地说自然的体验是人们精神上的调节剂和兴奋剂。人们也许没时间漫步热带雨林，没条件畅游海底世界，没机会欣赏南极风光，但是，通过自然元素的运用与组织，让人们在办公空间中借助五感体验一次自然之旅也是不错的选择。

3）娱乐释放

创意型产业文化的特点决定了工作与娱乐并不矛盾和排斥，反而是相互促进的关系。许多企业认识到这一点，积极地在办公空间中加入更多、更刺激、更有趣的休闲娱乐元素，希望员工可以在游戏中尽情释放自我，激发创意细胞。

无论是基于文化感悟还是娱乐体验，这些设计最终的结果都使得创意型办公空间在保证舒适健康的环境，流畅便捷的信息交流的前提下，回应了人们对更高精神享受、更高情感体验的需求。

2. 朴素的材料——见素抱朴

低造价也能创造绿色的办公空间。古典园林设计讲究物尽其用，最大限度地扬长避短，表现材质的内在美。在办公空间的设计中材料的选择也至关重要，特定的材料带给人们特殊的触觉和视觉体验，使人与空间建立了一种直接的联系。在办公空间设

图 6-83 东京大视觉株式会社入口空间

图 6-84 Nexon 游戏开发公司

图 6-85 布艺石头

计中，我们可以把古典园林设计中体现的“见素抱朴”的自然审美特点从两个层面进行理解。第一层面，强调材料的形、色、质、肌理等内在特点来体现空间中的自然情结，营造空间氛围。Nexon 游戏开发公司办公空间设计中，办公空间与交通空间的界限是印着松树林图案的玻璃墙，让人们犹如步入松涛阵阵的树林，徜徉其间，给人们带来些许的闲适和惬意，成为这个办公空间设计的亮点（图 6-84）。第二层面，结合先进的工业技术，使用新材料摹写自然。“眼球经济”的发展，使人们开始关注新质感、新材料的研发。2012 年科隆家具展上栩栩如生的布艺石头，视觉上是坚硬石头的形态，触觉上却是极其柔软的质感，让人们产生惊喜的同时也满足了人们猎奇与追求个性的心理需求心态（图 6-85）。

3. 装饰——简化、留白

由于办公空间的特殊性，装饰元素并不能像在餐饮、娱乐、休闲空间那样肆无忌惮地到处绽放，装饰在办公空间中应以它们应有的“形容词”身份适当地出现，而不是作为“名词”单独出现，所以办公空间中的装饰元素最好与功能结合，并且宜简不宜繁，体现减法的美学。弗维设计的时尚设计商业学院 Annex 工作室以水为主题，在空间中央区域设计了巨大的“灯罩”，“灯罩”表皮方形的孔洞渗透着内部的灯光，看起来像升腾的水汽，使空间有了水的灵性。整个空间只用了白色、蓝色加上简单的图形元素作为装饰，因为很好地结合了空间要素，所以水的主题和轻松休闲的氛围得到了充分展现（图 6-86）。

4. 自然风、光、色、景——调动五感共享自然

城市学家帕尔（A.E.Parr）认为：在建筑和人工要素越来越密集的城市环境中，人们容易产生封闭感和单调感，这种缺乏刺激的环境对人的身体和精神都造成了很大伤害，甚至引发犯罪。而自然中包含着变化无穷的视觉刺激模式，开阔的视野可以让人得到放松，人的生理变化与大自然合拍，人的精神受到大自然的熏陶，青山绿水、

图 6-86　Annex 工作室中的“水池”

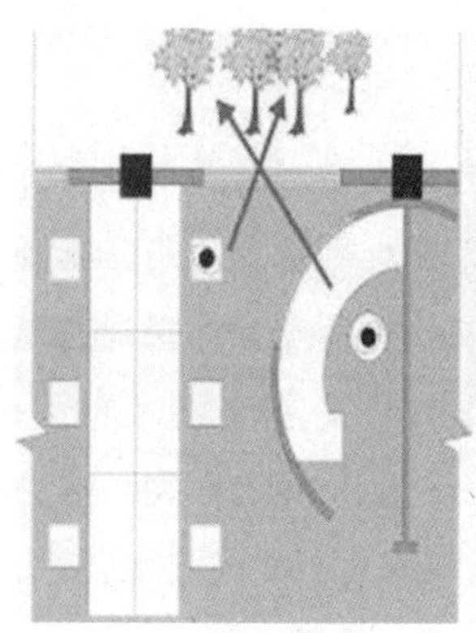

图 6-87　风景的共享

碧树佳荫是天然的镇定剂。[1] 在办公空间设计中引入自然的光与风景对缓解人的压力与疲劳有重要意义，更重要的是：自然中变化无穷的形态与色彩是激发创意的精灵，这对创意型办公空间设计意义非凡。

自然光不仅使我们感知到物体的形状、色彩，还帮助烘托空间气氛、传递情感。MARU MARU 办公室设计中，设计师仔细考虑了窗的面积与方位，不仅保证获得足够的室内光线，还巧妙地运用方圆结合的夹角来实现对窗外自然风景的共享，使员工不分等级与地位，都可以平等地享受到窗外的风景与阴晴变化（图 6-87）。

植物是室内绿化的主要材料。一方面，植物会生长且会随季相变化而变化，为室内带来勃勃生机。另一方面，中国特有的自然情结赋予植物很多内涵，如松柏象征长寿、竹子象征谦虚、梅花象征坚毅等，恰当地使用会使空间更富文化内涵，满足创意阶级对办公空间重文化、重情感的要求。借鉴古典园林中方寸之间构筑“壶中天地”的造园技巧，元素丰富、以曲代直、不同诠释手法共用。

---

[1] 徐磊青，杨公侠，编著．环境心理学 [M]. 上海：同济大学出版社，2002：93.

图 6-88 某设计公司顶楼的休闲花园

设计师运用小桥、流水、绿植等自然元素在狭长的室内空间构筑了一幅自然画卷，曲折的小径结合树木的遮挡使空间开合有度，视线景观充满变化，实现了步移景异的动态景观体验。这就是元素丰富利用的经典案例，恰好地表现了活用水景、山石、小品等元素，在方寸之地描摹大千世界（图 6-88）。

6.6 混搭与居住

人们日常生活的居所不断变迁，一次设计格局不可能永远使用下去。大众对居所这一生活必需品的要求，不止于物质上的基本满足。其实，对包括审美在内的文化精神层面的需求也越来越高。对人性化和个性化的追求是现代居住问题的核心内容。回归居住文化的“混搭”设计是解决当下居住空间精神文化需求的有效手段之一。

6.6.1 混搭及居住文化的概况

6.6.1.1 混搭概况

在当下快速发展的社会中，“混搭”一词的使用频率日益上升。“混搭”以其特有的影响力进入了公众的视野，成为一种流行的新风潮。混搭即混合与搭配，从字面上可以理解为：把看似迥然不同的东西按照一定的原则拼凑在一起，组成完全个性化的风格。2001 年日本一本叫做《ZIPPER》的时尚杂志中写道：“新世纪的全球时尚似乎产生了迷茫，什么是新的趋势呢？于是随意配搭成了无师自通的时装潮流。”混搭首先出现在时装界，近几年这种潮流快速在设计界蔓延，建筑、产品设计等领域都被其所充斥，目前混搭正在向居住空间设计领域迅速拓展。

6.6.1.2 居住文化

居住行为是长久以来人们最为根本的生活行为。居住文化的概念首先产生于欧洲。第二次世界大战之后，灾民流离失所，住宅严重缺乏，民宅建设在这一时期迅速发展。拥挤不堪的城市和狭小的居住空间打破了自然和人文环境之间的平衡，使生活其间的人感到窒息，身心失衡。在总结历史教训的基础上，建筑学界推出“居住文化”这样一种全新的概念，推广、崇尚良好的建筑及良好的居住环境的风气。

在现代社会里，人们对居住空间的要求，已不再仅仅是拥有一个可以挡风避雨的场所，而是要求能在这个居住空间里获得一种舒适美妙的生活感受，一种对生活品质的感受，它包括生活的态度、情感以及人自身与居住环境的融合。在中国传统文化观念中，住宅是身份和地位的象征，拥有属于自己独一无二的居住空间是大众的普遍心理。而我国住宅产业化模式的弊端在当下多元的社会中逐渐暴露，模式化的装饰导致千篇一律的设计，让众多消费者提出了质疑。虽然秉承“以人为本”的设计理念，但是远没有达到满足居住者的心理需求。对消费者心理需求的淡漠，导致了居住心理的压抑。如今，满足住宅使用者的个性化以及人性化需求是大势所趋。

6.6.2 居住空间混搭的社会文化背景

一个新文化现象的形成与发展，其背后必定有多方面的原因。住宅室内设计中的“混搭”现象，从根本上说是不同文化融合的结果，而文化本身是一个复杂而深刻的问题，想要真正地了解所要研究的对象，就必须对其外在的“物质”进行多方位的剖析。

6.6.2.1 非理性因素主导的哲学观念变迁

20 世纪之前，理性主义在哲学领域占据着主导地位，西方哲学家一直坚持认为通过理性主义的指导才能认知世界，看清事物的本源。当精神功能以及文化内涵逐渐被人们所重视，而理性的功能主义则受到质疑的时候，精神功能取代物质功能成为一种新的审美标准。非理性之所以急切地成为当下美学的主导因素，从根本上讲是因为已经在物质上得到满足的消费者希望打破这一阶段的固守成规，向平庸的现实发起挑战，从而通过一种非理性的美学冲动而建构出个性自由的新事物。“混搭”就是在这样一种中庸或者是理论宽容的时代下产生的一种设计手法，是非理性思维的现代产物。“混搭”中最突出的中西文化的混搭，正是对文化以及精神功能需求的非理性审美体现。

从总体上说，西方各种哲学观念的涌现及演化过后，也都间接或直接地导致某种新的设计手法和理论的出现。那么这一现象的基本内涵则是理性因素的不断衰落，而对立面的非理性因素不断提升的结果。换言之，“混搭”现象是在理性因素受到质疑的时候产生的一种主观意识形态，“混搭”设计手法中则包含许多非理性的多方面因素，这种变化意味着“混搭”突破理性因素的固定单一模式，创造出非理性的秩序。但在此又需要特别说明的是，在这样的一种时代背景之下不会存在完全纯粹的非理性思维，更不会有不包含任何理性思维的非理性思维。“混搭”事实上是文化的混合，是包含了理性的非理性，这里我们不能把“混搭”的非理性等同于无理性，就如文学中的“散文”不是只“散”而无“文”，是同样的道理。

6.6.2.2 社会经济、科技的快速发展

我国的住宅发展受到社会经济影响的比重很大，经济、科技的发展与否直接影响到住宅室内设计的发展，也就是人类的居住环境。居室内的装饰材料，以及室内家具形态的变化，都与社会经济与科技的发展密切相关。

第二次世界大战之后，在新技术革命的推动之下，物质基础充裕，世界经济高速发展。这一时期被称作战后的“黄金时期（Golden Age）”，创造出了许多经济奇迹。同时，建筑技术突飞猛进，迸发了众多的现代建筑思潮，建筑界当时以建造数量为目的，创造了许多乌托邦式的住宅建筑。尽管这些住宅实验并没有取得成功，但还是为后来的住宅发展提供了强有力的参考依据。另一方面，由于战后世界上许多国家的城市建设破坏严重，批量的灾民流离失所，发生了严重的住宅危机，各国都展开了对住宅的大量建设。诸如德国的“Mass Housing 计划”、丹麦的“住宅工业化计划案”以及瑞典的“100 万户建设计划”等，品种单一化、批量化是这一时期住宅的基本特征。

直到 20 世纪 70 年代，战后住宅危机逐渐得到缓解，量产住宅的时代已经结束。人们对住宅的基本物质需求已经满足，经济一直稳步发展，价值观念与审美观念随经济的发展同步变化，这时的住宅便开始了精神层面的追求。各个国家对住宅的建设由原先的批量化、单一化转向了个性化、多样化的要求，大众由从前对住宅有无的需求，转向对住宅室内环境与质量的关注。倘若战后经济没有迅速复苏，一直萎靡不振，物质匮乏，那人类会一直处于对物质的需求状态，丝毫不会考虑住宅的多样化与个性化。只要经济发展，人们的审美需求就不会止步不前，我们熟知的后现代主义正是为了适应大众多样化审美的选择而诞生的，那么“混搭”设计也是为了满足居住环境个性化与人性化的趋势应运而生。

20 世纪 80 年代之后，新技术革命快速发展，人类进入了信息时代。科学技术的创新逐渐由定性的研究转向了有机综合，科技的重点由原先关注的化学、生物、机械类的硬质研究，变为现代着重钻研的心理、人机、情感类的软质研究。由“硬”到“软”的转变也说明了绝对主义的衰落以及相对主义的兴起。新技术、新科技以及航空科技的发明创造，引导着人们的观念随着时代的变迁而改变。越来越多的人开始关注情感的需求，设计满足基本功能需求的同时，注重对人文及环境的关注。更多地考虑到区域性和地方性的因素，依据科学技术进行因地制宜的设计。多元化、开放化的环境孕育了新的设计方式，“混搭”设计手法就是在这样的背景之下产生的。

6.6.2.3 中产阶层引领的审美诉求

我国新一代中产阶层出生于20世纪的50~70年代，这批人经历了“文化大革命”的混乱局面，中国传统文化随着政治运动被破除，民间流传的点滴习俗文化也几乎消失殆尽。就在随后我国改革开放的几十年里，西方外来文化强势进入。正是这批人在自身传统文化储备不足的情况之下，被西方文化充斥了视野。

新兴中产阶层以西方审美标准来确定住宅风格，面对各种文化符号时常手足无措，心中有着强烈的住“洋房”冲动。大部分中产们因为贫瘠的文化底蕴，在面对自己的传统文化时所展现的是没有自信和盲目跟风，他们曾一度模仿西方的生活模式，乃至家居用品的选择，认为西化的符号才是现代生活的象征。但当中物西用，中国的传统器物转变为西方社会生活中的时尚符号之时，部分中产阶层又会欣然接受。诸如经典的明清家具、梅兰竹菊和龙凤花鸟的漆艺盒子、苏绣软式靠包等（图6-89）。另有部分中产阶层出于对中国传统文化的保留，住宅之中出现了中国古典陈设与西式沙发、壁炉共存一室的特殊的情景（图6-90）。这些无疑都说明了这些中产阶层一方面对西方文化的追求，另一方面又对本土的传统文化充满了渴求。这些中产阶层已经把文化上的混杂、趣味的混乱以及风格的混搭作为标榜自己个性的标签。他们对文化的渴望表现为住宅室内设计中的“混搭”。住宅室内设计中“混搭”现象的出现也是中产阶级应对文化迷失的最有效手段之一，“混搭”这一现象包含了对不同文化的跨越、不同层次的交叠、不同心理的满足。

6.6.3 住宅混搭的不同发展时期

了解“混搭”在居住空间中的发展，必定要通过对住宅室内风格的变化来进行探究，“混搭”与其有着千丝万缕的关系，也正是在这种变化之中产生了“混搭”这一手法。纵观我国的经济与科技发展，住宅室内装修发生着巨大的变化，因此可以把我国的住宅室内按照装饰的发展分为以下三个阶段。

第一阶段：改革开放初期分配房装修（20世纪80年代至20世纪90年代中期）

20世纪80年代初，我国加大对住宅建设的投入，居民的住房条件得到改善。这一时期我国的经济体制正由计划经济转向市场经济，随着对住房实物分配制度的改革，住宅商品化也逐渐形成。居民不再满足住宅的无装修，随着个性化意识的初现，开始自己动手进行美化，住宅的建造和装修也在这一时期产生了分离。住房制度改革的过渡时期，批量统一化逐渐消失，在外界物质文化刺激下，“混搭”概念初露端倪。

第二阶段：市场经济下的商品房装修（20世纪90年代中至20世纪90年代末）

市场经济体制全面形成，1998年我国住宅政策改革，住房实物分配制度退出历史舞台，逐步实行住房分配货币化。居民的住房不再依附于单位，住宅作为一种商品

图 6-89　现代居室装饰（设计师：Michelle Nuss-baumer）

图 6-90　现代居室装饰

供民众进行购买或者租赁。住宅商品化、市场化的进程加快了住宅产业的发展，住宅产业成为我国经济的支柱产业。毛坯房占据整个住宅产业，“二次装修”带来的个性化住宅室内装修全面兴起，进而取代了“初装修”。交付给消费者的房子只有门窗、基本管道和底灰，其余一律由消费者进行装饰装修，而众多不具备专业素质的装修队伍占据家装市场，装修出的室内风格千奇百怪，给消费者带了众多的不便，也使住宅市场走向了无序与混乱。“混搭”设计手法在这段时间内被广泛应用，活跃度很高，但由于还是处于发展阶段，各方面都不够完善，设计师们也都处于对这种设计手法的摸索阶段，“混搭”设计手法正是在这样的背景之下快速成长的。

第三阶段：多元文化下的住宅装修（21 世纪初至今）

随着国民经济的发展，住宅政策的不断完善，居民对住宅提出了更高的要求。毛坯房的弊端日益凸显，《商品住宅装修一次到位实施导则》中提出对毛坯房进行逐步取消的政策，在 21 世纪初北京、上海、广州、深圳等城市的开发商推出了全装修住宅商品房。其销售比例逐年上涨，预示着新的住宅装修时代的到来以及新的住宅装修模式的诞生。我国的全装修住宅中有菜单式全装修成品房、一次全装修成品房和全配置式成品房三种形式。目前，我国主要采用前两种全装修的形式。菜单式全装修不能违背产业化装修的原则，因而仅提供了几种可选择的菜单；一次全装修成品房耗费低，工期短，但使消费者对室内装饰设计没有选择的余地，两种模式都不能满足消费者多样化与个性化的需求。因此，寻求更加适合消费者的住宅装修模式是开发商首要考虑的问题。在市场装修统一化管理的条件之下，“混搭”设计手法在菜单式全装修的基础之上进一步成熟，受众面逐渐扩大，个性化“混搭”设计将是未来居住空间室内设计的发展趋势。

6.6.4 居住空间中混搭的分类

在当今国际化的背景之下，多元文化的共存与交流，已成为一种不可阻挡的趋势。那么室内设计中时尚风格的更替，并不是一种自上而下的轮换，而是在同一时间层面中的多文化交融。可以通过彼此交流、渗透，甚至吸收而产生新的结果。“混搭风格”正是基于多文化交融产生的设计手法，因而受到人们的推崇。混搭可分为以下几种主要类型。

6.6.4.1 风格主调统一的混搭

这种混搭类型应用最为广泛，也比较容易把握，即从众多主流风格中确定风格主调，然后将设计风格一致而形态、色彩、质感各异的家具与能衬托此风格的室内装饰元素（如饰品、布艺、灯光等）融合在一起，打造一种主体风格统一的室内空间，并从中协调穿插不同于主体风格的室内装饰元素，以达到整体和谐又出人意料的效果（图 6-91）。

图 6-91 现代居室装饰

图 6-92 瑞典摩登混搭风公寓
（设计师：Alexander White）

6.6.4.2 物质媒介并存的混搭

将不同的材质相互混搭、拼接，结合彼此的优点，创造出让人眼前一亮的效果。实木家具、板式家具、软体家具、藤编家具、竹编家具、金属家具、玻璃家具、大理石家具等，开始被设计师混搭运用（图 6-92）。

6.6.4.3 色彩基调统一的混搭

选择一种颜色作为空间色彩基调进行混搭是比较好的做法，也能更得心应手地取得各种风格和谐统一的效果。混搭的颜色可以是有深浅明暗差异的同类色，以便区分空间层次。在定下色调的基础上，增添一些对比色的家具、饰品，就会使空间的亮点非常突出。色彩对人心理的影响体现在情绪和机能两方面，利用色彩的混搭进行室内空间氛围的营造也是惯用的设计手法之一。在一个空间中，单一的颜色对人体的视觉影响力远不如多种色彩互相配合，构成多样的色彩关系对人的心理产生的影响力。色彩不占用空间，不受空间结构的限制，运用方便、灵活，最能体现居住者的个性风格。利用色彩进行混搭风格的营造，使自然形态更具表现力（图6-93）。

6.6.4.4 不同风格家具的混搭

在家具市场风格流派多样化的今天，不少企业开发出融合了不同风格、元素的混搭型家具以抢占市场先机。“美克美家”的“美国经典”系列充分体现了对家居装饰混搭风的深刻理解（图6-94）。“荣麟世佳”则将东南亚、西亚与中国元素完美融合，为中国家具设计带来了一股强劲的混搭风潮（图6-95）。

6.6.4.5 不同功能空间的混搭

色彩、装饰材料、配饰可以混搭，组成一个完整空间。而各个功能空间之间同样可以进行混搭。目前，已开始出现类似功能空间混搭的案例，即在高档包间的卫生间设计中，将舒适的沙发、厚重的天鹅绒布帘引入这个功能空间，设计者是希望将私密电话或谈话引入这个在包间中更加隐私的空间，满足商务客人的会谈需要。设计者巧妙地将会谈空间与卫生间两大不同的功能空间混搭在一起设计。当然，功能空间的混搭还处于尝试阶段，更多的设计者依然遵循一些功能空间设计固有的流程、原则进行设计。随着人们对环境意识和需求的提升，任何合理的功能空间混搭设计都将成为可能。

图6-93 现代居室装饰

图6-94 美克美家家居

图6-95 荣麟世佳家居

6.6.5 居住空间混搭的文化内涵

6.6.5.1 文化的多元化生

20 世纪 80 年代，中国开始对本土的传统文化进行反思。改革开放之后，西方各种异质文化入侵本土文化。随着经济的发展，我国对于文化建设愈发重视。党的十一届三中全会之后我国思想文化领域形成了一种“文化热”现象。主要针对中国的传统文化、中西文化的关系以及中国文化的发展趋势进行了分析研究。这期间出现了“中体西用”论、“全盘西化”论、“中西会通”说等多种文化主张。

到了 20 世纪 90 年代,“全球化”“多极化”的政治、经济改变了人类的文化价值观念，中国文化进一步复杂化。文化格局发生了变化，社会文化结构由主流文化、精英文化和大众文化三种文化形态构成，三者相互融合互通，形成了更为开放的文化环境。

2003 年北京师范大学文艺学研究中心教授、博士研究生导师王一川在《走向文化的多元化生》一文中指出 21 世纪的文化形态可以归结为四种，即主导文化、高雅文化文本、大众文化以及民间文化文本。主导文化稳固社会秩序，维护文化和睦；高雅文化文本即之前所说的精英文化，是部分社会阶级的个体文化，具有形式创新、社会批判和个性化追求等文化特征；大众文化在社会发展中不再受到挤压，地位逐渐飙升，大众文化是市场经济体制下市民社会成长的伴生物，满足市民的日常愉悦，具有一定的历史进步性；而民间文化文本区别于大众文化的就是传承性与自发性的自娱特点。现实社会中，这四种文化形态不可能是独立存在的，其相互渗透交融，形成多元文化格局。王一川教授认为文化的多元互渗是不够的，必须达到多元化生的境界，那么所谓的多元化生就是指各种文化元素在合理的多元共存格局之下，发挥各自的文化功能，主动地进行优化组合，并在此基础之上寻求个性化特征的展现。以上这种文化的多元化生现象就是对当下居住环境中“混搭”设计方式内涵的完美诠释。

6.6.5.2 消费文化转变下的产物

消费文化在这样背景下的 20 世纪中诞生，并伴随着世界经济的发展而变革。人类物质生活富足，消费需求如同多元文化融合般进入了多元化时期，消费结构也早已从物质温饱型转变为精神文化型。消费类型的转变与消费量的增加影响着住宅室内设计的变化。著名的“马斯洛需求理论”，将人的需求分为五种，即生理需求、安全需求、社会需求、尊重需求以及自我实现需求。其中，自我实现的需求是位于最高等级的需求。审美文化的深层认知需求是人们需求的较高级别，也就是对精神文化的消费需求。目前的住宅室内设计中，根据消费者心理需求的不同，可以分为三种消费人群：第一种是为满足居住需求而进行基本室内装饰装修，较少考虑审美的需求。第二种对于住宅室内设计有特殊的需求，即自我个性化的需求以及对设计文化内涵的关注。这类消费人群正是上文所提到的中产阶层，他们是住宅室内设计消费领域的主导因素。还有另一种人群则是享乐主义消费人群，关注的是自身地位的体现，不惜重金对住宅室内进行装饰。

“混搭”这一现象反映了人们对精神文化生活的多元化需求，同时也反映了不同文化之间的融合。

6.7 风水与造景

风水理论是中国几千年以来逐渐形成的朴素自然观，反映了人与自然和谐相处的“天人合一”思想。这一思想沿用至今，对当下的日常生活与生产活动产生了一定的影响，在海外华人团体中有着相当的群众基础。为了在室内空间，以及中庭、院落等处营造自然、人文的视觉中心，时常采用人工造景来实现这一目标。若人工造景能与风水理论相结合则更具内涵与价值。

6.7.1 风水理论

6.7.1.1 风水的定义

风水又称堪舆、相地、青乌等，作为一种世代沿袭的文化现象，在民间广泛流传，它通过察天观地、择吉避凶，选择适合人类生存的最佳环境，以达到阴阳调和、天人合一的目的。

“风水”这一名称来源于晋人郭璞所著的《葬经》，曰：“气乘风则散，界水则止。古人聚之使不散，行之使有止，故谓之风水。”从中可以看出风水的根本：以阴阳为本，以“生气论”为核心，以藏风得水为条件。其对于界定风水的好坏观点是“得水为上，藏风次之。”《葬经》中曰：“木华于春，栗芽于室，气行于地中。其行也，因地之势。其聚也，因势之止。古人聚之使不散，行之使有止，故谓之风水。”《葬经》对风水的定义强调的是“气”的行与止，当气的“行”与“止”有机结合时叫做“生气”，从而才能为人们所用。

风水是中国术数文化的一个重要分支。它积累和发展了先民相地实践的丰富经验，以河图、洛书、阴阳、五行、太极、八卦等哲学理论为基础，附会了龙脉、明堂、穴位等形法术语，审察山川形势、地理脉络，总结出相应的理论，最终运用到空间布局、方位调整、色彩与图案选择上，以满足人们对居住环境的需要。风水是中国古代涉及人居环境的一个极为独特的、扑朔迷离的知识门类和神秘领域。

6.7.1.2 风水与阴阳

风水的基础思想来自于古代哲学理论和思想，以阴阳五行、八卦以及生克论为指导，风水的吉凶判断基本是以《易经》的吉凶模式为依据的。

在中国哲学和文化中，阴阳是个广泛存在的概念，如《易经 · 系辞上》:“一阴一阳谓之道”。《易经 · 系辞下》:“阴阳合德，则刚柔有体。”《易 · 说卦》:“立天之道曰阴与阳，立地之道曰柔与刚”。等等。阴阳概念是风水理论的基础之一，它代表了自然界两种最根本的力量。

风水上关于阴阳一词，最早见于《诗经》之《公刘》章。东汉许慎《说文解字》云：“阴，暗也，水之南，山之北也。”所谓阴阳向背之理，即物体向阳光的一面叫阳，背阳光的一面叫阴。世间任何事物均可以分为相反的两个方面，即阴与阳。阴阳现象无处不在。表 6-10 列举了一些阴阳对比的属性，可以不断引申出去。

阴阳对比的属性 **表 6-10**

阳	明亮	上面的	外面的	热	动	快	雄性	刚强	单数
阴	黑暗	下面的	里面的	寒	静	慢	雌性	柔弱	双数

虽然阴与阳是相互对立的两个方面，但是却具有相互依存、互相为用的特点，即阴阳互根。没有阴，阳无以为存，没有阳，也就无所谓阴了。正如《黄帝内经·素问·阴阳应象大论》中所说：“阴在内，阳守之，阳在外，阴之使也。”阴阳这两种属性是处于动态平衡之中的，此消彼长，彼进此退。

风水理论就是人类在择居、建筑等活动中，寻求一种阴阳平衡的实际操作方法的理论。中国古代城镇、村落、宅地、墓穴的选址布局都不同程度地遵循这种阴阳学，形成了以阴阳定方位的操作方式，推崇背山面水、坐北朝南的空间设计。古人在建筑房屋时，十分注意阴阳适中，以利于延年益寿。

6.7.1.3 五行

关于五行的论述最早见于《尚书·洪范》:“五行，一曰水，二曰火，三曰木，四曰金，五曰土；水曰润下，火曰炎上，木曰曲直，金曰从革，土曰稼穑；润下作咸，炎上作苦，曲直作酸，从革作辛，稼穑作甘。”

五行学说认为世界是由木、火、土、金、水五种基本“元”构成的，这五“元”是指五种物质属性。五行之间的对立、依存和转化是宇宙间万事万物生生灭灭的规律和原因。自然界各种事物和现象的发展和变化都是这五种“元”不断运动和相互作用的结果。

五行学说认为，五行之间具有相生相克的规律，这个规律的总结来源于人们在生产生活中对客观世界的观察。相生是指互相滋生、促进、助长。具体为木生火、火生土、土生金、金生水、水生木……相克是指互相制约、克制、抑制。具体为木克土、土克水、

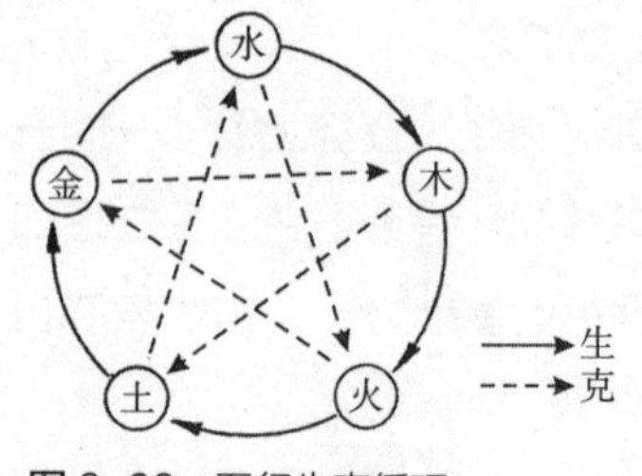

图 6-96　五行生克循环

水克火、火克金、金克木……因而五行的相生相克是生生不息的循环（图 6-96）。

在基本的五行生克的基础上，五行之间还存在相制相化的关系。相制即通过生我之物来制服克我之物，如土克水，但水能生木以此克土；这是一个克服与反克服的循环，是相互制约又相互依存的生物链。而相化是通过相生之物来解化相克之物的矛盾，如水克火是一对矛盾，但水通过生木，木能生火，来化解水与火的对立立场。因此，相克者之间存在一种间接的依存关系。五行之间的相生相克关系没有绝对的强或弱，相互之间互相依存制约，缺少任何一个环节都不能成为一个统一体系。

五行和阴阳一样，相互之间存在依赖、促进、排斥、克制的关系，存在对立统一、依存转化的运动过程，这个过程错综复杂、生生不息、千变万化。只有这种关系协调，才能使宇宙万物处于均衡的状态，才能为人类社会提供服务。

6.7.1.4　太极和八卦

《周易 · 系辞》:“易有太极，是生两仪，两仪生四象，四象生八卦，八卦定吉凶，吉凶生大业。”这句话道出了中国人的宇宙观（图 6-97）。“易有太极”，太极指宇宙最初浑然一体的元气，是宇宙之本源。“是生两仪”，两仪即天地，天为阳，地为阴。浑然一体的元气，轻清者上为天，浊重者下为地。阳用“一”表示，阴用“——”表示。“两仪生四象”，生即分，两仪分成太阴、少阳、少阴、太阳。四象是在两仪一阴一阳的基础上分别叠加一阴或一阳产生的，四象象征春夏秋冬“四时”。“四象生八卦”，在四象之上再生一阴一阳，就产生了第三爻，以阴阳三爻错综排列，最终可以得到八种卦形：乾、兑、离、震、巽、坎、艮、坤。“八卦定吉凶，吉凶生大业。”这就是说，由八卦相重而生出六十四卦三百八十四爻，以之断吉凶，趋吉避凶就可成就伟大的事业。在《系辞》里，八卦一词往往包括六十四卦。

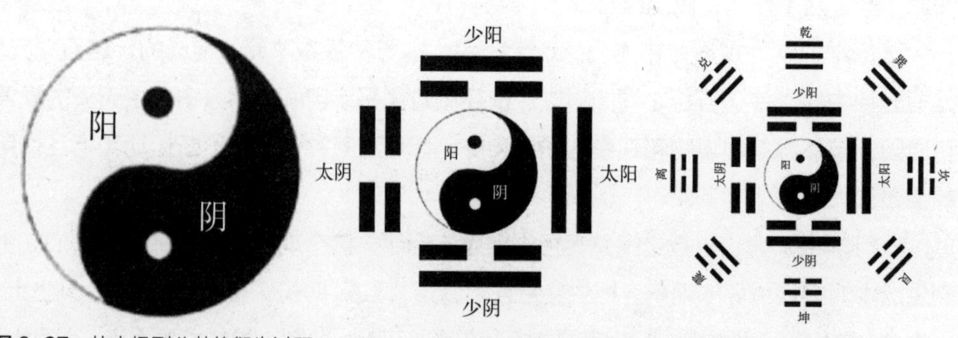

图 6-97　从太极到八卦的衍生过程

由上可知，在古人的认知里，“太极”是万物之宗，而天地万物又都是由“阴”和“阳”结合而成，所以后人在“太极图”中形象地表达了这样的模式。也有人称“太极图”为“阴阳图”或“阴阳鱼”。

八卦作为一个统一的系统，力求全面探讨天道、地道、人道。“立天之道曰阴与阳，立地之道曰刚与柔，立人之道曰仁与义。”其主旨是以天地之道说明人道问题。八卦代表世界上所有的动态之象，然而，它不过是由阴爻和阳爻这两个十分简单的符号所组成。阴阳二爻之所以能够发挥如此巨大的作用，主要是八卦充分利用了一切事物都具有特定关系与结构的原理，从而以严谨的结构规范八卦模式。风水中正是根据八卦的这些特定含义产生出一些有关事物吉凶的评价观念，也使得风水成为一种深奥的理论。

6.7.1.5 风水的派别

中国风水学基本分为两大派别，一种是形势派，一种是理气派。形势派又称三合派，注重在空间形象上达到天地人合一，诸如“千尺为势，百尺为形”，主要用于择址选形；理气派，又称三元派，注重在时间序列上达到天地人合一，诸如四时五方、三元九运等，主要用于确定室内外的方位格局。

6.7.2 室内空间中的造景设计

6.7.2.1 造景设计的定义

所谓造景即通过人工手段，利用环境条件和构成空间的各种要素创作出所需要的景观。景是由形象、体量、姿态、声音、光线、色彩以及香味等组成，是空间中欣赏的对象。

造景设计这一词原应用于景观园林设计当中，如叠山筑石、理水造池、构筑亭台楼阁等。中国传统园林通过各种造景手法，巧运匠心，创作出“虽由人作，宛自天开”的美好意境。通常狭小的园林以静观为主，动观为辅，运用对景、框景、借景等手法，形成“有限中见无限”“小中见大”的效果。中国传统园林的典范拙政园即是很好的实例（图 6-98）。占地较大的园林以动观为主，静观为辅，通过障景、夹景、添景等形式，将大空间分割成多个小空间，或开朗，或收敛，或幽深，或明畅，使景色更为丰富。

在室内设计中同样可以借鉴造景设计这一理论，并结合室内空间的需求特点将这一理论扩展开来。室内空间中的造景指在某一空间中通过形体、色彩、光线等，组合营造表达某一特定主题内涵的视觉景像。它可以是硬装的形体设计，也可以是某一雕塑景观场景，甚至是一面将室外场景映入室内的落地窗户。造景设计没有特定体量的限定，大到一个中庭，小到一个玄关，都可以有声有色。人的视觉感知是造景设计所要呈现的最核心的部分，是最为重要的，“看”往往是人们认知事物的第一步。但从另一个角度来看，单纯的视觉造景对人来说就是停留在某一时刻二维平面上的影像，要诱发人们与景更多的共鸣，造景就不能局限于单一的视觉感官，还可以在设计中融入声音、气味、质感等元素，突破视觉的距离局限性，让人在远处就能闻声、寻香而至，提前感受到景致散发出的魅力。如在景中设置跌水、植物、香炉等（图 6-99）。通过精心的造景设计给予人们视觉、听觉、嗅觉等生理心理感知以新的体验，来更好地体现空间的价值。

造景设计的手法在商业空间中主要集中在大厅入口、休息区、餐饮区、会议区等人流量较多、具有重要功能的区域。在这些区域设置景致，可以烘托空间氛围。如入口处设置景致，可以定位整个商业空间的基调（图 6-100）；休息区设置景致，可以提高空间品质，让休息的人们有景可观；餐饮区设置景致，可以让人们身心愉悦，用

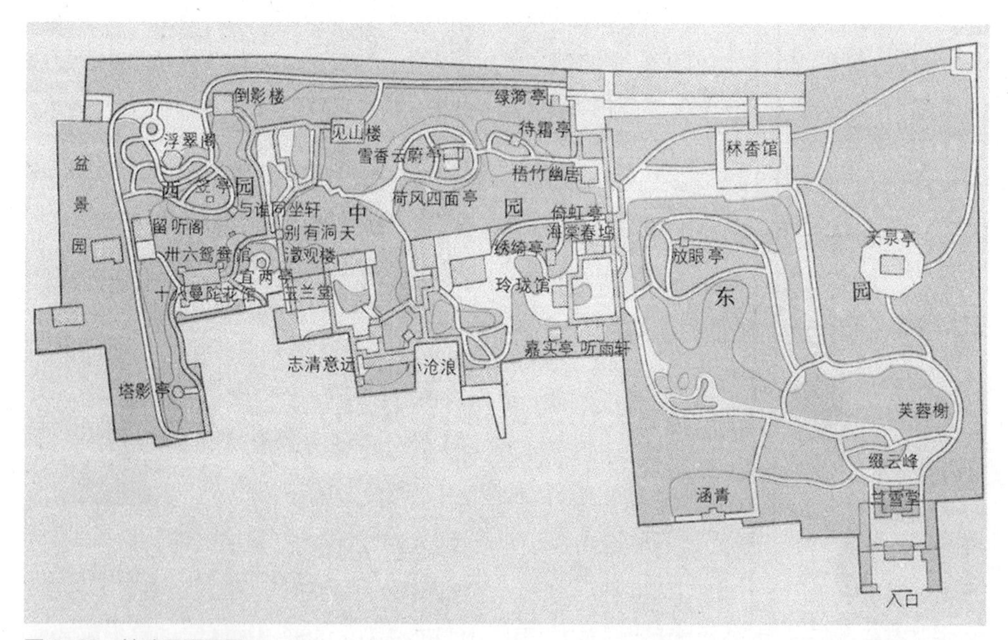

图 6-98　拙政园平面图

图 6-99　现代水景

图 6-100　杭州四季酒店

餐更加愉悦；会议室、接待室设置景致，有利于营造会议所需要的轻松、活泼、严谨、封闭的环境氛围。造景设计的手法在居住空间中受空间尺度的限制强调小型化、精致化，客厅、卧室、阳台，甚至卫生间都可以加以运用。另外，在空间的角落、楼梯下的死角等区域布置造景，可减少空间局促感，使室内生动有趣。通过造景可以更好地利用空间，提高人们的生活品质，起到画龙点睛的作用。

6.7.2.2 造景设计的意义与主题

随着经济水平和时尚潮流的发展，人们对生活品质的追求不断增加。人们已不再局限于对物质形态的追求，而是越来越注重文化情感的体验。室内空间更需要成为与人交流的媒介，表达情感的方式。如果一个空间单纯地只是停留在物质层面的创造，而忽略精神文化层面的追求，则缺乏了人与空间环境的互动体验。传统空间以功能需求为主，正向现代室内以文化精神需求为主转变。在满足空间基本使用功能的基础上，更注重空间意境与情感互动的营造。人性化、个性化、时尚化是当下与未来室内空间发展的大势所趋。赋予空间文化主题是营造独特空间意境氛围的关键。对主题的选择多从传统地域文化出发，使切入的主题在具有一定深度的文化内涵的同时，较容易实现空间的无法模仿和不可复制。空间的主题可以分为形象类与抽象类，造景设计可以汲取主题中的元素，通过空间形体、色彩、材质、陈设等或直接或隐喻地表达空间主题的内涵。并通过视觉、听觉、嗅觉、触觉等感官感受传达给空间的使用者。

6.7.3 风水对造景设计的影响

6.7.3.1 设计理念

风水理论运用于空间造景设计反映了“天人合一”的思想与对美好生活的愿望。“天人合一”是中国传统文化的重要组成部分，季羡林先生对其解释为：天，就是大自然；人，就是人类；合，就是互相理解，结成友谊。人与自然不应是征服与被征服的关系，而应是一种有机的协调，因地制宜地营造适合的生活居住环境。造景设计中的“天人合一”主要体现在对自然生态美的追求。这里的自然美可以是自然界元素的美，也可以是仿自然的形态的美，是一种质朴、简洁而无刻意雕琢的美。室内空间造景设计给人们的应不止于一时的视觉体验，还应给人持久的精神愉悦感。

风水理论包含着人们对生活的美好祝愿。不同的风水格局有着不同的寓意，如出入平安、招财进宝、万事如意等。造景设计可以很好地利用这些有着美好寓意的风水元素和空间布局。在公共空间中，结合风水的造景设计对于空间本身寓意着人气的旺盛，财富的汇集。对于空间使用者，这些寓意可以看做是一种心理暗示，象征着平安、健康、幸福，更体现出空间的管理者对使用者的人文关怀。在居住空间中结合风水的造景设计，更是对一家人避凶趋吉、招财进宝、事业顺利、延年益寿、家业兴旺的期盼，带来一种精神上的安慰与寄托。

6.7.3.2　空间布局与聚气

风水理论讲究藏风纳气，具体到空间中的造景设计就是对造景布局位置的选择。在空间布局中经常采用的造景大都可以在风水理论中找到一定的依据。比如空间入口处的内部区域，容易导致元气泄漏，无法藏风聚气，因而常在入口设置遮挡的玄关、屏风等（图 6-101）。空间造景良好的视觉感官体验，会给人们带来一种美好的心身暗示，以达到聚气之目的。这里的造景包含自然景色与人文景观。

6.7.3.3　构景元素

在日常生活中经常可以看到与风水相关的装饰元素，尤其是传统建筑之中，可以说是无处不在。而在现代建筑空间中，也同样传承了许多风水元素的应用，如在大楼的门口都会放置石狮或瑞兽，以招财化煞（图 6-102）；在室内摆放与佛相关的雕像，以平安辟邪；在商铺放置鱼缸，以招财气。将这些元素结合到室内空间造景设计中，既表达了一种对生活的美好愿望，同时也体现了中国传统文化的内涵。这些风水元素可以大体分为自然类和人文类，自然类包括自然界存在的事物，如流水、山石、动植物等，而人文类指一些寄托着人们美好情感的人造事物，如纹样、雕塑、书画等。

6.7.3.4　感知

普通的造景给空间带来的可能就是一般意义上的视觉效果，而结合风水理论的室内空间造景，带给人们的是一种经由视觉传达的精神感知。无论是营造令人心旷神怡的自然之景，还是构造充满美好寓意的人文之景，都增添了空间精神上的愉悦感，这种愉悦感带给人们的是美好的心情。从心理学的角度来看，这有利于人们心理和生理

图 6-101（左） 一座院子 · 中赫万柳书院

图 6-102（右） 铜狮子

的健康，直接作用于人们将要从事的活动，如工作、会谈、用餐等。人们在空间中拥有了精神的愉悦感，才能无拘束地去体验空间带来的快乐，提升空间的整体价值。

6.7.4 符合风水理念的造景设计

6.7.4.1 设计原则

传统风水应用中，都需要先了解需求者的命理。如风水相宅，需先明居者命理喜忌，再入勘测调整；起名字，需测算了八字之后，明其喜忌，再配合命理斟酌名字；选吉日，要看需者八字来定最适合之日。可以看出风水理论是围绕着以人为本的原则去服务于人们的生活。其次，传统风水在实际应用中还讲究因地制宜，根据环境的客观性，采取适宜于自然的生活方式。早在先秦时的姜太公就曾倡导因地制宜，《史记·货殖列传》记载："太公望封于营丘，地泻卤，人民寡，于是太公劝其女功，极技巧，通渔盐。"这是古人顺应自然的理念。人们常说风水宝地，从某一方面来看也是对大自然的一种尊重和自然美的崇拜。我们可以将这些归纳为传统风水理论"以人为本"和"崇尚自然"的原则。

"以人为本"和"崇尚自然"的原则同样可以应用到室内空间造景设计之中。"以人为本"指空间中造景设计的目的是服务于空间中的人。造景设计应该围绕人们的生理心理、需求来创作，表达一种乐观、积极的情感需求。如在很多空间的大厅，都设有水景并养有景观鱼，所谓流水生财，这就是对人们追求生活富裕心理的美好祝愿。"崇尚自然"指空间中造景设计应因地制宜。这里的因地制宜即指造景所用的元素应符合地域文化，又要适合其所处的室内空间。以不矫揉造作的自然美作为审美标准，采用自然的形态或直接采用自然界的素材营造令人心旷神怡的室内景观。

6.7.4.2 理气

空间风水格局的调整，始终围绕气在进行，具体有进气、纳气、聚气、生气。符合风水的室内空间造景设计也应该起到调节空间格局和气场的作用。不同的空间气场需要配以不同的造景设计。例如，在大堂、大厅等一些空旷又有一定高度的空间中，造景设计就需要配合其强大的气场，应设计得大气，整体一些。而在办公室、客房、包间等较小空间，造景设计则应更小巧精致。室内空间中还有很多空间布局上需要完善的地方，如入口、楼梯下死角、过道的转角尽头、电梯厅等，通过设置玄关、屏风、构造景致等去完善这些空间。从风水角度上来说有助于藏风纳气。如玄关是重要的纳气之所，可用符合风水的植被花卉，既美观又寓意着好运。屏风具有很好的风水效果，从风水的角度看有挡煞的作用，屏风的高度不可太高，太高容易重心不稳，给人以压迫感，太矮的屏风则起不到留住气流挡煞的作用。

6.7.4.3 风水元素应用

符合风水理念的室内空间造景设计必然需要选取采用与风水相关的设计元素。这些风水元素既有自然类的也有人文类的，从流水、山石、动植物、雕塑、书画等都涉及风水。对这些元素的应用需要了解其所表示的风水含义，才能正确地塑造符合风水理念的造景。

1. 水

水在风水术中分为自然之水与形象之水。有形有质为自然之水，有水的形象而无水的实质的称为形象之水。风水家将一切具有水之形象的物体都称之为水，这就是风水中的形象之水。风水中的形象之水指将水与时间和空间联系起来，使其超出本身物质形态，上升至一种精神境界的产物。人们又根据水具有的流动性将其与财源联系起来，美其名曰："财源似水源""见水生财"，使水成为财富的象征。在造景中使用水景的时候因采用流水，也可养一些景观鱼类，让水活起来，更能表达生财之意。

2. 山石

风水有句俗语："山管人丁，水管财"。山在风水中起到人丁兴旺，增加人际关系的作用。中国人对假山石有传统的文化情结。古人喜欢在自家空间内建假山假水，天地自然尽在自我空间之中。在石头的选择上，如果是立石，则应了解其纹路特性；若是堆石，则重点在于宾主有别，层次分明，凹凸有致。一个好石头应该遵循"石不可雕，纹不可乱，块不可匀，缝不可多"的原则，才能达到石头艺术升华的目的。在现代室内空间中将山石，以及具有山石意向形态的器物都作为造景设计中常用的元素。为符合当代时尚审美潮流，选用金属材质并具有抽象形态的石头受到更多青睐（图 6-103）。

3. 鱼

《易经》上说："润万物者莫润乎水"，鱼与水共生，使室内更添生气。闲暇之余观赏鱼在水中畅游的优美舞姿，既能修身养性又能给紧张的心情、工作、精神带来暂时的缓解和释放，所以在室内空间造景设计中有较大面积水景时，都适宜饲养观赏鱼。而鱼的数量也多有讲究，数字上多以单数为佳。因为在数字上单数为阳数，双数为阴数，阳主进，阴主退，适宜以单数的阳性来催财助运。在鱼的颜色上以黑色、蓝色、金色、银色、白色、彩色为佳。

4. 植物

风水最原始的目的是加强人与自然的联系，而植物也因自然产生出生生不息的自然之气。植物是开运布局中常用的物品，有助于平衡协调能量，让室内空气清新并美化环境。这里植物又可以分为花卉和木本植物。风水中好的花卉必须符合外形美观、色彩艳丽、气味宜人、寓意吉祥且生长旺盛等条件。木本植物可以选用棕榈、竹、梅树、石榴等具有美好寓意的种类。在造景设计中可以说离不开植物元素，无论抽象还是具

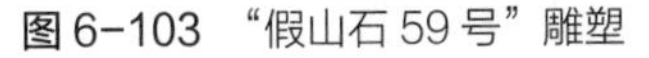
图 6-103 “假山石 59 号”雕塑

图 6-104 木马

象，其表达的都是人们对自然美的一种追求和崇敬。

5. 雕塑

在造景设计中常用的符合风水的雕塑可以分为瑞兽和宗教主题。在源远流长的文明史中有着灿烂的民俗文化。在传统民俗文化中，貔貅、麒麟、狮子、龙龟、蟾蜍是能驱灾辟邪、招财纳福的五瑞兽。其次还有龙、象、马等吉兽（图 6-104）。这些饰物都能给空间风水格局带来好的寓意，对人们的心理起着正面的暗示作用。宗教主题无论东西方，都有辟邪、祈福的作用。例如佛像、十字架等，所谓“佛即心，耶稣亦是心；神是心，天亦是心”。造景设计中采用一些宗教元素，可以让空间中的人们心理上有所寄托，以体现人文关怀。

6. 书画

在室内空间中吉利的书画能提升气势，增强富贵气息。有些画也称之为风水画，基本可以分为山水、动植物和人物画等。山水画最受青睐，画中有山，代表人丁，画中有水，代表财禄；植物为主题的风水画中最流行的是牡丹花代表着富贵。动物风水画中有九鱼图、三羊图、百鸟图、百骏图等表吉祥的画卷。而人物画中以颜容亲切、祥和的仙、佛为上选。这些画卷在造景设计中并不一定拘泥于挂画的形式，可以背景、屏风、投影等载体出现（图 6-105）。

6.7.4.4 构景方法

良好的符合风水理念的造景首先符合构景的美学基本要素，包括比例关系、图底关系、色彩关系等。根据空间的本身条件和人们的心理需求选择营造的造景主题。提取应用风水中象征着吉祥的元素，加以组合搭配，构造出适宜的风水景观，带给人们心灵上美好的感受。传统风水本身有很多好的布局，造景设计时可以利用这些布局为

图 6–105　滩万日本料理

图 6–106　苏园酒店

参照。以四水归堂为例，所谓四水归堂顾名思义，其最大的特点在于一个“归”字，是一个“凝聚”天地人气的风水大格局。四水归堂是讲在自然的山水当中，有四条水从四库之地源源而来，在中心汇聚成湖，是谓“水聚天心，四海朝拱”，乃最上乘的风水格局。四水归堂的风水最大的特点就是财运的汇聚，而且有财能存；同时四水归堂也叫水聚天心，是一种凝聚的、朝拱的气场，所以人处其中不惟财物凝聚，也会带来人气的聚拢，人心的归拱。会增强空间中人们的凝聚力，渐增人气。在造景设计时可以利用人造灯光营造的天井效果配合水景，营造出这一四水归堂的景象(图 6–106)。

风水学上还提倡有情的格局。如在造水景时，一般在大厅、院落入口，所谓堂前聚水，明堂宽广，视野开阔，曲则有情，不疾不徐，给人以吉祥之感。水池的形态以弧形弯曲环绕为佳，形成“玉带环抱有情局”的旺财风水局。不同的水池形态有不同的寓意。腰带趋财水，指水形如腰带环抱空间，半圆的抱身水称为金星抱身，半方的称为土星抱身，水星抱身则是最好的水法，指曲折回旋的水形，有旺财聚财之意。在营造水景时还可以配以小桥、植物、金鱼等。所谓桥能素财聚气，而植物和金鱼让景致更添生气。

6.8　综合设计

6.8.1　综合设计的定义

综合以上典型文化不少于两点可称综合设计，例如诗词与书画结合、自然与风水结合、混搭与乡土结合等组合方式。综合设计以开放性的姿态吸纳各个典型文化主题的内容，采用多元的设计思想，展开多维的研究层面、采取多样的应用方法，各典型文化主题间相互补充吸收。例如，有的文化主题原本平淡，但在其他文化主题的衬托下显现出光彩来，因而综合设计能充分挖掘发挥文化主题的底蕴和潜力。综合设计是对各典型文化主题的重新整合，有利于丰富空间的文化内涵，让空间更富有深度、层次、变化。

6.8.2 综合设计在室内空间中的价值性

室内空间的产生是为了满足人类最基本的生活需求。随着社会经济的不断发展，人们对生活空间环境提出了更高的要求。对于当代的室内空间，人们已经不再满足于物质形态的功能性，而越来越注重文化与情感的体验。相互雷同近似的空间设计风格带来的更多的是空洞、木然、无神。正因如此，拥有典型文化主题的室内设计找回了空间的神韵，表现着对美好生活的追求和愿望。不同类别典型文化主题室内设计以科学技术为依托、文化艺术为内涵，反映着传统与地域文化的传承与发展。让典型文化主题的室内空间具有鲜明、浓郁的文化特征，与人的感知体验产生共鸣，达到不仅“悦目”，更能“赏心”。

用单一的典型文化主题来体现室内空间，有利于突出主题文化的特征来触动人的心灵，但也容易出现单一性带来的单调乏味、视觉疲劳。综合两种或以上的典型文化进行室内设计有利于扩展空间文化内涵，通过不同文化间的融合、对比、衬托让空间层次更为丰富。综合设计有更多的设计元素、更多的设计手法。如果说单一的典型文化空间给人带来的是浓郁的感官体验，综合设计的室内空间则更值得人们细细品味，所表达的精神面貌和文化内涵更有深度。

6.8.2.1 丰富空间文化内涵

这些不同的典型文化主题有的汲取了经几千年沉淀的中国传统文化精髓，有的融入了一脉相承的地域文化情感，有的吸收了当下不断创新的多元文化。每一个文化主题都有其独特的文化内涵，每一个文化内涵又有着其独特的魅力。不同的文化内涵，有的有交集，有的相距甚远。综合不同的文化主题，就是多种文化内涵的交融、碰撞，比单一的空间文化内涵更有深度和层次。比如乡土文化和书画文化相结合，乡土体现的是传统的地域情感精神，书画表达的是以形媚道、天人合一的文化内涵。二者相结合时，书画的文化内涵烘托出地域深厚的文化底蕴，另一方面也表达出地域情感孕育出传神的书画艺术。

6.8.2.2 丰富设计元素及手法

各个典型文化主题都有自己的代表性元素。综合设计不但整合不同典型文化主题的内涵，也要归纳各主题的元素。同一空间中不同文化主题的介入，需要不同的主题元素。对于每个单一的文化主题来说，其元素必然是有所留也有所弃。但是总体而言，虽然单一的文化主题元素减少了，但元素的种类却增加了，使营造的空间更富有情感。

多样的元素带来了更多的选择，不同的选择组合可以表达出不同的空间意境与效果。原先单一的设计手法需要改变，去接受新的元素，营造新的意境。新的意境需要更全面的设计考量，设计手法变丰富了，空间有了更多的可能和创新。例如，在乡土文化主题中常用造景手法，运用传统的装饰、色彩、陈设表达淳朴的地域情感。如融入混搭的一些元素和设计手法，会创造出地域特色与时尚潮流结合的新颖空间。像在传统元素背景前放置现代风格的椅子，从而组成有个性特征的新组合。

6.8.3 综合设计的文化主题关系分析

综合设计是多种典型文化主题的综合，每个典型文化主题都有自己的特点，不同文化主题之间也有相似与相异的地方。在一个空间中应用多种主题文化，需要始终把握空间所需表达的情感脉络。主题文化是媒介，人们对空间的感知是最后呈现的视觉效果。综合设计是通过多种主题文化的有机结合，突出空间的情感体验。所以，对于主题文化的选择不能脱离空间的需求，要因地制宜地结合空间的功能属性、文化脉络、民风民俗、地域特点，选择出独特鲜明的文化主题。例如，在江南地区想要表达雅致秀美的空间感受，可以选择诗词、书画、自然这些主题文化综合，它们都具有空间所需的雅致秀美的一面。综合这些文化主题,可以丰富空间的体验,准确地表达空间情感。

6.8.3.1 不同文化主题的选择

表达统一的空间体验，综合设计中所确立的文化主题之间，需要有一定的关联性。缺乏交集的主题文化相对独立，难以融合，导致空间主题分散，没有中心思想。所以，需要寻找各种主题文化之间的能相互并存的特点，这个特点就是空间所要表达的文化核心。例如，中国自古字画不分家，诗中有画，画中有诗。因此，诗词文化主题与书画文化主题具有很多的共性，如对意境的描绘、情景的表达、意象符号的选择等。将这二者结合设计时，是比较容易结合在一起的。在保证空间核心文化的同时，丰富空间的文化内容和层次，无论在视觉还是功能上都能很好地塑造空间体验感。

6.8.3.2 不同文化主题的主从关系

多个合适的典型文化主题在空间的综合设计中应有主次之分，以其中一个文化主题作为主，其余为辅。如果多个文化主题并重，反而会模糊空间所要表达的核心文化。空间中呈现给人的体验感应该是集中而不是分散的。选择一个符合空间核心情感表达的典型文化主题作为空间的主题文化，其他文化辅助衬托这一文化主题的表达，使单一的文化主题变得更具有内涵性与丰富性。

6.8.4 综合设计的表现方法

6.8.4.1 符号元素的提取组合

每个典型文化主题都有自己的意向符号，在综合设计中不同的主题文化也对应着相应的意向符号。这些意向符号可以分为具象和意象两类。具象类指客观存在的事物元素，如自然主题的山水、植物、颜色等。意象类的元素是抽象的，需要进行一系列的转译，使之以物化了的状态呈现，才能被空间使用者所感知及理解，如诗词中的意境、情感等。一些符号元素是不同的文化主题所共有的，利用这些符号元素将不同的文化主题联系在一起，有利于空间主题的完整表达。

从不同的文化主题提取的元素需要考虑其组合搭配的可能性。元素的组合搭配可以看做是不同元素属性间的融合，需要找到属性间的共同点。元素的基本属性包括形态、色彩、材质肌理等。在组合中可以利用这些元素的共性，如同样柔美或刚硬的形态，相同色系或灰度的色彩，材质接近的肌理，灵活地利用元素的组合可以营造不同的感官效果。根据空间的需要也可以利用这些元素的差异性，运用对比、碰撞的手法来表现主题。

6.8.4.2 空间氛围的营造

空间氛围的营造对于整个空间设计来说至关重要。就单个文化主题而言所能营造的空间氛围可以是多样的，如以书画文化为主题的空间氛围既可以是典雅别致，亦可以是豪迈粗犷（图 6-107）。综合设计虽集合了多个典型文化主题，但其所营造的空间氛围应当具有统一性。如同给一幅画配上相应的诗词，诗、书、画融为一体能增加整幅作品的意境与艺术感染力，其中的诗句、书法、画卷相得益彰、更添光彩。统一的空间氛围体现了空间的文化情感，多元文化的融合赋予空间内涵更多层次。浓郁的氛围营造需要更多的神韵，利用多元文化的优势可在统一中赋予空间一定的变化，增强人们的空间体验感。

图 6-107 书画文化主题空间

第 7 章　基于空间体验的定制服务系统设计

相信你应该经历过类似的事情：当你和友人一起逛商场时，她总是穿梭于一家又一家服装店之间，缓慢地试着一件又一件衣服并且乐此不疲；或者当你走在超市里浏览货架上的商品时，总有服务员向你推销他们的新产品，并请你试吃他们的香肠或试饮他们的酸奶，通常情况下你都不会拒绝；又或者当你去购买新车时，销售员总是邀请你坐到驾驶座上手握方向盘感受一把，而你也一定会欣然接受。

无论是你的朋友一件又一件地试衣服，还是销售员邀请你试吃香肠、试饮酸奶或者试驾新车，这些行为的目的都是让消费者自己去感受，实质上是让消费者自己去体验（图 7-1）。如果仔细观察，我们会发现体验早已存在于我们生活的方方面面之中，并且成为我们的生活习惯。当我们准备买一双鞋子的时候，很少有人会凭借眼睛的观察而直接购买，绝大多数人总会试穿，比较多个品牌和多种款式。当我们去超市买香肠，卖家会经常让我们在买之前先尝一下，这使我们对香肠本身的质量和味道等作出评价或认可，也会使我们更加确定将要购买的食品的味道并相信自己的判断。

其实，体验在这里具有两个方面的含义。一方面，体验这种方式已成为商业运营过程中的常用手段，越来越多的商业管理层将体验设计应用到其产品和服务的方案策划中，同时更加重视围绕用户进行整体性体验系统的构建。另一方面，体验作为一种用户决策行为，使普通消费者通过体验的方式作出选择和购买决定而逐渐发展成为体

图 7-1　日常生活中的体验实例

验者，换句话说，消费者在作出购买选择和判断的时候会更加相信自己亲身体验的结果。

虽然上面我们提到体验已经存在于生活的方方面面之中，但认真分析一下便不难发现上文也只是提到了衣食住行中的三个方面，而“住（空间）”作为其中重要的一个方面，在充满体验的新时期——体验经济中又呈现怎样的发展状况呢？

7.1 体验与空间体验

整体而言，随着国家的强盛和经济的繁荣发展，人民的物质生活水平在不断提高，同时人们也对其生活的空间环境的质量提出了更高的要求。在日常生活中，体验必然发展为绝大多数人的生活方式，在一定程度上，逐渐成为每个普通人的生活需求，或说已经成为人们生活和态度的一种表达方式。[1]同样，在这种情形下，检验一个具体空间的受欢迎程度往往取决于这个空间是否能打动人，即是否能满足目标群的空间体验。现如今，从个性化的零售空间到高级定制服装（图 7-2）和定制首饰，再到差异化、情景化的空间（图 7-3）需求，消费者和设计师之间的“蜜月之旅”在现代化的商业空间中已愈演愈烈[2]，人们期待在空间中的活动成为一种个性化的体验过程，注重体验式的情感需要。

在满足使用功能的基础上，精神文化需求将逐渐成为空间设计的决定性因素。以体现情感、个性、效率为目标的“空间体验定制服务设计”将成为未来室内设计的发展方向。

图 7-2　高级服装定制空间

图 7-3　情境化空间——成都环球中心

❶ 海军 . 体验者 [J]. 设计管理：体验的机会，2013（2）：8.
❷ 定制化的空间体验 [J]. 中国建筑装饰装修，2011（10）：112-113.

7.1.1 从体验到空间体验

当你第一次到了一处陌生的地方，漫步在幽静的小路上，突然间风中飘来一阵花香，你陶醉于花香里，心中涌起愉快的感受，你感觉好像曾经来过这里一样，而且这种感觉特别强烈。或者，当一位好朋友在你耳边讲述她的自驾游时，你突然打断了她，你拉着她的手激动地告诉她你们现在谈话的这个场景好像自己以前在梦里梦到过。这两个都是关于人的体验的例子。可以看出，体验的现象不仅过去有，现在依旧有，而且可以肯定的是将来还会有。事实上在 20 世纪末，就有心理学研究专家指出人对其所处环境的体验和空间知觉本质上是一个复合的过程。[1] 而所谓“体验环境的过程”或者说“空间知觉的过程”，实际上就是体验空间中的生活。毫无疑问，我们每个人从自己降生之时开始，就在对自身周围的空间环境进行探索，这种对空间的体验和感知在潜移默化中变成我们自己身体的一部分，久而久之成为了我们的空间体验（图 7-4）。

图 7-4 孩子探索大自然

7.1.2 空间体验的相关要素

具体来讲，空间体验的很多研究都是从对空间、建筑或者对体验方面的研究延伸出来的，虽然这其中因为空间概念的加入而相对更加复杂一些，但是由于空间体验和体验在概念上具有一定的一致性，所以根据对体验相关理论的研究，从这一角度出发，空间体验也相应具备了名词和动词两种特性，前者和内在对象（如意向行为和感觉等）联系，后者和外在对象（如日常行为、事件、建筑空间）联系。空间体验（现象或行为）或者说体验空间中的生活既是作为主体的人和自身感觉或意识的联系，也是和外部空间环境的联系，或者说是内部心理活动和对外部空间刺激反应的统一体。换言之，空间体验可以被看成是空间客体与主体体验的一种复合。

7.1.3 空间体验的内涵及存在载体

7.1.3.1 空间体验的内涵

体验空间中的生活，从最基本的层面上来看，是指我们以自身拥有的特定的方式在空间中移动并对空间进行感知；从较复杂的层面上来看，是指我们凭借自身特有的

---

[1] 于苇 . 空间的体验性 [J]. 工业建筑，2005，35（3）：98.

方式来赋予空间意义。[1]

图 7-5　婴儿体验身体与环境的融合

人作为实践的主体，随着实践的发展，外在的空间一开始处于只见形象而不见意义的阶段（就好比房子在刚出生的小孩子眼里只是水泥或砖墙的形象）；而后在空间的场所化中，空间成为人的空间，则到了由形象而知意义的阶段（就如小孩子在房子和居住之间建立联系一样，房子此时对小孩子而言具有了居住的意义）；到了第三个阶段，“房子”的概念可以脱离实体而存在，并随着时间的推移，逐渐形成了居住或“家”的意义（图 7-5）。

根据上面的解读，我们可以初步总结出空间体验的内涵，即人在体验空间里生活的过程中感受到的空间的场所化，同时将空间与其所体验的生活建立起某种内在的联系，进而赋予空间某种生活意义。

7.1.3.2　空间体验的存在载体

由于人本质上作为类的存在物和个体的存在物同时存在，或者说人在本质上是类本质和个体本质的统一体[2]，而空间体验实质上是人自身本质力量的显现并随着人的本质的不同而不同，所以空间体验从本质上也应包括两个方面，即具备类本质和个体本质两个方面的属性。从空间体验具有类本质方面的属性来说，其具有共同性、客观性的一面（如集体表象和历史文脉等），空间体验的这种本质是对历史上存在的典型生活图景的深层映射；从空间体验具有个体本质方面的属性来说，空间体验具有主观性和自主性等这种个性的一面。[3]

也可以说，人的空间体验实际上是人自身本质力量的显现。因为人和人是不同的，人作为类存在物的同时也是独特的个体，所以说空间体验作为人自身本质力量的显现也必然具有一定的个性特征。特定个体的空间体验的形成依赖于其自身眼脑体系对特定空间环境所作的分析，而所形成的空间体验作为他自身本质力量的显现，在很大程度上是由他的眼睛与他看到的空间环境中物的对应关系来决定的，并且这种具有其个性特征的空间体验通常可以通过特定的、具体的、可视的物来展现或体现出来。

7.1.4　家居空间体验的当代性

从体验的基本概念到空间体验的相关要素展开理论研究，对空间体验的内涵、特征及其存在载体进行了总结，主要得出了以下几个结论：

---

❶（英）布莱恩·劳森，著．空间的语言 [M]. 杨青娟，等，译．北京：中国建筑工业出版社，2003：19.
❷ 袁辛奋，陈维明．人类的类本质与个体本质 [J]. 理论探讨，1998（1）：49-53.
❸ 陆绍明．建筑体验——空间中的情结 [M]. 北京：中国建筑工业出版社，2007：8.

（1）从空间体验的产生来讲，是作为主体的人和空间客体相互作用的结果，在这个相互作用的过程之中，人的视觉接受刺激并感知所起的作用最强，并且同时依靠其他感官一起形成整体的空间体验。

（2）从空间体验的呈现来讲，空间体验通常可以通过特定的、具体的、可视的物来展现或体现出来。

（3）从空间体验的挖掘方法来讲，要建立一整套分析体系，以感知主体为主导进行深入剖析，进而通过在预先建立的物的集成库之中进行筛选建立匹配，达到其空间体验真实感受的最终呈现。

更简单地说，空间体验的形成既强调结果的影响，又强调过程的影响。从强调结果方面看，要重视与感知主体建立视觉匹配的物；从强调过程方面看，还要重视整体感官在空间体验形成中的辅助作用（图 7-6）。

人们的家居体验可以通过特定的、具体的、可视的物来展现或体现出来，也可以说在某种程度上，人们已有的或将选择的家居物品可以体现人们的家居体验。而购买相应的家居产品则是根据自己的空间体验而作出相关购买行为的结果。这可以通过家具行业方面的相关研究来印证，正如有研究指出：家具不仅是物质产品，它还带有一定的社会理性或社会意识内容，这是家具本身所具有的双重特点。并且，家具的一些属性如风格造型和制作水准等，还可以反映出这一国家或地区在某一段时间内的社会生活方式、物质文明水平以及历史文化特征等情况。同时，家具既可以作为一个国家或地域在某一段时间内生产力水平的标志，还可以看做是该地区生活方式的一种缩影或是被当做该地区所具有文化形态的一种显现。因此，可以说家具本身凝聚了十分丰富而又极其深刻的社会性。

同样，这也解释了现如今家居产品市场如此繁荣的原因，尤其是通过定制的方式而来的家居产品作为“体验之物”能够反映消费者内心独特的需求和感受，消费者的

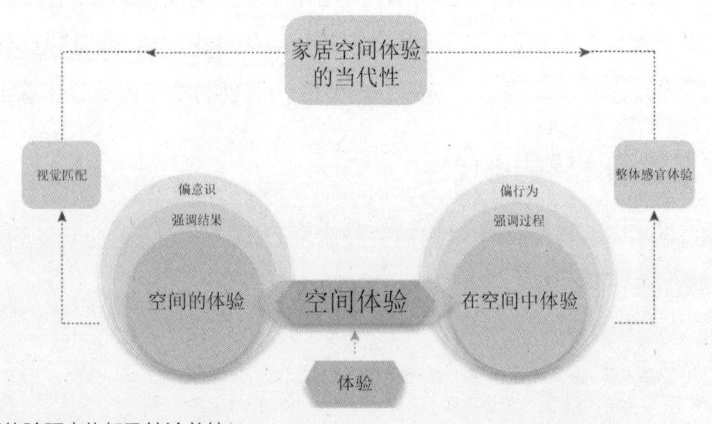

图 7-6 空间体验研究构架及结论总结

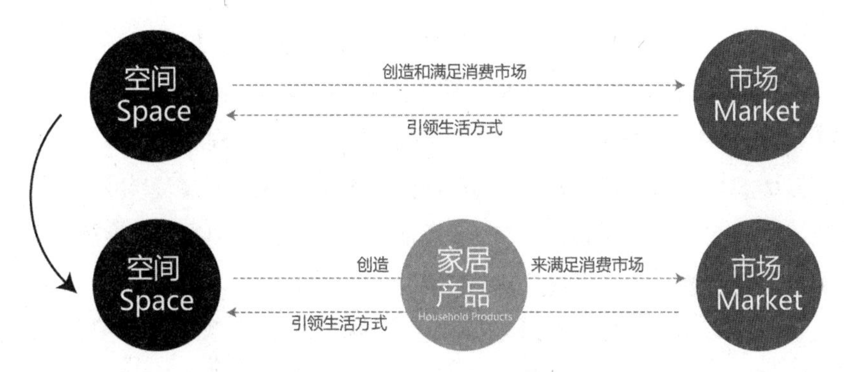

图 7-7 家居空间环境的创造思路之转变

很多美好的感受和值得回味的乐趣在很大程度上借助这些特定的、具体的、可视的“体验之物”作为载体进行呈现。面对这些情况，我们不得不承认，时代、经济发展到现阶段，家居环境的最终形成不再像以前那样通过设计师的手来呈现了，更多情况下是由市场这只无形的手来掌管，而最终促成这只无形之手的是消费者内心最真实的空间感受和需求，也就是其空间体验。

因此，既然我们为人们设计舒适的、美好的家居空间环境的初衷没有变，面对时代发展趋势带来的新变化和新挑战，我们不妨转变一下思路，思考一下借助家居产品这一媒介来实现我们的目的（图 7-7）。可是这种方式和以往的家居空间设计方式有何不同，双方的优劣长短在哪，双方有没有可以结合进行补充的可能呢？面对这些问题，如何在新的发展环境下，照顾到各方面的因素，统筹各种利益关系，来促成良性的发展，是一个复杂的系统问题，所以需要找到合适的方法来进行指导。服务设计的理论、方法和研究实践在研究用户体验、解决复杂问题方面具有独特的优势，对使用人群在空间中的体验和感受方面，也可发挥出独特的理论优势和重要的指导作用。

7.2 家居空间体验的创新思路

7.2.1 体验经济催生个性化的空间需求

就像约瑟夫 · 派恩与詹姆斯 · 吉尔摩说的那样，体验经济是产品和服务经济后必然的发展新阶段。现如今产品和服务已经无法继续支持经济的增长来维持经济的繁荣。要想继续实现收入的增长，提供更多的工作机会，必然性将体验经济作为一种全新的经济形式，这也是在经济领域之中自然选择的结果。那些提供毫无差异的产品和服务的商家遭受了严重的失败，甚至已经被不断发展的经济浪潮淘汰了，而那些强调提升体验的创新企业则获得了巨大的利益回馈。比如，在零售业，很多连锁超市由于继续坚持制成品的销售而倒闭，业务逐渐被网上的零售商所蚕食。因此，为了在当今激烈的竞争中突围而出，越来越多的商业管理层将体验设计应用到其产品和服务的方案策划中，同时更加重视围绕用户进行整体性体验系统的构建，这使体验这种方式逐渐成为商业运营过程中的重要手段。激烈的市场竞争使商家不断提高营造体验的水平，同时这也深刻地影响着消费者的消费行为。综合性体验策略的介入以及体验设计的运用，使体验本身在消费者的消费抉择、使用乃至评价系统中的作用都不断被放大了，同时也不断放大了消费者自身“尝试”与“感受”的本能需求。

Abraham H. Maslow 曾把人的需求由低到高划分为五种形式（图 7-8）：生理需求，安全需求，社会需求，尊重需求和自我实现需求。一般来说，当个人得到了低层次的需求后，便会不断地追求高层次的目标。在当今社会，随着消费者自身收入水平和知识文化水平的提高，同时也伴随市场化竞争提供商品、服务和体验的丰富多样，消费者的消费行为越来越趋于向极富个性特色的方向发展，这也就是马斯洛需求层次理论中所说的“自我实现需求”。而未来学家 Alvin Toffler 利用逻辑方式解析了人们的自我需求实现过程：消费者们在稳定又熟悉的生活环境与刺激又兴奋的广泛历程性体验之间循序渐进，并希望二者兼得。当然，他们希望这种体验既兴奋、刺激，并兼具安全。对每个用户来说，体验正在成为一种生活的方式，然而对许多商业来说，体验则是具有新价值的产生路径。

如今的市场已经进入了个性化生产和个性化消费的时代。商家已不再局限于提供有形的商品或优质的服务，而是更注重消费者的需求，并花费大量时间及成本用于商

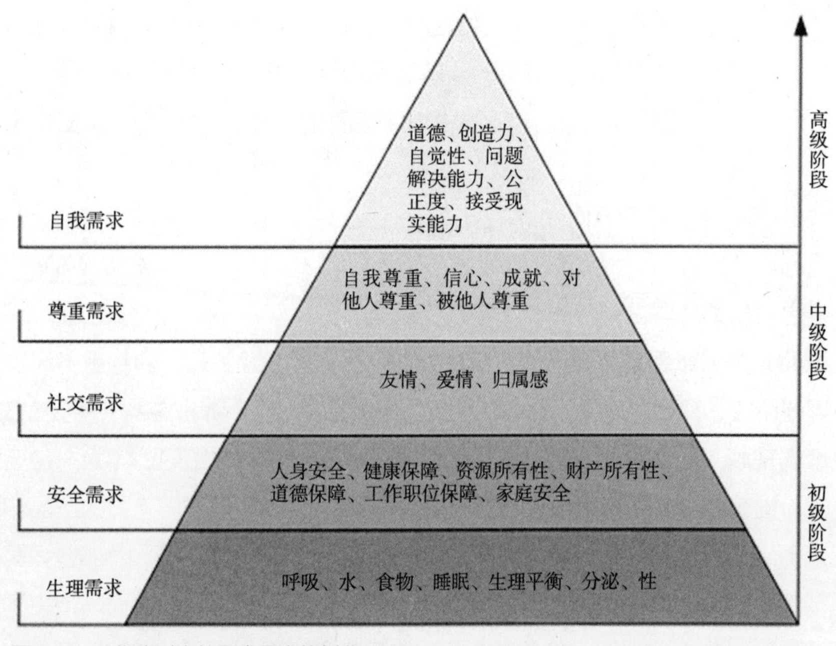

图 7-8 马斯洛对人的需求层次的划分

业活动与消费者的交互关系上面，尽力建立起一种能够使消费者快乐、感动、惊喜、难忘的历程、记忆或氛围。同时，消费者也不再满足于商品的使用功能，而是更注重在心理和精神上的自我实现。空间作为交流的最基本和普遍形式的本质所在，无时无刻不在和人们之间发生联系，单从居住这方面来看就能够发现，人们对空间的需求越来越具有个性特征，希望自己所居住的空间环境能够体现自己的品位、气质和特色，归根结底，这种个性化的空间需求是为了满足自我实现的需要。

7.2.2 产业升级促进商业上的设计创新

不可否认，工业革命曾推动了大规模工厂化的生产，而且生产出多种多样物美价廉的标准化商品和服务，这些商品和服务也一度满足了人们的基本生活所需。但是随着经济的发展，人们的购买力不断提升，消费者对具备个性意义的体验要素的需求也在逐渐兴起。工业经济褪去了曾经荣耀的光环，虽然它发明和生产的新产品推动了全世界发达经济的进步，但如今也很难再发明出更新的产品。尽管市场上大部分产品之间仍存在差异性，但实际上也只是对现有品类在具体产品上进行的简单改进或提高，却并没有创造出新的产品品类。和工业经济一样，服务经济也失去了往日的辉煌。产品和服务已经无法再支持经济的稳健增长，无法提供更多新的工作机会。要想继续实现经济收入持续性增长，提供更多更新的工作机会，我们必须转变传统的思维方式，寻求一种全新的经济形式。

如今的商业世界随处可见同质化的产品和服务，面对这种情况，约瑟夫·派恩与詹姆斯·吉尔摩提出，创造价值的最大机会在于营造体验，而且必须把体验营造作为一种全新的经济形式来努力实现。而且，现在很多企业和公司不同的行为方式已经很好地证明了这一点。那些强调提升体验的创新企业取得了巨大的成功，与此同时，那些忽略这条重要经济信息的公司或企业乃至整个行业都遭受了严重的失败。比如，现在最让产品开发商眼红的产品是什么，稍加思索，很多人就会知道是苹果产品。苹果体验店中远道而来的消费者们除了为了购买到正品的产品，还为了体验一把尖端时尚的技术氛围。苹果体验店的空间设计（图 7-9）也是建立在研究与分析了国际高端精品酒店的设计风格之后的特殊定制。体验店中的天才吧（图 7-10）、产品工作室及阶梯教室都是借鉴了优秀的空间设计案例，总而言之，这种特殊打造的产品空间体验，令消费者们极其喜爱，在很大程度上这也是苹果体验店每平方米的销售额远远高于普通零售商的原因。

另一个成功的例子是美国 ZIBA 设计公司。在美国 ZIBA 设计公司的设计团队里，拥有来自不同领域、不同身份的团队成员，其中包括设计战略专家、社会学家和设计师等，这种特殊而全面的设计团队，确保了他们所创造的文化浸入式体验以及领悟创

图 7-9　苹果体验店

图 7-10　苹果天才吧

意的准确性。ZIBA 设计公司通过展开文化体验、体验当地生活、锁定目标以及走访家庭等多种方法，以“探索心灵”的做法来进行文化浸入式体验的研究，最后依此揭示出用户在行为、感官和怀旧等方面的独特需求。

时代的发展，物质的富足，都在刺激设计需求的飞涨和快速转变，与此同时，公众正对生活中的大多数事物的设计发展出一种健康的品位。当你听说创新设计时，脑海里会出现什么样的画面？一部任天堂 Wii 游戏机？一部 iPhone 手机？一部 MINI 汽车？大多数人都会想象一些技术类的产品。但是今天，在这样一个充满激烈竞争的市场中，伴随产业趋势的转型，就产品而言，不论是技术或者其他方面，都不是唯一可能进行设计的，更何况单方面的设计优势或创新已经无法满足企业的竞争需要，设计已经迅速地从海报、广告和精致外观等方面的设计转向整体设计策略的创新，更多地包括流程、系统和组织等方面的设计。[1]

在中国，设计正在从基于产品的实践转向以服务经济为主要特征的过程驱动的实践，尽管服务设计领域相对较新，但是发展却相当迅速，已经有越来越多的公司正在提供服务设计，来帮助商业和组织适应不断变化的市场，努力满足顾客的需求和愿望。同时，欧洲的设计产业也在不断进行升级，许多原来的产品设计公司、UI 设计公司、用户研究及咨询公司等都在逐步朝服务咨询和服务设计公司进行转变，更确切地说是向着更加整合的方向发展。

---

[1]（美）Thomas Lockwood. 设计思维：整合创新、用户体验与品牌价值 [M]. 李翠荣，李永春，译 . 北京：电子工业出版，2012：17.

7.2.3　产品服务系统设计的价值

产品服务系统设计是兼具商业思维和设计思维的策略，其出发点和侧重点都是设计，设计理念和方法可以为企业提供有商业效用的设计方案，通过解决方案产生效用来影响甚至改变商业模式。意大利米兰理工大学的 Ezio Manzini 教授对产品服务系统设计的价值拥有独特的见解：产品服务系统设计是传统产品设计的重新定义，给传统的产品实体赋予了新的价值，也就是说现今的企业从简单的产品研发转变为产品的整合设计，所生产与销售的产品实际上成了达到用户所需而进行的全面系统的方案策划，可以满足不同用户的特定需求。深入地了解从产品到产品服务系统设计转变的过程，可以使企业扩展出更多的客户群，建立与客户之间的新型利益关系，最终使企业与客户之间获得双赢的满意结果。

产品服务系统设计为了达到不同消费者的满意度，在产品的服务设计过程中，可以延展成不同要素之间的组合。产品、服务构件、流程等要素按照不同需求任意组合，通过这种方式使消费者获得不同的服务体验，而不同要素之间的联系可以编织成为一个整体系统的网络，那么这个网络就构成了服务的提供者与接受者之间的服务界面（Service Interface）。在服务界面中，不同的要素之间都会有不同程度的接触或碰撞，这种碰撞被称作接触点，接触点可以是具象的实体，也可以是虚拟的要素。无论是具象的接触点还是虚拟的接触点都以不同的组合方式在服务供应者与接受者之间产生作用，其主要的交互方式如下：服务提供者为接受者提供具象或虚拟的服务，利用不同的形式与内容将服务放置到服务界面的接触点上，而服务的接受者以同样的方式通过界面接触点上的内容与形式感受服务，并且可以进行服务报酬的支付，对服务进行评价及反馈（图 7-11）。

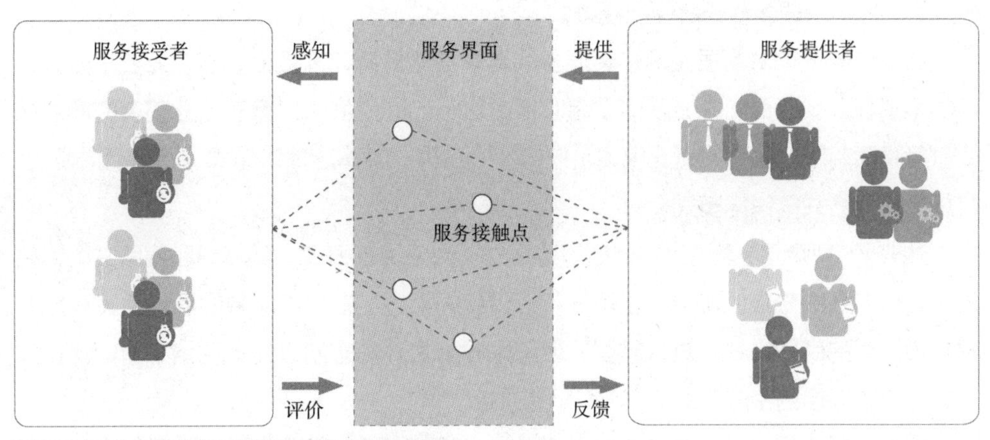

图 7-11　服务提供者和服务接受者之间的接触点

由于产品服务系统设计自身在服务设计研究这方面所具有的独特优势和价值，下文将主要借助这种系统性的研究方法，根据研究分析得到的空间体验的内涵、特征和本质方面的结论，进行整合创新来系统地研究消费者或用户的空间体验，指导企业在体验经济背景下，对原有商业模式的转型升级或新型商业模式的建立。

7.3 家居空间体验的市场与用户研究

家居空间设计（或者说室内空间设计）这一以设计师为主导的方式是以前的主要手段，现在看来这种方式实际上是在提供一种设计服务，而现在以家居产品作为媒介的方式实际上也是在提供一种由消费者为主导的、以产品为基础的服务。后面的这种方式在当下的繁荣发展，在一定程度上表明了第一种方式的相对弱势，而第二种以家居产品作为媒介的方式，在当下主要包括实体店的销售和网络销售，虽然这种方式也有其自身的缺点，但是家居产品的生产和销售，以及由此发展而来的家居产品制造业，已演变成中国国民经济中继食品、服装、家电后的第四大产业。尤其是家居产品的定制，在当下强势的发展势头以及巨大的市场潜力，更值得研究。

7.3.1 家居行业的定制服务状况调研与分析

目前，国内的家居行业有个显著发展的新特点，其特点是行业的渠道服务正在朝多元化方向发展，虽然家居行业的渠道呈现出由原来卖场为主要渠道的模式向卖场渠道、设计师渠道、独立体验馆渠道以及网络营销渠道等多种渠道并存发展的趋势，但不可否认的是电子商务的出现给家居行业带来了新的发展思路，而且有逐渐发展成为最主要渠道的趋势。接下来将对家居行业现有的商业模式，以及是否开展定制业务进行调研和分析，为后面的整体设计策略服务。

7.3.1.1 家居行业现有商业模式

正是由于人们对家居空间环境质量的要求不断提高，才促使家居企业要不断开拓新的渠道模式。因此，笔者从消费者获得家居产品的角度来对家居行业现有的商业模式进行桌面调研，主要的商业模式可以概括为三种：实体店销售模式、网络销售模式、实体店和网络共同销售模式。

如表 7-1 所示，通过对实体店销售模式、网络销售模式、实体店和网络共同销售模式三个方面的分析，可以看出家居行业传统的卖场、知名的家具品牌以及家居电商都在摸索新的商业模式，进行转型，但可以看出主要的方向是线上网络平台销售和线下实体店销售相结合的方式。

同时，根据调研和收集的相关信息资料绘制了图 7-12，来详细说明整个家居行业商业模式的发展和转型情况。

通过选取家居卖场中的红星美凯龙、吉盛伟邦、居然之家，家具品牌中的曲美家具，和家居电商中的美乐乐，这三种类型的企业中比较典型的代表进行分析。无论是家居卖场、知名的家具品牌还是家居电商，都还在不断发展的阶段，但是大的趋势已经比较明晰，就是都在朝线上和线下相结合的 O2O 模式转型。

虽然家居行业的整个趋势是朝着 O2O 商业模式发展，但是 O2O 模式也有多种形式，每种模式相应存在本身独特的基因和发展轨迹。家具企业要生存发展，从长远来看，就必须有精准的战略性定位，落实个性化服务。

7.3.1.2 家居行业开展定制服务状况

就定制方面来看，通过前面对相关行业开展定制服务状况的分析（见表 7-1），可以看出，定制在突破商业发展的瓶颈，满足消费者独特的个性化需求，为更多的公众提供优质的生活服务内容等方面不仅是可行的，而且具有重要作用。回到上面提到的家居行业不断探索创新商业模式，以及目前行业内甚至跨界整合的局面，家居行业必须有精准的战略定位才能谋得生存和发展。归根结底来说，未来家居企业的发展是由消费者所决定的，而家居产品作为一个媒介，最终的目的还是为了满足消费者对家居空间环境不断提高的需求，而以定制的方式作为策略或手段，能够更大程度地满足这一发展需要。这些都说明在家居行业开展家居定制相关服务的可行性以及必要性。

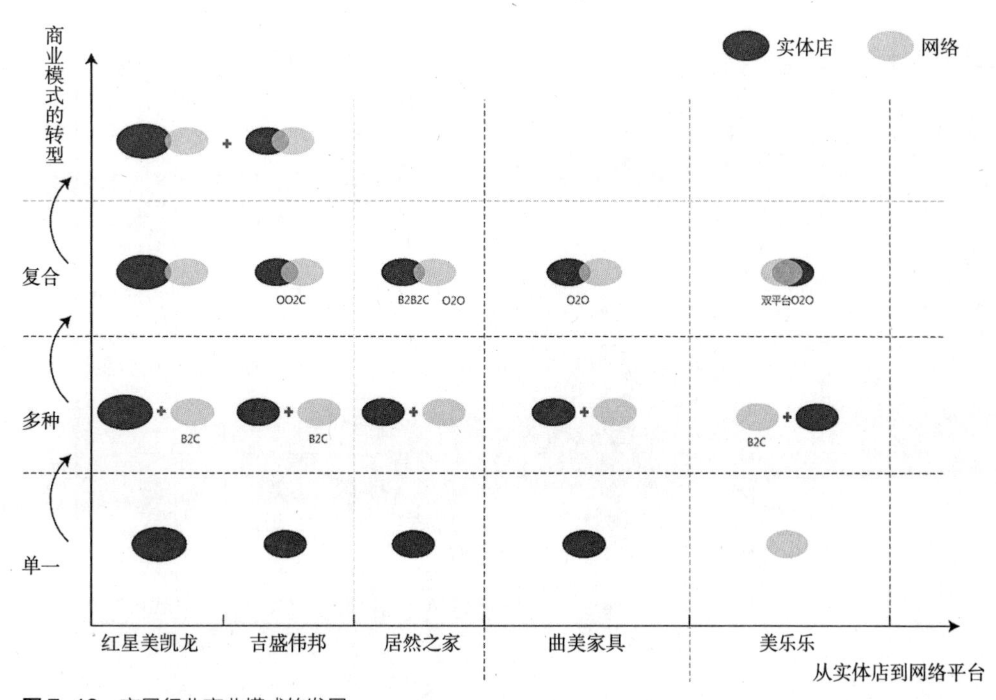

图 7-12 家居行业商业模式的发展

家居行业现有商业模式及开展定制服务状况　表 7-1

选项	细分 \ 名称 \ 类别	红星美凯龙（卖场）	居然之家（卖场）	百安居（卖场）	吉盛伟邦（卖场）	IKEA 宜家家居（卖场）	全友家居（家具品牌）	索菲亚（家具品牌）	曲美家具（家具品牌）	美克美家（家具品牌）	顾家家居（家具品牌）	美乐乐（家居电商）	家居就（家居电商）
实体店销售	体验馆	有，情境体验家居 MALL +	—	—	有，13 大主题馆（上海）+	有，15 个城市商场	有，近 3000 家专卖店	有，800 多家专卖店（2013 年年初统计）	有，200 多个城市设专卖店	有，20 多个城市设连锁店 +	有，30 个省市设专卖店 +	有，美乐乐家居体验馆	—
	生活馆	家居公园广场	有，尚屋家居生活馆（仅北京有两个）	有，时尚生活馆（特色不明显）	3 家体验馆（广州）	—	—	—	—	美克美家家居馆	美克美家家居馆	全国 273 家	—
网络销售	独立网络商城	有，直接网上购买	有，居然在线（仅北京站）	有，直接网上购买	有，好易达 B2C（广州）	有，网上只可查不能买	无，官网提供部分产品信息	有，索菲亚体验馆	有，曲美网络商城	无，官网提供部分产品信息	无，官网提供部分产品信息	本身是家居电商起家	本身是家居独立电商平台
	第三方平台	—	京东，（仅五金涂料超市）	—	好易达进驻京东	—	天猫	京东	京东 / 天猫	—	天猫 / 家居就	京东	京东（部分家居建材）
定制业务情况	有无定制业务	少数，提供定制搜索	—	—	—	自有 BESTA 等设计软件帮助	定制衣柜	定制衣柜	有，全品类定制	有，窗帘、沙发等定制	—	—	—
	定制业务特点	要和客服沟通	—	—	—	基于软件出图模块化定制	针对要求定制	全方位定制			—	—	—

7.3.2 典型角色用户的需求分析

7.3.2.1 提取系统典型角色用户

对家居市场主要参与角色的现状以及相关需求进行分析，提取出三个典型的市场角色用户群，创建出消费者、家居产品生产商、家居设计师这三个典型角色用户群的人物定位（图 7-13）。

图 7-13 典型的市场角色用户分类

7.3.2.2 典型角色用户的需求分析

根据提取的这三方典型角色用户进行需求调研，并分析他们相互之间的关系，主要采用定性研究和定量研究相结合的方式。定性研究是针对典型角色用户进行深入访谈，采访用户的需求和期望、现在的行为方式以及对定制系统的看法等。定量研究主要采用问卷调查法，针对不同的角色用户发放问卷，调查他们内心中理想的家居空间环境及其与现实的矛盾点、对家居产品的要求以及对家居定制服务相关内容的不同需求点（图 7-14）。

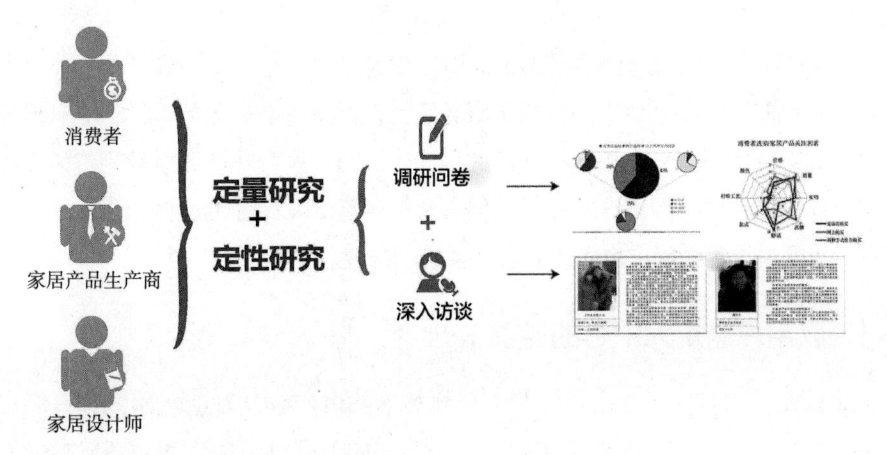

图 7-14 典型角色用户的需求分析流程

家居产品生产商可以根据自身企业目前可操作的资源以及存在的问题的情况，以整个服务系统为蓝本进行商业模式的创新和转型。而家居设计师也可以在这整个新型

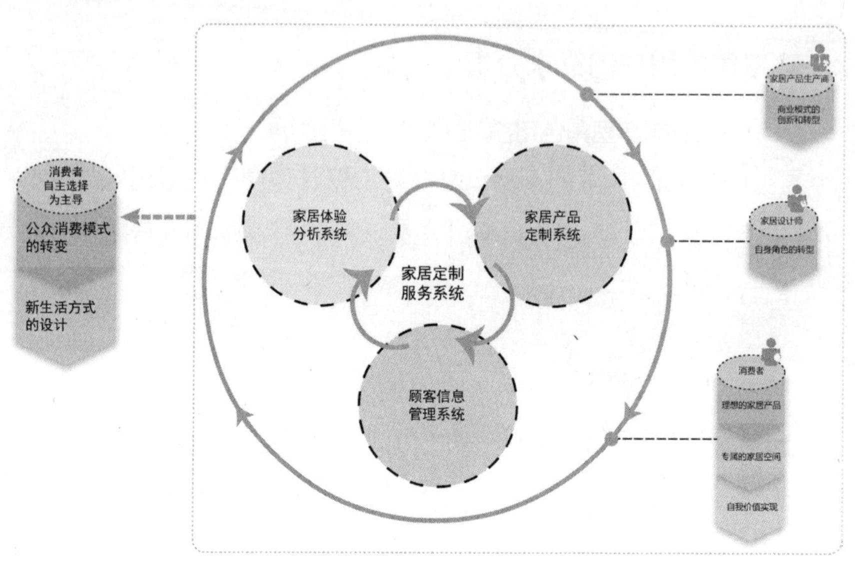

图 7-15 家居定制服务系统的模型设定

的商业模式中找到自己的定位，完成自身角色的转型。消费者不仅仅是获得了理想的家居产品和专属的家居空间环境，更重要的是真正实现了自我价值并完成了以自主选择为主导的公众消费模式的转变和新生活方式的设计，可以说这是家居定制服务系统的理想模型（图 7-15）。

7.4 家居定制服务系统的服务设计原则

由于该部分对家居定制服务系统的研究，主要是以服务设计来进行调研分析的，因而整个系统的设计原则也应该源自于服务设计，但是目前在服务设计这个领域还没有设计原则方面的系统研究和总结，因此根据前面对家居行业市场以及用户所作的调研和分析，并结合体验经济这一时代趋势以及其他基础设计理论，提出了以下几个主要原则，以便指导后续整个家居定制服务系统的构建。

7.4.1 以用户需求为中心的原则

毋庸置疑，随着生活水平的提高、科学技术的进步以及制造水平的提升等，企业之间的竞争已经从解决基本需求的层面提升到如何提供更加优质、更具有竞争力的个性化产品和服务的阶段。而在体验经济的背景之下，加大关注用户、了解用户的力度，并结合最新的技术，来提高产品、服务的竞争力，提升用户体验已经变得至关重要。

7.4.1.1 目标需求为导向

现在有越来越多的企业已经通过不断了解用户、挖掘用户的真正需求，来更准确地满足其需要并提升用户体验；他们还通过与用户的互动，倾听用户的声音，增加与用户的服务触点，来提高产品和服务的黏性、品牌美誉度，并吸引到更多的新用户。这种通过用户创新产品，并围绕用户、提升用户价值的方式，不但能够创造非常可观的商业价值，甚至还可能颠覆传统的商业模式。

正如 Viva Bella 公司的设计师马克 · 罗扎说的那样，设计的过程，就是要挖掘消费者内心的需求，并不断细化、具体化他们想要的感觉并将其实现的过程。每进行一个项目之前，他们都要对客户本身有彻底的了解，并需要尽可能使他们的愿望和期待变得更加清晰。作为定位于产品设计整合商的维维贝拉公司，和很多其他公司一样面临着严峻的选择，要么迅速地革新产品和服务，要么不断创新设计消费者的体验方式，建立出系统性过程来改变生活方式，满足消费者的愿望。[1] 这些更高要求的产品和服务以及体验，能够为客户创造更大的价值，同时由于竞争对手更难以模仿而具有更高的经济价值，带来更多利润。当然，也有很多企业常犯的一个错误，就是为客户提供太多的选择，而使消费者无从下手直至放弃，最后导致的是企业被市场竞争所淘汰。产生上面这两种不同结果的最重要的原因是，消费者不想在你指定的范围内进行选择，他们只想要他们自己内心想要的[2]。因而在这种情形之下，企业所要做的就是向他们展示存在的可能性，并确保这种展示的方法能够让他们弄明白自己真正想要什么——即使是他们不知道究竟心里需要的是什么，或者说无法说清楚那是什么。

IBM 就是一个以消费者需要为导向进行转变的例子。从过去彰显信任、速度与合作意识到如今“智慧地球”目标的广泛宣传，它在视觉形象变化上从单一到丰富（图 7-16），更加以消费者为导向进行转变，充满无限活力和崭新的时代气息，在表达上更像是一个 B2C 品牌而具有亲和力[3]。由此也可以看出，企业能够获得巨大的成功，除了能够引领潮流、预见未来以及不断产生创意之外，根据消费者的需求进行转变也是非常重要的。

以消费者的目标需求为导向的最好方法就是以定制实现企业和消费者真正意义上的一对一。现在定制已经被作为满足顾客个性化需求的全新理念和方式应用到各个领域。私人医生这种以前常出现在很多国外电影里的职业，如今在中国也成为可能，随着定制性的生活服务发展起来的高端性生活商业在中国的兴起，私人健康服务

---

[1] （美）约瑟夫 · 派恩二世，基姆 · 科恩 . 湿经济 [M]. 王维丹，译 . 北京：机械工业出版社，2012：2.
[2] （美）约瑟夫 · 派恩二世，基姆 · 科恩 . 湿经济 [M]. 王维丹，译 . 北京：机械工业出版社，2012：120.
[3] 海军，主编 . 品牌设计——创造改变世界的品牌 [J]. 设计管理：体验的机会，2013（2）：23.

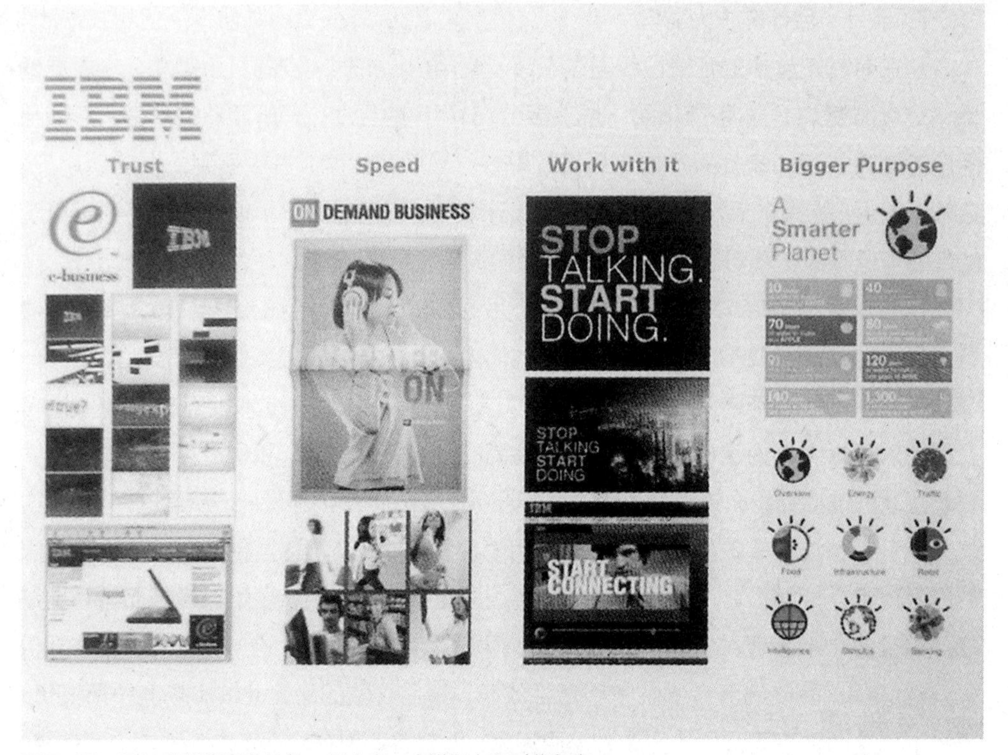

图 7-16 IBM 的视觉形象从单一到丰富，充满活力和时代气息

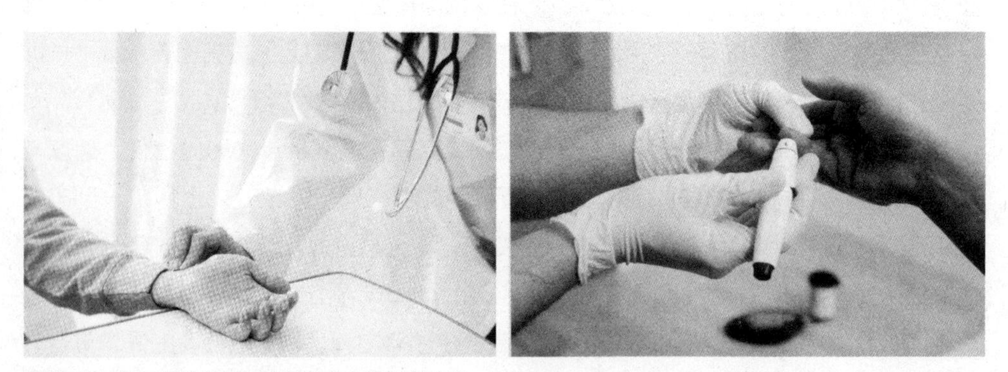

图 7-17 私人医生服务已成为新的生活服务内容

（图 7-17）如今成为这种定制性商业最具代表性的类型[1]。

7.4.1.2 创造情境体验

以消费者需求为导向，可以算是设计研究的第一步，这在家居定制服务系统的研究之中也是一样。为了深入挖掘消费者内心最真实的需要和针对个性化需要而进行定制，就需要向消费者展示存在的多种可能性，使消费者发现其内心最真实的意愿。

---

❶ 海军，主编 . 健康经济，定制私人健康管理和服务 [J]. 设计管理：定制的设计、生活与生意，2013（3）：44.

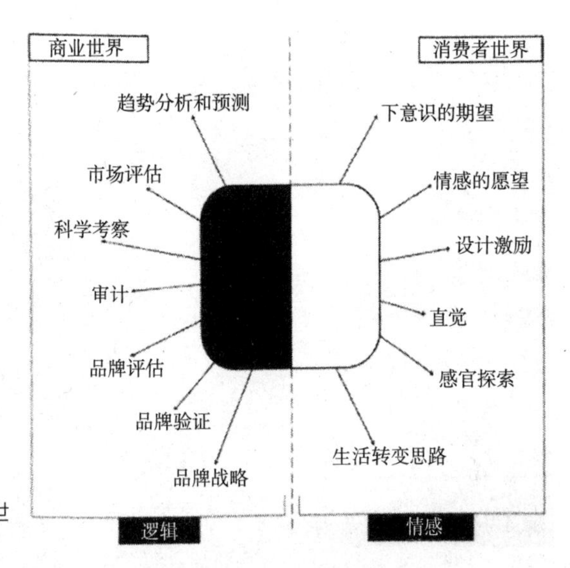

图 7-18 商业世界需要逻辑性，而消费者世界由情感左右

但是仅仅是展示存在的多种可能性还远远不够，还要创造一种新的语言——情境体验设计，在家居产品和消费者的个人需求之间搭建起桥梁，帮助消费者明晰并强化其内心的真实需求点。因为在这种特定的情境体验中，一种新的情感参与会成为产品乃至企业和消费者之间新的契约。这种设计语言，像爵士乐一样是行动上的创新，可以不断激发人们的感官和情感，来创建或明晰自己的偏好[1]（图 7-18）。

创造情境体验的方式有很多，比较典型的方式有两种，第一种是依靠实际的空间环境来创造，第二种是主要借助相关的技术来实现。依靠实际的空间环境来创造情境体验有一个很有名的例子，就是芝加哥的一家热带雨林咖啡餐厅。从一开始进入餐厅，就会被传来的无数稀奇古怪的声音所吸引，有流水声，还有大象的叫声、猴子的叫声等。就整个用餐环境而言，消费者会感到置身于浓密的绿色雨林植物之间，周围不仅雾气缭绕，隐约可以听见瀑布声，还不时会有一阵激烈的电闪雷鸣出现。在店里，你不仅可以看见颜色极其鲜艳的热带鱼和热带鸟，甚至还有机会触摸蜘蛛、蝴蝶、小鳄鱼和吓人一跳的大猩猩，不要担心，他们都不是真的，但是他们栩栩如生的感觉足以乱真（图 7-19）。

第二种创造情境体验的方式主要是借助最新的一些技术来实现。在前几年就有科技专家预计，用不了几年，实时音频、视频和触摸技术就可以发展到一个全新的高度，这将使我们能够在虚拟的环境之中体验到和现实完全一样的互动感受。[2] 现在我们只

---

❶（美）Thomas Lockwood. 设计思维：整合创新、用户体验与品牌价值 [M]. 李翠荣，李永春，译 . 北京：电子工业出版社，2012：101.

❷（美）约瑟夫 · 派恩，（美）詹姆斯 · 吉尔摩 . 体验经济（更新版）[M]. 毕崇毅，译 . 北京：机械工业出版社，2012：34.

1. 楼梯旁边的闪电，加上音效，颇有效果。
2. 咖啡厅用餐环境。
3. 旁边的猩猩时不时就会动两下，超有趣！
4. 一层的商店，热带雨林风情。

图 7–19　雨林咖啡餐厅

图 7–20　微信发送语音

要通过自己手中的手机用微信发一段声音或视频（图 7–20），就会发现这已经成为我们最平常而又最真实的生活。而借助相关技术来创造情境，最根本的目的是要带给消费者全面的感官和情感体验[1]，并且这种全面的情感体验往往是以五种基本感官体验为基础的。

飞利浦集团就开发了一套以视觉感官体验为主的星云增强睡眠体验的系统（图 7–21）。这套系统在屋顶通过智能控制模拟自然天空的图景，还可以通过控制达到白天和夜晚的变换。自然唤醒灯具可以模拟天空正常情况下自然变亮的过程，用自然的方式来唤醒熟睡的人们，而不是用吵闹而粗暴的铃声。这不仅提升了人们的睡眠质量，而且这种亲近自然的方式增加了睡眠的乐趣。

当然，除了以视觉来构造体验的情境之外，另一个相对常用的是从听觉这一感官方向入手，想一想你曾去电影院看一场震撼的 3D 电影时的情境就明白了，除了逼真的看起来可以触摸到的画面之外，还有紧紧揪住你心结跟着剧情走的惊心动魄的声音。而加拿大的研究人员已经开发出一种地板砖，它们可以模拟人们脚下的沙子、鹅卵石、

---

[1]（美）马丁 · 林斯特龙 . 感官品牌 [M]. 赵萌萌，译 . 天津：天津教育出版社，2011：1.

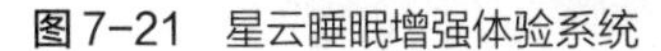

图 7-21　星云睡眠增强体验系统

图 7-22　地砖系统图示

白雪或青草的外形，并可模拟出踩着它们的声音和感觉[1]（图 7-22）。研究人员表示，这种地砖既可以用于游戏和娱乐之中，增加人机间的互动性，也可以用在沉浸式的虚拟实境之中。这可以算是声音和触觉结合创造情境体验的方式吧。

现在单纯通过触觉来增强情境体验在技术上也是可以实现的，其中东京大学的安藤·筱田研究室正在研究的“可触摸全息摄影”技术就可以通过“空中超声波触觉显示”让人产生感官共鸣的触觉体验。这种技术使用手动追踪感应器以及精确超声波投影仪，无论数字对象视觉投影到哪种实物环境中，都可以创造出触觉感受。

当然，嗅觉也是创造情境体验不可缺少的一环，因为没有什么其他感觉能在触动记忆上比气味更有效。人类有很大一部分记忆是跟感情和情绪相关联的，通常人们在闻到某种气味时会有情绪和感情上的联想，因而气味总会不经意唤起人们曾经的插曲式记忆。[2] 随着数字技术在创造情境体验中的应用越来越多，嗅觉方面的研究也会发挥更强的功效。

现在以五种感官为依托创造情境体验的方式之中，就只剩下味觉体验没有提及了。说到味觉体验，当然不只是吃那么简单，现在分子美食学让厨师能够创造出前所未有的味觉体验。芝加哥 Moto 餐厅，通过在可食用的纸张上喷射食物做的墨水，让菜肴成为具有多种感觉而令人称奇的味觉盛宴，这家餐厅不仅鼓励人们吃掉用来点餐的菜单，而且有一道看起来很像古巴雪茄的三明治也非常受欢迎（图 7-23）。

无论是以哪种技术作为支持，在创造情境体验方面的最终立足点都是为消费者提供一种个人的感官信息流和强化的体验，虽然大多数情况下，这些设备都是假体，但是它们能够延伸消费者的视野，可以不断拓展用户的感觉、思维并带来无限的乐趣。[3]

---

[1]（美）约瑟夫·派恩二世，基姆·科恩．湿经济 [M]．王维丹，译．北京：机械工业出版社，2012：40.

[2] 萨日娜．家居用品中的嗅觉体验设计 [D]．北京：中央美术学院硕士学位论文，2010.

[3]（美）约瑟夫·派恩二世，基姆·科恩．湿经济 [M]．王维丹，译．北京：机械工业出版社，2012：43.

1、2. Moto 餐厅可食用的菜单。　　3、4. 神似古巴雪茄的古巴三明治。

图 7-23　芝加哥 Moto 餐厅的味觉盛宴

当然，创造这些情境体验的目的不仅仅是为了娱乐消费者，更重要的是要吸引他们的参与，也就是下面要讲的一个方面：增强互动体验，而且在大多数情况之下，创造情境体验和增强互动体验是共同作用于消费者的，它们并不是完全没有关系、相互分开的两个方面。

7.4.1.3　增强互动体验

前面论述以消费者的需求为导向进行设计时，提到过消费者不想在你指定的范围内进行选择，他们只想要他们自己内心最想要的。因而在这种情形之下，企业所要做的就是向他们展示存在的可能性，并确保以此能够让他们弄明白自己真正想要什么。

如果想要达到这种充分展示可能性的情形，就需要借助一定的设计工具，使消费者能够自动自发地运用这些工具明晰自己内心最真实的需求，这就要求在工具的设计方面要使用简单、易于理解或用户能够容易掌握[1]，除此之外还要能够吸引消费者、具有趣味性，创造吸引人的体验。

曾有研究人员专门针对苹果手机和其他品牌手机做过对比研究，其创造的巨大市场在很大程度上是由于 iPhone 提供了更新颖的、更吸引人的交互方式，通过手指触摸式的滑动达到的放大缩小或浏览的操作方式（图 7-24），尽可能地满足了消费者的交互需要和个性化需求。当然，现在很多品牌的手机都能达到这种交互的效果，不过在大众科技仍停留于触摸交互的层面时，耐克和微软已经在探索新的可能方式——体感交互，通过这种新的交互方式创造差异化的市场，促进产品销售和创新（图 7-25）。

---

[1]（美）Thomas Lockwood. 设计思维：整合创新、用户体验与品牌价值 [M]. 李翠荣，李永春，译 . 北京：电子工业出版社，2012：231.

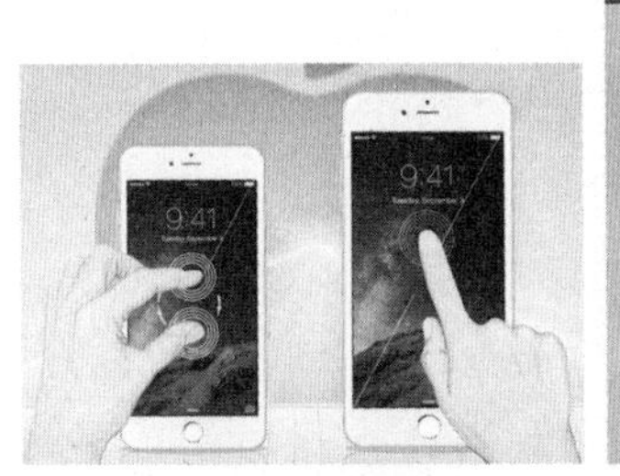

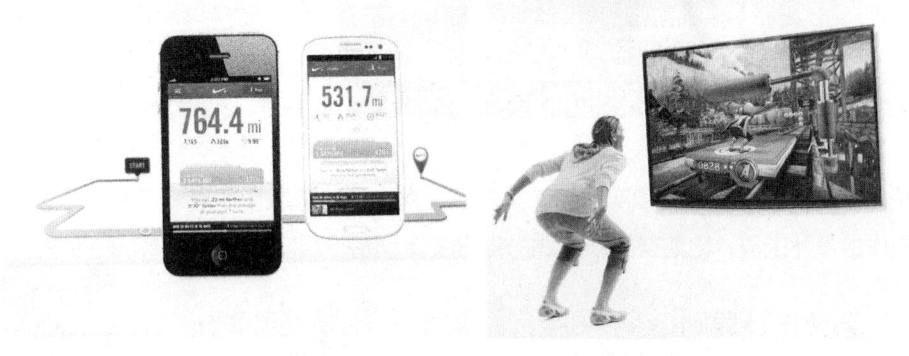

耐克“跑步软件”能帮助跑步爱好者精确地评估自己的运动效果

微软推出的XBOX360娱乐平台的新型体感设备Kinect让玩家摆脱手柄束缚，仅仅依靠身体动作就可以操作游戏

图 7-24（上左） 苹果手机交互方式
图 7-25（下） 耐克和微软的体感交互创新
图 7-26（上右） 巴黎三城眼睛零售店

而在家居定制服务系统的研究方面，如何借助最新的技术让购物更具娱乐性和体验感是成功的关键。我们说要尽可能挖掘消费者的最真实的需求，但是有时候并不只是因为消费者无法确定和明晰自己的真实希望和需求，而是在于很多企业获取这些信息所采用的方式和手段不对。在这方面，日本的巴黎三城眼镜零售公司（图 7-26）就通过与顾客互动，让顾客感受到一种全新的购物体验。这家公司借助开发出的 Mikissimes 设计系统（图 7-27），消除了顾客大海捞针式搜寻适合自己的眼镜的苦恼，同时还将整个购物过程设计成一种全新的互动探索体验。其主要过程可以概括为：①对消费者进行面部属性分析；②通过消费者选择形容词确定自己喜欢的搭配效果；③将推荐的选材整合影像与消费者照片合成显示；④与消费者沟通，进行调整和修改；⑤陪同消费者选择其他配件，整合成清晰、满意的图像，最后成品组装。更令人称赞的是，从消费者一开始参与选镜体验到拿到自己专属的产品，还不到一小时时间，这种创新性的购物体验，可以说实现了消费者和企业的双赢。[1] 因此，后面在构建整

[1]（美）约瑟夫·派恩，（美）詹姆斯·吉尔摩．体验经济（更新版）[M]．毕崇毅，译．北京：机械工业出版社，2012：104.

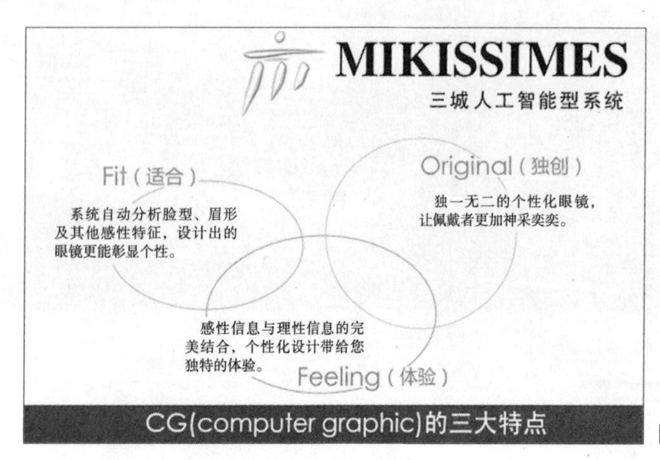

图 7-27　巴黎三城智能设计系统

个系统时，会根据网络平台和实体店的具体情况建立既能够吸引消费者又易于他们理解和操作的设计工具，比如交互游戏式的搜索工具，基于 NFC 技术的购物导引等。

7.4.2　系统设计原则

系统设计是服务设计中最具思想的原则。系统设计要求从整个系统的高度，把人、机以及环境看做是一个具有特定目标，由既相互作用又相互依存的多个部分和环节组织构成的有机整体。服务系统设计则是将以人为中心的设计思想进行系统化而来的产物。因此，在家居定制服务系统的设计中，需要关注系统各要素的价值创造和性能的提高，还要考虑系统所涉及的利益群体，为消费者创造良好的购物体验；为家居生产商以及家居设计师等创造价值；通过对服务系统所涉及的关键接触点进行细节设计，不断提升用户满意度，利于企业的发展和商业模式转型。

7.4.2.1　系统整体和各部分和谐统一

服务系统首先应该具有的特点就是目标性，而系统的各个部分都要为了这个目标而良好配合，最大程度地发挥系统的整体性能。在产品设计的过程当中，要深入挖掘其最独特的 DNA，同时产品各部分的设计，比如造型、颜色和材料等方面都要为了突出其最本质的特点而服务。

MINI 很好地利用多个接触点完成了自身从改变风格到创造需求的转变。MINI（迷你）汽车品牌，不仅成功打破传统观念中“小车更便宜”的市场格局，而且更精准地创造出“小车更尊贵”的市场。它还发展了“时尚配饰”的设计理念，并最大程度地将这一理念通过视觉表达贯穿于其品牌的所有接触点之中。MINI 的品牌主色为黑色，更符合城市中爱好时尚炫酷人群的心理需求。同时，MINI 以多种形式出现的醒目的彩色边框和灵动的辅助图形在历届车展上创造了惊人的视觉冲击力，并随着每年主体的变化，借助灵动的设计元素使其时尚这一特质深入到消费者心中。除了利用人们熟

图 7-28 MINI 汽车将其理念贯穿于所有的接触点

知的展会、产品、网站和画册，它还创造有趣的接触点，如将一辆真实的 MINI 汽车锁进笼子，并在外面写上“不要给它喂食”。可以说，MINI 所有接触点的创意都在尽可能为其更尊贵的小车形象而服务（图 7-28）。

就整个家居定制服务系统而言，虽然设计最后的落脚点是家居产品，但是这并不是最终的目的。因为整个系统从一开始，就是为了研究消费者的空间体验及其独特的家居空间需要，而研究的具体内容则是他们为营造理想家居空间而选择家居产品时的行为和心理。如辛向阳教授（图 7-29）对交互设计的定义那样，整个家居定制服务系统的设计，也应该完成从物理逻辑到行为逻辑的重要转变，需要从关注家居产品的功能转到关注消费者的空间体验、购买体验及心理的感受，需要从家居产品的设计上升到服务的设计乃至体验的设计。[1] 所以，在家居定制服务系统的设计中，系统各部分尤其是其中关键

图 7-29 辛向阳教授

[1] 辛向阳．交互设计和组织创新 [J]. 设计管理：体验的机会，2013（2）：113.

的接触点设计都要围绕定制这一切入点，尽可能以消费者为主导，为满足消费者的家居空间体验、购买体验而服务。

7.4.2.2 合理顺畅的服务流程体验

服务是一种竞争优势，同时服务是整体品牌体验的一部分，在这之中真正重要的是事物如何相互连接在一起。任何一种体验或说用户经验的过程都会由用户如何有效地连接到那些不同层面的接触点来表现出来，并通过对接触点的设计和控制，不断强化用户体验。就家居定制服务系统的研究来说，也需要加强各接触点的设计，不断纠正和完善整个服务系统，这样才能使消费者的体验不断优化，形成积极的消费认同和更持续的经济生产。简单来说，就是要通过对服务前、服务中和服务后关键接触点的设计控制，为消费者创造合理、顺畅的购物体验，增加用户粘着度和忠诚度。

1. 为开始设计——消灭注册表单

曾有专家在分析那些因注册表单设计不合理而吓跑用户的 APP 时说过，虽然用户黏度低是由很多原因造成的，但是我们首先要消灭掉的就是注册表单。一开始就让用户填写注册信息必定会导致潜在用户的流失，因此在整个家居定制服务系统需要注册的部分（包括网络平台部分和实体店部分需要注册的部分），都不能一开始就要消费者注册，应该做的就是要循序渐进。在这方面“穿什么”网就是一个做得比较好的例子，其定位是全国专业的男性穿衣搭配平台，它以消费者的体貌特征和风格为依据，为用户提供专业且专属的穿衣建议。进站第一步，就是为消费者进行测试，而不是要求用户注册，等在经过一系列测试完成之后，消费者如果想保存测试结果，就可以进行注册，而测试结果会直接发到注册邮箱，此时，消费者已经轻松、顺利地成为“穿什么”的注册用户了（图 7-30）。以往一开始就要求注册的一些网站，会给消费者带来反感情绪，而“穿什么”网取而代之的是趣味性互动游戏式的测试，这种循序渐进消灭注册表单的方式，在家居定制服务系统线上平台，以及实体店交互设备上的设计都很值得借鉴。

2. 为过程设计——随叫随到的“店长”

很多人都有这样的经历，当一个人满怀喜悦地去做一件事情，当期待的结果即将出现时，却因为一些小麻烦或琐碎事情的影响而倍受打击。这种情况之下，人们最希望看到的就是，期待的结果赶紧出现，也就是说希望将期待的时间尽可能缩短。在这方面，迪卡侬就做得非常好，它有一项获奖产品叫盖丘亚 2 秒帐篷（Quechua 2 Seconds tent），这一帐篷最突出的贡献就是从根本上减少了人们架设帐篷所用的时间。你唯一需要做的就是将这个帐篷径直扔向空中，它在达到地面之前自己就可以完全张开（图 7-31），这让那些即使是从没有安装过帐篷的人使用起来也超级简单，还有什么能比这更让露营者高兴的呢？

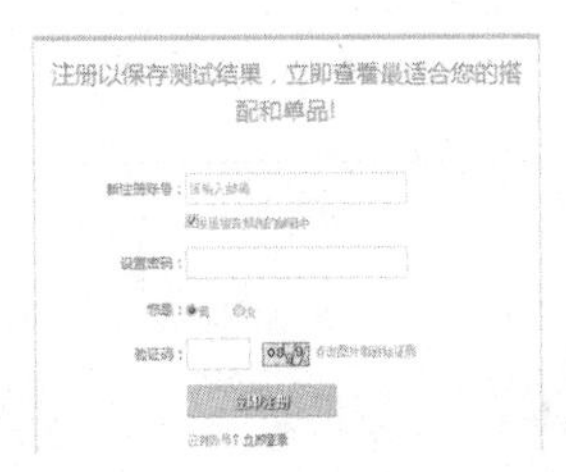

图 7-30（上左） 穿什么网的注册表单设计

图 7-31（上右） 迪卡侬的盖丘亚 2 秒“自建”帐篷

图 7-32（下左） 博物馆声音设备

图 7-33（下右） 扫描产品二维码

这种顺畅的服务流程的实现在家居定制服务系统的设计中也非常关键，而达到这种效果，需要企业通过应用相关工具或技术尽可能随时随地满足消费者的需要和解答消费者的问题。博物馆经过几十年的发展已经实现了借助描述展品的声音设备来增强游客的学习型体验，同时还为大众提供一种虚拟专家，保证了博物馆中陈列品信息准确地、随时随地地传达（图 7-32）。

现在愈来愈多的用户完全可以利用身边的智能手机来增强其现实体验。在家居定制服务系统的设计中，可以通过推出移动端的 APP 应用，来设计或控制关键的接触点。比如，消费者可以在实体店扫描产品的二维码（图 7-33），然后去线上进行比价；也可以在线上扫面产品的二维码，然后获得最近的实体店铺的位置（LBS 服务可以实现准确定位店铺位置）、联系方式等信息，直接去实体店借助二维码快捷查询到产品的准确位置，然后在手机端提供的基于卖场地图的 LBS 服务的导引下快速找到产品，来实际体验。消费者除了借助自己的手机，还可以通过实体店提供的相关设备来实现上述功能，如基于 NFC 技术的身份识别和产品导引等。消费者可以借助相关设备，获得一个随叫随到的“店长”，来咨询相关问题和获得帮助。

3. 为等待设计——提升等待过程的愉悦感

现在很多女性服装或饰品卖场，都在休息区提供给购物者很多杂志，而这些杂志中绝大部分都是男性感兴趣的、关注的内容和题材，这乍看起来似乎不太合理，但仔细想想不得不佩服卖场的这种做法。虽然男士不会来这里购物，但会有很多男士陪同女士而来，这种做法都是为了提升男士等待时的愉悦感，进而将消费者长时间留在卖场来增加营业额。设计心理学专家诺曼博士提出了为等待设计的几个原则，并指出首

图 7-34　宜家餐厅

要的关注点是和体验相关的，其他原则还有让等待看起来合理、满足或超越期待以及让人们保持忙碌。[1]

在家居定制服务系统设计中，关于等待的设计主要是针对实体店，可以像宜家卖场那样提供享用特色餐饮的服务（图 7-34），而对大部分规模较小的实体店，则可以提供比较优质的服务，比如提供平板电脑或免费的 WiFi 等，将消费者长时间留在店中，这还能通过消费者使用平板电脑或手机登录网上平台，来实现线下用户到线上的转化。

4. 为结束设计——创造美好的回忆

人们总是喜欢为了能将某种特别的回忆留住而买下特定的产品。很多旅游的人喜欢购买具有当地特色的明信片，这是因为它能勾起自己美好的回忆。消费者买下有形的纪念品多是为了使自己能更好地回顾曾经历过的体验，而且这些纪念品往往成为他们极其珍惜的东西，它所具备的价值远远超过产品本身的成本。

有关人类记忆的许多研究表明，人们对事件的回忆都是对体验的主动重构，而且对事件的记忆往往会比事件的实际情况重要得多。这些研究成果都强化出了为结束设计的原则：策划结束时的体验，并提供给消费者可以带回家的纪念品。

这些纪念可以是在实体店游览，搜寻到的“宝贝”（基于 NFC 技术为孩子开发一种卖场或实体店寻宝的游戏，并赠送相关“宝贝”做纪念品），也可以是购物时的大头贴或照片等。根据斯坦福大学鲍勃 · 萨顿教授的研究：参与者对事件记忆的一个特别重要的组成部分来自于他们拍过的照片。[2] 所以，在家居定制服务系统的设计中，

---

❶（美）唐纳德 · A · 诺曼 . 设计心理学 2：如何管理复杂 [M]. 张磊，译 . 北京：中信出版社，2011：170.
❷（美）唐纳德 · A · 诺曼 . 设计心理学 2：如何管理复杂 [M]. 张磊，译 . 北京：中信出版社，2011：189.

可以为消费者提供趣味性拍照的自助设备，使他们每次看照片时，都会强化他们愉快的回忆。

此外，家居企业还可以开发出充满创意、全新的纪念品。销售和家居产品购买体验相关的纪念品是整体体验延伸的一种方式，同时赠送作为体验本身的部分，是延伸整体体验的另外一种方式。除此之外，家居企业还要使纪念品的赠送方式更值得回忆，让消费者在获得时，感到特别开心或特别有价值。

7.4.2.3 通过模块化持续细分需求

谈到模块化，大多数人都会想到用来搭建的乐高积木（图 7-35），乐高积木模块数量极多，它们包括不同外形、不同大小、不同颜色以及简单而精巧的链接系统，因此，通过乐高积木，几乎可以建造所有能想到的东西。在家居定制服务系统的设计中，最终还是为了实现家居产品的规模化定制，既可以精准满足每个消费者的独特需要，又能在激烈竞争的商业环境之中同时实现个人化定制和低成本制造，而对整个系统中的产品和服务进行模块化处理可以为同时实现“规模化”和“定制化”找到最佳平衡点。[1]

整个家居定制服务系统中的模块化措施主要包括家居产品的模块化和实体店家居产品展示空间的模块化。

就产品的模块化而言，家居企业在实行规模化定制时，要把家居产品定制服务真正变成可执行和可实践的项目，必须具备的模块架构包括两种基本元素，一是多样化的模块，二是用于连接模块的系统。这两种基本元素形成了个性需求和定制服务之间的链接关系，明确了个性的表达范畴以及定制服务的执行框架，而不是满足完全开放的个性定制需求。举例来说，戴尔公司的模块是各种电器元件，包括 CPU、硬盘、内存等，而模块的链接系统是主板，通过丰富的组合方式，就可以针对每个消费者的独特需求进行定制化生产。

除了模块架构之外，要实现规模化定制还需要符合消费者需求的设计工具，或者说是帮助消费者选择所需家居产品的预设型界面，前面提到的巴黎三城智能设计系统就属于这类工具。在本研究之中，系统的主要组成部分包括家居体验分析系统和家居产品定制系统，都有相对应、同名称的

图 7-35　乐高积木

---

[1]（美）约瑟夫 · 派恩，（美）詹姆斯 · 吉尔摩 . 体验经济（更新版）[M]. 毕崇毅，译 . 北京：机械工业出版社，2012：86.

设计工具，具体包括网上的在线工具和实体店交互设备上的工具。这些工具能够方便企业管理复杂的模块产品，利于按需定制，同时还能以互动游戏的方式，帮消费者准确定位自己的真实需求。

实体店家居产品展示空间的模块化，主要是针对较大规模的卖场或专卖店而言。这种模块化方法主要有三个步骤：①通过为不同的展区构思合适的主题，并依据主题来安排特定展品的展示；②通过强化主题展区的表现力来使消费者建立联想，获得愉悦的情境体验；③依据主题展区的划分，在手机移动端和相应设备上建立卖场地图，并以此开展互动体验设计（如前面说的游戏式卖场寻宝）来使消费者形成持久的回忆。

7.4.2.4 增加附加值提升服务效能

对家居定制服务系统中关键接触点的设计，运用体验策略来引导消费者体验相关服务，都是为了快速准确击中消费者内心最真实的心理期望，并形成产品和服务的大规模增值。

史泰博公司是美国卓越的办公用品公司，通过利用服务设计，制定了一项“容易按钮（easy button）”计划，并将这项计划尽可能扩展到业务的每个层面。在店面服务中，他们重新设计店面，使其更小更统一，通过改低店内前端的货架，为消费者提供更好的店内后端和周围的空间视觉。不仅如此，他们还以个性化的方式解决特定的客户需求：当客户进入店面时，经过培训的员工，会将传统的“我可以帮你吗？”以“今天我能帮你挑选什么？”替代。同时，他们还针对特定类型的客户建立专业网站，能够电子化地把所有产品及购买信息提交给生产厂商处理。而且值得一提的是，Easy Button 到后来更发展成一个迷你的桌面应用程序，这使客户无需访问网站就能够下订单或查询[1]。正如史泰博意识到的——价格低并不足够好，而更重要的是设计一个简单的购买体验，当然这种简单的购买体验带来的除了丰厚的利润之外，还有对公司的赞誉是抱怨的两倍，而真正使史泰博成为像他们所承诺的那样“我们让办公采购更简单”。

现如今，无论你是进入一家咖啡店去喝一杯咖啡，还是在一家高级餐厅享受三个多小时的晚宴，这其中涉及的产品、服务和体验性都变得尤为重要，因为这是完成高附加值商业的核心要求。史泰博公司的做法以及前面提出的赠送纪念品等做法，都是在尽可能增加产品的附加值和提升服务效能，以此来提高消费者的黏度和忠诚度。

7.4.3 可持续性原则

可持续性原则，主要是针对顾客信息管理的方面提出的，希望通过相关的策略设计、关键接触点的设计等，来获取消费者在购买和接受服务各个阶段的满意度和心理

---

[1]（美）Thomas Lockwood. 设计思维：整合创新、用户体验与品牌价值 [M]. 李翠荣，李永春，译 . 北京：电子工业出版社，2012：188.

评价，来指导整个系统各部分的优化升级和相互协作的效能，最终形成可以不断完善的可持续服务系统。

7.4.3.1 价值共创

消费者个性化需求的产生，一方面是社会经济发展等客观原因促成的，另一方面也是由于自身内在需求不断提升的结果。根据马斯洛需求层次理论，消费者追求个性化是希望实现自我价值的一种表现，这种需求使消费者的自主、自我意识逐渐强化并不断寻求释放的方式。互联网时代的消费者所具有的特征就是自我实现需求的一种表现。消费者不再像以前那样只去选择商家提供的现成的产品，而是希望自己能为新事物的产生贡献最直接的价值。

当然，现在互联网平台的信息构架能力，也允许更多的产品开发或设计项目直接面对更多的消费者，并为其提供参与的机会。这种把独立的消费者个体进行整合，使消费者和研发机构都获益的做法显示出个体力量的上升在改变商业社会传统规则方面的巨大能量。有研究人员表示，个体创新的模式有可能成为推动社会发展的一种新动力机制。[1]在家居定制服务系统的设计中，需要通过对相关工具（如交互式分析系统和定制系统）的设计和服务流程中关键接触点的控制设计，来达到以消费者主导家居产品的购买，形成其自己理想家居空间的目的，这是消费者自我价值的一种实现方式。这种以定制服务来提升消费者体验的模式，最终能够实现价值共创，使消费者和企业都获益，并促进新消费模式和新生活方式的形成。

7.4.3.2 分享与社交

分享或说信息的分享，在日常的生活之中已经非常普遍，当人们有需要解决的问题时，多数人会去咨询自己身边的亲人和朋友。信息分享就是把自己掌握的信息向别人传递的过程。有研究人员指出，分享是亲社会的一种表现，分享行为在人们的社会生活之中是特别重要的行为。分享保证着人们与他人之间的和谐，与别人一起共同享用某种资源，是人的社会性体现。[2]

现在网络技术的发展为分享获得了更多与虚拟用户的信息传递的机会，并能够支持一群人持续交流。网络分享的快速发展，除了有网络的普及以及互联网技术方面的提升这些原因之外，还因为信息分享的过程本身可以获得很多附加价值：维系虚拟用户之间的高频互动；使不完整的信息逐渐完整；保存重要信息；产生新想法等。

分享行为是把自己掌握的信息向别人传递的过程行为，这种交换信息的关系能够满足自己或相互之间的兴趣爱好。通过网络进行的分享很容易将用户和机构等个体连

---

❶ 海军 . 众筹的力量 [J]. 设计管理：体验的机会，2013（2）：8.
❷ 王海梅 . 关于儿童分享的研究述评 [J]. 心理科学进展，2004（1）：52-58.

图 7-36　社交网络

接到一起，形成互动、有机、具备某种属性特征的社会组织的集合，简言之，称之为社交网络（图 7-36）。在 21 世纪，一个主要的主题是为社会交往和群体进行设计[1]，如今网络分享和社交网络的快速发展就是其体现。

在家居定制服务系统的设计之中，也需要在网络平台及实体店建立分享的渠道，如手机 APP 的下载使用、签到、分享等，尽可能形成网络互动分享社区和主题讨论区，并建立网络平台、实体店和移动端的流畅链接。值得提出的是，对手机 APP 进行很好的设计，可以实现产品手册、社交分享以及武装整个营销流程（包括前面提到的基于 LBS 的服务以及卖场导引服务等）等作用，精准挖掘特定消费者或特定消费群体的家居空间需求和家居产品的偏好，为定制服务等提供准确的数据和信息，并可以形成家居服务系统的超强用户黏度和品牌影响力。

7.4.3.3　评价与反馈

现在越来越多的企业重视消费者对设计、产品和服务的评价和反馈，因为如果企业或设计师不能将已经吸引来的顾客留住或锁定，消费者就会将自己的不满意传达给其他个体，从而可能导致潜在顾客群的再度流失。对消费者的评价和反馈进行记录和研究，实际上是 CRM（顾客关系管理）的重要部分，具体来说要重视售前、售中和售后消费者的满意度及评价。一般来说，重视消费者的评价和反馈，更倾向于指消费者对售后的一些评价，但是现在随着发展的需要又扩展到很多其他方面，比如小米就是针对售前反馈进行管理研究的典型例子。实际上，小米这种根据消费者的意见反馈来做手机的策略发展出了另一种定制商业模式（图 7-37）。它这种类型的定制服务集中在整个商业系统的前端，在大规模用户组成的大市场中，根据不同人群的意见和需求来进行相关的开发设计，以此来满足其所定义的消费群体的需求。

在家居定制服务系统的设计方面，可以借鉴这种定制策略来进行创新。当然，现在重要的是充分利用互联网技术以及家居企业的信息化网络平台，及时准确地采集消费者的相关数据信息，优化提升服务系统与消费者在各个环节的互动关系，不断加强对消费者满意度、个性化需求以及意见反馈的动态跟踪、数据库管理和研究分析，为

[1]（美）唐纳德 · A · 诺曼 . 设计心理学 2：如何管理复杂 [M]. 张磊，译 . 北京：中信出版社，2011：237.

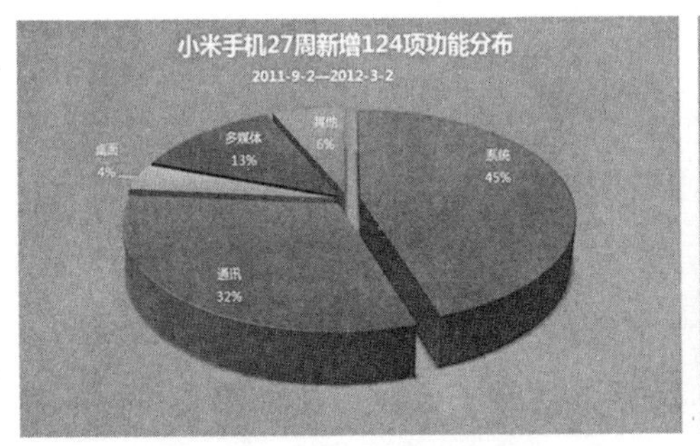

小米手机 27 周新增功能分布图

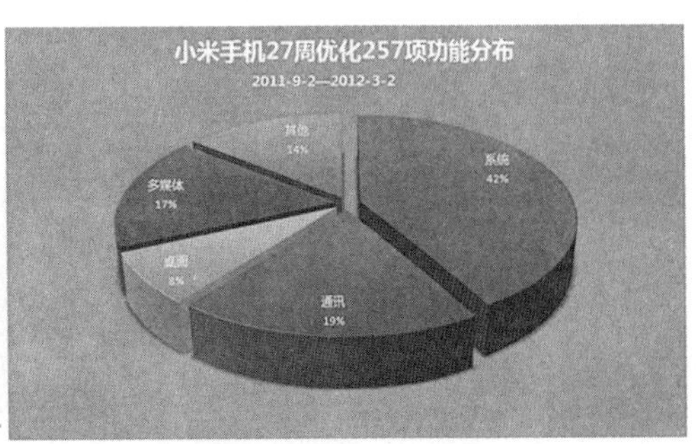

小米手机 27 周优化功能分布图

图 7-37 小米——基于用户意见做手机

新产品、新服务的开发提供准确的消费者需求信息以及重要的资源配置数据[1]，进而真正做到拥有不断创新的家居产品体系、良好的 CRM 系统以及积极发展的价值系统，逐步发展成良性、健康、可持续的商业模式。

7.5 家居定制服务系统的设计构建

7.5.1 家居定制服务系统的构架

7.5.1.1 家居定制服务系统定位

根据前文对家居行业市场以及典型角色用户的调研，针对存在的需求点和现实矛盾点，提出了家居定制服务系统的整体定位：家居定制服务系统是以消费者体验为中心，以定制为切入点和 O2O 体验为切入模式的新型互动交易服务系统（Interactive trading service system，图 7-38），实质上是一种新型商业模式设计。其主体源于 ITM 即互动交易模式（Interactive trading mode），它将家居网络商城和传统的实体店（包括家居卖场和家具品牌专卖店）进行结合，使线上和线下的资源不断进行有效整合，是家居行业应对 21 世纪新挑战的全面优化和信息化战略转型。

这种新型互动交易服务系统，能够充分以消费者作为主导核心，利用信息化为前导，并将实体店作为市场的延伸，不仅使两者结束以往的竞争局面，而且使双方紧密结合、相互促进。这不但可以大幅度增加营业额，而且可以使传统的实体店重新定位，不断朝提升消费者的体验和服务质量的方向发展。

7.5.1.2 系统基本模型

如上文所说，家居定制服务系统是以消费者体验为中心，以定制为切入点和 O2O 体验为切入模式的新型互动交易服务系统。整个系统是围绕消费者这一最终用

---

❶ 李彬彬 . 设计效果心理评价 [M]. 北京：中国轻工业出版社，2008：220-232.

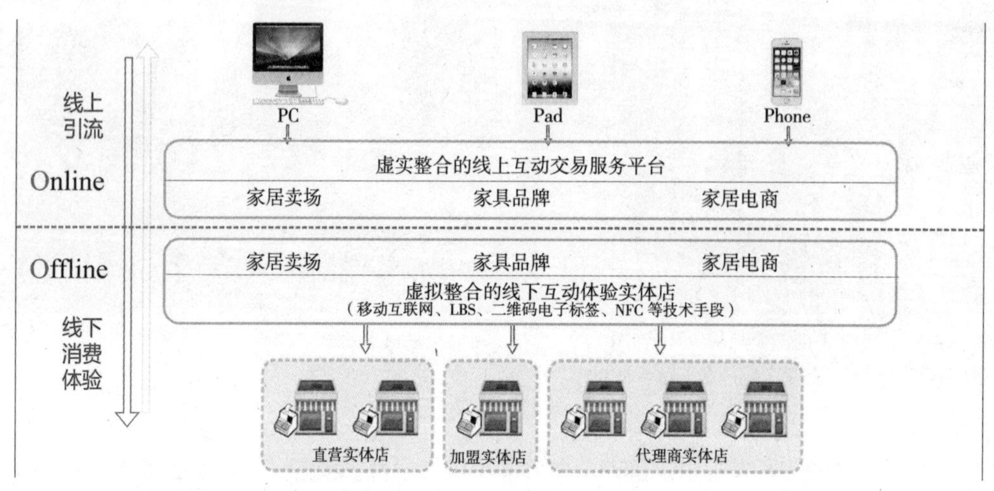

图 7-38 家居定制服务系统的整体定位

户而设计并为之服务的，主要从两个角度入手来研究消费者的家居空间体验。

一是从顾客的角度来研究顾客的家居空间体验，以消费者体验空间的行为为研究对象，主要是深入挖掘消费者空间体验形成过程中的心理感受，以及与这种感受相对应存在的特定的、具体的、可视的家居产品。

二是从企业的角度来研究顾客的空间体验。企业依据已挖掘到的消费者空间体验形成过程中的心理感受，以及与家居产品的对应关系，一方面为顾客提供这种对应家居产品的定制，来帮助顾客营造其所需要的家居空间环境；另一方面，依据这种对应关系来设计，并不断改进符合消费者在购买时需要的体验方式、体验过程和体验环境，带给消费者一种良好的体验感受，同时进一步挖掘消费者的深层需求，进而和他们建立一种共生共长的关系。这二者之间的关系是：消费者对家居空间体验的需求是企业运营的基础和依据，企业设计满足消费者家居空间需求的家居产品以及购买时的体验方式、体验过程和体验环境，实现对应家居产品的定制，帮助消费者营造其所需要的家居空间环境，是为了提升顾客价值，保障顾客利益，更是为了实现经济增长。

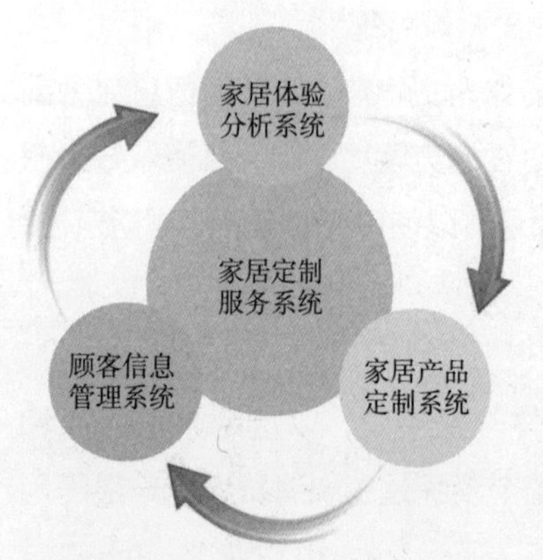

图 7-39 家居定制服务系统的主要组成部分及其协作关系

从上面两个角度出发的研究，最后要形成一个可以不断发展完善的整体的系统（图 7-39），整个系统包括“家居体验分析系统”“家居产品定制系统”和“顾客信息管理系统”三个主要部分。

第一个部分是，对消费者家居空间需要进行分析的部分。这部分的研究设计相当于针对消费者的家居空间体验所作的用户研究，只不过这里是通过借助相关的媒介载体（实体店的交互设备或网络平台的交互软件，如交互式游戏）设计出的一种交互式分析体系，并不断将这种用户研究进行流程化和规范化而建立的一种“家居体验分析系统”（或者说“消费者家居需求分析系统”）。这一部分是为了深入挖掘消费者家居空间体验形成过程中的心理感受，以及与家居产品的对应关系，也为后面“定制系统”部分的设计创造了条件。

第二个部分是，对家居产品进行定制（或直接购买）的部分。主要是根据“分析系统”对消费者家居空间体验心理研究和深层次把握所获得的信息，从消费者的个性化需求角度出发来提供对应家居产品的定制。

消费者可以根据第一部分的“家居体验分析系统”的相关分析结果，判断第一部分为自己所作的分析准确与否，并可以向家居设计师进一步咨询或寻求帮助，获得相关建议等。然后，消费者可以根据实体店的交互设备或网络平台的交互软件进行家居产品的自助选择服务。消费者可以在相应的媒介载体上自主选择与第一阶段分析结果相对应的产品，也可以自己根据软件相关提示（或在家居设计师的帮助下），将自己理想的家居产品，甚至是整个家居空间环境设计出来。最后，消费者可以决定购买自己根据分析建议选择的家居产品，也可以对家居产品的尺寸、材料和颜色等方面进行更改得到定制的产品，或是直接定制自己设计出来的相关产品。

第三个部分是，对消费者的信息和购买数据等进行管理的部分。这一部分主要对消费者对家居产品本身的评价、使用自助软件时的用户体验、对家居设计师、物流派送等服务人员的满意度评价等进行记录、数据分析和信息存档。此外，还有比较重要的一点就是，根据消费者在各个方面的反馈和相关数据的分析，对消费者不断更新的需求和不断变化的消费心理进行把握和趋势预测，进而对整个服务流程乃至整个商业模式进行调整和转型升级。

这里的三个部分也可以说是三个阶段，第一部分的“家居体验分析系统”和第二个部分的“家居产品定制系统”结合起来本身可以形成一个统一的整体。而在这之中通过运用产品服务系统设计的相关方法，对整个服务流程和接触点进行细化，将这两个方面紧密地连接起来。当然，这还只是开始，因为通过前两个部分建立的网络平台服务，以及 LBS 等技术支持下的实体店体验服务和用户建立的关系才是至关重要的，这种共同成长的关系才能使整个系统更加具有生命力。这是整个家居空间体验“数据库”不断丰富的前提，也为用户信息的管理以及以后的精准推送服务创造了条件。这样的话，整个系统就是一个不断发展的系统，也是可以使用户的体验不断升级的一个可持续的系统。

7.5.1.3 系统下的子系统

既然整个家居定制服务系统，主体是线上网络平台和线下实体店相结合的互动交易服务系统，这其中就必然涉及电子商务平台的服务系统设计和实体店的服务系统设计。单就电子商务平台的服务系统设计来看，一般情况下需要具有以下几个方面的基础功能，包括：用户管理系统、管理员管理系统、搜索系统、产品排布、购物车、支付系统和评价系统等几个方面[1]（表 7-2）。

电子商务平台的服务系统组成部分　　表 7-2

用户管理系统	即用户基本信息录入系统，包括用户注册、用户登录、用户基本信息的录入和修改等，以及账号安全和隐私管理等相关内容
管理员管理系统	管理员可以对平台商品进行信息管理的系统，以及对平台进行常规设置的系统
搜索系统	通过名称进行产品搜索以及特色搜索等功能
产品排布	产品在网页内的排布布局设计，网站网页将以什么形式进行陈列，如瀑布流式布局等
支付系统	通过网上银行对购买的产品进行支付，或是利用支付宝、财付通等提供第三方担保交易模式的支付系统进行预付
购物车	用户暂时选取产品的功能，能够暂时选定和收藏意向产品的功能
评价系统	电商环境下，一般是指用户在收到产品后对产品信息进行的反馈，可供其他用户进行购买参考，而这也正是目前的家居卖场和家具品牌商城所不具备的

而实体店的服务系统设计在一些基础的功能方面和上面提到的功能有些相似，如通过交互设备进入时，就会需要上面几个基本功能。但除此之外，还有很多其他的功能系统，如整个实体店的视觉标识系统、基于终端的购物路线引导系统、个性化家居空间环境体验预约系统，以及等候区服务系统等。由于整个家居定制服务系统下的线上系统和线下系统在有些功能需求上相同，而且在服务流程当中有交叉状况的存在，所以基本系统下的子系统主要参照消费者购物时的功能需求点来建立（图 7-40）。

7.5.2 家居定制服务系统的运营模式

7.5.2.1 整体系统角度的运营模式

家居定制服务系统实质上是一种新型商业模式，将市场划分为二元结构，即线上和线下，这使运营所面对的不是双重的市场，而是以线上服务为导向、线下实体店为体验、售后服务为市场延伸的一体化经营（图 7-41）。

---

[1] 祝凯宇．与用户需求层次相匹配的 B2C 商品系统体验评价研究 [D]. 杭州：浙江工业大学硕士学位论文，2010.

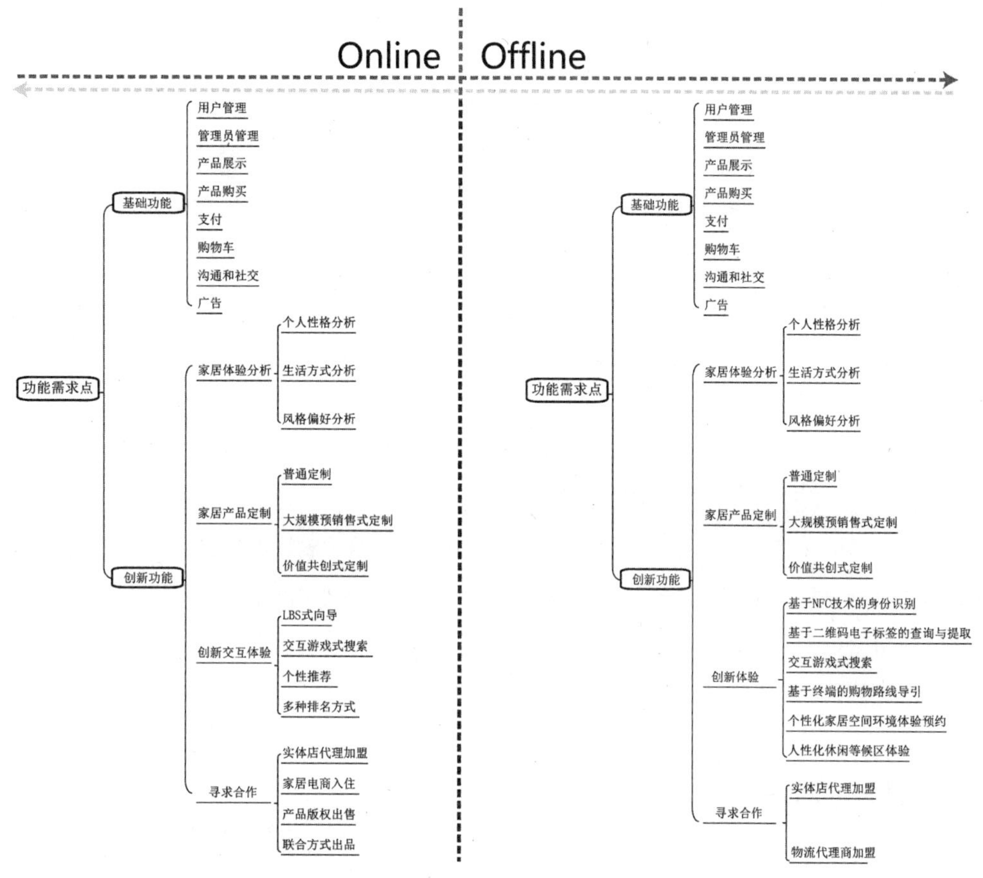

图 7-40 家居定制服务系统组成

这种商业模式具有三个关键作用，一是能够在网上寻找家居产品的潜在消费者，并将他们吸引到线下现实的实体店之中，这可以说是消费者的一种“被发现”机制，是支付模式和创造客流量的结合。这种模式因为每笔交易（或预约）都可以通过网络进行记录，因此本质上是可进行计量的。对消费者来说，这种模式更偏重于线下体验，使他们感觉消费比较安全、踏实。二是能够利用实体店把消费者沉淀到线上，进而成为自己忠实的消费群体，然后通过精准营销来不断实现用户从线下到线上的转化。三是可以通过线上平台和实体店与消费者的无缝沟通和长期联系，随时随地满足消费者的个性化定制需求。

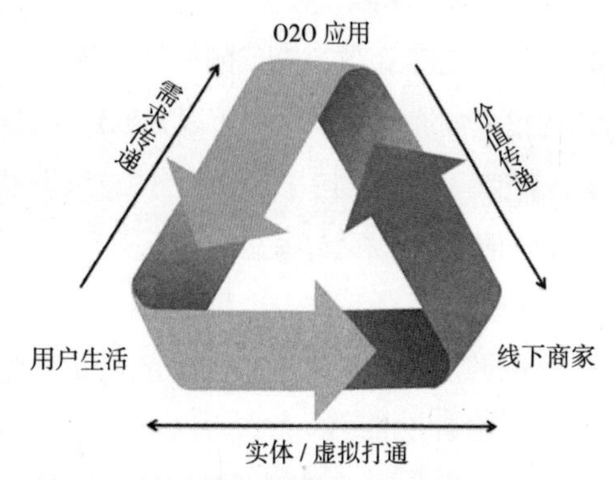

图 7-41 家居定制服务系统的运营模式

以上部分可以说是从整体而言的运营模式，由于本研究的家居定制服务系统的最终用户是消费者这一群体，因此现在从消费者的角度阐述定制服务的具体运作。

7.5.2.2 消费者角度的定制服务运营模式

1. 普通定制

普通定制模式主要是针对少数零星的顾客，他们对家居产品的个性化有一定的要求，由生产商提供多种类型的产品，或者为同一产品提供可以借助网络平台，或是实体店交互设备对所选类型产品的尺寸、色彩乃至材料等进行修改的情况，但是这些产品的尺寸、材料以及色彩的修改情况，大多数情况下都是企业以大规模生产的方式预先生产好的，只是后面根据消费者的要求而选择特定的零部件进行组装提供给消费者。

2. 预销售式大规模定制

预销售式大规模定制这种模式，主要是指企业借助 O2O 切入模式的优势，开展类似团购的活动，主要面向线上为主、线下为辅数量庞大的潜在顾客，由企业推出具有不同特色的多种类型的可定制的家居产品。这种产品一般是不方便大规模生产，或是在大规模生产方面具有一定难度的产品，如果盲目生产出来，有可能销售不出去，给企业带来损失，而借助团购活动，可以先开发家居产品的模型，再寻找消费者，最后生产销售，当然借助线下实体店体验服务的推进，也能尽可能减少消费者退货或取消订单的情况。

3. 价值共创的创新合作模式

价值共创的创新合作模式，主要是针对那些对家居产品有非常高的个性化要求的消费群体（之所以说是消费群体，是因为这部分人之中包括普通的消费者还有一些独立设计师和创意创作人），他们有时候想把自己理想当中的家居产品变成现实，但是迫于技术和资金等方面的原因而没有实现。这时候通过借助家居定制服务系统，他们就可以通过多种合作方式将自己的创意、设计或想法变成现实，具体合作方式举例如下：

（1）消费者 DIY 式定制：消费者可以通过网络平台或实体店的交互设备，独自或在家居设计师的帮助之下，将自己理想的家居产品通过自助软件设计出来。此时已注册的消费者享有这款产品的设计专利（未注册的可以通过注册成会员享有这项专利），这时消费者有多种选择：可以独自定制这一产品，并只有自己专享（100% 的专利权），产品的生产由家居生产商负责并寄给消费者，但是消费者需要付出相对较高的价格，此时消费者可以通过家居定制服务系统，提供给自己的网络社区小窝来分享、展示自己的产品并提供销售；也可以将自己 DIY 设计的产品上传到家居定制网络平台上，让生产商通过开展预销售式的定制活动来生产，自己（因享有 50% 的专利权）享有优先发货和商业提成的优势。

（2）独立设计师和创意创作人如果对自己设计的家居产品非常满意，可以自己将他们的设计投入生产，然后通过网络平台的网上商店和销售渠道来销售。也可以根据自己的需要，采取上面消费者使用的方式进行生产、购买或销售。

（3）消费者如果不想自己动手，也可以将自己关于理想的家居产品的点子或想法通过自己的网络社区小窝，或是网站专门设立的入口分享给企业，企业会对这些想法作出评估和选择性生产，并建立此类产品的展示区，对所采用的好点子、好想法给予消费者一定的奖励或回报，并第一时间通知消费者这款产品的生产和制造等相关信息。

7.5.3 家居定制服务系统的服务流程

7.5.3.1 传统单一渠道及组合渠道服务流程

传统的家居产品购物流程有三种（图 7-42），主要包括单一的网上购物流程、单一的实体店购物流程以及网上和实体店两种方式相结合的购物流程。

1. 单一网上购物流程

单一网上购物流程主要是指消费者进入网络商城，经过对已有的家居产品进行搜索、浏览、筛选选购，直至决定想要购买的产品，将其添加到购物车，在线付款并选择产品运输，一直到收到产品完成评价的整个过程。这整个过程，并不包含到实体店体验真实产品的过程。

2. 单一实体店购物流程

单一实体店购物流程主要是指消费者进入实体店，经过在实体店参观、游览，在展示的家居产品中进行筛选选购，直至决定想要购买的产品，然后在实体店付款并选择产品配送方式，一直到收到产品的整个过程。这整个过程，并不包含到网络商城进行比价等过程。

3. 网上和实体店相结合的购物流程

网上和实体店相结合的购物流程有两种情况：第一种是，消费者先进入网络商城，浏览、筛选直至确定购买产品，然后去实体店体验真实的产品，然后作出购买与否决定的过程；第二种是，消费者进入实体店浏览展示的家居产品到确定想要购买哪一款，然后再去网络商城搜寻同款产品，进行比价等选择，直至收到产品完成评价的整个过程。

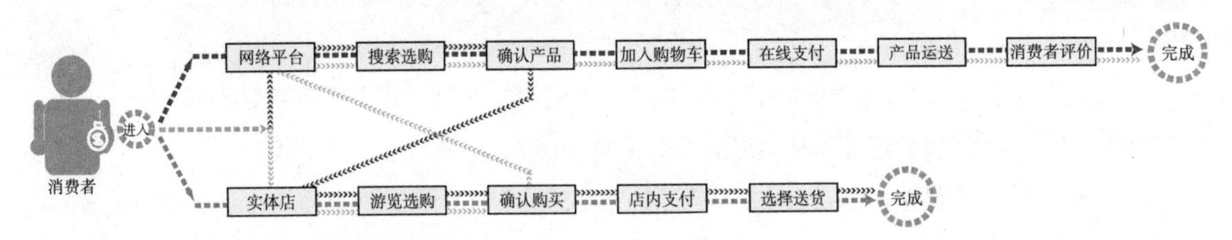

图 7-42 传统单一渠道及组合渠道服务流程

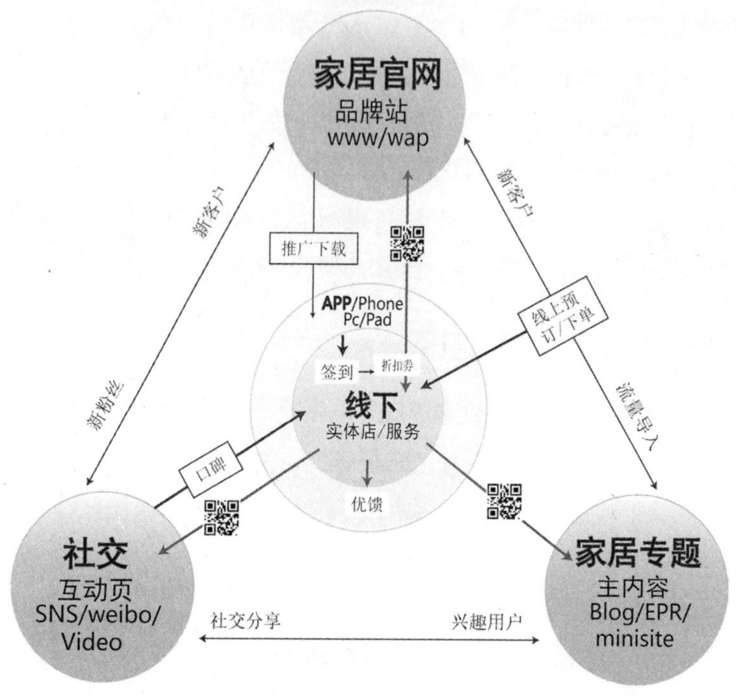

图 7-43 家居定制服务整体系统服务流程

7.5.3.2 家居定制服务系统服务流程

家居定制服务系统是一种“二元经营思维理念”下，将线上和线下市场进行一体化经营的创新商业模式（图 7-43）。

这种商业模式以顾客为中心，整体的服务以顾客为主体进行建立或调整。整体而言，可以从两个角度来看家居定制服务系统整体的服务流程。

第一种是从线上到线下的角度。通过家居专题内容页和社交互动页来发掘潜在的消费群体，并将他们导向家居定制服务的网络平台；此时消费者可以进行多种选择：通过官网的推荐下载使用手机 APP 应用、直接购买产品成为新客户，或在线上预订、查询门店地址并预约去实体店体验；消费者在线扫描了产品的二维码电子标签，直接去实体店迅速找到该产品，进行体验后买下了产品，并通过手机 APP 签到和分享到社交互动页或家居主题内容页（实现了网络营销）来获得积分奖励，积分累积获得优惠券或折扣券，再购买相关产品，进而成为忠实客户，还可实现品牌自身口碑宣传的效果，进一步吸引新的顾客。

第二种是从线下到线上的角度。通过实体店提供的优质服务（如平板电脑互动娱乐或免费 WiFi、下载优惠券等）来促进消费者下载使用 APP 或直接登录到官网，以此将消费者导流、沉淀到线上，进而成为自己的新客户或忠实顾客。消费者可以通过扫描实体店的促销活动二维码，参加官网团购等优惠活动，或者是可以通过扫描家居产品的电子标签，去网络平台快速比价、查询相关优惠活动等，消费者将这一活动进一步分享到主题社区或互动主页，都可以获得相应奖励，实体店也可从网上销售所得中获取相应的合作利润。

虽说可以从两个角度来看整体的服务流程，但这并不是分隔开的两个方面，最好的结果是通过线上平台和实体店与消费者无缝沟通，形成一个可以随时随地满足消费者的个性化需求的“闭合”循环系统，实现相关利益群体和顾客的多赢。

7.5.4 家居定制服务系统综合与建模

将各种相关因素进行提炼和综合来建立模型，是服务设计的表现手法之一，这也是家居定制服务系统原型设计的重要部分。服务综合与建模是在对消费者需求和关键服务接触点准确把握的基础上，利用相关工具对整个服务系统的原型化处理。主要根据前期的研究分析和结果，通过情境图、故事版等手段来对一种即将产生的服务进行描述和说明。设计初期，建立低保真的家居定制服务系统来为后续的设计提供方向，而后期以高保真的服务原型来对整个服务系统进行验证、修改和评估。

7.5.4.1 消费者角色用户人物卡片的创建

参考对家居行业市场以及典型角色用户的调研情况，现在将根据消费者这一最终用户的特征、真实需求点和现实矛盾点进行人物角色卡片的制作。同时，根据调研的相关情况对消费者的需求进行推测，并建立相对应的剧情进行细化描述，增强消费者的最终用户特征。

消费者陈女士的人物卡片（图 7-44）：陈女士是一位准备搬入新居，需要对新住宅进行装修的消费者。陈女士的家庭是典型的三口之家，她本人曾是无锡一家知名设计公司的设计师，因此对新居的空间环境质量要求特别高。而且对自己理想的家居空间效果有非常明确的概念，尤其关注生活品质，对家居产品的选购很挑剔，所以新居的装修设计主要靠自己和家人来完成。陈女士的老公，在一家国企担任部门主管，工作很忙，没有太多时间和精力放在新居的装修上，尤其对于要在市中心的新居和市郊的家居卖场之间来回奔波感到费劲，但是他本人又希望能够在新居的建设上帮老婆分担一些，一起建设新家园。他们有一个 5 岁的儿子叫豆豆，很活泼可爱，现在会玩很多手机小游戏，能够在父母的帮助下使用百度地图，对新事物非常感兴趣。陈女士目前需要能够通过网络和实体卖场来购置自己理想的、个性化的家居产品，希望减少在购买上所花费的时间，解决来回奔波的问题，同时还希望和老公、儿子一起来购买产品、建设新家。

7.5.4.2 用户情境故事版创建

根据上面建立的消费者陈女士的人物角色卡片的基本信息，现在引入关键情境体验的设计，将陈女士（及其家人）这一目标用户作为测试的对象，构想观察她（们）

消费者角色用户——陈女士的人物卡片

陈女士

年龄：29岁
文化程度：大学
职业：设计师
家庭状况：已婚，丈夫和一个儿子
居住地：无锡市滨湖区，刚购买了一套房子
性格：外向，很多朋友，重视生活品质

生活状态

陈女士是一位刚搬入新居，需要对新住宅进行装修的消费者。陈女士的家庭是典型的三口之家，她本人就曾是无锡一家知名设计公司的设计师，因此对新居的空间环境质量要求特别高。而且对自己理想的家居空间效果有非常明确的概念，尤其关注生活品质，对家居产品的选购很挑剔，所以新居的装修设计主要靠自己和家人来完成。陈女士的老公，在一家具有国营背景的企业担任部门主管，工作很忙，没太多时间和精力放在新居的装修上，尤其是要在处于市中心的新居和处在市郊的家居卖场之间来回多次奔波，但是他本人又希望能够在新居的建设上帮老婆分担一些，来一起建设新居。他们有一个5岁的儿子叫豆豆，很活泼可爱，现在会玩很多手机小游戏，能够在父母的帮助下使用百度地图，对新事物非常感兴趣。

用户目标

陈女士目前需要能够通过网络和实体卖场来购置自己理想的、个性化的家居产品，希望减少在购买上所花费的时间，解决来回多次波折的问题，同时还希望和老公、儿子一起来购买产品、建设新居。

图7-44　消费者角色用户陈女士的人物卡片

从最初进入整个家居定制服务系统开始，到实际接受相关服务时可能遇到的每个场景或情境，并采用设计假设来处理她（们）所遇到的问题，提供相应的解决方案。最后根据目标用户和系统中环境、设备等的互动情况和反馈细节，建立情境体验路线图（图7-45）和关键情境故事版的绘制（图7-46），对整体的系统服务进一步阐述、改进和细化（表7-3）。

7.5.5　家居定制网络平台设计展示

7.5.5.1　设计思路

根据前面对家居定制服务系统的综合建模和创建的剧情，以设计原则为指导，对网络平台的功能优先级进行排序分析，并考虑到用户的交互体验、视觉感知、网站的设计规则和人机操作习惯，对家居定制服务网络平台进行整体创新设计。同时，根据当前界面设计领域的发展趋势，运用扁平化方法对网络平台进行设计，使网站设计能够突出特色服务功能的同时，统一到整体的服务系统设计之中。网站整体上在视觉设计方面趋向年轻化风格，强化了社交和分享，突出了个人特质的自我发现和自我认识，使用户能在初次使用时便被吸引，形成理想的黏度及交互体验。

7.5.5.2　流程架构（图7-47）

7.5.5.3　原型架构（图7-48）

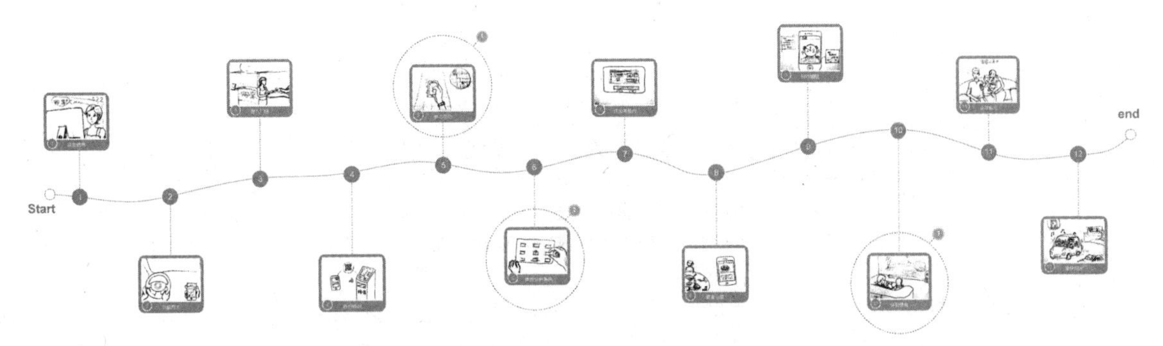

图 7-45　消费者角色用户情境体验路径图

图 7-46　消费者角色用户情境体验故事版

消费者陈女士的情境剧情创建 **表 7-3**

<table>
<tr><th>时间</th><th>事件</th><th>具体过程</th></tr>
<tr><td>周五晚上</td><td>获取信息</td><td>陈女士希望能够买一款尺寸合适的组合沙发，因为自己家的客厅有些偏大，在网上看了一些商家，发现所提供的产品不是很满意。
于是陈女士尝试搜了一下定制沙发，发现了一个叫“购·窝”的网络商城，看了很多产品评价还不错。通过和在线客服沟通，她感觉这个商城里的家居产品还不错，并且客服说可以去实体店体验一下。
听客服说最近的体验馆离自己家很近，于是她根据客服的提示下载了手机 APP——窝窝投，不需太多步骤，只需输入手机号，即注册成了会员。
她通过 APP 扫描了自己在网上看好的沙发等产品的二维码电子标签放入收藏里，并用应用中的 LBS 服务查询了一下最近的体验馆，免费的地址短信很快发到了自己的手机上，而且手机 APP 可以进行实时地图导航。
陈女士和老公商量了一下，决定明天周六带儿子一起去实体店转转</td></tr>
<tr><td>周六
9：30~
9：45</td><td>进入门店</td><td>陈女士一家三口在地图导航的指引下，很快来到了“购·窝”实体店门外。他们刚一进入实体店，就得到了家居助理的热情欢迎：“金窝银窝不如自己爱的小窝，欢迎你们的到来”。
陈女士感觉很意外也很高兴，她和家居助理沟通了一下。家居助理说，她可以继续通过手机 APP 实时咨询客服，遇到的问题也可以向家居助理寻求帮助，并且去服务台领了一张给陈女士老公的“贴心顾家好男人”临时会员卡和给她儿子的“当家小勇士”虚拟会员卡（可戴式手环——和陈女士构成子母卡）</td></tr>
<tr><td>周六
9：50~
10：10</td><td>进行体验</td><td>陈女士将手机中保存的家居产品二维码电子标签在门店设备上扫描输出（或共享），得到了家居产品的具体展区位置，并得知可以在手机店内地图导航的指引下快速找到指定的产品。
同时，家居助理告诉陈女士，她儿子豆豆可以一起参与卖场寻宝的活动，系统已经在陈女士指定观看的产品附近“埋好了宝贝”。豆豆听说要去寻宝，非常高兴地要跟着妈妈一起去。
而家居助理同时建议陈女士的老公可以去体验一下家居体验分析系统，他也非常乐意地接受了</td></tr>
<tr><td>周六
10：15~
11：35</td><td>参与互动</td><td>豆豆在妈妈的帮助下，自己根据手机 APP 中卖场地图的指引，迅速找到了陈女士指定的产品所在的展区，豆豆经过一番寻找，找到了在该产品附近的宝贝——可以兑换相应奖品的荣誉勋章（这个勋章无需带走，只需用自己的手环在 30cm 距离内感应，就可听到嘟的一声，以及手环发出的“恭喜你，豆豆小勇士，你发现了宝贝，得到了勋章奖励”）。
陈女士随后又看好了几件不错的家居产品，用手机扫描了二维码电子标签，都先放到收藏里</td></tr>
<tr><td>周六
10：15~
11：30</td><td>预约
体验室</td><td>在豆豆和陈女士看展品并寻宝的这段时间里，陈女士的老公也体验完了家居体验分析系统，他感觉测试的结果挺符合自己的，于是他用手机号轻松注册了会员，保存了测试结果，打算和老婆分享看看。
并用他根据系统的提示，转入了定制系统并查看了根据自己的测试结果所推荐的几款产品，并用手机下载 APP——窝窝投应用，扫描了几件自己感觉不错的放到了收藏。
此时，在家居助理的帮助下，他发现老婆和豆豆还未看完产品，于是根据家居助理的建议，用手机 APP 预约了下午去个性化家居空间环境体验一下，系统根据预约安排在下午 2 点半</td></tr>
<tr><td>周六
11：35~
12：30</td><td>美食分享</td><td>预约完以后，他根据 APP 的导航指引，找到了老婆和豆豆，一家人去卖场里的餐厅，体验一下这里的美食。
吃完午餐，陈女士将专卖店里的美食照片，一键分享到新浪微博和窝窝投中的我的小窝，获得了积分奖励。同时，她和老公分享了一下各自看好的产品，并通过手机 APP 跳转到官网，查看了产品的具体信息，最后决定下午接着看一下都感觉挺不错的产品</td></tr>
<tr><td>周六
12：40~
14：20</td><td>预约提醒</td><td>下午他们一家三品，一起去看那几款都感觉比较好的产品，豆豆又获得了新的宝贝。
此时，陈女士老公的手机收到了短信提醒以及来自窝窝投的提示：“先生您好，您定制的个性化家居空间环境体验，还有 10min 即将开始，您可以根据卖场地图导航前往，恭候您的光临”</td></tr>
</table>

续表

时间	事件	具体过程
周六 14：30~ 16：30	情境体验	此时，他们已经看完了那几款家居产品，于是一家三口都去体验一下定制的个性化家居空间环境。 在体验室里，他们一进去就听到高雅的音乐，墙上投影着特定的家居环境图片（这是根据陈女士老公的测试结果，运用相关技术形成的空间环境），同时可以通过与 iPad 设备端的互动，调整画面中的家居产品的位置，或更换新的产品。 此外，还可以再根据个人喜好切换到不同主题环境，豆豆说要换到郊游的场景，于是画面中出现了飞舞的蝴蝶、游鱼，整个体验室里响着流水声、鸟叫声，还有绿色植物形成的环境，以及淡淡的青草和花香的气味。 陈女士将自己选中的几件产品运用数据共享都放到了画面之中，感觉还不错，老公也很满意，于是他们当即通过体验室的设备下单买下了那几款产品，并选择了送货到家的配送方式
周六 16：45~ 17：15	分享留念	陈女士通过窝窝投应用，晒单到自己的微博和“我的小窝”板块，获得了新的积分。 一家三口正打算离开实体店时，店长告诉他们说，今天豆豆寻宝获得了神秘的宝贝。并很郑重地向豆豆颁发了免费的“当家小勇士勋章”以及寻宝获得的小怪兽礼物，同时还为一家三口合影留念，并将一份照片送给他们，同时在他们允许的情况下，将另一份贴到了展示“当家小勇士”的那面荣誉墙上
周六 17：20	愉快回家	一家三口非常满意今天的“购 · 窝”之旅，决定以后再经常来转转或买些新家居产品。一家三口在窝窝投手机 APP 引导下高高兴兴地回家了

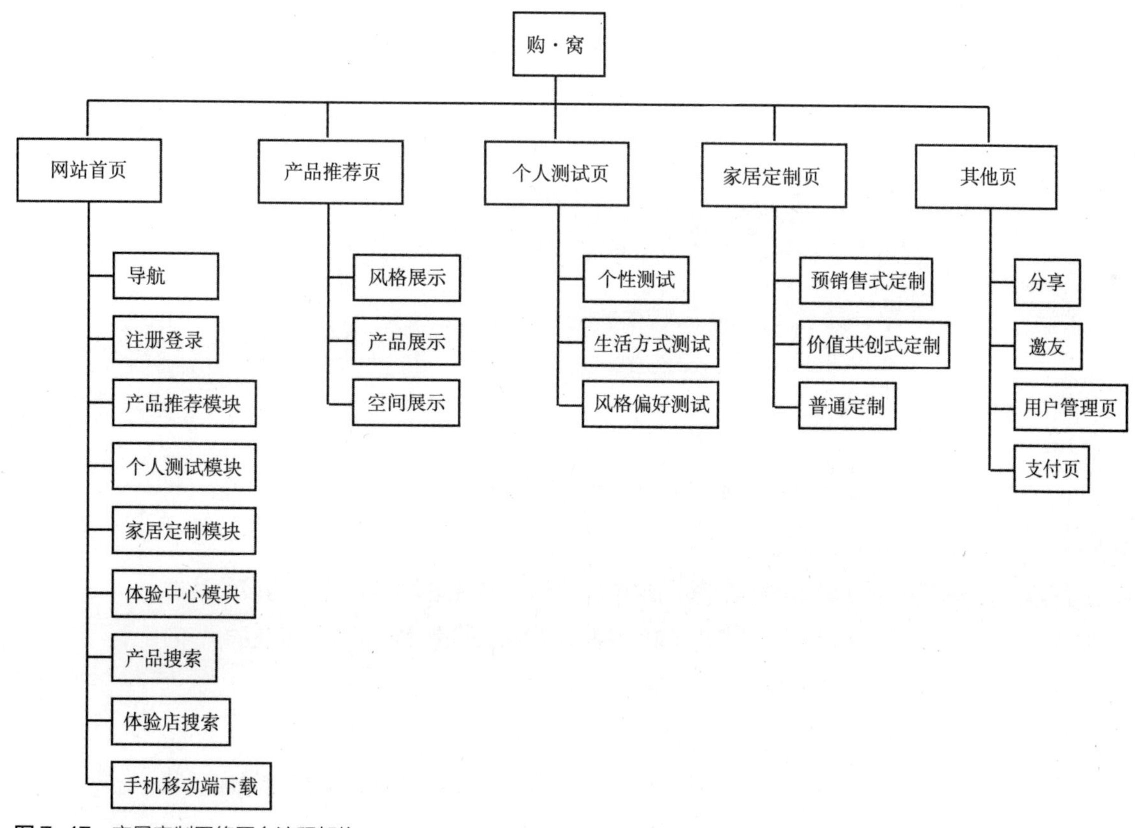

图 7-47 家居定制网络平台流程架构

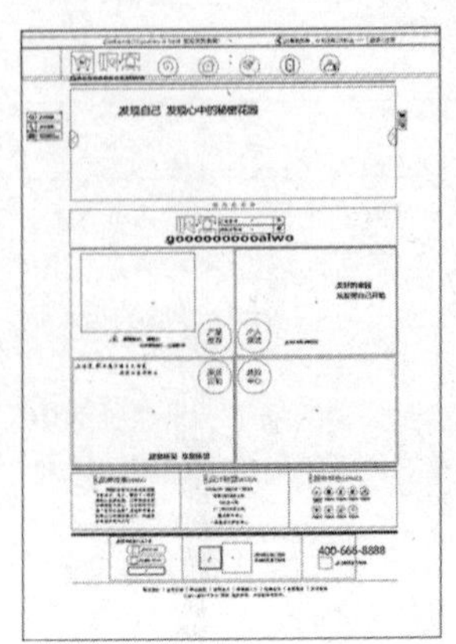
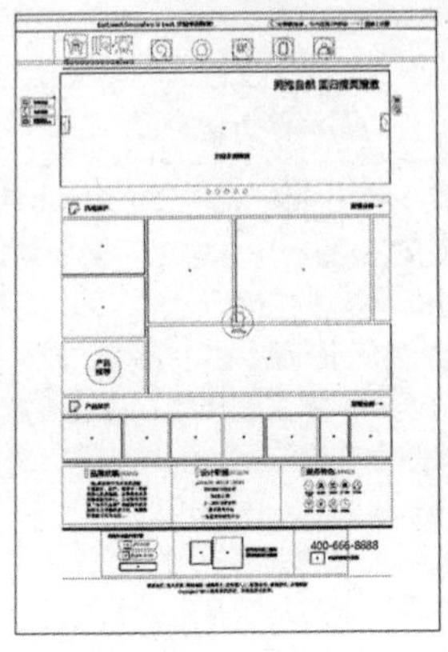
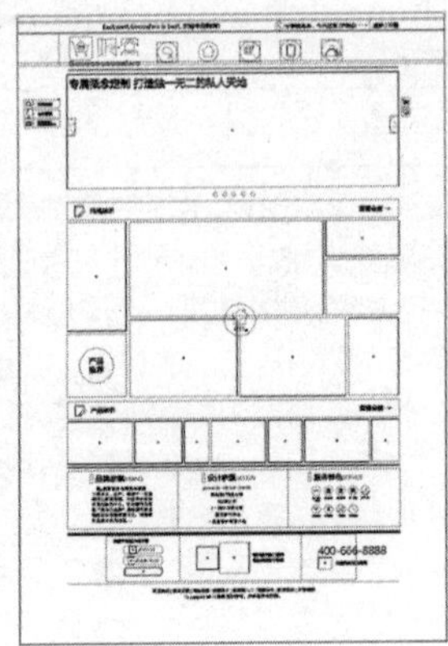
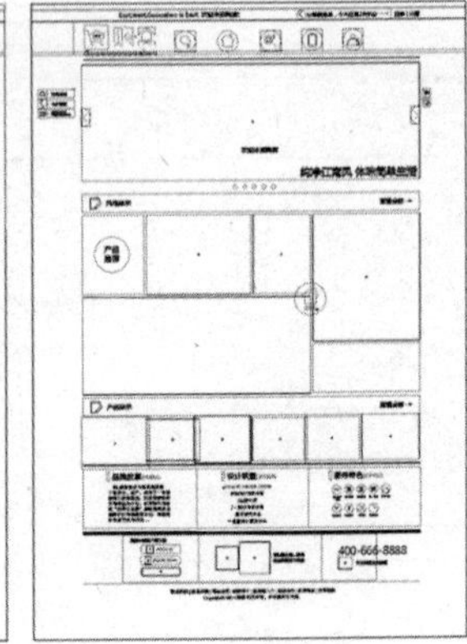

图 7-48 家居定制网络平台低保真线框图

7.5.5.4 视觉展示

1. LOGO 展示

设计说明：以移动互联网和“大数据”时代为背景，结合个性化家居定制的切入点，借鉴谷歌等的设计思维而设计，也和中国的俗语金窝银窝不如咱们的“购·窝”相契合，通俗易懂，富于联想，品牌识别度较高（图 7-49）。

图 7-49 家居定制网络平台 LOGO 展示

2. 主要网页展示（图 7-50~ 图 7-53）

3. 手机移动端应用设计展示

同样运用扁平化设计思维对手机移动端进行设计，并使之和网络平台的设计能够和谐统一。在整体设计方面突出了手机的移动便携特性，及随时随地接入网络的优势，强化了交互体验，和社交分享等功能，使移动端和网络平台形成无缝连接，与线下实体店体验深度结合，形成系统的互动交易模式和创新商业模式。

移动端的设计流程和网络平台相同，包括流程架构、低保真原型架构和高保真原型设计等几个部分。手机移动端的界面如图 7-54 所示。

图 7–50 购 · 窝官方网站主页

图 7-51　家居空间设计风格展示页面——东南亚风格

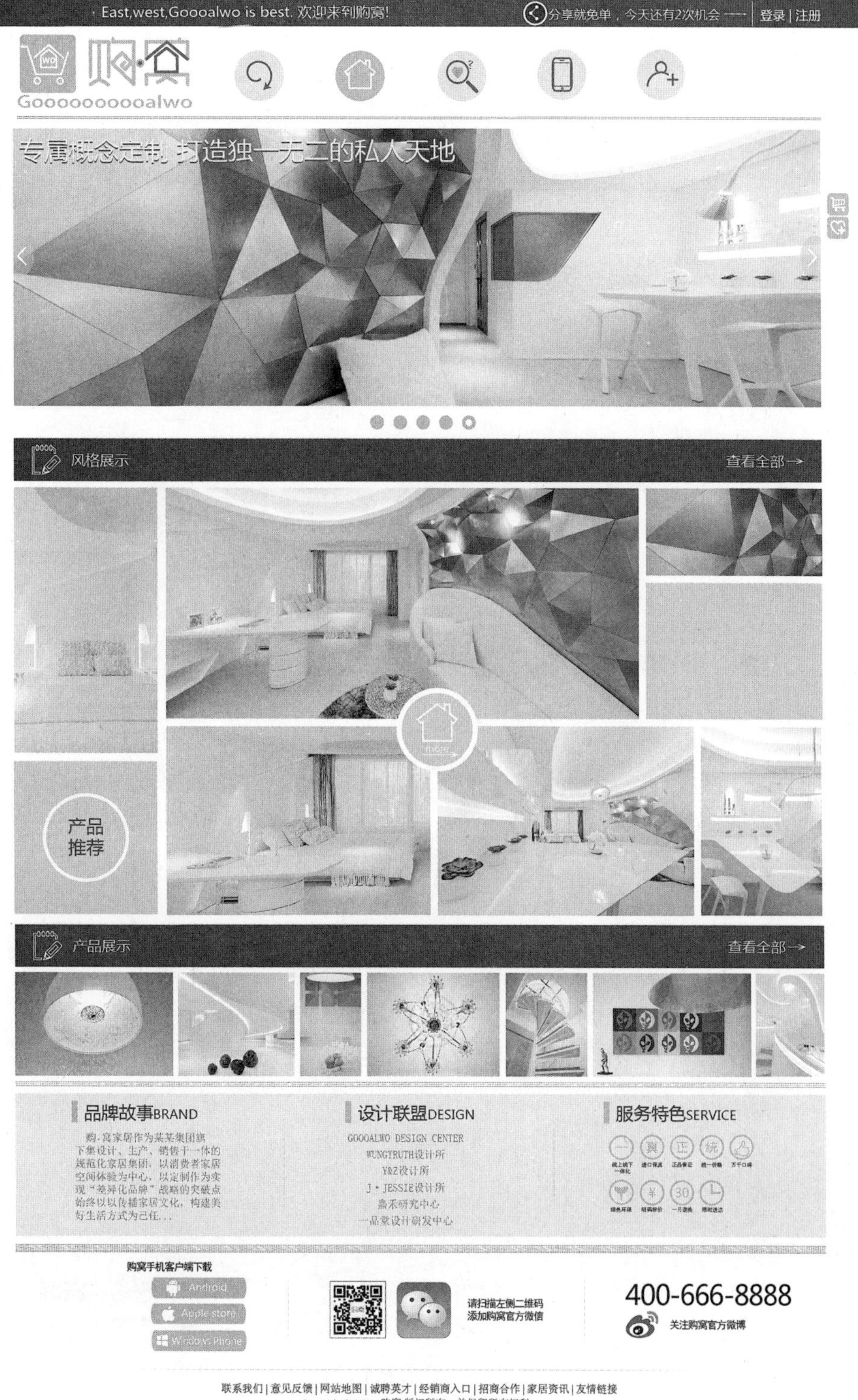

图 7-52　家居空间设计风格展示页面——专属概念定制

图 7-53　家居空间设计风格展示页面——新中式风格

初始化页面

登录页面

主页

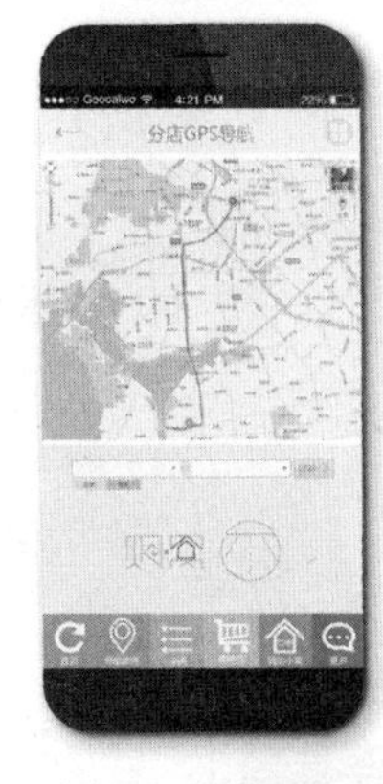

分店 GPS 导航页面

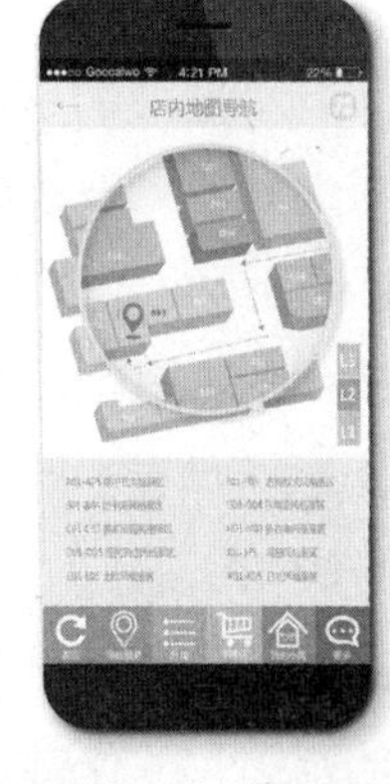

店内地图导航页面

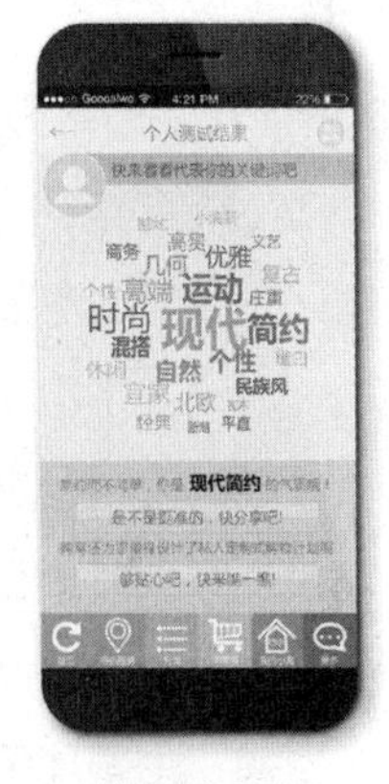

个人测试页面

按空间风格展示页面

按空间类型展示页面

图 7–54　手机移动端应用设计展示

第 8 章　设计实践与探索作品解析

根据笔者多年来在主题室内空间方面的设计实践和江南大学设计学院环境设计系的教学成果，以下着重探讨解析七个优秀室内设计作品，分别为：

《鸟鸣林更幽——两江水电技能实习基地室内设计方案》(作者：杨茂川、吕永新)；

《水墨青花——明清艺术品交易会所室内设计》(作者：杨月)；

《香水有毒——单身女性公寓设计》(作者：刘洁蓉)；

《大千山水情——张大千孙云生美术馆设计》(作者：李卓)；

《红楼一梦——体验性主题酒店设计》(作者：练春燕)；

《观自在——“禅”主题休闲会所设计》(作者：李佳琦)；

《晋善晋美——体验性主题会所设计》(作者：王凯)。

8.1　《鸟鸣林更幽——两江水电技能实习基地室内设计方案》

作者：杨茂川、吕永新

解析：

两江水电技能实习基地新建工程项目位于吉林省延边州长白山麓，地处朝鲜族自治州，是服务两江电站实习基地的配套建设项目。建筑总面积为 3520m^2，首层面积为 2279m^2，二层面积为 1214m^2。项目室内设计主要分为客房休憩区与会务餐饮区两大功能分区，客房休憩区包括接待大厅、套房、大床房、标准双人客房、小会议室等，会务餐饮区包括会客大厅、大会议室、餐椅包厢、大会议室等。

该项目的主题选取是根据项目所在的特定区域——吉林省延边州长白山下大兴安岭山腹，通过对周边环境的探讨，收集当地各种特有的自然及人文元素，提炼出“飞鸟”“鸟巢”“林木”等自然要素，具有朝鲜族自治州风情的“长鼓”等人文要素，选取“鸟鸣林更幽”为该项目的主题（图 8-1）。“鸟鸣林更幽”出自南朝梁诗人王籍《入若邪溪》的诗句“蝉噪林愈静，鸟鸣林更幽”，以动衬静。在哲学上，动静本是相互对立的，但又不是孤立存在的，动中有静，静中有动，动静依赖于它的对立面而相较存在，不仅“相形见绌”，而且“相形见优”。诗人运用以动衬静的手法，从“动”入手，以衬托“静”，通过鸟鸣声、蝉叫声的刻画，衬托出山谷林间的幽静深远，“有”声胜“无”声，“动静”皆在方寸之间。

为了在设计中既突出广义文化更尊重狭义文化，项目运用新中式的设计原理，呈现优雅精致的生活品质（图 8-2、图 8-3）；为了体现长白山区独特的人文以及地域性艺术文化背景，将长白朝鲜族自治县特有的长鼓形态作为设计元素运用在设计中（图 8-4）；书画作为我国传统艺术拥有几千年文化底蕴，以其浓郁的乡土气息、醇厚的艺术内涵和生动的历史痕迹深受百姓喜爱，因此项目中引入大量的字画、书法、松花石雕作为装饰，增添人文艺术氛围（图 8-5）。

项目提取“林”“木”“石”“鸟”等设计元素。“林”为会意字，从二木，表示树木丛生，东汉刘熙在《释名》中写道：“山中丛木曰林，林，森也”，林是自然和生态的象征，与长白山区森林资源丰富相符，“林”作为书画等装饰室内空间合情合理；“土精为石，石气之核也”“他山之石，可以攻玉”“沉而石者，是肾气内著也”，自古以来石头因其坚固耐磨的特征被历代文人墨客喜爱歌颂，被用于观赏、收藏、雕刻等多种富有艺术价值的行为，将石头直接运用在室内装饰中能使室内环境更加亲近自然；鸟类具有灵性，有着“凌波仙子”“湿地之神”“空中雄鹰”“无冕歌

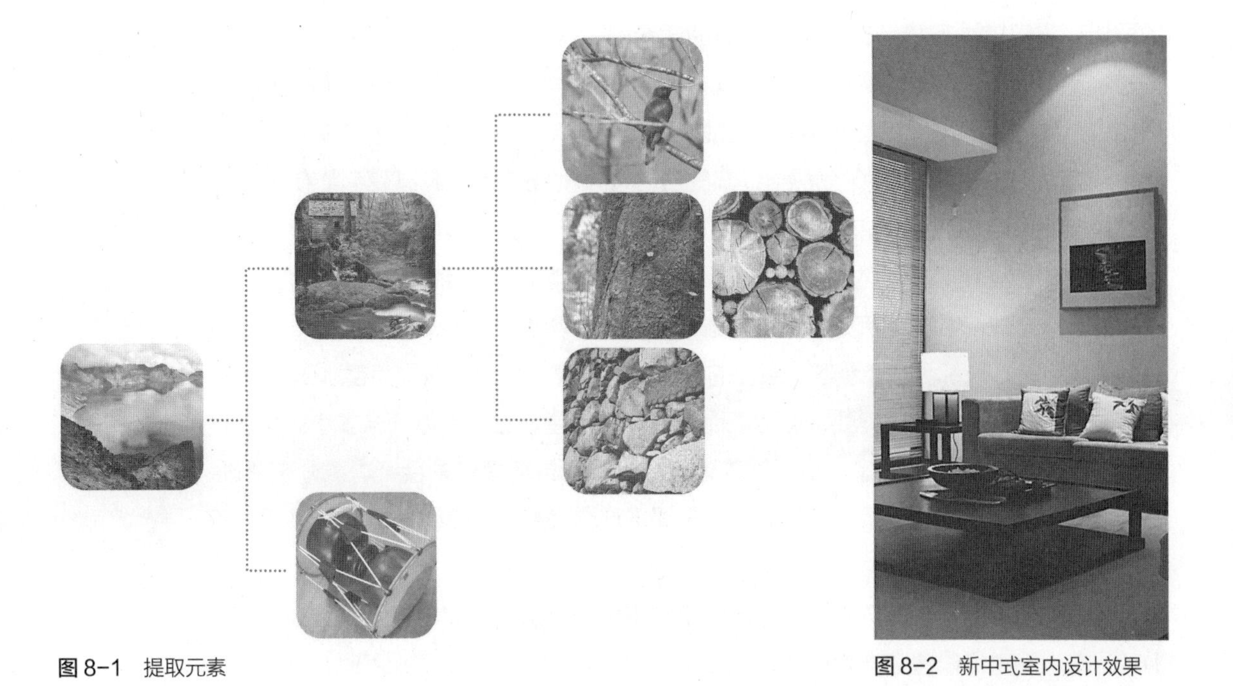

图 8-1　提取元素

图 8-2　新中式室内设计效果

图 8-3（左） 中式传统家具
图 8-4（中） 朝鲜族文化
图 8-5（右） 中国画

王”等美誉，并且东北大兴安岭地区鸟类品种繁多，室内循环播放鸟鸣声，以衬托出空间内部静谧的境界；东北地区林产富饶，长白山区的树木笔直向上，是东北人民真实的写照，将“木”运用在室内空间中，室内外交相呼应。通过对当地环境的考察分析以及主题“鸟鸣林更幽”的分析，设计提取“飞鸟”“林木”“鸟巢”等元素，运用在室内各处的装饰中，并且加以“天井”“卵石”“木器”等中式设计特有的要素，丰富室内环境，减弱贫乏无趣的硬装饰，从而表现出精致趣味而不繁琐的造景式室内环境（图 8-6、图 8-7）。室内地面采用米黄板岩、深灰青砖、鹅卵石等；顶棚采用乳胶漆、木饰面、黑镜等；墙面采用文化石、拉槽石材、糙泥墙、木纹石、乳胶漆等，大部分物料肌理较为突出，其光线的漫反射比例就会越高，给人带来朴实、安静、自然、亲切、柔和之感（图 8-8）。

基地建筑设计尊重当地自然及人文景观现状，建筑环境“纳四时，知天然”，以四合院、新中式与徽派建筑风格为一体的建筑表现，粉墙黛瓦于寂静、安逸、悠远的葱郁苍翠之中，隐然至纯、至简、至朴的清修之韵。建筑采用“聚零为整，化整为零”的空间组合手法，避免因需要众多功能而建造大体量建筑这一问题，众多小体块的建筑以一定的秩序组合在一起，削弱体量感，增强建筑与环境的融合，功能分布清晰，布局独立同时相互紧密联系，四合院式的布局形成众多极优的观景视角和人造景观庭院（图 8-9~ 图 8-12）。

项目为了增加大堂的层次感，打破大堂与室外中庭之间联系开敞、视线较直接的现状，在走廊内侧设置竖向木构片，在走廊与大堂之间增设月拱门；同时，又为了不

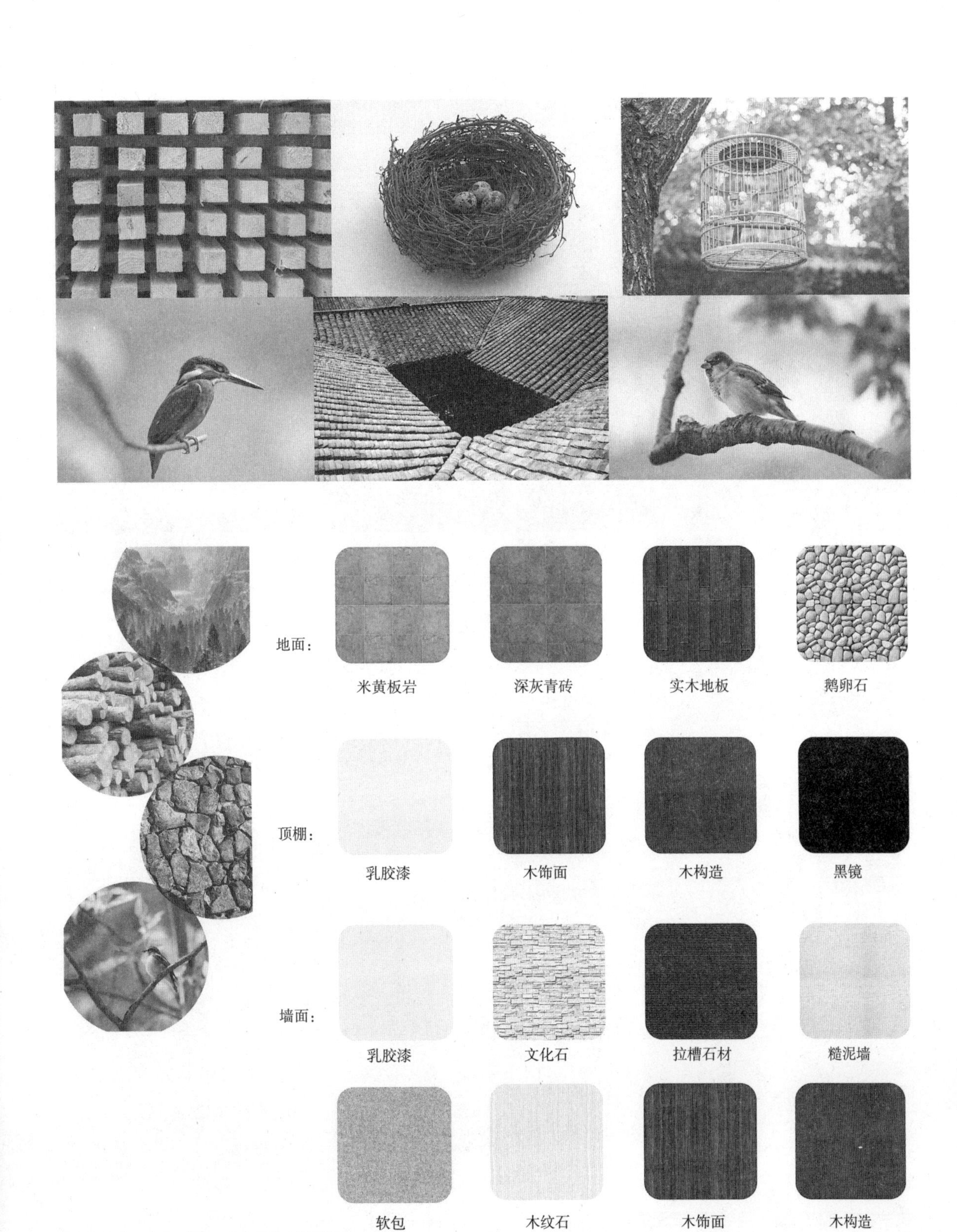

图 8-6（下左）“林、木、石”元素提取

图 8-7（上）“飞鸟、天井”元素提取

图 8-8（下右） 物料图

图 8-9　整体效果图

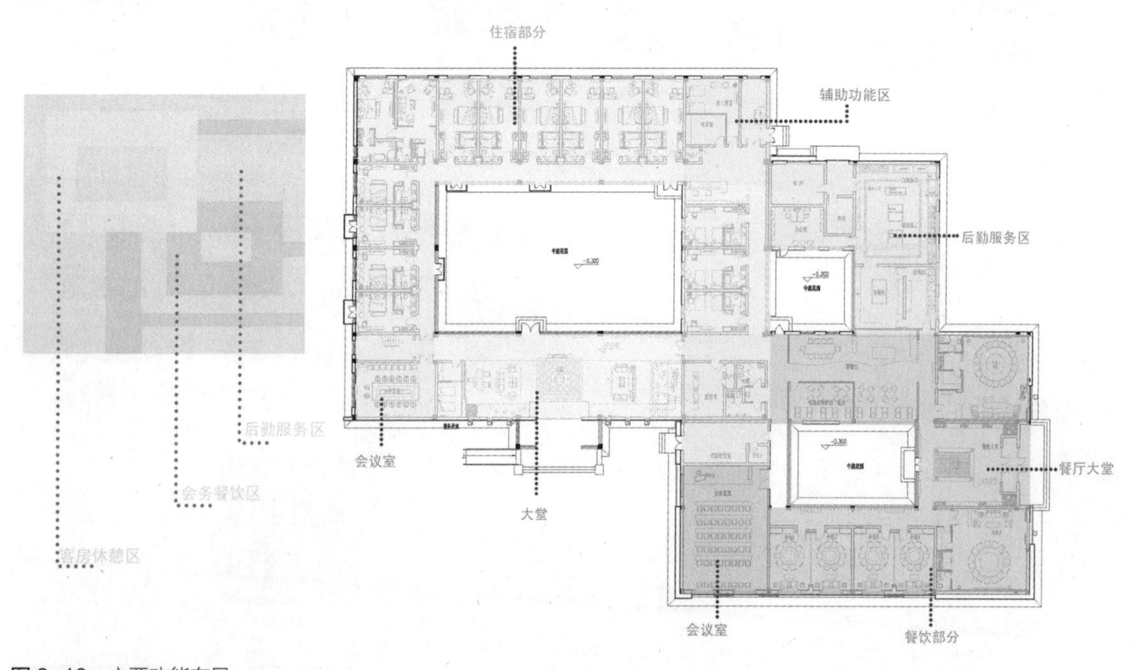

图 8-10　主要功能布局

破坏大堂的空间整体性，通过线、面等造型元素，比如整体块面墙体的材质塑造，竖向木构架的贯通，使得空间既联系又整体（图 8-13、图 8-14）。一层小会议室采用南北向布局，二层采用环岛式布置，室内空间简洁大方，尽可能地增加参会人数的同时，辅以壁龛、木檩条、木家具等元素体现平等轻松的与会气氛（图 8-15~ 图 8-20）。

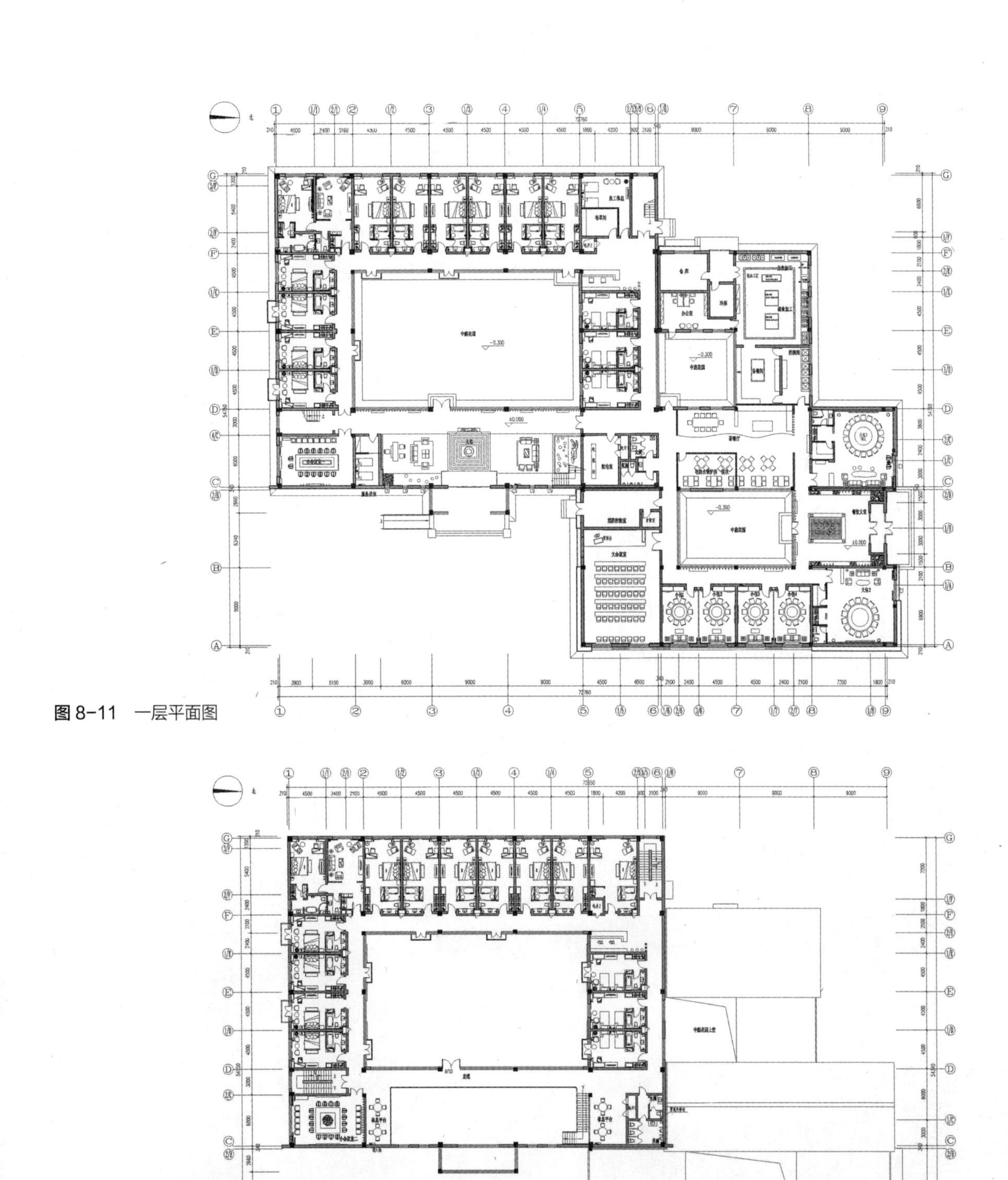

图 8-11 一层平面图

图 8-12 二层平面图

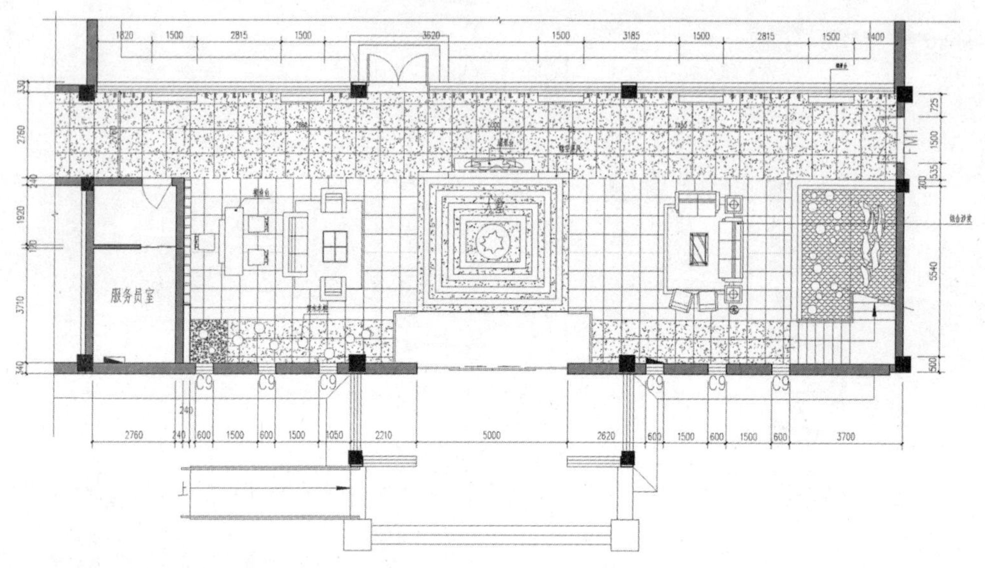

图 8-13　大堂平面图

图 8-14　大堂效果图

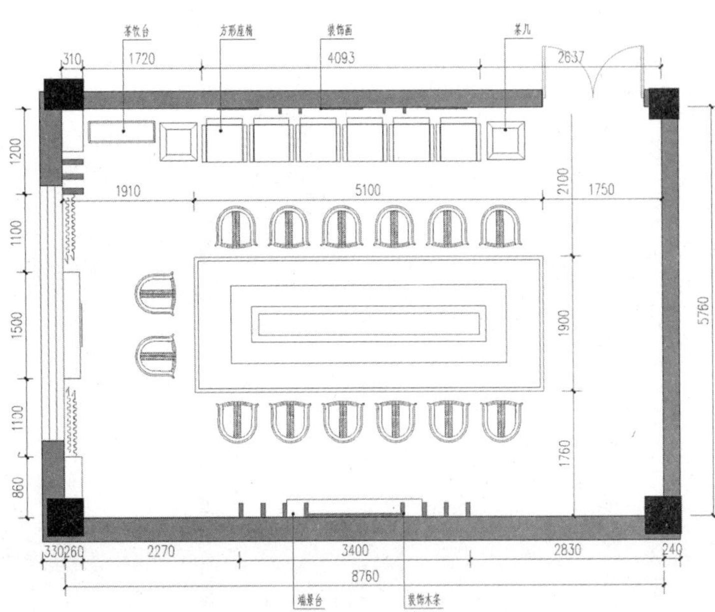

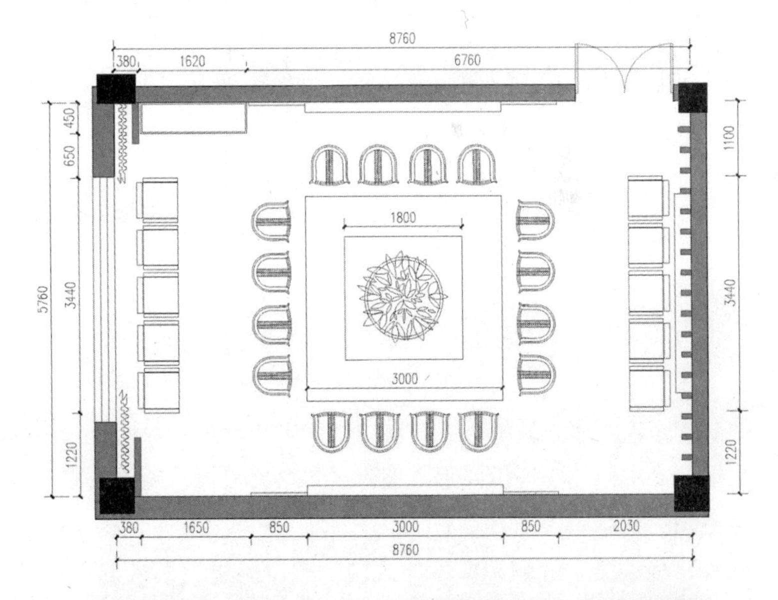

图 8-15（右上） 一层小会议室平面图
图 8-16（左） 一层小会议室效果图
图 8-17（右中） 二层小会议室平面图
图 8-18（右下） 二层小会议室效果图

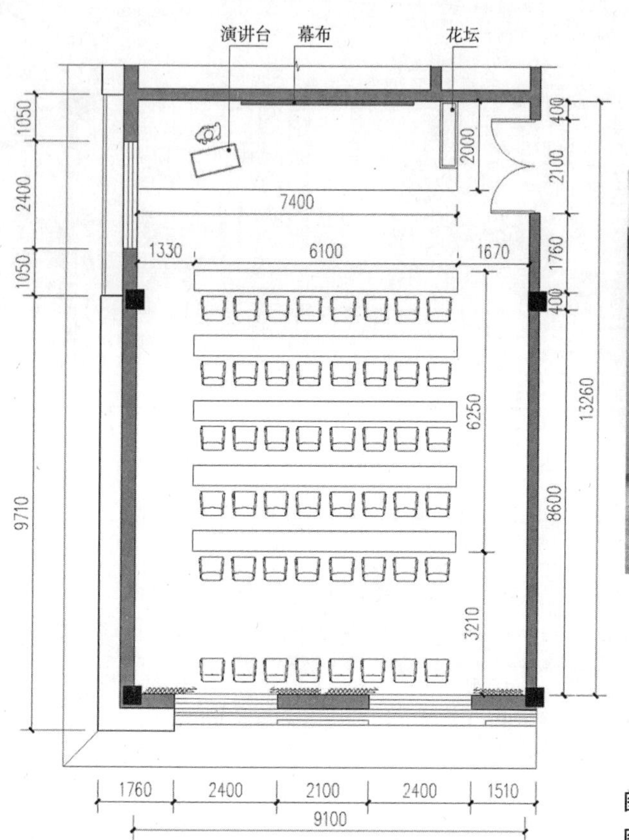

图 8-19（左） 大会议室平面图
图 8-20（右） 大会议室效果图

标准间、大床房、套房的设计采用以小见大的手法，在不失简洁的基础上，通过设置壁龛、木构件等造型元素，重置房间家具位置，减小各家具构件的面积，从而增大空间的利用率（图 8-21~ 图 8-29）。餐厅大堂采用传统的“四水归堂”的设计理念，隐喻聚财之意；在餐厅入口对景墙面上设置液晶电视，动态播放长白山美景，辅以森林鸟鸣水溅之天籁之音，营造雅致之美（图 8-30、图 8-31）。充分考虑以后运营管理要求，大餐厅具有多种功能——早餐厅、大堂吧、自助餐厅、夜宵烧烤吧，以毛糙泥墙面、细致黑镜材质为主，辅以灰色地砖、鸟笼灯、竹帘、字画、工艺品等元素，空间显得雅致自然，室内景色与室外庭院遥相呼应（图 8-32、图 8-33）。大包厢吊顶采用坡顶藻井，辅以树枝、鸟笼等造型元素，内外景色呼应，空间更富诗意（图 8-34~ 图 8-37）；小包厢区采用可分合布局方式，中间一面隔墙采用移动隔断门，隔而不断，根据人数的多少自由变化，增加了房间的利用率（图 8-38~ 图 8-40）。

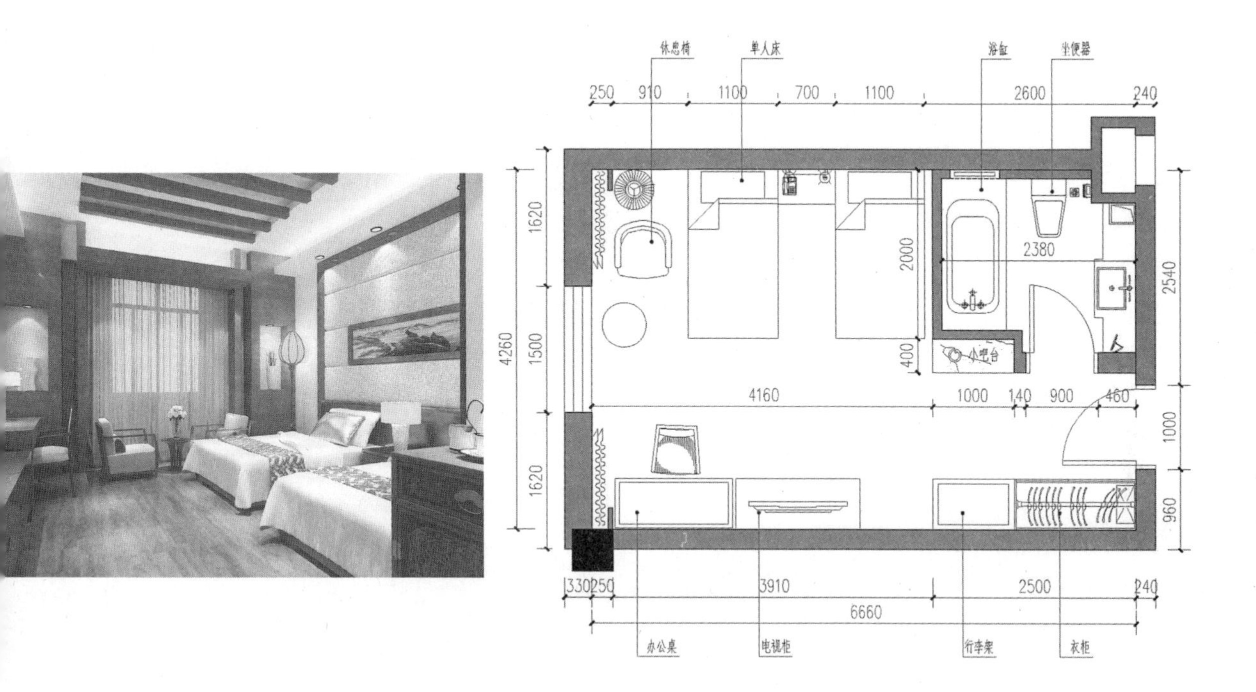

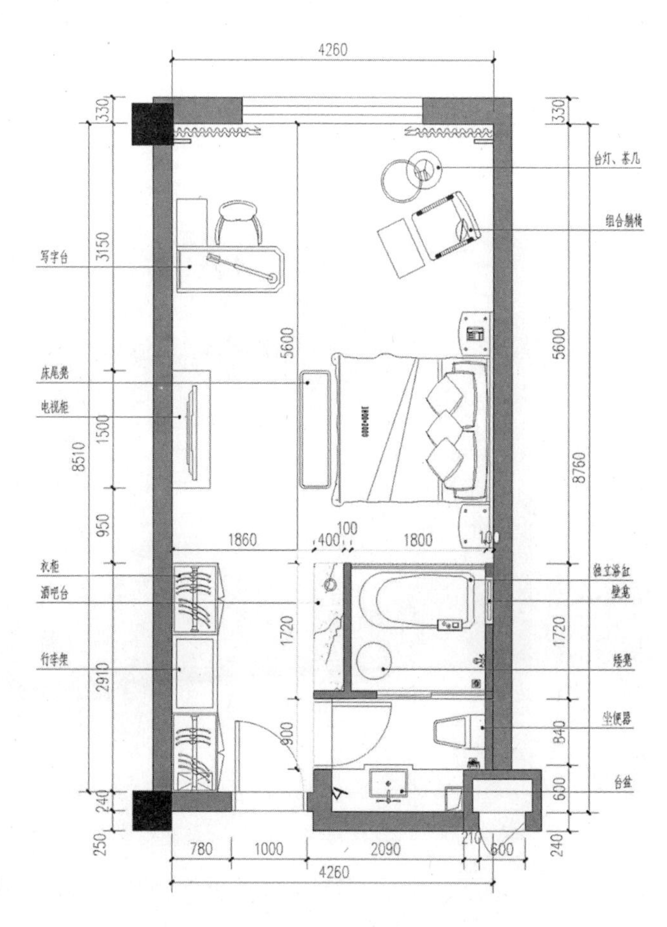

图 8-21（右上） 标准间平面图
图 8-22（左） 标准间效果图
图 8-23（右下） 大床房 A 平面图

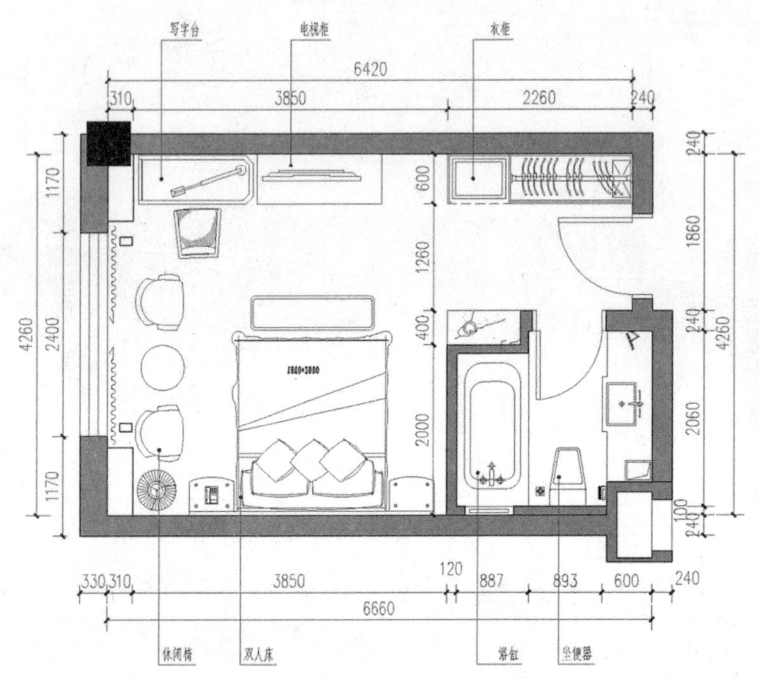

图 8-24（左） 大床房 B 平面图

图 8-25（右） 大床房效果图

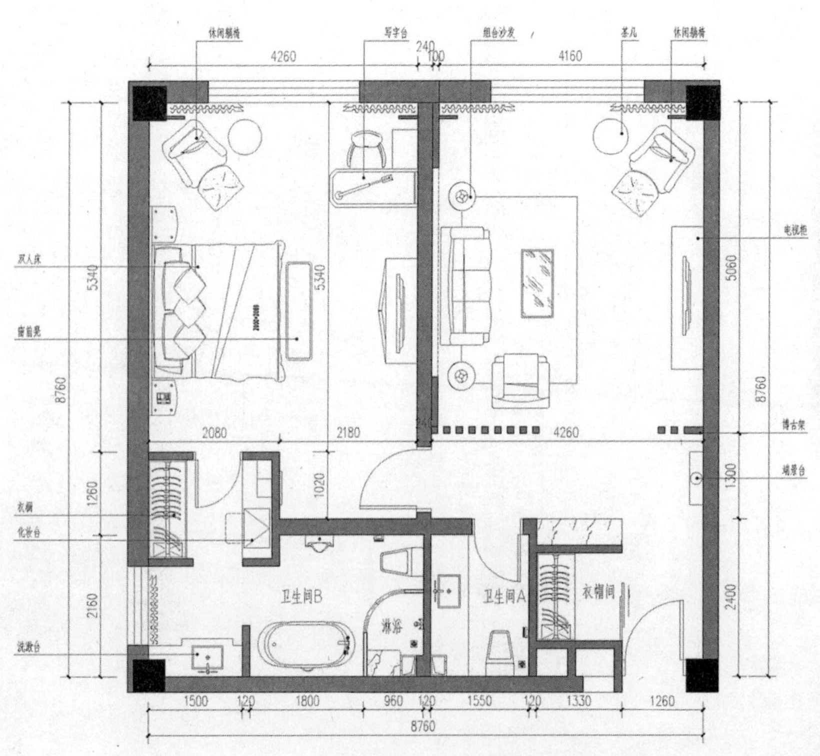

图 8-26（左） 套房平面图

图 8-27（右） 套房客厅效果图

图 8-28　套房卧室效果图

图 8-29　客房走廊效果图

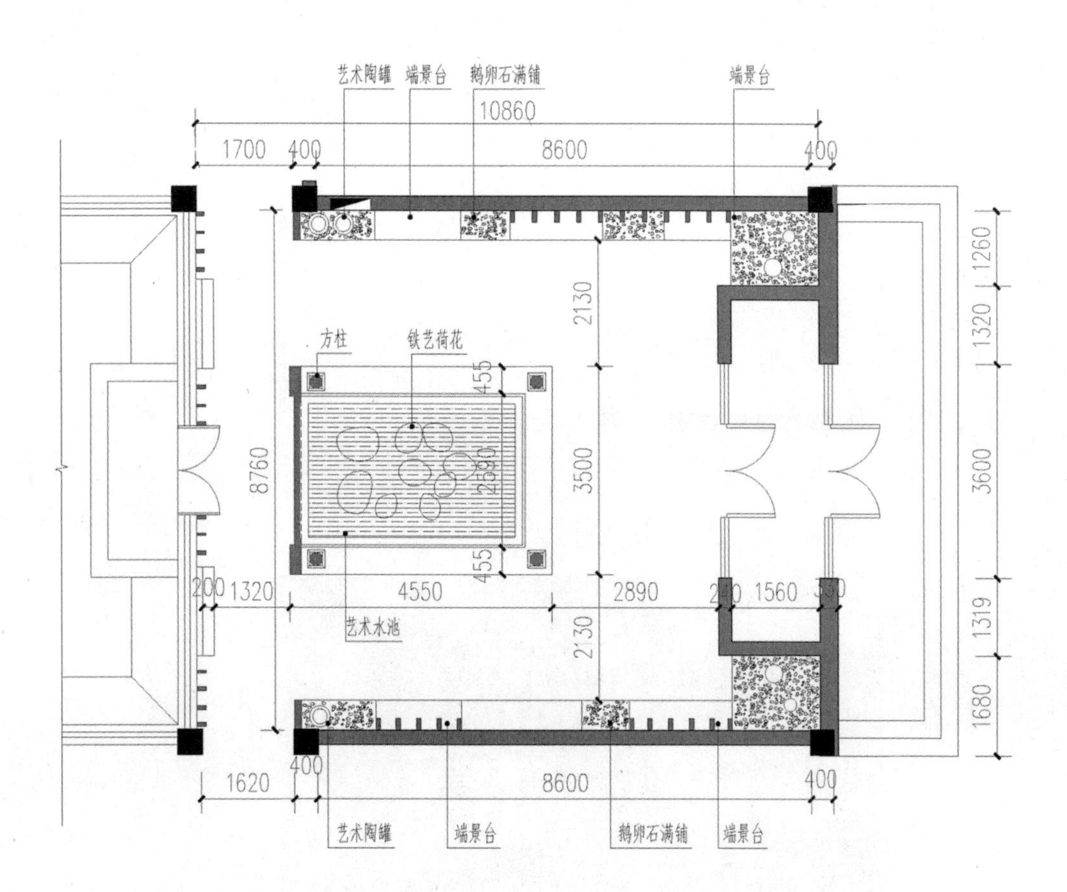

图 8-30　餐厅大堂平面图

图 8-31 餐厅大堂效果图

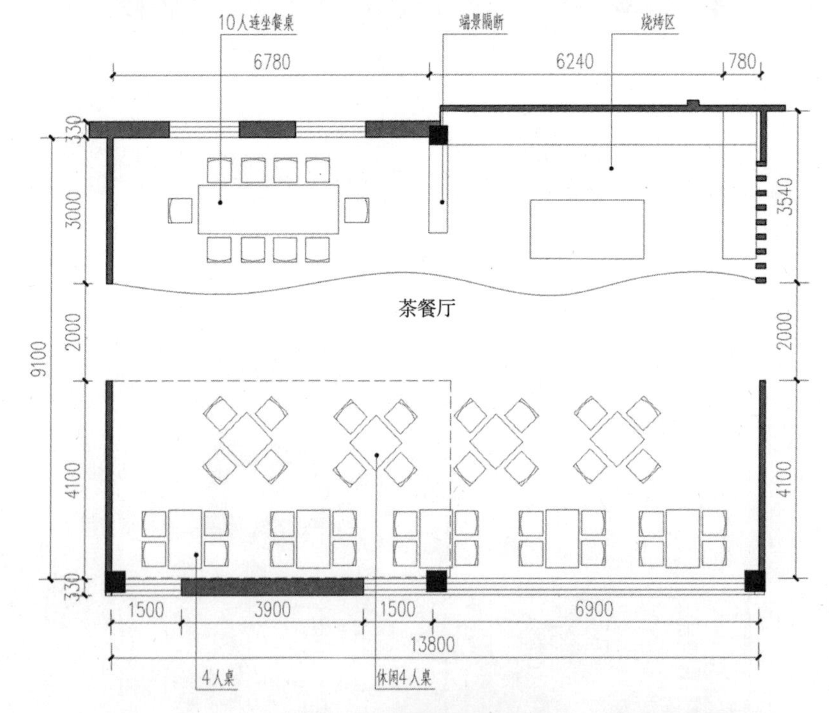

图 8-32 大餐厅平面图

图 8-33 大餐厅效果图

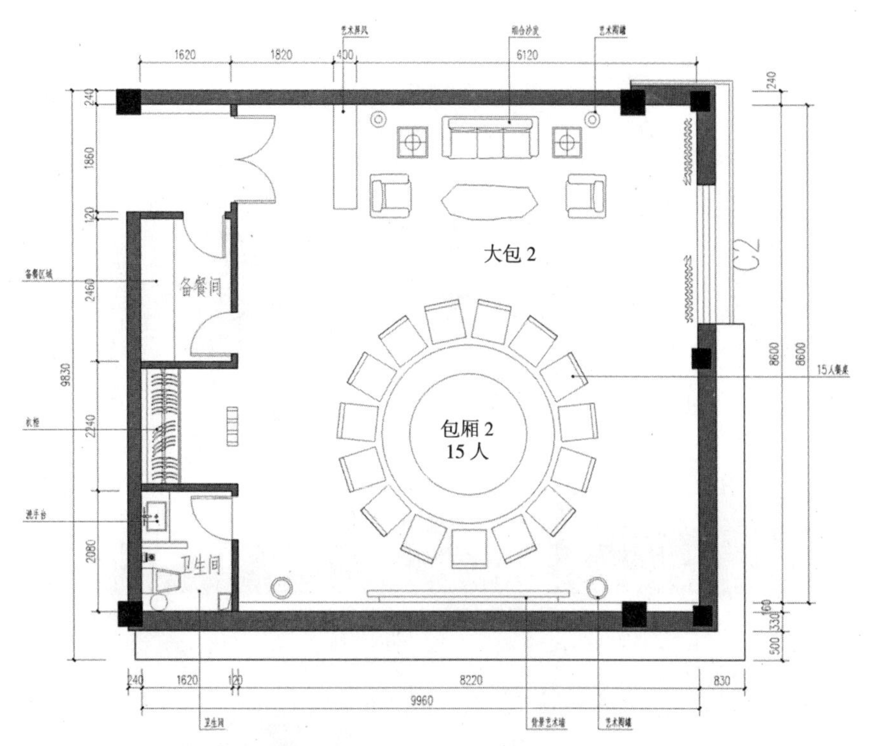

图 8-34 餐厅 15 人包厢平面图

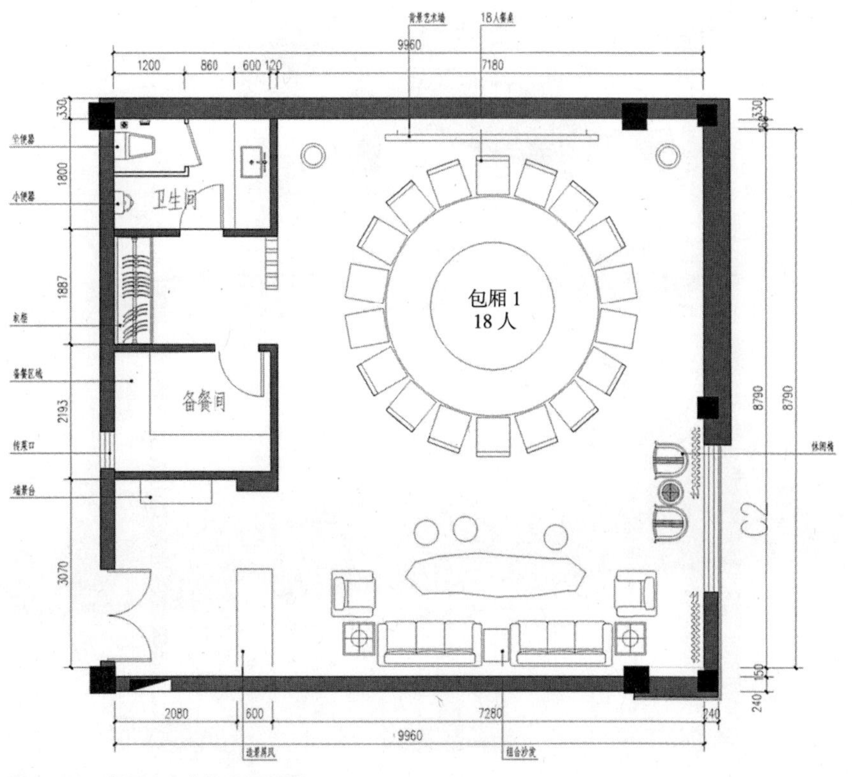

图 8-35 餐厅 18 人包厢平面图

图 8-36（上） 餐厅 15 人包厢效果图
图 8-37（中） 餐厅 18 人包厢效果图
图 8-38（下） 可分合小包厢平面图

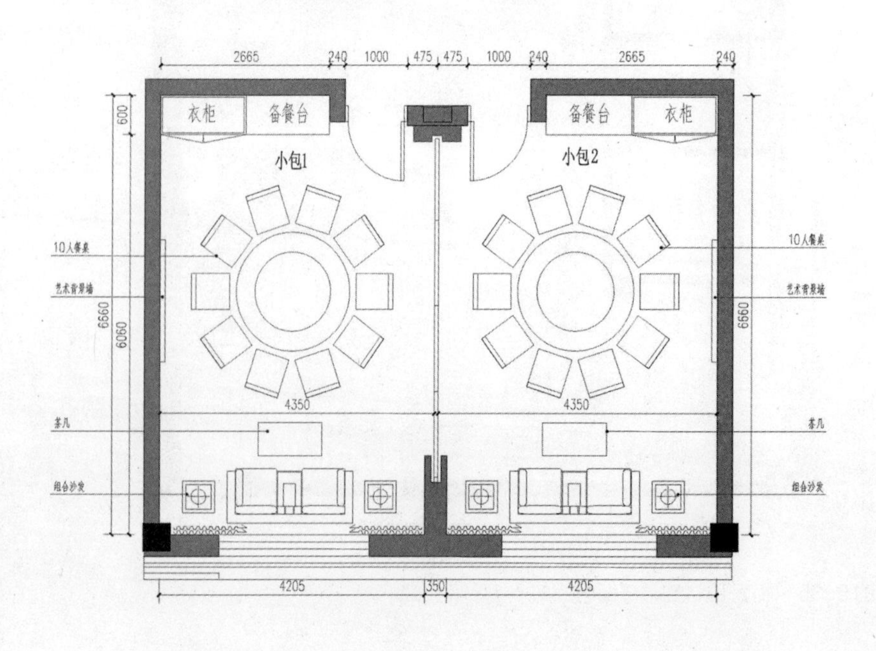

图 8-39（左上） 可分合小包厢效果图
图 8-39（左下） 可分合小包厢效果图
图 8-40（右） 包厢走廊效果图

8.2 《水墨青花——明清艺术品交易会所室内设计》

作者：杨月；指导：杨茂川

解析：

随着中国经济的发展，中国的国际地位显著提升，在国际上出现了“中国热”的浪潮。就室内设计方面来讲，室内空间与中国元素的结合是国际化浪潮冲击下的必然趋势，以中国文化为元素，以现代人的审美需求为基础，配以国际化的设计语言，新中式风格应运而生。本课题是明清艺术品交易会所室内设计，基地位于江南水乡，毗邻太湖，选取青花纹样，加上现代设计语言，打造出一个富有江南韵味同时也符合现代人审美的室内设计作品。

课题主题“水墨青花”取自徐志摩的《水墨青花》——“爱如水墨青花，何惧刹那芳华”。课题选取“青花”和“水墨画”两个元素。青花瓷在明清时期达到鼎盛，清后期走向衰落，同时课题又是明清艺术品交易会所设计，选题恰当，耐人寻味（图 8-41）。水墨画是中国画的一种表现形式，是中国的国粹，具有水乳交融、酣畅淋漓的艺术效果（图 8-42）。具体来讲，就是将水、墨、宣纸的属性特征完美地体现出来，

图 8-41　青花瓷

图 8-42　水墨画

比如水墨相调，出现干湿浓淡的层次。就方案而言，通过虚墙、实墙将一个大空间分割，形成若干个“隔而不断”的小空间，增加室内的层次感，根据房间的性质，将水墨画“干湿浓淡”不同层次的画面表现于不同性质的房间内，在空间上连续，同样在平面内也“隔而不断”。在“水墨”“青花”两个元素的安排上，青花是表象，水墨是实质，水墨是青花的载体，作者将青花的繁复美丽、水墨的俊秀洒脱结合，以青花的色泽为基调，以水墨为形式在宣纸上下笔，诞生出一个以青、白为主基调，烟灰绿、钴绿、深咖啡、茶色为辅助的内敛、高雅、自然的新中式风格的艺术品交易场所（图 8-43），正如徐志摩在《水墨青花》中描写的爱情一样，平淡但长久，耐得住时间的打磨。

在物料的选择上，作者采用粗制石块、纱织品、深色大理石铺地、木材（图 8-44）。其中，石材质朴、亲切，木材轻质、纹理优美、具有较强的亲和力，纱织品朦胧、轻盈。所选取的材质恰到好处地与“青花”“水墨”相融洽，物料质地软硬相互辉映。灯具在本次设计中是亮点（图 8-45），作者别出心裁地设计了水墨青花纹饰壁灯、苏园花

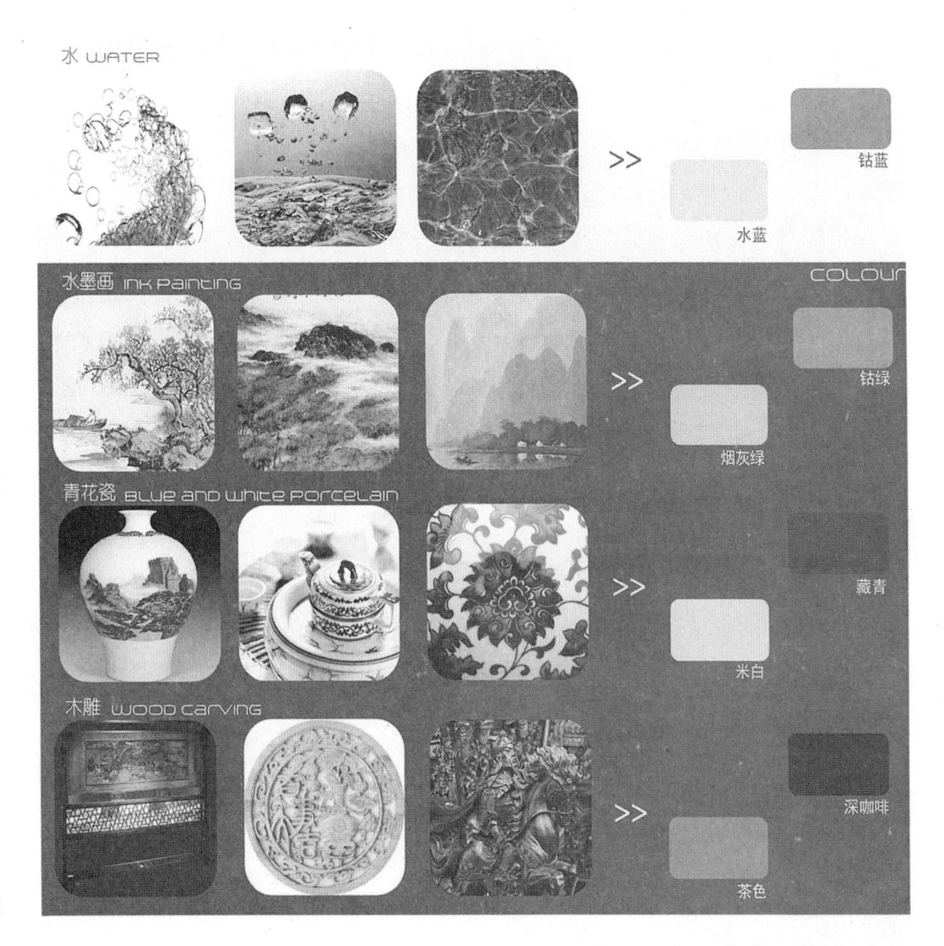

图 8-43 颜色分析图

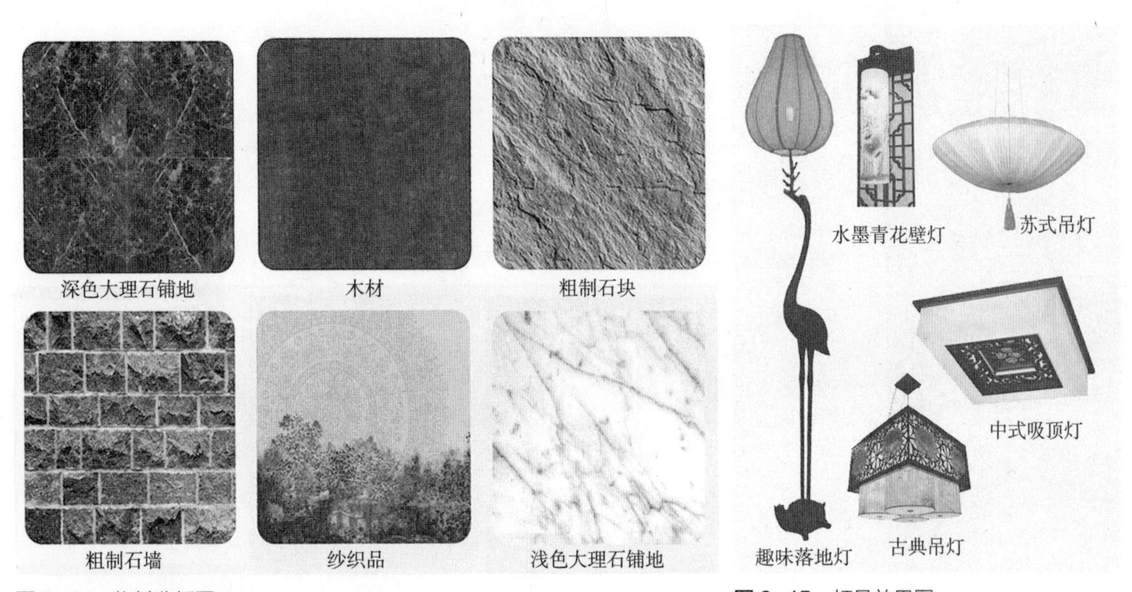

图 8-44 物料分析图

图 8-45 灯具效果图

窗式吸顶灯、鹤形吸顶灯、贝壳形吊灯，皆为新中式风格，与整个环境融合，可谓点睛之笔。

方案包括接待大厅、餐厅、茶室包厢、拍卖会场展厅、拍卖厅、会客休息区、会展中心等，在接待大厅北侧，若干个空间围合成景观庭院（图 8-46~ 图 8-48）。整个建筑平面借鉴贝聿铭所设计的北京香山饭店平面布局，采用水平方向延伸院落式布局形式，兼备北方传统四合院“中轴对称”的院落布局和江南私家园林的艺术特色。作者以一条贯穿南北的“中轴线”统领整个建筑，茶室包厢与餐厅包厢大体对称，景观院落与拍卖会场大体对称，入口处却放置在基地西南角，打破传统对称布局（图 8-49）。整个方案既具有北方院落的灵活自由，又具有南方小桥流水人家的细腻、靠近湖边的惬意、嬉戏草丛间的自然（图 8-50~ 图 8-54）。

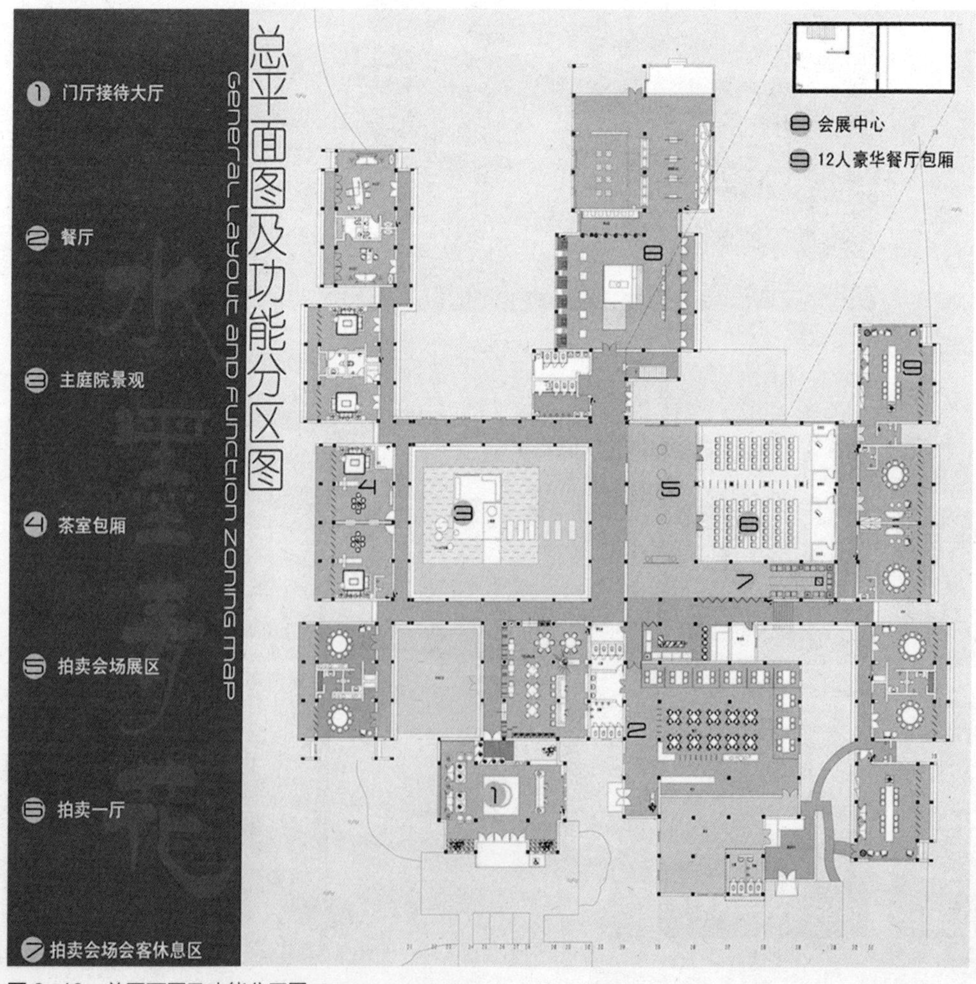

图 8-46　总平面图及功能分区图

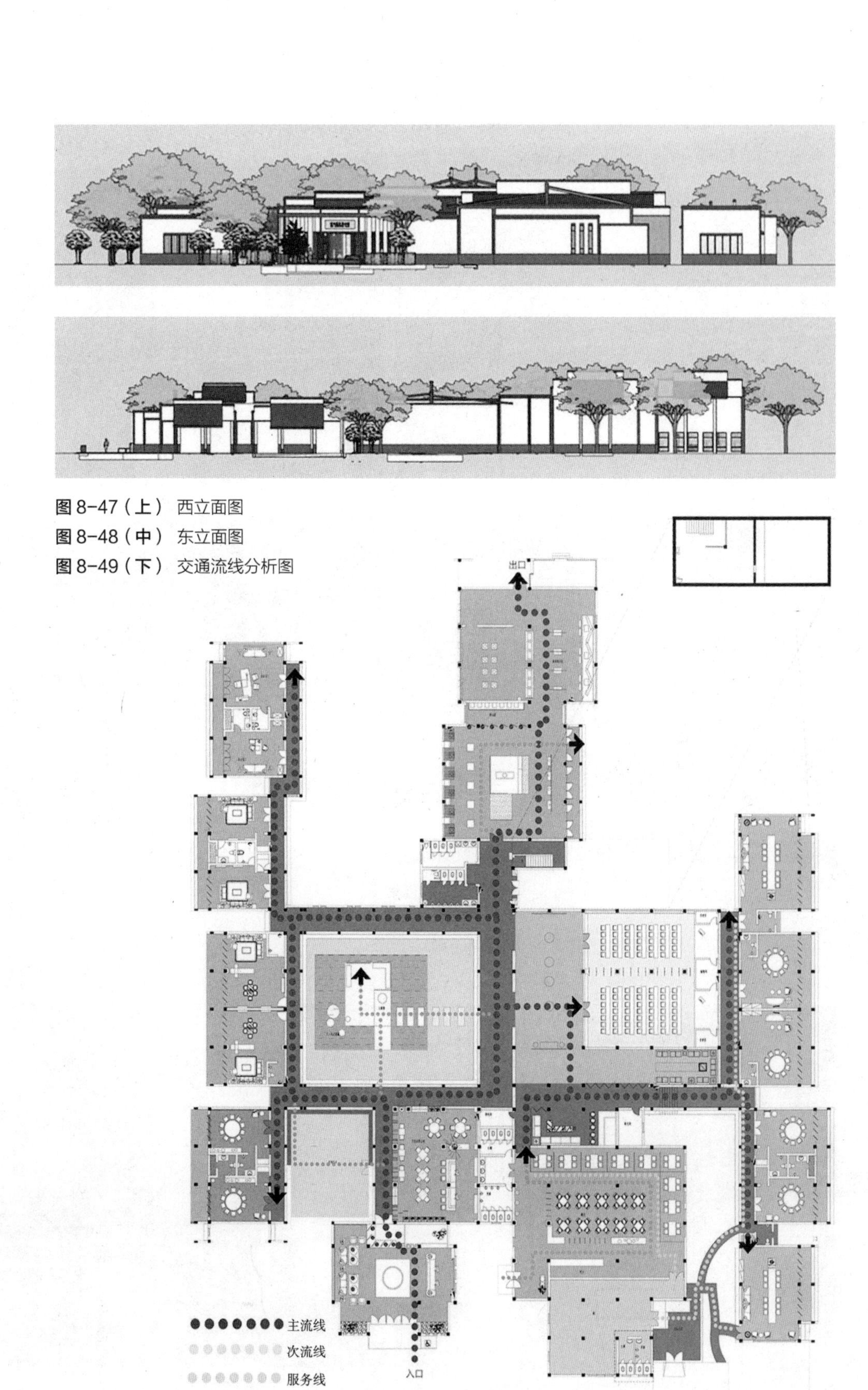

图 8-47（上） 西立面图

图 8-48（中） 东立面图

图 8-49（下） 交通流线分析图

图 8-50　门厅接待效果图

图 8-51　会展中心

图 8-52　茶室包厢效果图

图 8-53　拍卖厅效果图

图 8-54　餐厅效果图

对中国传统文化中的艺术创作影响最大的因素之一是意象思维。中国的意象思维着重从特殊、具体的直观领域中去把握真理，是一种创造性的思维，它显示出了活泼不滞、长于悟性的特点。思维方式转化到设计上，往往促成创意的产生，它是人所共知的潜意识中存在的思维意念。本套方案用现代的手法提取传统元素，进行抽象、重组，现代建筑材料的使用和传统装饰元素的搭配，使空间富有中国传统文化特性。

8.3 《香水有毒——单身女性公寓设计》

作者：刘洁蓉；指导：杨茂川

解析：

香道在中国是一门历史悠久的传统艺术。“几度试香纤手暖，一回尝酒绛唇光”。早在先秦时期，古人就开始探索研究香文化，香料被广泛应用于生活，无论达官贵人、平民百姓都有随身佩戴香囊的习惯（图 8-55），在古代香料不仅可以作药用，同时祭祀庆典、宴会上也频繁使用，并且早在西汉就有焚香熏衣的风俗。香是自然造化之美，人类好香天性使然，香可以修养身心、净化心灵，于有形无形之间调息、通鼻、开窍、调和身心。古人善将香料和女子联系在一起。女子给人一种宁静、洁净、温婉的感觉，香料也有此特性。现代社会，香水同样也和女性联系在一起，当今都市女性同样也少不了通过香水来改善气质、美化心情，香水自然成了都市新贵的代表。主题《香水有毒》中“香”字有两种含义——燃香之香和香水之香，从室内设计上可以理解为江南气韵与摩登东方的结合（图 8-56）。作者以新中式为设计风格，为都市单身女性打造一处现代简约又不失古典浪漫的宜居空间（图 8-57）。空间总面积约为 $74m^2$，分为两层，一层为门厅、卫生间、客厅、阳台，二层为书房、卧室（图 8-58、图 8-59）。

香水在身上停留的时间不同，散发的香味也不同，分为前调、中调、基调，作者将香水的前中基调作为房间布置的依据。门厅和玄关为前调——初识，以“镜花水月”为主题，该空间布置有变换材质后的枯枝、铜镜、香案等，营造了一个恬静时尚的空间氛围（图 8-60、图 8-61）。客厅为中调——了解，以“芳菲四时”为主题，进入客厅，豁然开朗。主人客厅以粉色和灰色基调为主，金属材质和软饰搭配花卉，刚柔并济的风格形成丰富柔美的空间氛围。传统圆凳简化为金属边桌，电视柜以传统柜架为原型，以金属为材质，整个客厅充满了传统与现代的融合和碰撞的火花（图 8-62、图 8-63）。卧室、书房和卫生间为基调——回溯（图 8-64）。卧室的主题是“真我”，空间内部设置了古典华丽的床柜，纱帐和粉蔷薇增添了空间的个性和趣味，将女性独具的魅力表现出来（图 8-65）；书房的主题是“婉趣”，书房和卫生间被墙体隔开，隔而不断，半开放又静谧，粉色碎花的墙纸、古典女性画像、金属材质的传统家具，营造出雅致

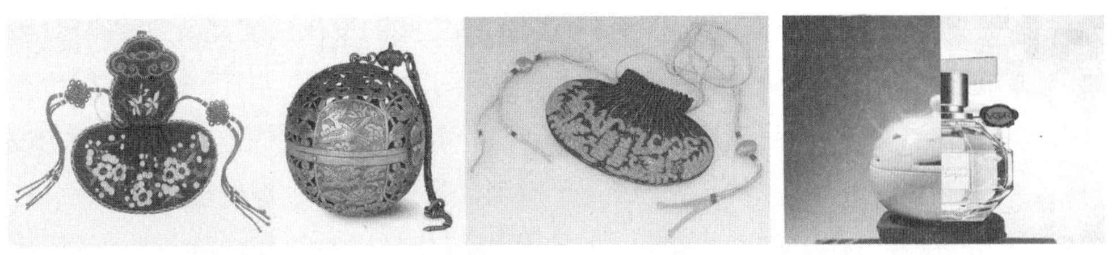

图 8-55　中国古代香囊

图 8-56　主题解析——燃香之香与香水之香

图 8-57　意向图

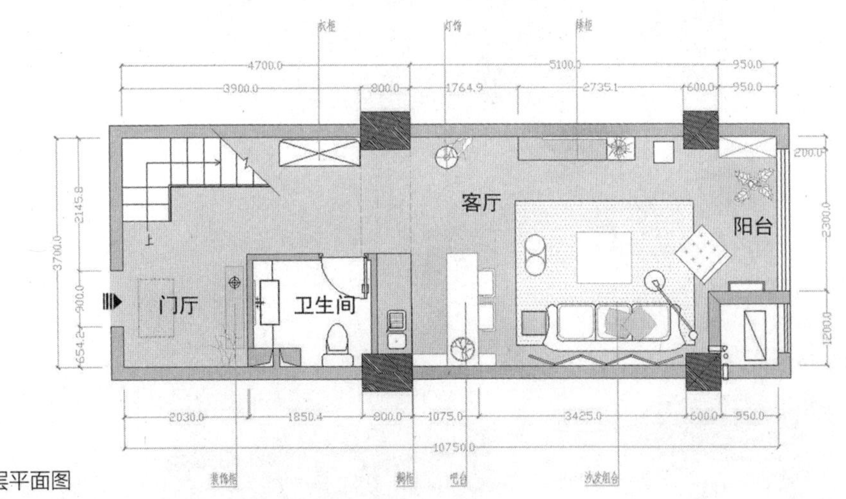

图 8-58　一层平面图

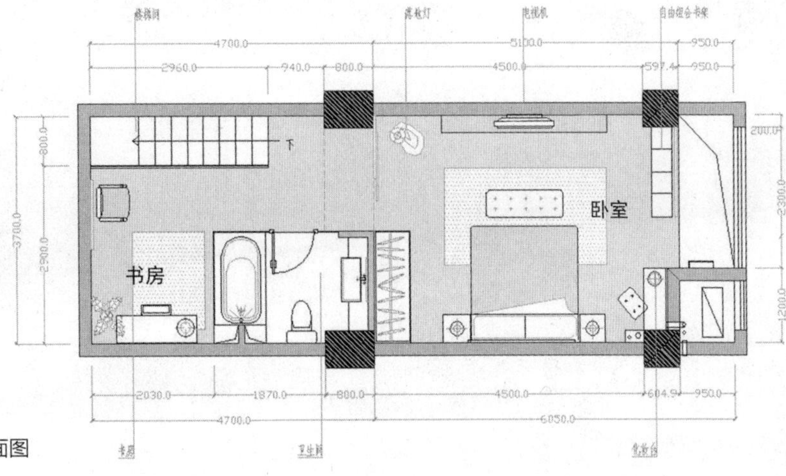

图 8-59　二层平面图

的氛围（图 8-66）；卫生间的主题是“轻享”，该空间的设计延续其余空间的风格，半开放的玻璃隔墙使得享受其中的主人不至于因空间狭小而无法放松（图 8-67）。

作者在本次设计中处处运用中西结合的手法，彰显都市女性的魅力。在家具的设计上，作者在传统家具的基础上进行简化，运用金属、大理石、玻璃等现代材质；在该新中式空间内，适当放置西式家具，形成碰撞和对比；作者选用浅色金属、深色木料、淡粉色丝绵，凸显女性馨香柔和的特质；在空间设计上，将香水的前中基调作为出发点，传统香料和现代香水结合，为都市新贵打造一片属于自己的天地（图 8-68、图 8-69）。

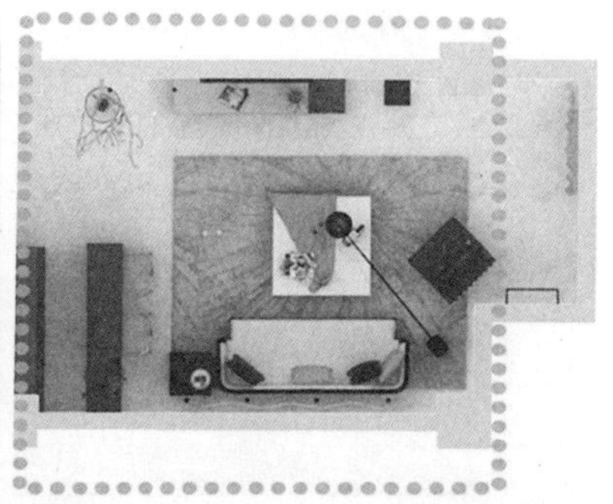

图 8-60（上左） 前调——初识
图 8-61（下） 门厅效果图
图 8-62（上右） 中调——了解

图 8-63 客厅效果图

图 8-65　卧室效果图

图 8-66　书房效果图

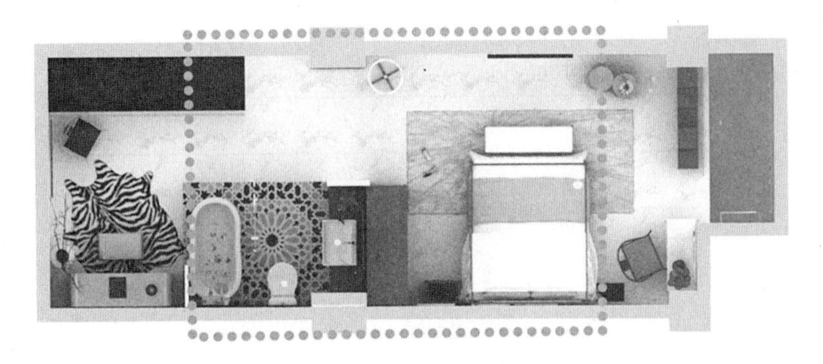

图 8-64（左）基调——回溯
图 8-67（右）卫生间效果图

图 8-68　物料分析图

图 8-69　物料家具分析图

8.4 《大千山水情——张大千孙云生美术馆设计》

作者：李卓；指导：杨茂川、门坤玲

解析：

新技术是指新的建造加工技术与新材料、新设计手段（包括参数化设计），新技术不仅能给人们带来舒适宜人的建筑空间环境、提高施工效率、缩短建设周期，同时还对建筑空间与形态的设计产生巨大的影响，冲击着人们对建筑的固有观念（图8-70）。随着传统文化的挖掘整理与创意产业的发展，各类主题展览建筑层出不穷，展览建筑也愈发地对空间与形态（包括建筑表皮）提出了更高的要求。新技术介入展览建筑势必为展览建筑空间与形态的发展开启全新的视野。然而，随着科技的不断发展，在新型建筑不断涌现的同时，文体建筑的地域性、标识性越来越模糊，一座建筑放在任何地方似乎都能成立，缺少唯一性。所以，新技术背景下的文体建筑要与传统有所结合，加强文化认同、地域认同。

张大千与孙云生师徒二人均扬名于20世纪中国画坛，在我国绘画史上留下了璀璨夺目的一页。为弘扬中国传统文化，促进海峡两岸文化交流，使张大千与孙云生师徒的丹青之作回归大陆，吸引更多散落于民间及海外的大风堂文物回归祖国大陆，一并推动文化传承、文化创意产业的发展，孙凯先生拟将其集成并珍藏于台湾地区的大量张大千与孙云生师徒二人的作品带回中国大陆并会同有关部门于四川省成都市择址设立“张大千孙云生美术馆暨（台湾）文化创意产业园”。伴随着美术馆和美术产业园的设立，不仅可以充分发挥美术馆的核心凝聚力及衍生功能，并且可以将台湾地区乃至全世界先进的文化创意产业引进成都，从而形成展、学、研、创、销的完整文化

图8-70 新技术影响下的现代建筑

产业链，由此必将给地方文化、经济的发展形成巨大的推进力。该课题为研究型的前沿概念设计（图 8-71）。

方案是为纪念张大千和孙云生所设计的美术展览馆。方案位于成都市近郊，温江境内，总建筑面积 30000m^2 左右，建筑面积 20000 m^2 左右。主题“大千山水情”是根据张大千的泼墨山水画命名的。作者选取写意水墨山水画作为纪念馆建筑形式，取“山”的外形神韵，使建筑具有东方神韵，虚实、疏密结合，同时建筑大量开窗，增加 LED 灯管，打破了大体量建筑所特有的沉闷封闭之感。建筑外围放置水池，在湖面上形成倒影，若有若无，乃颇有东方意境的山水风景。由于方案位于成都市，当地传统民居为穿斗抬梁式，出檐较大，因此作者选取四川民居的空间作为建筑空间的构成形式，继承并用现代建筑语言转化，继承传统，因地而筑（图 8-72）。

作者根据之前提出的山水概念，提取汉字“山”，依据地形进行形态分割，基地被分割成五个面积不同的“山”字区域，分别是美术馆建筑区、辅助建筑区、景观绿地区（图 8-73~ 图 8-76）。建筑本身也进行了体块分割（图 8-77），形成矩形中庭，同时丰富了建筑的各个立面，不同时间点产生不同的光影效果。主体建筑采用玻璃幕墙，在南北立面各增加了一面由带有 LED 灯管的木条组成的山形装饰面（图 8-78），丰富了建筑内部和外立面的光影效果，使得建筑墙体虚实不断变幻，丰富了建筑立面的层次感，模糊了界面，视野开阔，采光性好，直通大自然（图 8-79）。

图 8-71 设计思路

图 8-72 设计关键词 - 四川民居、张大千画作

图 8-73　基地原始总平面

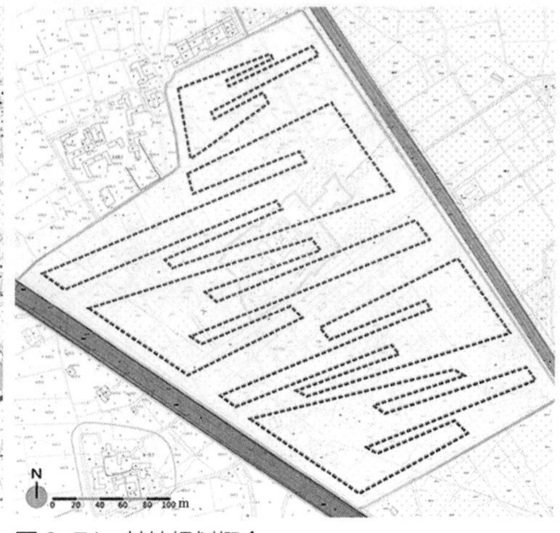

图 8-74　基地规划概念

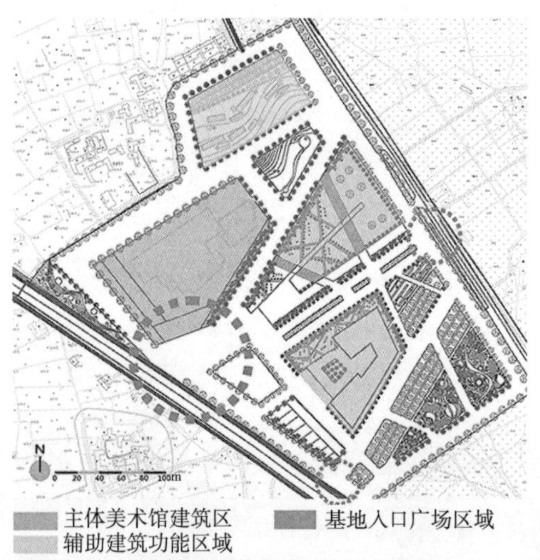

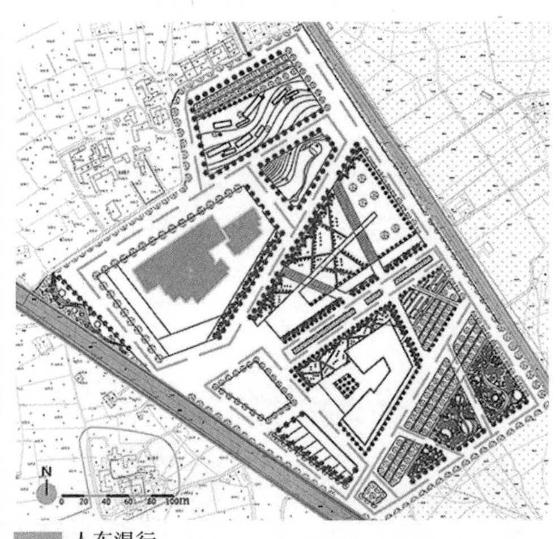

图 8-75　基地功能分区

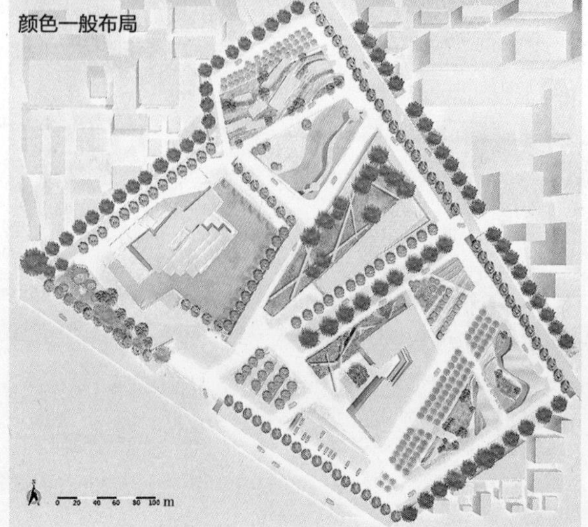

图 8-76　总平面图

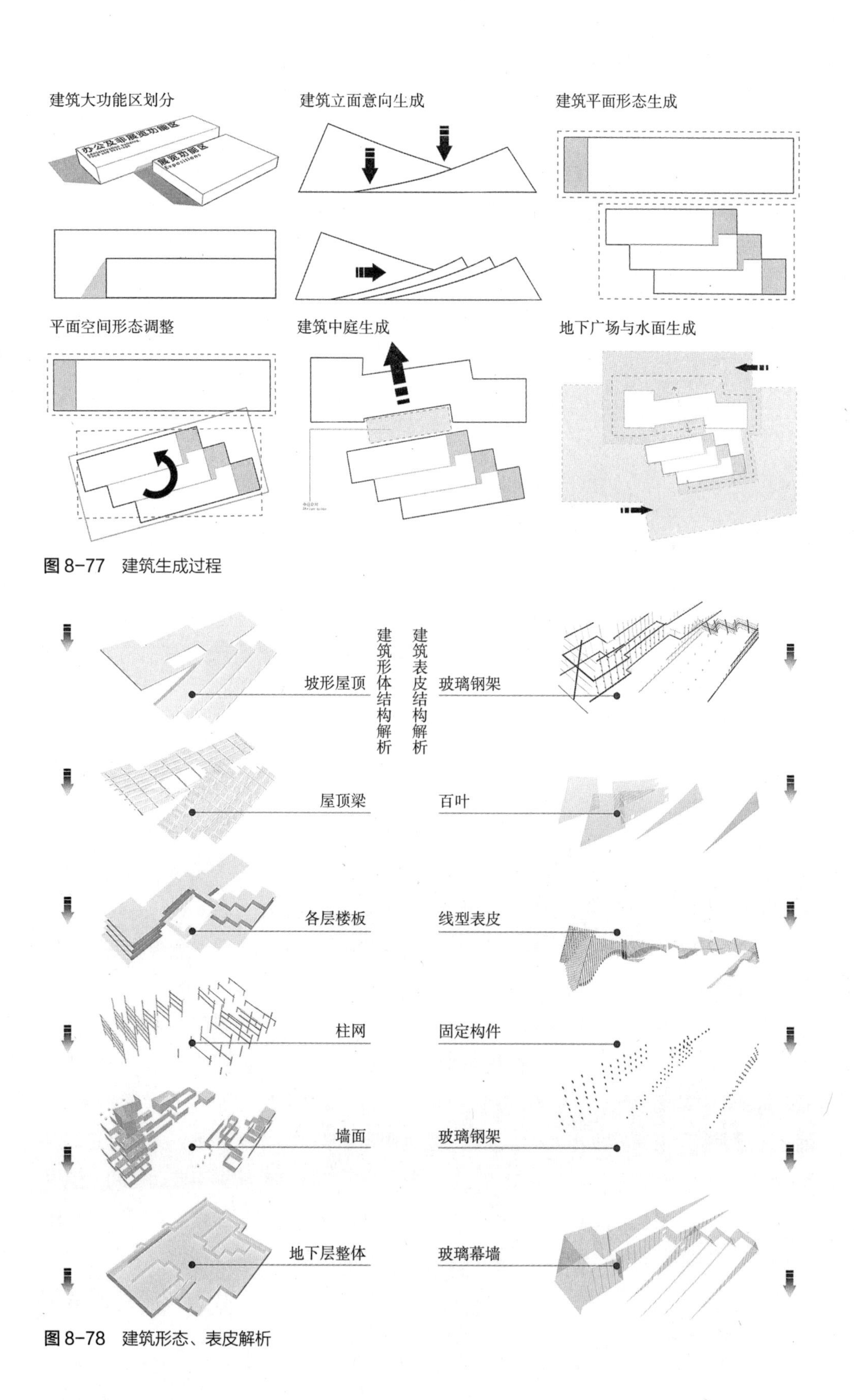

图 8-77　建筑生成过程

图 8-78　建筑形态、表皮解析

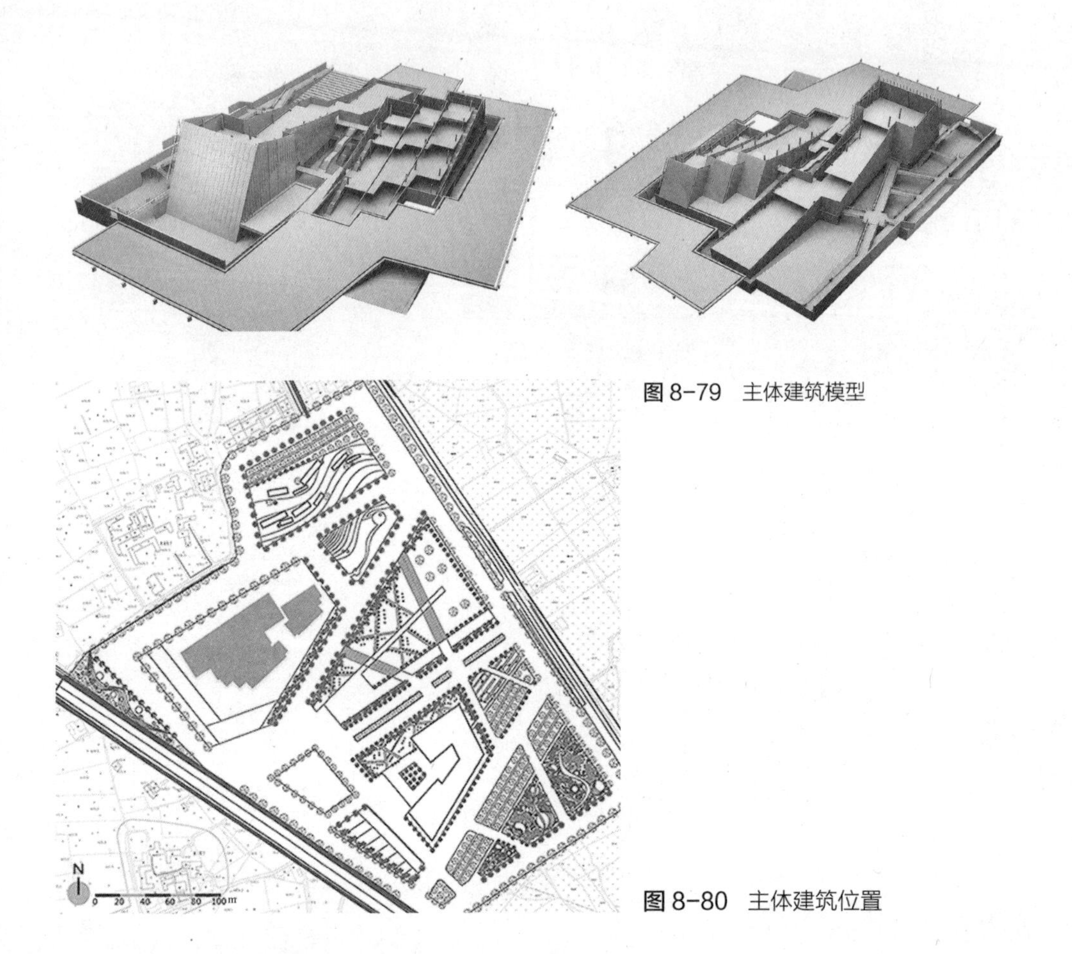

图 8-79　主体建筑模型

图 8-80　主体建筑位置

主体建筑位于基地偏西南的位置（图 8-80），建筑立面与主干道形成垂直关系，没有视线障碍。建筑共分为五层，包括地下一层和地上四层（图 8-81~ 图 8-85）。作者根据贝聿铭设计的法国卢佛尔宫金字塔大门的做法，将出入口设置在地下，这样极大地保留了主体建筑的完整性，观众的参观线路显得更为合理，同时增大了空间内部的使用面积，展览馆的服务功能因此更加齐全。地下层外围包裹着一圈广场，广场上方为水池，将建筑环绕。作者效仿密斯 · 凡 · 德 · 罗的巴塞罗那德国馆，将地下层分割成若干个隔而不断的小空间，每个空间尺度宜人，流线通畅（图 8-86、图 8-87）。地上一层为展示空间（图 8-88）。地上二层为教育功能空间（图 8-89）。地上三、四层为跃层，三层为茶餐厅，内有旋转楼梯。整个建筑内部空间皆采用流动空间，用隔墙围合形成展示空间。受建筑外形的影响，为了使内部空间得到有效的利用，采用梯形组合方式，各层面积逐层递减，使空间通透，流线明确。

课题选取张大千的山水画作为意象，通过现代的设计手法，利用新技术、新设计手段，使整个建筑既具有传统韵味，呈现东方气质，同时又符合现代审美。

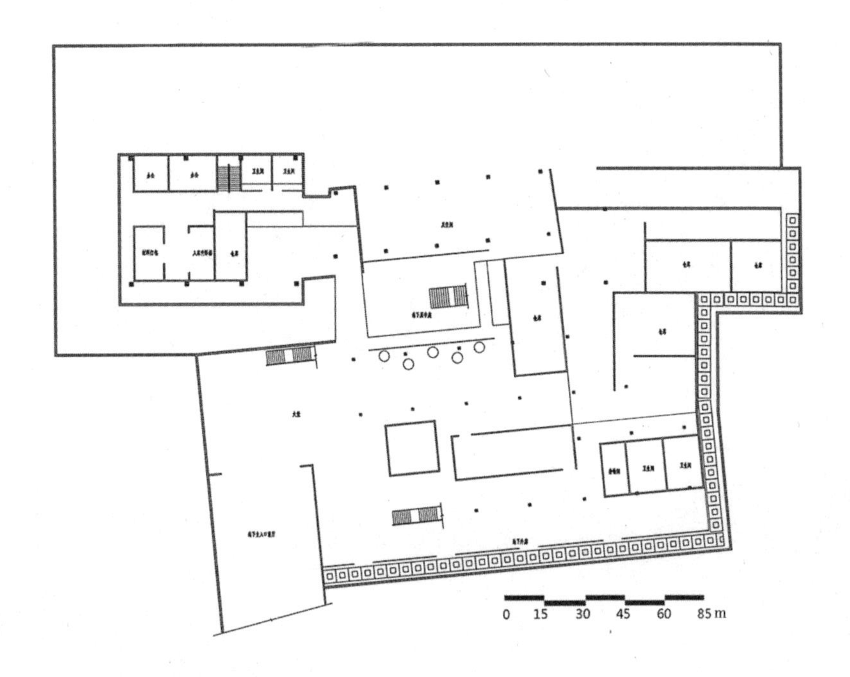

图 8-81　地下一层平面图

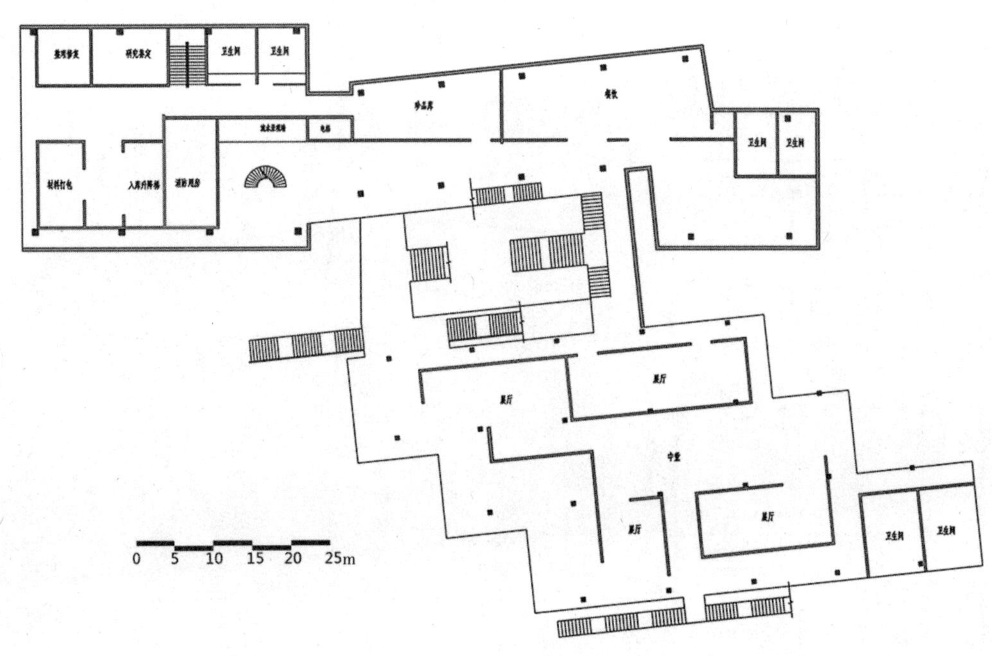

图 8-82　地上一层平面图

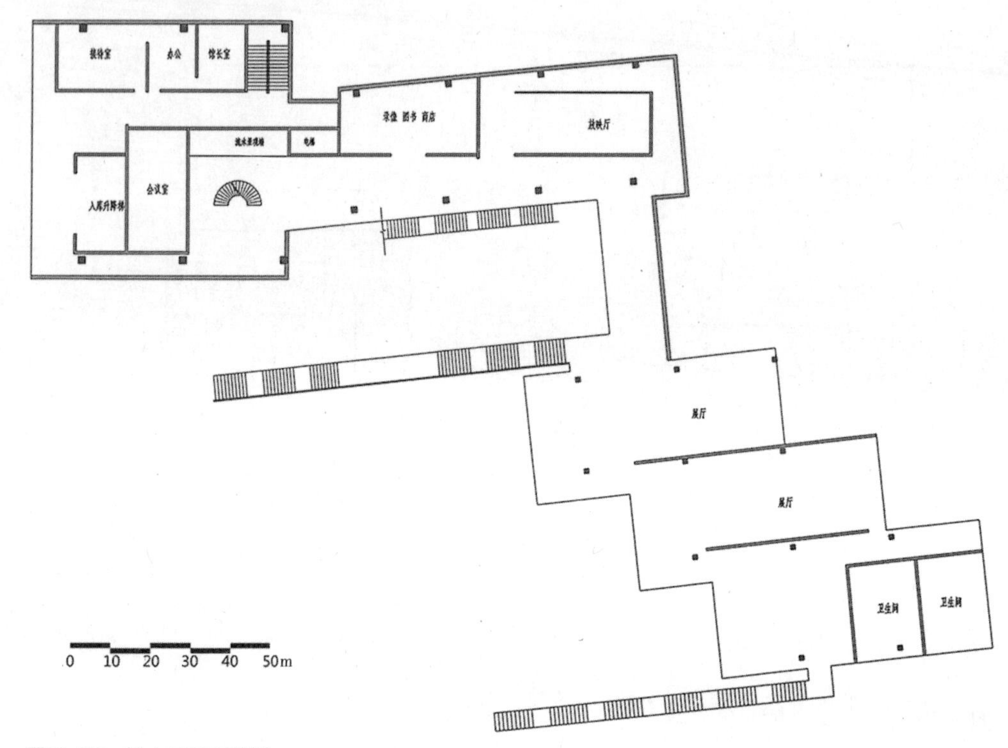

图 8-83 地上二层平面图

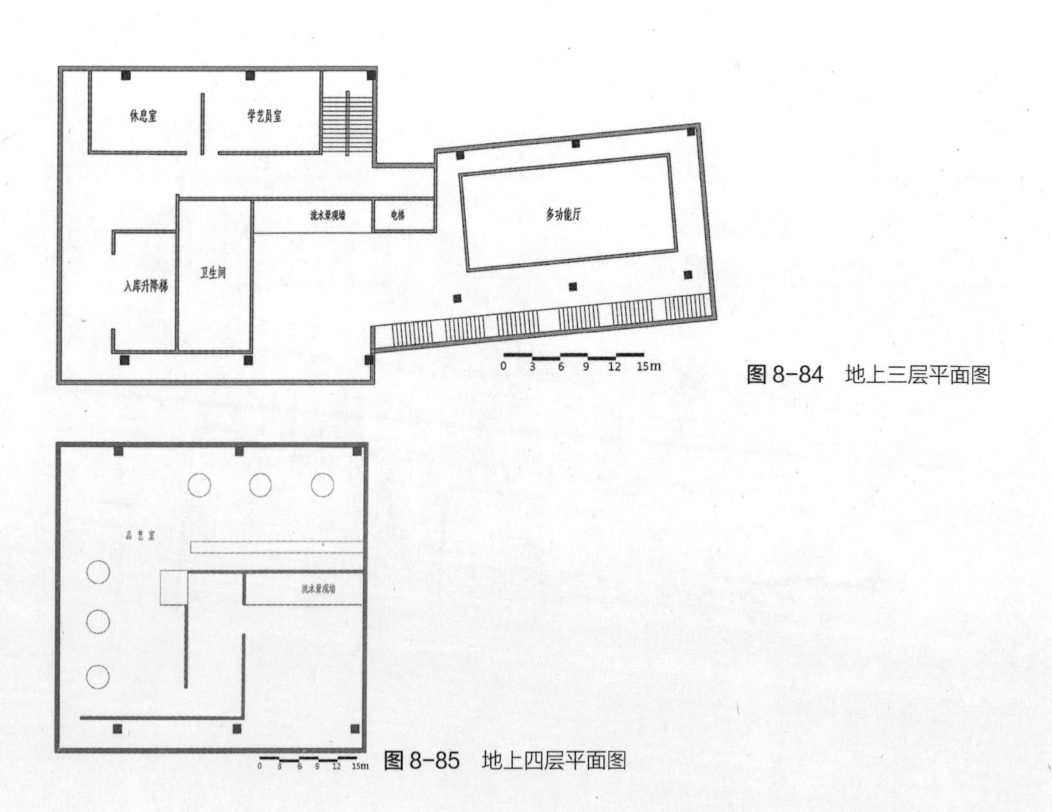

图 8-84 地上三层平面图

图 8-85 地上四层平面图

图 8-86 主体建筑效果图

图 8-87 场景效果图

图 8-88　地上一层效果图

图 8-89　地上 二层效果图

8.5 《红楼一梦——体验性主题酒店设计》

作者：练春燕；指导：宣炜

解析：

主题酒店以某一特定的主题，如历史、艺术、文化、城市、自然为发挥对象，来体现酒店的建筑风格和装饰艺术，以及特定的文化氛围，让顾客获得富有个性化的文化体验。课题选取体验性主题酒店设计，同时加之个性化的服务，让顾客获得良好的视觉感官以及与主题相关的知识。课题注重主题酒店设计的差异性、文化性、体验性。倘若将主题酒店设计比作写文章，作者通过叙事性的描写手法，将酒店各个房间的主题串联成一个精彩的故事，每个房间的主题为一个章节，开篇—高潮—结尾，使得各个房间的设计相对独立，且整体又所属一个故事。

设计主题为“红楼一梦”。《红楼梦》又名《石头记》，作为中国四大名著之一，是一部具有世界影响力的人情小说作品，具有高度的思想性和艺术性，被誉为古典文学中的“世俗大观”、中国古典小说巅峰之作、中国封建社会的百科全书。《红楼梦》一书以“大旨谈情，实录其事”自勉，摆脱旧套，新颖别致，“真事隐去，假语村言”的特殊笔法更是令后世读者脑洞大开。该书内容涵盖服饰、餐饮、园林建筑等，作为设计主题可扩展性非常强（图 8-90~ 图 8-93）。

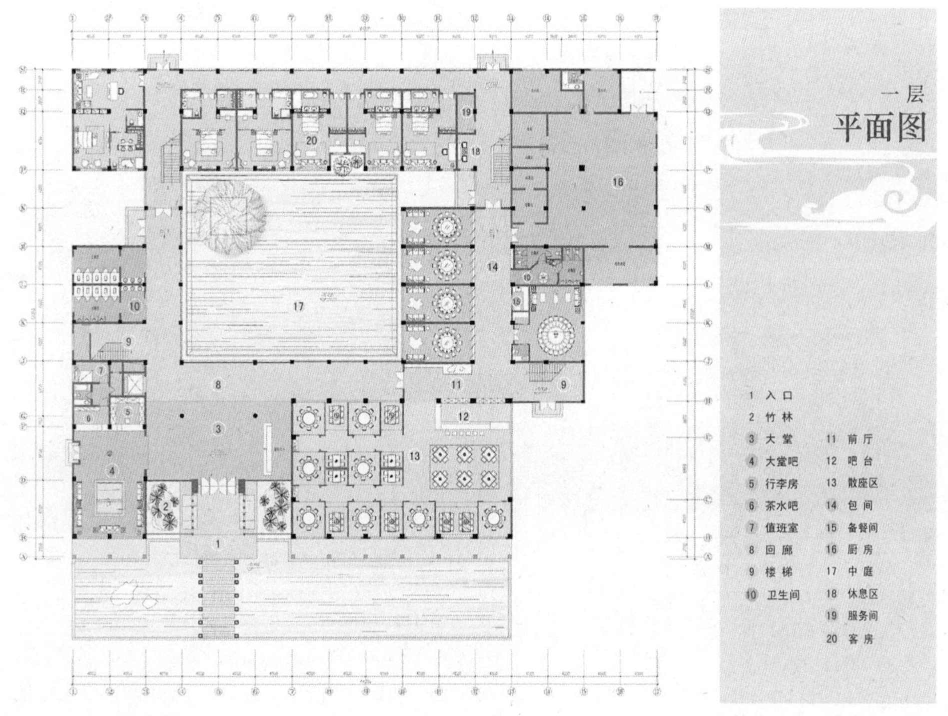

图 8-90 一层平面图

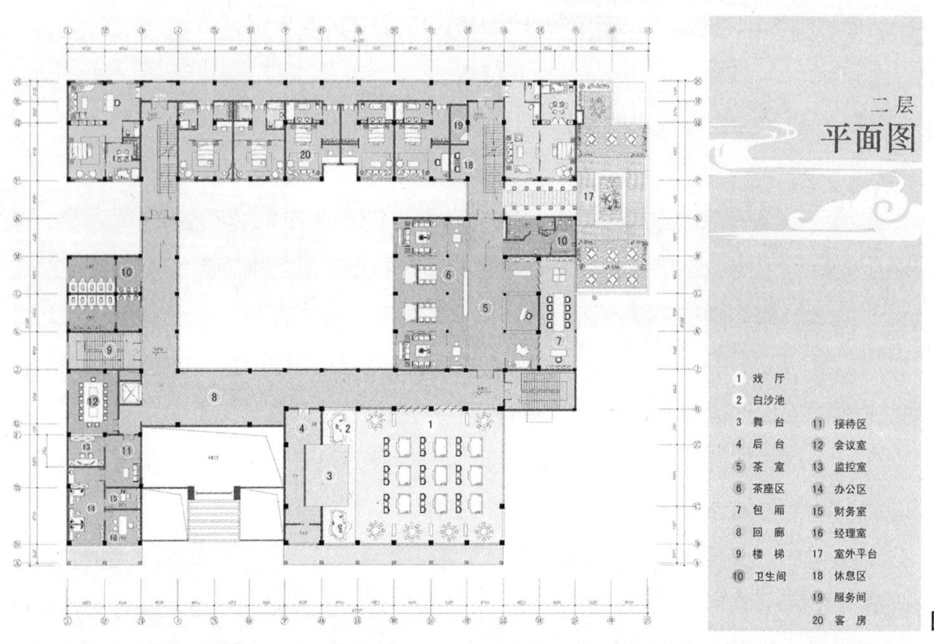

图 8-91 二层平面图

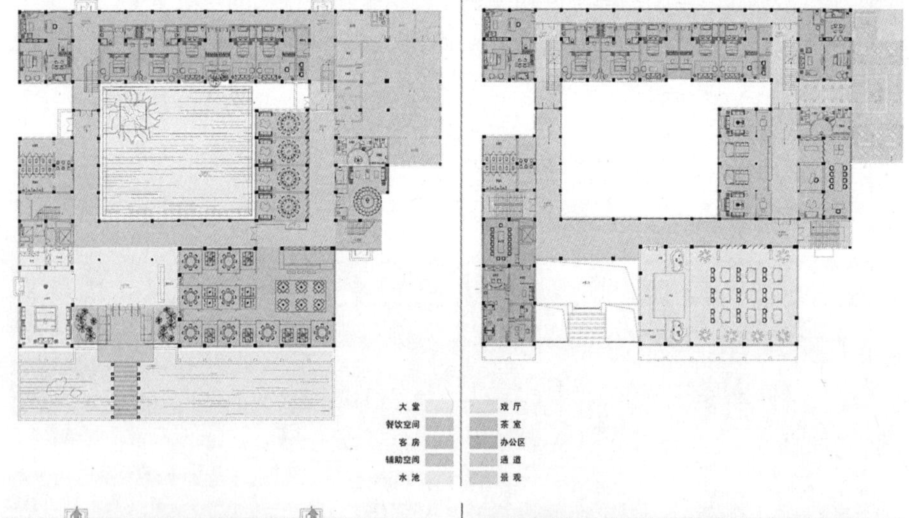

图 8-92 功能分区图

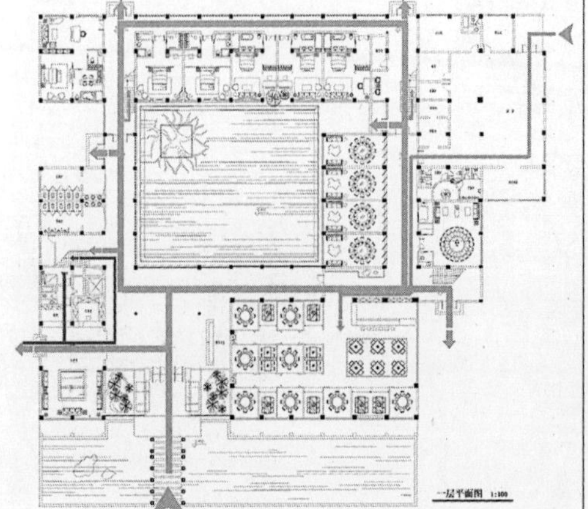

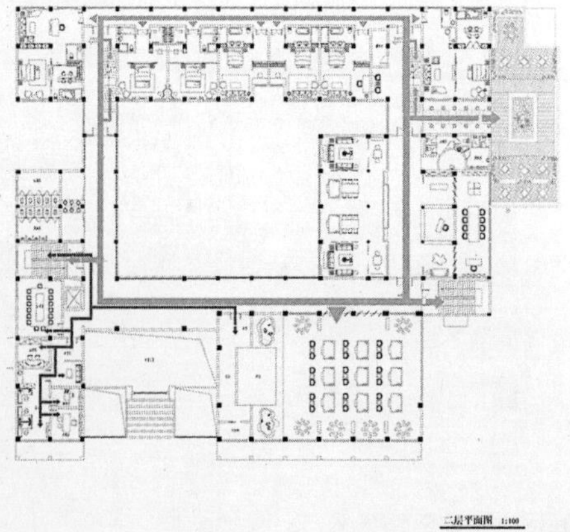

图 8-93 交通流线图

“因空见色”“由色生情”“传情入色”“自色悟空”是《红楼梦》作者曹雪芹该书撰写的十六字箴言，“色”意为万物的外形、颜色等外在特征，包括看见的现象和看不见的幻觉，“空”意为产生现象的多种因素、缘由，即事物的本质。这四句话表达出整个故事的主旨——因空无一物而察觉到万物的表象，由繁华的表象引发人间的情感和苦恼，在得失和苦难中解脱，万物皆虚终还无。十六字箴言描述的是一个过程，作者将其过程以顺序的方式对应在酒店的各个房间，依次为——“因空见色”对大堂，“由色生情”对餐厅，“传情入色”对客房，“自色悟空”对茶室（图 8-94）。

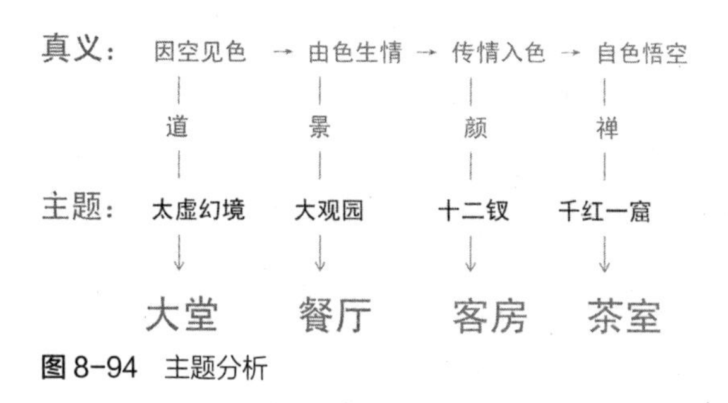

图 8-94 主题分析

1. 大堂（图 8-95~ 图 8-98）

“因空见色”与道家“有即是无，无即是有”不谋而合，呈现出“太虚幻境”的景象——世间万物皆由太虚之处幻化而来，由此，“太虚幻境”作为大堂的主题。作者认为云与月乃空虚之物，虚无缥缈无法捕捉，有“假作真时真亦假，无为有处有幻无”之境，因此在大堂内以云和月作为装饰，飘浮的云变化成倒立的山，呼应红楼梦“石头记”的别称。除了空间本身，大堂内其余的元素皆为虚形，象征着万物由虚无中幻化出来形状，并以此营造出虚幻和空灵的太虚仙境。

图 8-95 大堂空间意向

图 8-96　大堂颜色、材质

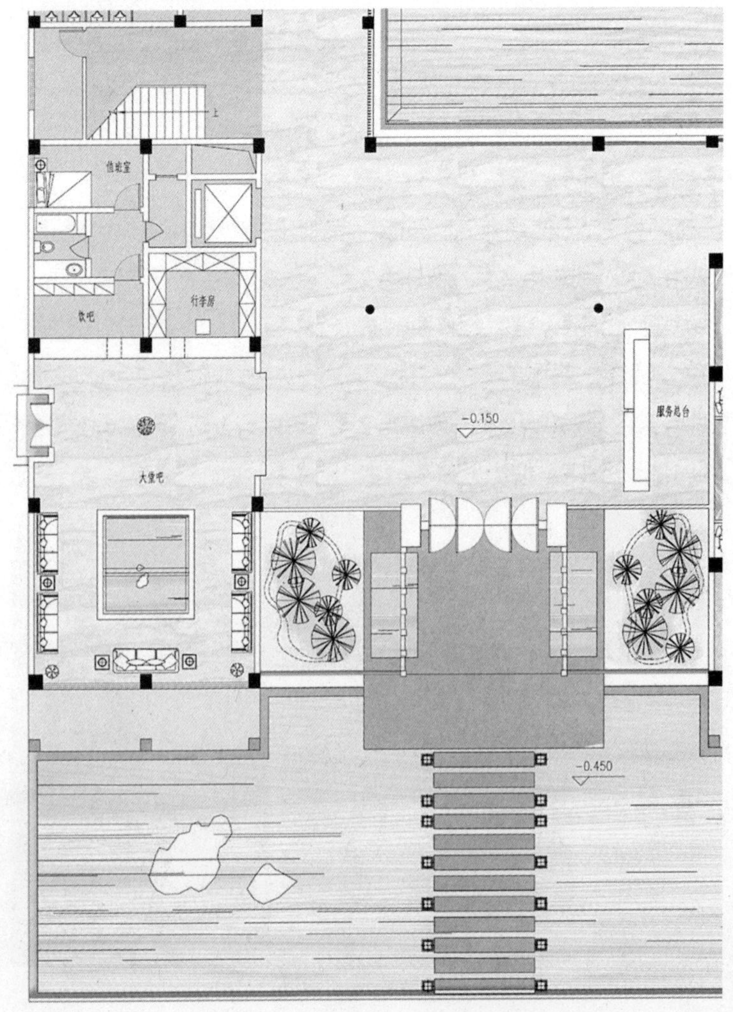

图 8-97　大堂平面图

图 8-98 大堂效果图

2. 餐厅（图 8-99~ 图 8-105）

《红楼梦》中的大观园是书中人物活动的艺术舞台，也是曹雪芹结合江南园林与帝王苑囿所创作出来的世外桃源，有“衔山抱水建来精，多少工夫筑始成！天上人间诸景备，芳园应锡大观名”的题咏。镜与水乃空，由花与月之影而生色，万物之化，由色成景，因景而生情。同时，《红楼梦》一书本身是一部世俗文化大观，其中对于餐饮的描写十分详尽，将餐厅作为主要的设计对象再合适不过了。书中最美的景观当属大观园，因此，餐厅选取的主题为“大观园”。餐厅平面图模拟大观园的布局形式，入口处太湖石与沙石堆砌而成的景观呼应园中的“开门见山”。散座区运用江南园林藏景手法，以月洞门与梅花门形成曲径蜿蜒的回廊，轻质的白沙夹丝玻璃形成虚幻的隔断，花青之色在朦胧中若隐若现，其连续的形式感使空间产生无尽的错觉，营造出镜花水月般的意境。包间走廊沿用大堂的肌理，以山水石为顶作点缀，花鸟屏风形成一幅美妙的长卷，营造出“梦行绮路执青灯”的意境。

3. 客房（图 8-106、图 8-107）

《红楼梦》是以女性为中心的小说，文中处处体现女性主义，重点塑造女性人物——金陵十二钗。此书中有很多描写女性的正传，如黛玉葬花正传、宝钗扑蝶正传、湘云醉卧芍药裀正传、晴雯撕扇正传等，这些对女性的爱之不跌的场景刻画得丝丝入扣，令人不禁对女孩们产生无限怜惜。正是有了这些描写女孩的正传，才使得整部书的人物刻画得活灵活现。金陵十二钗既有中国古典女性印象——妆台、金钗、绸缎、胭脂

图 8-99　餐厅空间意向

图 8-100　餐厅颜色、材质

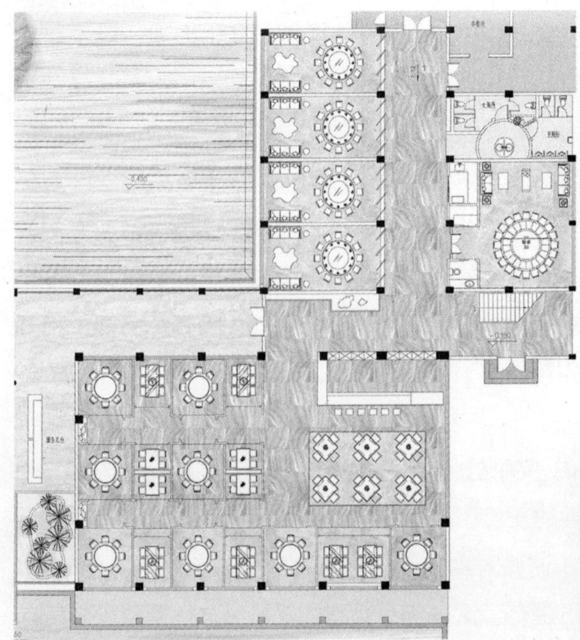

图 8-101　餐厅平面图

图 8-102　吧台效果图

图 8-103　包间效果图

图 8-104　散座区

图 8-105　包间走廊效果图

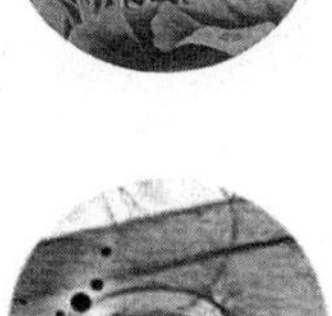

图 8-106　客房元素分析

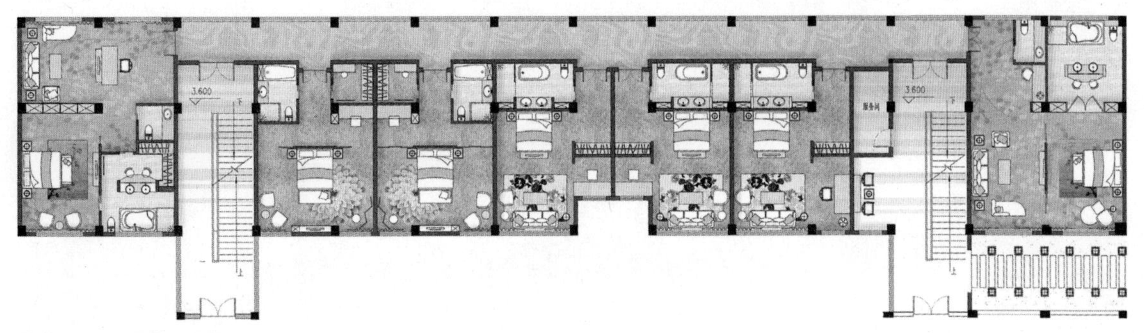

图 8-107　客房平面图

水粉，又有不同的人物性格特征。

“传情入色”重点在于“色”——颜，作者将《红楼梦》中最美的人物金陵十二钗——林黛玉、薛宝钗、王熙凤等的性格特征作为不同客房的元素主题，运用丰富的色彩和柔美的女性气息，赋予空间性别，由空间自身来述说人物的点滴，以情绪打动人，使客房成为整个空间的高潮。

林黛玉（图 8-108）——“堪怜咏絮才，玉带林中挂。莫怨东风当自嗟”。林黛玉具有风露清愁的气质，她的花相为芙蓉，绛珠仙子，色相为“草之青，木之灰，黛之黑”，住所在潇湘馆。作者将部分客房主题定为“潇湘”，颜色选取黛绿、竹青、碧色，营造出一个“秀玉初成实，堪宜待凤凰。竿竿青玉滴，个个绿生凉”的清爽温婉的室内空间（图 8-109~ 图 8-111）。

图 8-108　林黛玉图

图 8-109 “潇湘”主题客房空间意向

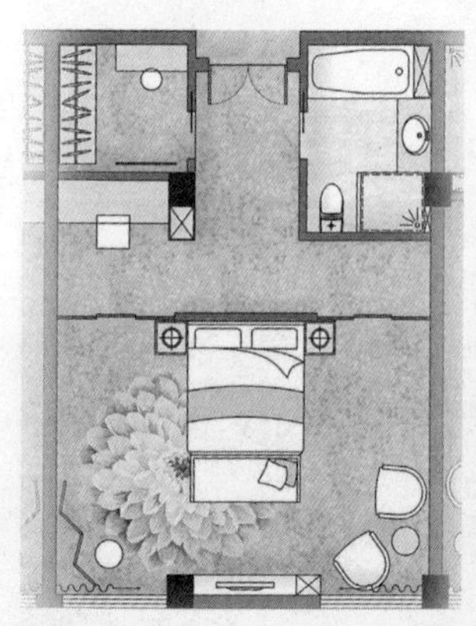

图 8-110（左）“潇湘”主题客房平面图

图 8-111（中、右）“潇湘”主题客房效果图

薛宝钗（图 8-112）——“可叹停机德，金簪雪里埋”。薛宝钗具有任是无情也动人的气质，她的花相为牡丹，色相为“血之白，簪之金，花之丹”，住所在蘅芜苑。作者将部分客房主题定为“蘅芜”，颜色选取嫣红、缃、缟。整个室内空间以奶白色为主基调，配以淡粉色，较好地诠释了薛宝钗的人物性格——端庄、娴静、淑德（图 8-113~ 图 8-117）。

图 8-112 薛宝钗

图 8-113 “蘅芜”主题客房空间意向

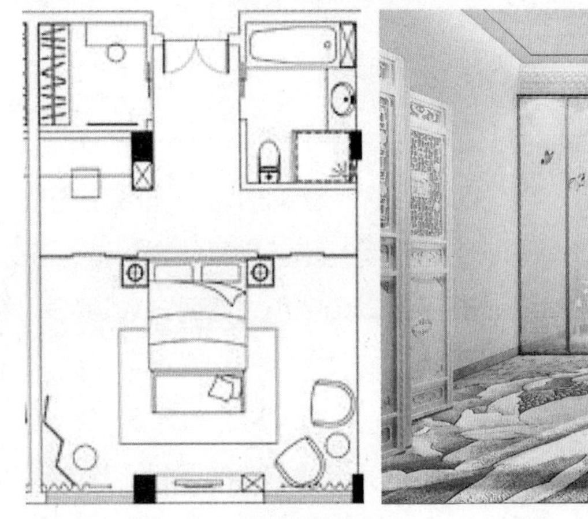

图 8-114 “蘅芜”主题客房平面图

图 8-115 “蘅芜”主题客房效果图

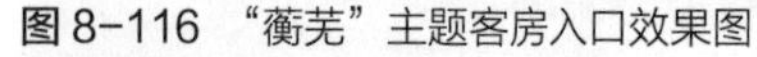

图 8-116 “蘅芜”主题客房入口效果图

图 8-117 “蘅芜”主题客房卫生间效果图

图 8-118 王熙凤

王熙凤（图 8-118）——“凡鸟偏从末世来，都知爱慕此生才。一从二令三人木，哭向金陵事更哀”。王熙凤具有泼辣、八面玲珑、霸气的性格，她的花相为凤凰花、玫瑰，色相为正红、宝蓝、明黄，住所在颐和园。作者将部分客房主题定为“颐和”。房间以奶白色为主基调，配以红色和金色，显得华丽大气，颇有王熙凤的特征（图 8-119、图 8-120）。

客房布局采用园林中的曲折形式，在较小的空间中形成移步换景的视觉效果，隔断作为灵活的布局，使各空间划分独立而又整体。客房内部软装大量采用薄纱、布艺地毯、木制隔断，使得整个房间充满柔和之感。

4. 茶室（图 8-121~ 图 8-127）

茶室是整个空间的回味之所，去掉一切繁华艳丽的表象，仅剩苍白与浊灰之色，在宁静中归于虚无，与“自色悟空”意境相同。“千红一窟”是贾宝玉神游太虚幻境时警幻仙姑让他喝的茶的名字，作者巧借“千红一窟”作为茶室的主题。茶室包间内设有备茶区、书画表演区、沏茶区。以奶白色为基调，辅以鹅黄、红棕、青白，整个茶室空间显得富贵典雅。

面对文化缺失的现代设计，课题重点放在《红楼梦》的艺术与故事印象中，从十六字箴言入手，把握整体韵味，“不知其名，但留其味”，引发丰富的遐想，营造别具一格的主题酒店。

图 8-119 “颐和”主题客房软装材质

图 8-120 “颐和”主题客房效果图

图 8-121 茶室元素分析

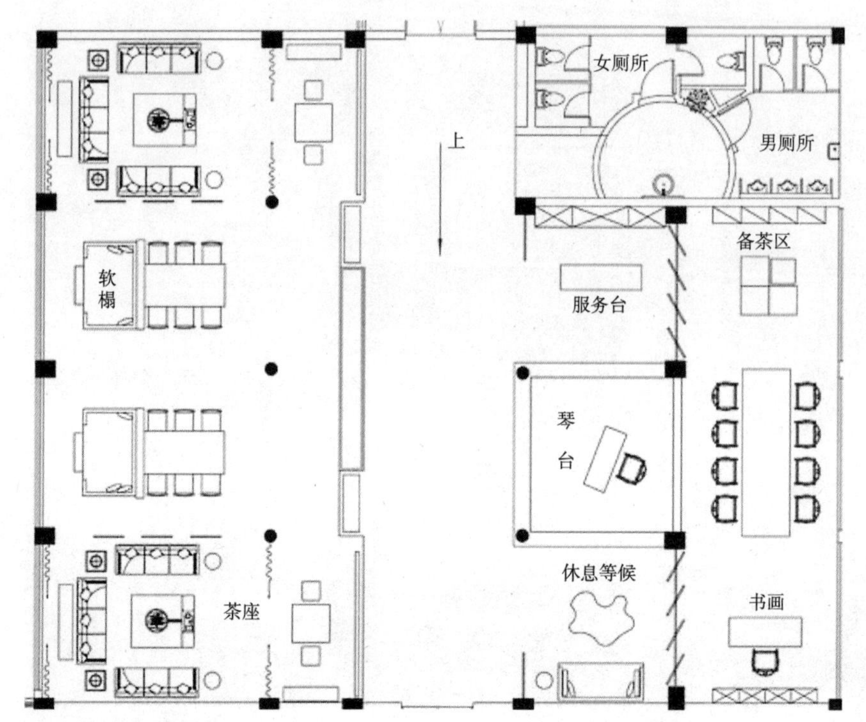

图 8-122　茶室平面图

图 8-123　茶室效果图

图 8-124　琴台效果图

图 8-125　茶座效果图

图 8-126　包间效果图

图 8-127　服务台效果图

8.6　《观自在——“禅”主题休闲会所设计》

作者：李佳琦；指导：宣炜

解析：

禅宗美学提倡“无常观、家常境、平常心”。无常观遵循着“天、地、人”的和谐统一思想，天人合一，宁静致远，倡导营造优雅、返朴归真的氛围。家常境的精髓在于“不说破”，留给人想象的空间让人自行参悟，“衣、食、住、行”中重视心的表达，寻求空寂的内省，保持一颗超脱的心灵境界。“平常心是道”是禅宗的智慧，禅理的表达应落实于朴素的日常生活，注重对整体的理解、欣赏与把握。主题“观自在”是根据禅宗美学的思想命名的——由心观世界，观照万法而任运自在。作者认为设计应以人为本，本次设计的意图便是让人回归本我，在会所中能体会禅意及佛性，审视内心而得到新的生活态度。

基地位于苏州城区东南角尹山湖，西邻吴中市区，北靠苏州工业园区，是吴中区政府和郭巷镇政府主力打造的郭巷未来城市生活中心。尹山湖未被开发，四周环湖，周遭交通便利，湖心小岛具备与周遭隔离的特质，但又不会完全远离社会，能够满足设计中所需的大隐于市的风范。设计选址于此，作者意在让人们在会所中体验到远离世俗尘嚣，通过禅宗美学相关主题的会所设计给予的感受引导，最终体会到禅意佛学的境界美。

作者将禅文化理解为“空”“静”“禅”“悟”四个部分。具体来讲——空灵、沉静、会禅、悟境，这也是这套设计方案的理念，作者用这四个部分进行设计，四个部分既各自独立又相互联系，串联成一个完整的故事线，贯穿整个设计的始终，通过形色质尺的统一来追求“静、雅、美、真、和”的意境，意在让使用者从本套设计中体会自己对禅的理解，回归本心，体会到“唯有此亭无一物，坐观万物得天全”的自在人生观。主体建筑为L形，分为两层，水池环绕建筑四周，平静的湖面上白色的建筑安静、高雅（图8-128~图8-131）；建筑外立面大部分材质采用透明玻璃（图8-132）；地面一层仿照萨伏伊别墅底层设计手法设置为架空层，楼板由支柱架起，整个建筑清盈剔透，建筑主体没有华丽的外表，只有简洁的建筑语言表达空间上的“空”（图8-133）。主体建筑通过空间围合出两个采光天井；中庭休息区采用了天井的形式语言，顶部空间挑空最大高度，休息区采用下沉形式，用顶部和底部的高度差营造安静的效果（图8-134）。作者为表达“禅”主题，在中庭月洞门的背面设置水池，水池中央安放一朵玻璃质感的莲花，从顶层装置中落下的水滴正巧打在莲花上，平面的水面泛起层层涟漪，象征着禅意洗涤人心（图8-135）。体现“悟”主题并不是从形式外观着手，而是通过“空、静、禅”三个简洁、质朴、自然的空间引导人们的思考，使人们有所顿悟（图8-136、图8-137）。

室内以简约风格为主基调，提炼传统元素运用现代语言进行解读，比如餐厅楼梯下方安放了一处室内景观小品（图8-138）；餐厅采用斗栱作为吊顶，将斗栱的形态简化，并从吊顶处垂吊配以绿植的吊线，形成隔断（图8-139）；会所内家具皆为新中式风格（图8-140）。这些传统与现代的结合让整个会所具有现代感且不失禅意的设计初衷（图8-141~图8-143）。

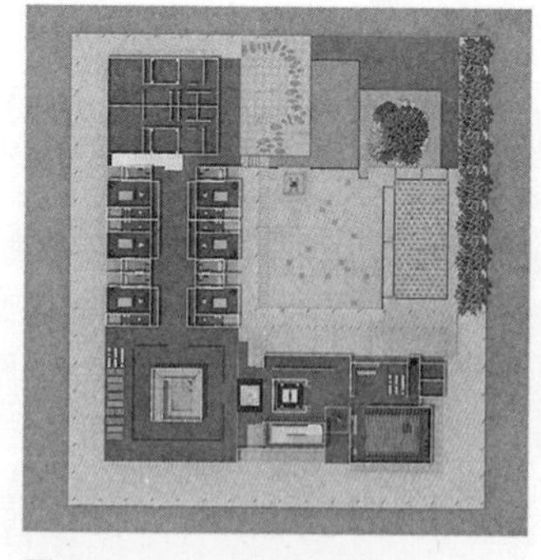

图8-128　一层平面图

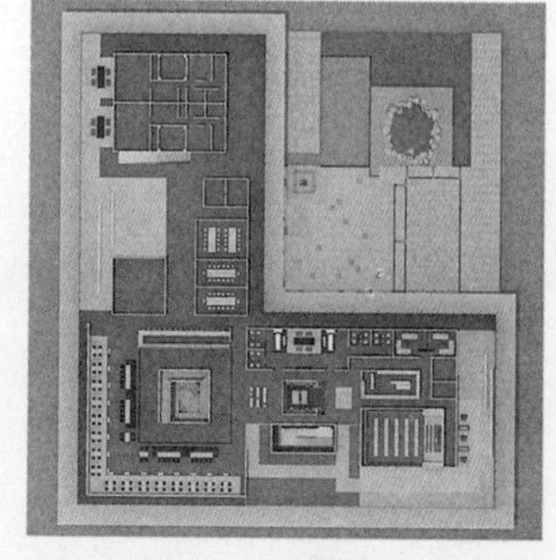

图8-129　二层平面图

图 8-130　整个建筑坐落在湖面上

图 8-131　建筑效果图

图 8-132　立面图

图 8-133（左） 建筑模型
图 8-134（右） 中庭效果图（一）

图 8-135 中庭效果图（二）

图 8-136 后庭石阵效果图

图 8-137 亭子效果图

图 8-138 餐厅楼梯下景观小品效果图

图 8-139 餐厅效果图

图 8-140　标间效果图（上、下）

图 8-141　进门楼梯效果图

图 8-142　茶室效果图

图 8-143　茶室包厢效果图

8.7 《晋善晋美——体验性主题会所设计》

作者：王凯；指导：宣炜

解析：

课题基地选址于山西省。山西拥有众多特色传统建筑，值得后人利用借鉴。本次体验性会所设计的主题为“晋善晋美”，是山西旅游主题宣传口号，作者将凭借山西特有的建筑风格、城市气质和人文底蕴来表达，体现出厚重、大气、恢弘的气质风格（图 8-144）。山西是华夏文明的发源地之一，山西文化厚重朴实，低调内敛，王维、白居易、柳宗元等名人都来自山西，作者用他们的墨迹装点整个会所，给会所带来浓墨重彩的一笔。其中，最具代表的山西文化当属晋商文化，山西晋商是中国最早的商人，其历史可追溯到春秋战国前期，以此作为本次课题设计的着眼点。如何用抽象的符号（灯光和材质）来表达现代空间是本次设计重点思考的对象。山西传统民居是中国传统民居建筑的一个重要流派，其建筑风格具有独特性，也是设计所要吸取的一个重要元素（图 8-145、图 8-146）。

主体建筑共分为两层，布局为四合院形式，运用山西传统民居“前店后居”的布置，公共区域（大堂、宴会厅、茶吧、戏台、餐厅）安排在“前部”，休息休闲区（客房、醋疗 SPA）安排在“后院”，形成“商、食、娱、闲、住、学、居、享”一套完备的功能（图 8-147~ 图 8-150）。前厅是进入大堂的序厅，满足短暂的集散（图 8-151）。大堂是会所的核心区域，起承上启下的作用，用作临时性商务会谈（图 8-152）。大堂顶部天花采用代表晋商的符号——算盘，立面墙体用传统青砖装饰，内部镶嵌书画，体现浓厚的山西文化底蕴。宴会厅是重点空间，作者将大红灯笼几何化，成组排列充当顶部天花，主墙体用非物质文化遗产广灵剪纸纹样雕刻的石板作装饰（图 8-153）。走廊是公共区域和休闲区的过渡，作者将柱子掏空，内部用毛笔作装饰，玻璃围合，既充当了柱子，又围合出若干个大小一致的展示柜（图 8-154）。最值得一提的是，客房内部土炕代替了软床，使游客充分地体会传统人家的生活，增加游客体验感（图 8-155）。

作者提取山西传统民居所特有的卷棚屋顶、高城墙、砖墙等元素，加上代表晋商的算盘、代表文人墨客的毛笔、传统民居常悬挂的红灯笼等元素，利用现代抽象语言，将这些元素巧妙地安排在建筑的内部，使会所具有独特性，凸显主题“晋善晋美”（图 8-156、图 8-157）。

图 8-144　山西文化"善""美"

图 8-145　山西特有的符号

图 8-146　元素提取

图 8-147　总平面图

图 8-148　鸟瞰图

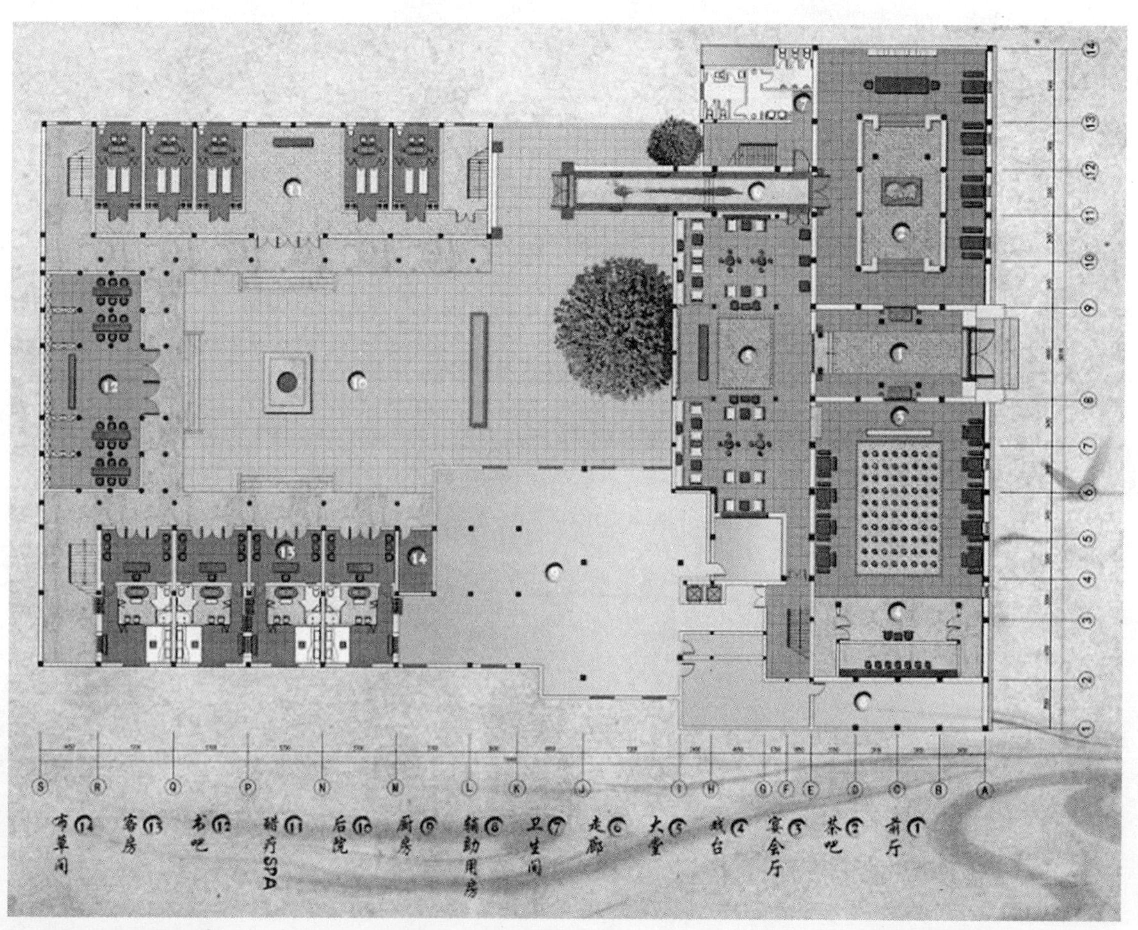

图 8-149　一层平面图

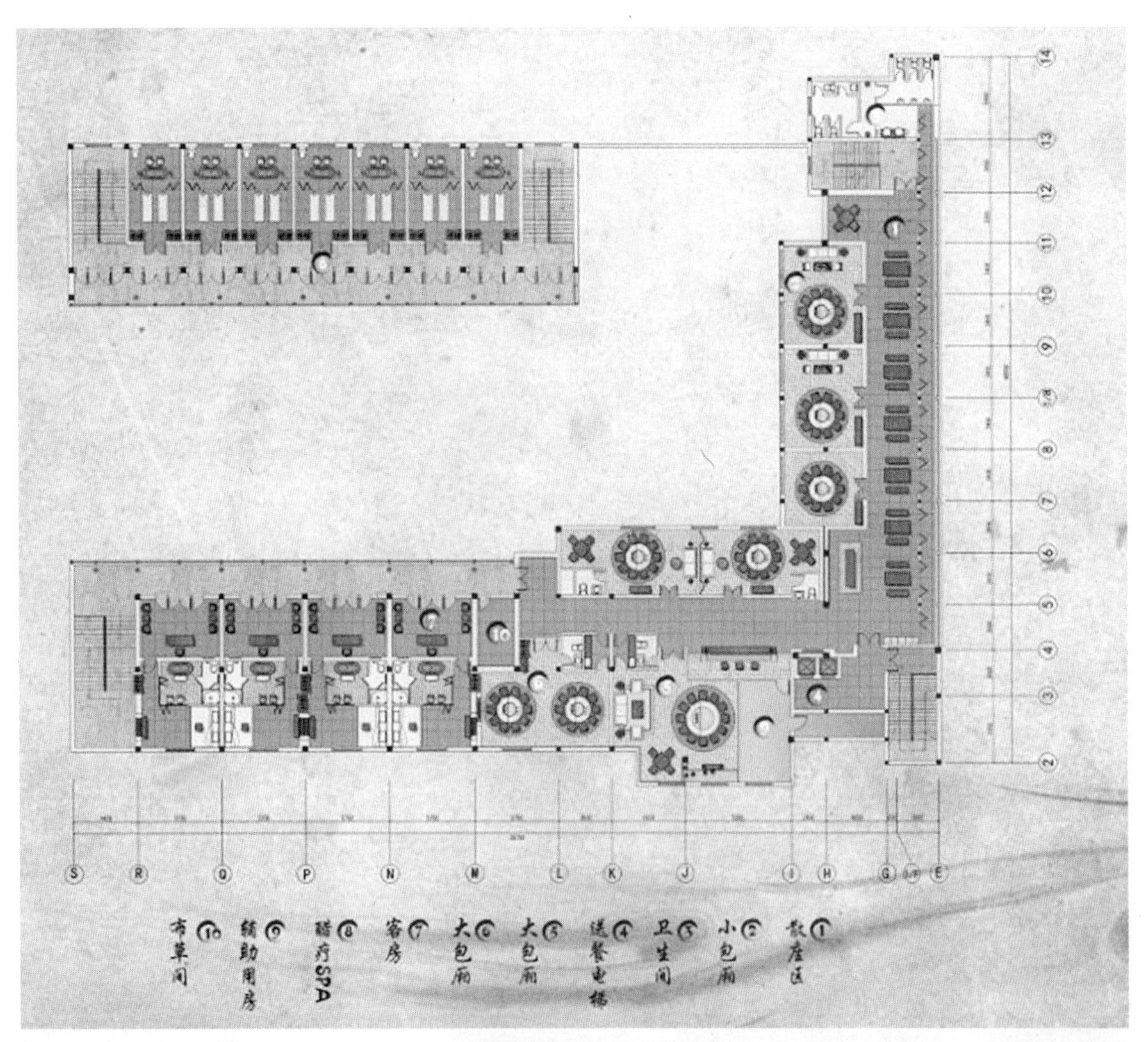

图 8-150 二层平面图

图 8-151 前厅效果图

图 8-152　大堂效果图

图 8-153　宴会厅效果图

图 8-154　走廊效果图

图 8-156　茶吧效果图

图 8-157　二层散座效果图

图 8-155　客房效果图

在经济全球化的影响下，各国孤立的状态逐渐被打破，中国与世界日益连为一体，各国之间的文化交流日益频繁，尤其是美国强势文化渗透到世界的各个角落，文化趋同现象逐步稀释国人对中华传统文化的认同感。因此，就建筑设计为起源的室内设计领域而言，如何在这种文化趋同的浪潮下传承和发展本民族的优秀传统地域文化变得至关重要，值得设计师及每个国人思考。

主题室内设计是创造具有深层文化内涵的室内空间设计手法之一。设计主题是多元的，自然纯朴、时尚都市、罗曼蒂克、休闲逸致、古朴历史等这些无论是人文景观，还是历史文化皆可作为室内设计的主题。主题大致分为地域文化主题、自然生态主题、传统历史主题、传承再生主题、仿生仿物主题、趣味性主题、多主题并存等七大类。正因为主题的多元性，人们可以从不同的主题中体会着文化的差异性，体会着不同的设计手法所营造出来的空间抽象情绪，实现了功能与形式的统一，既满足了人们的物质需求，同时又满足了人们的精神文化需求，赋予了空间新的附加值。"民族的就是世界的"越来越被中国设计师熟知，"轻装饰，重文化"也越来越被国人接纳和重视。现代与传统的对接、本土化与全球化的对接，是室内的中国式表达。

现如今已进入体验经济时代，商品体验是消费者购买商品前重要的一环。对于室内设计来讲，人是空间的主体，对空间的功能和形式起着主导作用。人可以通过嗅觉、触觉、听觉、视觉在空间中进行全方位的体验互动。同时，室内设计中装饰属于表象，空间属于结构、本质，透过表象看本质，空间折射出人们的日常行为活动，凝聚了浓厚的文化积淀。积极探索空间，不仅增加了设计师与客户之间的互动，减少了繁琐的设计修改过程，同时又能为空间创造更多的主题性、可能性。

本书以主题室内设计为着眼点，立足于传统文化与地域文化，探讨室内设计中主题与传统文化、地域文化的内在联系以及结合途径，最终达到"透视"文化与空间的目的。通过对中国传统文化和地域文化、主题室内设计、主题与室内空间、定制空间体验设计等相关内容的论述，可以得出如下结论：

（1）文化凝聚了一个民族和地区普通大众智慧的结晶，是维系民族生存发展的血脉和灵魂，是国家的软实力。走“中国风”道路不但有利于中国在文化趋同的今天立于不败之地，同时也能使中华文化绵延不绝、永不停息。

（2）中华文化博大精深，涉及内容众多，可成为主题室内设计取之不尽、用之不竭的宝库。以传统文化和地域文化为着眼点，运用现代设计手法进行设计，将传统与现代对接、本国与世界对接，是现代设计师应该关注的一点。

（3）主题性室内空间在设计过程中，应该包含物质层面的外在符号表现，也要由精神层面的内在情境表达。主题赋予空间灵魂，使得每个空间具有独特性，满足人们的物质需求和精神需求。

（4）“衣食住行”中“住”在体验盛行的新时期，定制不同的空间主题，会使人产生不同的精神满足，个性化的室内设计空间定制成为当代室内设计一个很有前景的发展方向。

出版著作：

[1] 安勇．延伸与衍生：地域建筑室内设计研究 [M]. 长沙：湖南美术出版社，2012.
[2] 陈伯超．地域性建筑的理论与实践 [M]. 北京：中国建筑工业出版社，2007.
[3] 万征．室内设计 [M]. 成都：四川美术出版社，2005.
[4] 王玉德，邓儒伯，姚伟钧．中国传统文化新编 [M]. 武汉：华中科技大学出版社，1986.
[5] 陆邵明．建筑体验——空间中的情节 [M]. 北京：中国建筑工业出版社，2007.
[6] 刘晓光．景观美学 [M]. 北京：中国林业出版社，2012.
[7] 张凌浩．产品的语意 [M]. 北京：中国建筑工业出版社，2005.
[8] 杨茂川．空间设计 [M]. 北京：人民美术出版社，2009.
[9] 陈育德．灵心妙语——艺术通感论 [M]. 合肥：安徽教育出版社，2005.
[10] 徐恒醇．设计符号学 [M]. 北京：清华大学出版社，2008.
[11] 叶朗．中国小说美学 [M]. 北京：北京大学出版社，1982.
[12] 辛华泉．立体构成 [M]. 武汉：湖北美术出版社，2002.
[13] 李朝阳．室内空间设计 [M]. 北京：中国建筑工业出版社，1999.
[14]（美）鲁・阿恩海姆．艺术与视知觉 [M]. 滕守尧，朱疆源，译．成都：四川人民出版社，2001.
[15] D・C・普里查德．照明设计 [M]. 北京：中国建筑工业出版社，2006.
[16] 徐志瑞．色彩科学应用与发展 [M]. 北京：中国科学技术出版社，2005.
[17] 弗朗西斯・D・K・钦．建筑：形式・空间和秩序 [M]. 邹德侬，方千里，译．北京：中国建筑工业出版社，1987.
[18] 乔安娜・柯佩斯蒂克．家庭照明的选择与利用 [M]. 北京：中国轻工业出版社，2000.
[19] 陆震纬，来增祥．室内设计原理（下册）[M]. 第二版．北京：中国建筑工业出版社，2004.
[20] 李彬彬．设计心理学 [M]. 北京：中国轻工业出版社，2005.
[21] 王其钧．装饰陈设 [M]. 北京：中国建筑工业出版社，2007.
[22] 殷智贤．混搭中产家 [M]. 北京：中国人民大学出版社，2005.
[23] 杨冬江．中国近现代室内设计史 [M]. 北京：中国水利水电出版社，2007.
[24] 崔笑声．消费文化・室内设计 [M]. 北京：中国水利水电出版社，2008.

[25] 檀江林 . 中国文化概论 [M]. 合肥：合肥工业大学出版社，2009.

[26] 石桥青 . 中国古代环境文化百科 1000 问：风水图文百科 [M]. 西安：陕西师范大学出版社，2007.

期刊论文：

[1] 安勇 . 室内设计的主题性研究 [J]. 家具与室内装饰，2001（12）.

[2] 许建春，葛轩 . 室内设计史（五）[J]. 室内，1993（2）.

[3] 刘德龙，刘若斌 . 西方强势文化的深刻影响与中华民族优秀文化的传承弘扬 [J].2009（3）：146-150.

[4] 王琼 . 酒店设计的地域性和文化性 [J] . 室内设计与装修，2002（6）.

[5] 刘娟 . 环境艺术设计的地域性初探 [J] . 家具与室内装饰，2007（9）.

[6] 夏天 . 麓谷林语——湖南保利“麓谷林语”销售中心 [J]. 室内设计与装修，2010（1）.

[7] 杨茂川，王一斐 . 营造意境——中国地域文化在当代酒店设计中的运用 [J]. 家具与室内装饰，2006（7）.

学位论文：

[1] 陶建芬 . 江南传统民居室内陈设在现代居住空间中的运用 [D]. 无锡：江南大学，2012.

[2] 徐丽 . 中国室内陈设艺术的风格与研究 [D]. 南京：南京林业大学，2005.

电子文献：

余世存 . 当代中国文化现象分析——老调子不会唱完 [EB/OL]，2005-03-15.